纤维电子学

彭慧胜 著

科学出版社

北京

内 容 简 介

本书主要总结了具有能量转化、能量存储、发光、计算、传感等系列功能的新型纤维电子器件。重点阐述界面和微结构对纤维电子器件性能的影响机制，揭示纤维电子器件中电荷产生、分离、传输和收集的一些基本规律。本书也从纤维电极材料合成、界面调控、器件构建方法学、学科交叉应用等多个角度，展望了未来纤维电子器件的主要发展方向。纤维电子器件作为一个新兴领域正在快速成长，有望成为具有重要影响力的新学科。

本书可作为从事化学、物理、材料、能源、生物医学等相关专业的教师、博士后、研究生和本科生的参考书，也可供有志于推动纤维电子器件发展的工程技术人员参考使用。

图书在版编目（CIP）数据

纤维电子学 / 彭慧胜著. —北京：科学出版社，2021.5

ISBN 978-7-03-068663-3

Ⅰ. ①纤… Ⅱ. ①彭… Ⅲ. ①纤维增强材料—电子器件 Ⅳ. ①TN6

中国版本图书馆CIP数据核字（2021）第075229号

责任编辑：张 析 / 责任校对：杜子昂
责任印制：吴兆东 / 封面设计：东方人华

科 学 出 版 社 出版
北京东黄城根北街 16 号
邮政编码：100717
http://www.sciencep.com

北京虎彩文化传播有限公司 印刷
科学出版社发行 各地新华书店经销
*
2021 年 5 月第 一 版 开本：720 × 1000 1/16
2022 年 10 月第二次印刷 印张：26 1/2
字数：530 000
定价：160.00 元
（如有印装质量问题，我社负责调换）

前　言

　　纤维在人类日常生活中起着必不可少的作用。自五千多年前天然纤维被发现以来，它对人类社会的进步起到了重要的推动作用。例如，文明社会伊始，纤维被编成纺织品用以御寒。近年来，随着新型材料的不断涌现和新兴技术的持续发展，纤维的应用也经历了革命性的演变，纤维逐渐发展成为具备各种功能的新型电子器件。例如，它可以在体内和体外收集与存储能量，或具有发光、计算、交流、监测人体健康及环境等先进功能。随着各种新功能的不断发展和完善，纤维电子器件作为一个新兴领域正在快速成长，并有望发展成为一个新学科。

　　在过去十多年里，纤维器件被广泛应用在能源、信息、人工智能、生命科学等领域。随着越来越多的科学家和工程师进入这一领域，近年来涌现了诸多优秀的综述论文，但目前尚无专著对本领域的发展历程和主要进展进行系统性的总结。这驱使我们在本书中以课题组近年来的研究工作为主线，介绍新型纤维器件的发展历史、研究现状和未来方向。

　　我们在这里不具体讨论每章的详细内容，而更希望在整个框架层面上介绍这本书的逻辑结构。本书首先介绍纤维器件的发展历史，特别强调与传统平面结构相比，电子器件被设计成纤维结构的必要性和优势。作为纤维器件的基本组成部分，纤维电极决定着纤维器件的性能。因此，本书随后对不同材料(如金属、碳、高分子和复合材料)的纤维电极进行介绍，并详细比较它们在力学、电学和电化学性能方面的特点。然后，本书还解释了纤维电极的结构、力学性能和形变过程对纤维器件界面和性能的影响规律。

　　本书介绍的纤维器件主要包括能量转化(如太阳能电池、摩擦电和压电发电机和流体电机)、能量存储(如超级电容器、金属离子电池、金属空气电池和锂硫电池)、发光(如有机发光二极管、聚合物电化学发光器件和无机电致发光器件)、计算(如忆阻器)、传感(包括物理传感器和化学传感器)等器件。重点介绍了不同界面和结构(如平行、同轴、扭曲和交叉)给纤维器件带来的性能差异，并努力阐明纤维器件在电荷产生、分离、传输和收集过程中的规律。此外，本书还讨论了不同功能纤维器件的集成和实际应用，比如在单根纤维中实现能量收集和存储，又如纤维器件在可穿戴设备和可植入领域中展示的独特应用。最后，本书从纤维电极材料选择、器件构建、界面调控、交叉应用等角度，概述了目前纤维器件面临的挑战。

　　特别感谢课题组的研究生和博士后，他们一起努力撰写了本专著。其中第　1

章由冯建友和郭悦起草，第 2 章由赵天成起草，第 3 章由何纪卿和孙浩共同起草，第 4 章由许黎敏、翟伟杰和康欣悦共同起草，第 5 章由高真和康欣悦共同起草，第 6 章由许黎敏和翟伟杰共同起草，第 7 章由李嘉欣、程翔然和洪扬共同起草，第 8 章由王闯、洪扬、叶蕾、赵阳、王梦莹和李嘉欣共同起草，第 9 张由施翔、左勇和邹君逸共同起草，第 10 章由王佳佳、杨晗和王立媛共同起草，第 11 章由周旭峰起草，第 12 章由吴辉扬、施翔和梅腾龙共同起草，第 13 章由吴景霞和张岩峰共同起草，第 14 章由王列起草，第 15 章由路晨昊起草，第 16 章由廖萌和王佳玮共同起草，第 17 章由唐成强和陈传瑞共同起草。本书部分章节内容来源于我们 2016 年在科学出版社出版的《新型纤维状电子材料与器件》。

希望本书能给从事化学、物理、材料、能源、生物医学等相关专业学习和工作的本科生、研究生、博士后和教师提供参考，也希望给有志于推动纤维器件发展的工程技术人员以有益的帮助和启发。由于纤维器件这一领域发展时间较短，研究内容是多学科深度交叉，加之作者学识水平与能力有限，书中必然存在疏漏和不当之处，恳请广大读者批评指正。

彭慧胜

2020 年 11 月于复旦大学江湾校区

目　　录

前言

第1章　绪论 ·· 1

1.1　纤维材料的发展 ··· 1

1.1.1　纤维材料的历史 ·· 1

1.1.2　纤维材料的特征 ·· 1

1.2　电子器件简介 ··· 2

1.2.1　电子器件的发展历史 ·· 2

1.2.2　电子器件的发展趋势 ·· 3

1.3　传统平面器件的挑战 ·· 4

1.4　纤维电子器件的发展 ·· 4

1.4.1　纤维电子器件的历史 ·· 4

1.4.2　纤维电子器件的特征 ·· 4

1.4.3　纤维电子器件的分类 ·· 5

1.4.4　纤维电子器件的性能 ·· 5

1.4.5　纤维电子器件的应用 ·· 8

1.4.6　总结 ·· 10

参考文献 ·· 10

第2章　纤维电极 ·· 13

2.1　引言 ·· 13

2.2　金属纤维电极 ··· 14

2.2.1　铜导线和铝导线 ·· 14

2.2.2　不锈钢导线 ·· 15

2.2.3　钛丝 ·· 15

2.2.4　其他金属纤维电极 ·· 17

2.3　碳基纤维电极 ··· 18

2.3.1　碳纳米管纤维 ·· 18

2.3.2　石墨烯纤维 ·· 36

2.3.3　碳纤维 ·· 40

2.4　高分子纤维电极 ·· 40

2.5　总结 ·· 41

参考文献··41

第3章　纤维器件中的电荷分离与传输机制································48

3.1　引言··48

3.1.1　染料敏化太阳能电池··48

3.1.2　聚合物太阳能电池··49

3.1.3　钙钛矿电池··51

3.2　纤维器件中的电荷分离机制··51

3.2.1　纤维能源器件的结构··52

3.2.2　纤维能源器件的界面··53

3.3　纤维器件中的电荷传输机制··55

3.3.1　电子传输机制··55

3.3.2　离子传输机制··58

3.4　纤维器件结构参数对其电荷分离与传输过程的影响规律·········60

3.5　小结与展望··62

参考文献··62

第4章　纤维染料敏化太阳能电池···65

4.1　染料敏化太阳能电池概述··65

4.1.1　工作原理··66

4.1.2　材料··72

4.1.3　表征··75

4.1.4　小结··75

4.2　纤维染料敏化太阳能电池概述···76

4.3　缠绕结构的纤维染料敏化太阳能电池····································78

4.3.1　工作电极··79

4.3.2　对电极··82

4.3.3　电解质··88

4.4　同轴结构的纤维染料敏化太阳能电池····································91

4.5　交织结构的染料敏化太阳能电池织物····································93

4.6　多功能的纤维染料敏化太阳能电池·······································95

4.7　小结与展望··98

参考文献··98

第5章　纤维聚合物太阳能电池··102

5.1　聚合物太阳能电池概述···102

5.1.1　工作原理··102

5.1.2　器件结构··104

5.1.3　材料 ·· 105
5.1.4　表征 ·· 107
5.1.5　总结 ·· 109
5.2　纤维聚合物太阳能电池概述 ··· 109
5.2.1　缠绕结构的纤维聚合物太阳能电池 ····················· 109
5.2.2　同轴结构的纤维聚合物太阳能电池 ····················· 110
5.3　基于碳纳米管的纤维聚合物太阳能电池 ·························· 111
5.4　基于交织结构的聚合物太阳能电池织物 ·························· 116
5.5　展望 ··· 120
参考文献 ··· 121

第6章　纤维钙钛矿太阳能电池 ··· 124
6.1　钙钛矿太阳能电池概述 ··· 124
6.1.1　工作原理 ··· 125
6.1.2　器件结构 ··· 126
6.1.3　材料 ··· 127
6.1.4　小结 ··· 128
6.2　柔性钙钛矿太阳能电池 ··· 128
6.3　纤维钙钛矿太阳能电池 ··· 131
6.3.1　制备工艺 ··· 131
6.3.2　宽温度范围工作的纤维钙钛矿太阳能电池 ············ 137
6.3.3　可拉伸纤维钙钛矿太阳能电池 ··························· 140
6.4　小结与展望 ··· 142
参考文献 ··· 142

第7章　纤维超级电容器 ·· 145
7.1　超级电容器概述 ·· 145
7.1.1　储能机理 ··· 146
7.1.2　电极材料 ··· 148
7.1.3　电解质 ··· 152
7.2　纤维超级电容器 ·· 153
7.2.1　概述 ··· 153
7.2.2　器件结构 ··· 154
7.2.3　制备方法 ··· 156
7.3　高性能纤维超级电容器 ··· 159
7.3.1　对称纤维超级电容器 ·· 160
7.3.2　非对称纤维超级电容器 ····································· 164
7.4　多功能纤维超级电容器 ··· 165

　　　7.4.1　可拉伸纤维超级电容器 ·· 165
　　　7.4.2　电致变色纤维超级电容器 ·· 167
　　　7.4.3　自愈合纤维超级电容器 ·· 168
　　　7.4.4　形状记忆纤维超级电容器 ·· 168
　　　7.4.5　荧光纤维超级电容器 ·· 170
　7.5　展望 ··· 171
　参考文献 ··· 171

第 8 章　纤维电化学电池 ·· 174
　8.1　电化学电池概述 ·· 174
　　　8.1.1　电池的组成 ·· 174
　　　8.1.2　电池的分类 ·· 175
　　　8.1.3　电池的工作原理 ·· 177
　8.2　纤维锂离子电池 ·· 178
　　　8.2.1　纤维碳纳米管/二氧化锰正极 ····································· 179
　　　8.2.2　碳纳米管/硅复合纤维负极 ·· 181
　　　8.2.3　纤维锰酸锂/硅电池 ·· 184
　　　8.2.4　纤维锰酸锂/钛酸锂电池 ·· 188
　8.3　纤维金属-空气电池 ·· 195
　　　8.3.1　纤维锂-空气电池 ··· 195
　　　8.3.2　纤维锌-空气电池 ··· 199
　　　8.3.3　纤维铝-空气电池 ··· 200
　　　8.3.4　纤维锂-二氧化碳电池 ·· 202
　8.4　纤维水系电池 ··· 206
　　　8.4.1　纤维水系锂离子电池 ·· 207
　　　8.4.2　纤维水系锌离子电池 ·· 209
　8.5　其他纤维电化学电池 ·· 211
　　　8.5.1　纤维锂硫电池 ·· 211
　　　8.5.2　纤维镍铋电池 ·· 216
　参考文献 ··· 220

第 9 章　纤维发光器件 ·· 226
　9.1　发光机理概述 ··· 226
　9.2　发光器件的性能参数 ·· 227
　　　9.2.1　发光亮度 ·· 227
　　　9.2.2　发光光谱 ·· 227
　　　9.2.3　色度 ·· 228
　　　9.2.4　伏安特性曲线和亮度电压曲线 ··································· 228

9.2.5　电致发光效率 228
9.2.6　应变亮度和频率亮度曲线 229
9.3　纤维有机发光二极管 229
9.3.1　概述 229
9.3.2　工作机理 229
9.3.3　结构 231
9.3.4　材料 231
9.3.5　OLED 加工技术 234
9.3.6　纤维 OLED 235
9.4　纤维聚合物发光电化学池 237
9.4.1　概述 237
9.4.2　工作原理 237
9.4.3　器件结构 238
9.4.4　纤维 PLEC 239
9.5　无机发光器件 243
9.5.1　基于 ZnS 的发光材料 244
9.5.2　力致发光纤维 245
9.5.3　交流电致发光纤维 249
9.6　展望 256
参考文献 257
第 10 章　纤维传感器 261
10.1　柔性传感器概述 261
10.1.1　柔性传感器的发展历程 261
10.1.2　柔性物理传感器 263
10.1.3　柔性化学传感器 266
10.2　纤维物理传感器 268
10.2.1　纤维应变和压力传感器 268
10.2.2　紫外线纤维传感器 276
10.2.3　温度纤维传感器 277
10.2.4　纤维神经电极 279
10.3　纤维化学传感器 280
10.3.1　可穿戴纤维化学传感器检测汗液中的分析物 281
10.3.2　可植入纤维化学传感器监测肿瘤和血液中的分析物 284
10.3.3　可植入纤维化学传感器监测脑内化学物质 287
10.3.4　可植入有机电化学晶体管监测脑内化学物质 290
10.4　展望 292

参考文献 293

第11章 纤维忆阻器 296
11.1 忆阻器概述 296
11.1.1 忆阻器的发展历程 297
11.1.2 器件结构 299
11.1.3 工作原理 299
11.1.4 材料 302
11.2 纤维忆阻器的结构、性能及应用 303
11.2.1 纤维忆阻器的构建方法 303
11.2.2 纤维忆阻器的性能 306
11.2.3 纤维忆阻器的应用 308
11.3 小结和展望 309
参考文献 310

第12章 新型纤维器件 313
12.1 纤维通信器件 313
12.1.1 通信器件概述 313
12.1.2 发展历史 313
12.1.3 辐射机理 314
12.1.4 分类 315
12.1.5 结构 315
12.1.6 纤维通信器件的关键参数 316
12.1.7 影响因素 317
12.1.8 纤维通信器件的构造 318
12.1.9 纤维通信器件的应用 319
12.1.10 纤维光通信器件 321
12.2 植入式肿瘤治疗纤维器件 321
12.3 小结与展望 322
参考文献 322

第13章 纤维器件的连续制备 325
13.1 概述 325
13.2 平面器件的规模化制备技术 326
13.3 纤维电极的连续制备技术 328
13.3.1 金属基纤维电极 328
13.3.2 碳基纤维电极 330
13.3.3 聚合物纤维电极 332

13.4　纤维器件的连续制备方法 ··· 333
　　　13.4.1　涂覆法 ·· 333
　　　13.4.2　湿法纺丝 ··· 336
　　　13.4.3　热拉伸法 ··· 337
　　　13.4.4　加捻 ·· 338
　　　13.4.5　3D 打印 ·· 339
13.5　连续编织与纤维器件集成 ··· 340
13.6　小结与展望 ··· 343
参考文献 ·· 344

第 14 章　纤维集成器件 ··· 347
14.1　集成器件概述 ·· 347
　　　14.1.1　一体化器件 ··· 347
　　　14.1.2　组装器件 ··· 349
14.2　纤维集成器件概述 ·· 351
　　　14.2.1　太阳能电池和超级电容器的集成器件 ······································· 351
　　　14.2.2　太阳能电池和锂离子电池的集成器件 ······································· 355
　　　14.2.3　锂离子电池和超级电容器的集成器件 ······································· 356
　　　14.2.4　可拉伸纤维集成器件 ·· 358
14.3　小结与展望 ··· 359
参考文献 ·· 359

第 15 章　纤维器件的封装 ·· 361
15.1　封装材料概述 ·· 361
　　　15.1.1　封装材料的功能和要求 ··· 362
　　　15.1.2　不同封装材料的特性 ·· 363
　　　15.1.3　封装方法 ··· 368
15.2　纤维器件的封装技术 ··· 369
　　　15.2.1　纤维发光器件的封装材料 ·· 369
　　　15.2.2　纤维锂离子电池的封装材料 ··· 369
15.3　纤维器件的封装方法 ··· 371
　　　15.3.1　纤维发光器件的封装方法 ·· 371
　　　15.3.2　纤维锂离子电池的封装方法 ··· 374
15.4　总结 ·· 374
参考文献 ·· 374

第 16 章　智能织物 ··· 376
16.1　智能织物概述 ·· 376

16.2　光伏织物···378
    16.2.1　染料敏化太阳能电池织物·································378
    16.2.2　聚合物太阳能电池织物·····································382
    16.2.3　钙钛矿太阳能电池织物·····································385
16.3　储能织物···385
    16.3.1　超级电容器织物···385
    16.3.2　电化学电池织物···394
16.4　多功能织物···395
    16.4.1　发光织物···396
    16.4.2　传感织物···398
    16.4.3　集成织物···399
16.5　展望···401
参考文献···401

第17章　总结与展望···404
17.1　优势···404
    17.1.1　极佳的柔性···404
    17.1.2　高度微型化···404
    17.1.3　可编织性···404
    17.1.4　良好的耐磨性··405
    17.1.5　可植入性···405
    17.1.6　高效的连续制备方法··405
    17.1.7　其他···405
17.2　应用···405
    17.2.1　便携式和微型电子产品·······································406
    17.2.2　户外运动···406
    17.2.3　穿戴式和植入式应用··407
17.3　挑战与未来方向··407
    17.3.1　制备高性能纤维电极··407
    17.3.2　提升纤维器件关键性能·······································408
    17.3.3　提高稳定性···408
    17.3.4　实现高安全性··408
    17.3.5　规模化生产···408
参考文献···409

第1章 绪 论

纤维电子器件是下一代新型电子器件的重要组成部分。本章将着重讨论发展纤维电子器件的重要性，首先从发展历史出发，分别对纤维材料和电子器件进行简单介绍；随后讨论了传统平面器件在使用过程中存在的缺点与面临的挑战；最后，重点介绍近年来纤维器件的发展，着重涵盖了四个主要功能：能量采集、能量存储、传感和发光。

1.1 纤维材料的发展

作为生物组织的基本构筑单元，纤维在自然界中广泛存在，例如植物中的棉花、麻、动物的骨骼、肌肉等。在日常生活中，利用天然棉纤维和合成纤维制造的纺织品，极大地改善了人们的生活质量。本小节将首先介绍纤维材料的发展历史，然后讨论它们的独特性能，最后着重介绍一类新型碳纳米管纤维。

1.1.1 纤维材料的历史

自古以来，纤维材料一直在人类社会中发挥着重要作用。数千年前，天然纤维（例如棉、麻、毛、丝）被用于制作衣物以御寒保暖，并且一直沿用至今。与天然纤维相比，人造纤维的发展历史只有 200 年，却在人类社会发展中发挥着极其重要的作用。受桑蚕和蜘蛛吐丝的启发，人们利用纤维素、蛋白质等天然产物作为原材料，制造出 Rayon 和 Acetate 等再生纤维[1]。到 20 世纪 30 年代，随着聚合技术的发展，合成纤维逐渐登上历史舞台。与再生纤维不同，合成纤维的原材料是各种小分子，通过聚合反应将小分子单体合成为长链高分子，再借助各种纺丝手段将其纺成纤维。

在过去几十年中，人们致力于研究和发展高性能和功能化纤维。高性能纤维具有极佳的力学和热学性能，例如高拉伸强度、高模量、高热稳定性等，其中应用较为广泛的包括芳纶纤维、碳纤维、超高分子量聚乙烯纤维等，它们在航空航天、交通运输、生物医药等多个领域都显示了广泛的应用。另一方面，考虑到智能织物和可穿戴电子器件的快速发展需要，功能化纤维也亟待实现更大突破。

1.1.2 纤维材料的特征

作为一维材料，纤维具有很高的长径比。根据纤维长径比的不同，可将其分为短纤维和长纤维。除了蚕丝，其余所有的天然纤维都是短纤维，而对于人造纤维，其长径比可以通过制造工艺进行调控[2]。

纤维材料的性质取决于其化学组成、聚集态结构以及物理结构。例如，化学组分的极性影响着纤维材料的亲水性和电学性能，纤维材料的机械强度在很大程度上取决于其内部高分子链的结晶度和取向度。发展具有何种性能的纤维材料，很大程度上由其最终用途决定。对于服饰，纤维和织物需要具有美观、舒适的特点。例如，丝绸织物表面光滑明亮，棉纤维吸水性好，因此它们常被用于制作贴身衣物。对于结构材料，强度、韧性、延伸率、抗蠕变性等力学性能是重要参数。而对于功能材料，它们应当具备特殊的光学、声学、电学或磁学性能，这可以通过设计功能高分子或在纤维材料表面沉积活性材料而实现。

近期，一些由纳米材料制得的新型纤维(例如，碳纳米管纤维)受到了人们的高度关注。由于独特的结构特征，碳纳米管具备极佳的力学、热学和电学性能，单根碳纳米管的杨氏模量、拉伸强度和电导率分别可达 $1\sim2$ TPa、$10\sim100$ GPa 和 10^7 S/m[3,4]。此外，空心管状结构使得碳纳米管具有高比表面积(1600 m^2/g)和低密度[5]。通过纺丝，首先将单根碳纳米管组装成宏观连续的初级纤维束，再进一步将初级纤维束加捻成多级碳纳米管纤维。碳纳米管纤维展现出复杂的多级结构[6]，导致其整体的杨氏模量降低。同时，碳纳米管纤维能够达到很低的抗弯刚度，这对于可穿戴和可植入电子器件的应用非常有利[7]。另外，基于三维跳跃电子传导机制，纤维中的碳纳米管之间的电荷传输非常有效，这赋予碳纳米管纤维较高的电导率，因此其在能量采集和储能领域具有良好的应用前景[8]。通过将初级碳纳米管纤维进一步加捻得到具有多级螺旋结构的纤维，有利于活性物质的负载[9]。总的来说，碳纳米管纤维优异的物理化学性能，使其在众多纤维材料中脱颖而出，近年来受到学术界和工业界的广泛关注。

1.2　电子器件简介

电子器件对于推动人类社会的发展至关重要。无论是 19 世纪为电气工业供能的电池，还是 20 世纪发明的晶体管，都是电子器件家族的重要组成部分。此外，像发光器件、忆阻器、太阳能电池等都是电子器件中常见的组成部分。

1.2.1　电子器件的发展历史

1799 年，Volta 发明了第一个真正意义上的电池，也就是日后广为流传的伏打电池。由于电池是将储存在器件内部的化学能转化为电能，所以当电池消耗完所有化学能后将永久失效。为了解决这一问题，Gaston Planté 于 1859 年发明了铅蓄电池，这是有史以来第一个可以充电的电池。但由于上述电池的电解质都为液体，不便于包装和使用，1886 年，Carl Gassner 通过将液态电解质替换为固态电解质，发明了干电池。进入 20 世纪以后，人们对储能设备的性能提出了更高的要求，因此，具有高能量密度的锂离子电池[10]和高功率密度的超级电容器[11]被发明(图 1.1)。

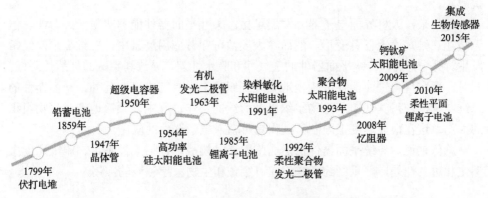

图 1.1　电子器件的时间发展线路图

随着人们对储能器件要求的提高，加之化石能源的消耗也日益增加，能源危机和温室效应愈演愈烈，这促使人们不断关注可再生能源如太阳能、风能、水能等的开发利用。其中，太阳能因其取之不尽、用之不竭和便于采集的特点而一直备受关注。硅基太阳能电池于 1954 年问世[12]，目前已经被大规模应用。然而，由于刚性过大，硅基太阳能电池不适用于可穿戴柔性电子设备。因此，为了弥补硅基太阳能电池的这一短板，染料敏化太阳能电池[13]、聚合物太阳能电池[14]和钙钛矿太阳能电池[15]被依次开发，并被设计成柔性薄膜形态。

除此之外，随着信息时代的到来，各种新型电子器件，例如有机发光二极管[16]、聚合物发光二极管[17]、晶体管[18]、忆阻器[19]和集成生物传感器[20]，都被陆续开发。

1.2.2　电子器件的发展趋势

随着制造技术日趋成熟，电子设备的多功能集成和小型化已是大势所趋。以智能手机为例，大量电子器件(如晶体管、电容器和电化学电池)被集成到手掌大小的设备中以满足便携功能的应用需求。另外，随着物联网的不断发展，人机交互在未来的应用场景中将会不断拓展，这对器件的灵活性和可扩展性提出了更高的要求；同时，这些器件需要具备轻巧且便于携带的特点。此外，为了实现疾病的早期诊断和治疗，人们希望可以实时监测自身的生理状态。因此，生物传感器等可植入电子器件成为未来重要的研究方向。

1.3　传统平面器件的挑战

尽管传统平面器件已经得到了长足发展，但其进一步发展仍然面临着严峻的挑战。

近年来，人机界面电子器件发展迅猛。柔性平面器件能够实现一维弯曲，但无法在三维尺度上任意变形。然而在大多数可穿戴应用场景中，三维变形却经常发生。另一方面，传统平面器件的透气性和吸水性差，导致其穿戴的舒适性降低。同时，要实现将平面器件大规模地集成到织物上也具有难度。此外，平面器件的二维结构，使得其在植入生物组织以及后续的工作过程中，频繁地造成生物组织的损伤，这在很大程度上限制了其作为可植入电子器件的应用。

总体来说，传统平面器件仍然面临着诸多挑战，包括柔性不足、难以高度微型化和透气性差，严重制约了它们在可穿戴和生物医疗领域的应用。

1.4　纤维电子器件的发展

如前几节所述，电子器件的发展对功能化、微型化、柔性化和可植入性提出了更高的要求。幸运的是，纤维电子技术的兴起，为构建包括柔性可穿戴和可植入器件在内的新型人机界面电子设备提供了新思路。

1.4.1　纤维电子器件的历史

纤维电子器件因其具有一维结构和高度的灵活性，引起了人们的广泛关注。2002 年，首个纤维染料敏化太阳能电池被构建，该电池由涂有二氧化钛和染料分子的不锈钢丝光阳极、电解质以及涂有导电高分子的透明聚合物管对电极组成[21]。2003 年，一种纤维超级电容器被发明，其由两根碳纳米管复合纤维构成并可被编成织物[22]。2007 年，一种纤维有机发光器件被报道，它是通过在聚酰亚胺涂覆的二氧化硅纤维上构造金属电极和活性发光材料来实现[23]。

除了上述学术研究外，谷歌和李维斯于 2017 年共同推出了智能服装Commuter Trucker Jacket[24]。其内部装有蓝牙、震动器、电池等模块，编织在袖子中的手势感应纤维能够无线连接到用户的手机上，后者可以将触摸手势转换为数字信号，例如播放或暂停音乐、接听来电或阅读消息等。此外，还有诸如 BodyPlus Aero 和 Mbody 3 等用于实时监控个人健康状况的智能纺织品。

1.4.2　纤维电子器件的特征

与传统的二维平面和三维立体器件相比，一维纤维器件在可穿戴和可植入应用方面显示出独特的优势。例如，直径从几十到几百微米的纤维器件显示出高柔韧性和轻便性，能够满足可穿戴应用的要求。它们可以适应复杂的变形，如在不规则的基材(如人体皮肤)表面进行扭曲和拉伸。此外，借助编织这一手段，可将这些纤维器件整合到透气织物中。

对于植入式应用，微型化的纤维器件可通过最小的侵入性操作穿透深部组织，并且在完成检测或治疗过程后可以方便取出，从而大大减少手术创伤和生物医学并发症的风险。而且，一维结构和柔性赋予纤维器件高的灵活性，它们能够有效适应复杂的变形，较好地匹配生物组织的抗弯刚度，使得异物反应最小化。

1.4.3 纤维电子器件的分类

纤维电子器件根据功能主要分为能量采集、储能、发光、传感等类型[25]。纤维能量采集器件包括染料敏化太阳能电池、聚合物太阳能电池、钙钛矿太阳能电池、摩擦发电机、压电发电机、水发电机等。纤维储能器件主要包括超级电容器、锂离子电池、金属空气电池和锂硫电池等。纤维发光器件的范围从有机系统如有机发光二极管、聚合物发光电化学池到无机系统。纤维传感器件主要由物理传感器和化学传感器组成。除此之外，还有诸多其他功能的纤维器件正在发展中，例如忆阻器、通信设备、用于肿瘤治疗的可植入电化学纤维等。

1.4.4 纤维电子器件的性能

1. 能量采集

纤维能量采集器件在过去十年中发展迅速，并开始为人机交互电子设备供电。以染料敏化太阳能电池为例，将半导体层(通常为 TiO_2 纳米颗粒或纳米管)和光敏材料(染料)按一定顺序沉积在纤维电极上作为光阳极，然后将纤维对电极(导电聚合物或碳材料)缠绕在光阳极上并注入氧化还原电解质就得到纤维染料敏化太阳能电池。早期纤维染料敏化太阳能电池的光电转换效率低于 1%，远低于同期平面染料敏化太阳能电池。这一困境于 2010 年得到了突破[26]，科学家将铂对电极与光阳极平行排列，所得的纤维染料敏化太阳能电池呈现 2.54% 的光电转换效率。对于 10 cm 长的纤维染料敏化太阳能电池，其输出电压达到 0.3~0.35 V[21]。纤维染料敏化太阳能电池的光电转换效率较低、稳定性较差，这主要受导电聚合物层较低的电导率和电解质腐蚀等因素的影响。因此，在优化工作电极的材料和结构后，其光电转换效率超过 8%[27]。进一步而言，采用能够提供高电导率和机械强度的疏水性取向碳纳米管芯以及可以有效掺入其他活性材料的亲水性碳纳米管壳作为纤维电极，其转换效率达到了 10.00%[28]。

纤维染料敏化太阳能电池往往需要用到液态电解质，在构建过程中工艺比较复杂，对封装也提出了非常严格的要求，而纤维聚合物太阳能电池具有全固态结构，引起了人们越来越多的关注。通过加捻结构以确保两个电极之间电接触的紧密性，纤维聚合物太阳能电池已显示出 2.99%的平均光电转换效率[29]。而当把第二电极放于主电极下方以消除阴影效应时，其光电转换效率进一步提高到 3.81%。近年来，为进一步提高纤维聚合物太阳能电池的光电转换效率和稳定性，科学家们将研究重点放在发展包括碳纳米管纤维在内的一系列新型纤维材料上[24,30]。

由于纤维染料敏化太阳能电池和纤维聚合物太阳能电池的效率不高，所以高效率太阳能电池的研究正如火如荼地进行。作为新型光伏发电器件中的一员，钙钛矿型太阳能电池吸引了全世界的关注，在过去这些年中，其最高能量转换效率已超过 20%。固态、高性能和易于溶液处理是钙钛矿型太阳能电池最显著的特征和优势，这使其成为高效、柔性、轻便和全固态光伏纤维的合适候选者。通过将取向多壁碳纳米管薄膜缠绕到 TiO_2 改性的钢丝上，并通过一步固溶工艺在它们之间掺入钙钛矿层制备得到钙钛矿纤维太阳能电池。2014 年，与其他类型的固态纤维太阳能电池相比，钙钛矿纤维太阳能电池的光电转换效率得到大幅提升[31]。之后，各种关于钙钛矿型纤维太阳能电池的报道不断涌现，到 2019 年，钙钛矿型纤维太阳能电池的光电转换效率已经达到 10.79%[32]。

2. 储能

超级电容器和电池是两种典型的储能器件，通常均由两个电极、一个隔膜和电解质组成。纤维超级电容器具有功率密度高、充放电快以及循环寿命长的优点，但它们的能量密度通常较低。相反，纤维电池通常具有较高的能量密度，可以长时间供电。

对纤维超级电容器的研究主要集中在探索新的电活性材料和器件结构，用以提高性能并探索新的应用。目前，纤维超级电容器通常为同轴或缠绕结构。近年来，通过开发新的电极材料，纤维超级电容器的电化学性能得到了极大的提高。增加比电容的有效策略之一是引入赝电容材料作为活性成分，例如金属氧化物（MnO_2 和 RuO_2）、导电聚合物［聚苯胺、聚吡咯和聚（3,4-乙撑二氧噻吩）］和掺杂碳材料（N 掺杂石墨烯）等。常规电容器的工作电压为 0.8～1.0 V，而非对称纤维超级电容器的工作电压能够达到 1.8 V，并且可以产生高达 11.3 mWh/cm³ 的能量密度，接近薄膜锂离子电池[33]。

为了弥补纤维超级电容器能量密度低的不足，纤维锂离子电池应运而生。一种可拉伸纤维锂离子电池以碳纳米管/氧化锂复合纤维作为阴极和阳极，并且不添加额外的集流体和黏结剂。这两个复合电极可以很好地配对，并展示出优异的电化学性能，例如 880 W/kg 或 0.56 W/cm³ 的功率密度和 27 Wh/kg 或 17.7 mWh/ cm³

的能量密度。这些纤维电池轻巧、灵活,在 1000 次弯曲循环后仍可以保持 97%
的容量。同时,弹簧结构赋予该纤维电池优异的弹性,在 100%应变下循环拉伸
200 次后,仍保持了 84%的容量[34]。除了纤维锂离子电池,其他一些具有良好电
化学性能的纤维电池也被陆续开发。例如,锂硫电池由于具有很高的理论比容量
和比能量而备受关注。近期报道了一种新型纤维锂硫电池,其硫阴极是一种具有
特殊碳纳米结构的复合纤维。得益于取向碳纳米管纤维、介孔碳颗粒和氧化石墨
烯层的综合优点,该纤维阴极表现出良好的物理性能和优异的电化学性能[35]。金
属-空气电池具有高的理论能量密度,因此也具有良好的发展前景。近期,一种新
型全固态纤维铝空气电池被发展起来,其空气阴极是一种基于交叉堆叠的取向碳
纳米管薄膜/银纳米粒子杂化体,该电池的比容量和能量密度分别达到 935 mAh/g
和 1168 Wh/kg[36]。随着人们对能量密度和安全性的要求日益提高,一种能够在
140℃的高温下稳定工作的纤维锂空气电池被发明,具有高稳定性和良好的倍率性
能,并可以 10 A^{-1} 的比电流循环工作 380 圈[37]。

3. 发光

纤维发光器件按驱动电流可以分为直流驱动和交流驱动。直流驱动的纤维发
光器件因为具有高效率和高亮度的优点而被广泛应用在显示器中。直流驱动的纤
维发光器件可以分为纤维聚合物发光二极管和纤维聚合物发光电化学池。在小
于 10 V 的工作电压下,纤维聚合物发光二极管显示超过 1000 cd/m^2 的高亮度,这
足以满足人机界面显示器的应用需求[38]。纤维聚合物发光电化学池在 13 V 偏压下
的最大亮度可达 609 cd/m^2。但是,直流驱动的纤维发光器件的性能和稳定性仍存
在较大问题。例如,有机发光二极管和聚合物发光电化学池的发光材料对氧气和
水敏感,接触氧气或水将导致其性能迅速下降。为了解决这一问题,这些器件需
要被进一步封装。在纤维聚合物发光二极管的表面沉积 30 nm 厚的 Al_2O_3 层以隔
绝氧气和水蒸气,但是该器件也仅具有 10 小时的半衰期。

与直流驱动的纤维发光器件不同,典型的交流驱动的纤维发光器件通过将发
光层夹在两个电极之间而制成,最常用的发光材料是硫化锌及其合金[39]。近期发
展了一种交流驱动的电致发光纤维,其亮度可达到 202 cd/m^2(195 V, 2 kHz),并
显示出高柔韧性和机械稳定性,能够在 500 次弯曲循环后仍保持约 91%的亮度[40]。
为了更好地应用于织物电子产品,可拉伸电致发光纤维的研制变得迫在眉睫。另
外,一种可拉伸性能极好的电致发光纤维在最近被报道,其具有 800%的高拉伸率,
并且亮度可以达到 233.4 cd/m^2(7.7 V/μm, 1.5 kHz)[41]。尽管交流驱动的电致发光
纤维可以按比例放大以进行连续制备,但是存在的问题限制了它们的实际应用:
一方面是交流驱动的电致发光纤维的亮度低于直流驱动的发光器件;另一方面,
其全色显示功能的缺乏限制了其广泛的应用。

4. 传感

最近一种由纤维传感器作为基本元件制造电化学织物的新策略被报道。这些纤维电化学传感器可以有效地检测各种生理化学物质，例如葡萄糖、Na^+、K^+、Ca^{2+}和H^+。这些由纤维传感器编成的织物具有高柔韧性、结构完整性和高检测灵敏度，并且能够在反复弯曲和扭曲变形下保持性能稳定。将该电化学检测织物与两个柔性芯片集成到一起，最终得到能够吸收汗液并检测汗液中化学物质的智能服装[42]。除可穿戴电化学传感器外，还可将具有优异机械性能和生物相容性的纤维电化学传感器植入体内以监测体内化学物质的波动。例如，通过仿生肌肉结构，将功能化的碳纳米管螺旋纤维束做成电化学传感器并植入体内，以实现对多种疾病生物标记物的长期体内监测。例如，当植入小鼠肿瘤内时，这些纤维束可以对肿瘤内的过氧化氢进行空间分辨和实时监控；此外，可以将它们与无线传输系统集成在皮肤贴片上，实现 28 天内稳定监测猫静脉血中的钙离子和葡萄糖[43]。因为体内有很多化学物质浓度极低，为了实现对这些化学物质的检测，一种具有放大能力的一体化纤维有机电化学晶体管被设计制造[44]。基于纤维有机电化学晶体管的高灵敏度，其可被用于检测大脑中的痕量神经递质。例如，将多巴胺基的纤维有机电化学晶体管植入大脑，可以稳定监测 7 天内多巴胺浓度的变化。

除了纤维化学传感器之外，纤维物理传感器也被广泛研究。例如，柔性应变传感器已在电子皮肤和健康监测系统中引起广泛关注。将类似弹簧的聚丙烯纤维紧紧地缠绕在高弹性橡胶纤维芯上，制备得到了一种新型的纤维应变传感器，其具有 0.01%应变的超低检出限、200%应变的宽检测范围和高重复性的组合传感性能，通过设计双水平螺旋间隙可达到 20 000 次循环的重复性。不论在拉伸还是释放下，该应变传感器的响应时间均为 70 ms。此外，它还可以稳定地应对各种其他变形，例如弯曲和扭转。由于独特的纤维结构，它可以将扭转检测范围扩展到 1000 rad/m[45]。最近，一种具有可拉伸传感器阵列的电子织物被发明，其可以同时映射和量化由压力、应变和弯曲引起的机械应力[46]。该织物由具有核壳结构的缠结复合纤维制成。纤维的核是由可拉伸的银纳米线网络组成，外壳是用作传感的压阻橡胶。该电子织物在拉伸状态和长期使用下表现出优异的性能。

1.4.5 纤维电子器件的应用

1. 医疗与健康

近些年来，可穿戴和可植入纤维电子器件被广泛发展并应用于医疗和健康领域。可穿戴传感器可以连续地收集人体的多项生理指标，例如心率、血压、体温等。可植入纤维传感器则可以连续提供体内的生理信息，例如葡萄糖、神经递质以及各种离子的浓度，为疾病的诊疗提供有效的指导。柔性、可拉伸的能量采集和储存器件，则能够为这些传感器件以及无线系统提供能量来源，以构建完整的集成系统。

在神经科学和神经工程领域，纤维电子器件也得以广泛发展。为了寻找神经性疾病的病因，寻求更加高效的治疗方法，有效的检测手段是不可或缺的。而能够长期、稳定地记录神经活动的可植入电极无疑是一个合适的选择[47]。这些电极需要具备较小的尺寸和与生物组织相匹配的模量，从而尽可能地减轻异体反应，避免神经元的大面积损伤。除此之外，由于人体的运动是不可避免的，因此保持器件与组织的界面稳定，从而保证所记录信号的高保真度和长期稳定性也是非常重要的。

基于碳的纤维材料(碳纤维、碳纳米管纤维、石墨烯纤维等)具有优异的电化学性能和良好的柔性，使它们成为制备神经记录电极的理想材料。研究者以直径为 7 μm 的碳纤维作为核，聚对苯撑二甲基薄膜作为绝缘层，聚乙二醇水凝胶作为抗生物淤积层，在纤维尖端处负载了聚噻吩神经记录而制备了一种神经电极。实验结果显示，此微电极可以在小鼠脑内稳定记录电信号 5 周[48]。碳纳米管和石墨烯纤维由于具有很高的比表面积，可以有效降低电学阻抗，提供更大的电荷注入能力，因此能够更灵敏地记录电信号[49]。

这些电极材料可以进一步发展成为多功能的神经电极，不仅可以实现神经电信号记录功能，还可以同时实现光学刺激、药物递送等其他功能。例如，研究者通过热拉伸技术制备了一种新型多功能神经电极，它同时包含一个圆柱状的波导管、两个微流体管道和两个神经记录电极[24]。这些集成高分子纤维可用于自由活动小鼠的长期光遗传刺激、药理学介导和神经电信号记录。

2. 智能织物

随着科学技术的发展和人类生活水平的提高，单纯的御寒和装饰已经不能满足人们对织物的要求，如果衣物能够将太阳能或走路产生的机械能转换为电能储存起来，用于给电子设备如智能手机、手提电脑等供电，将会给日常生活带来极大便利。除此以外，将发光、传感等其他功能集成到衣物中制成智能织物也成为未来的趋势。

为了赋予织物以多功能性，能量采集、储能、发光、传感、驱动等各类功能纤维被不断设计和制造出来。除此之外，信息处理和传输模块也将成为未来的纤维器件发展方向。通过编织、打结、刺绣等纺织技术，可以将不同功能的纤维编在同一件织物上，实现多功能的集成。

更特别的是，可以在一根纤维上同时引入不同的功能，使得整个织物电子系统的构造更为精简。比如，通过染料敏化太阳能电池和超级电容器的串联，构建自供电系统[50]；将储能器件和传感器结合，构成自驱动系统等[51]。

1.4.6 总结

如上所述，纤维电子器件的发展仍处于初级阶段。作为纤维电子器件的基础，纤维电极的发展至关重要。碳纳米管纤维、碳纤维、石墨烯纤维等新型纤维材料的引入，可以极大地提升纤维电子器件的性能。令人欣喜的是，越来越多的纤维电子器件被发展和报道，并且一部分纤维电子器件已经实现了商业化生产。

为了帮助感兴趣的读者进一步了解这一领域，后续的章节将会更深入地讨论纤维电极、纤维电子器件中电荷传输和转移机制、连续化生产和封装技术、多功能集成等重要内容。我们相信，这一领域将会在未来二十年里蓬勃发展，可能在多个方面改变人们的生活方式。

参 考 文 献

[1] Wen X, Wang B, Huang S, et al. Flexible, multifunctional neural probe with liquid metal enabled, ultra-large tunable stiffness for deep-brain chemical sensing and agent delivery. Biosens. Bioelectron., 2019, 131: 37-45.

[2] Gao Y, Yu L, Yeo J C, et al. Flexible hybrid sensors for health monitoring: Materials and mechanisms to render wearability. Adv. Mater., 2020, 32(15): e1902133.

[3] Zhou P, Yang X, He L, et al. The young's modulus of high-aspect-ratio carbon/carbon nanotube composite microcantilevers by experimental and modeling validation. Appl. Phys. Lett., 2015, 106(11): 111908.

[4] Ebbesen T, Lezec H, Hiura H, et al. Electrical conductivity of individual carbon nanotubes. Nature, 1996, 382(6586): 54-56.

[5] Cinke M, Li J, Chen B, et al. Pore structure of raw and purified HiPco single-walled carbon nanotubes. Chem. Phys. Lett, 2002, 365(1-2): 69-74.

[6] Motta M, Moisala A, Kinloch I A, et al. High performance fibres from 'dog bone' carbon nanotubes. Adv. Mater., 2007, 19(21): 3721-3726.

[7] Chen P, Xu Y, He S, et al. Hierarchically arranged helical fibre actuators driven by solvents and vapours. Nat. Nanotechnol., 2015, 10(12): 1077-1083.

[8] Peng H, Jain M, Li Q, et al. Vertically aligned pearl-like carbon nanotube arrays for fiber spinning. J. Am. Chem. Soc., 2008, 130(4): 1130-1131.

[9] Chen P, Xu Y, He S, et al. Biologically inspired, sophisticated motions from helically assembled, conducting fibers. Adv. Mater., 2015, 27(6): 1042-1047.

[10] Scrosati B. History of lithium batteries. J. Solid State Electrochem., 2011, 15(7-8): 1623-1630.

[11] Ho J, Jow T R, Boggs S. Historical introduction to capacitor technology. IEEE Electr. Insul. Mag., 2010, 26(1): 20-25.

[12] Yang M M, Kim D J, Alexe M. Flexo-photovoltaic effect. Science, 2018, 360(6391): 904-907.

[13] Gong J, Sumathy K, Qiao Q, et al. Review on dye-sensitized solar cells (DSSCs): Advanced techniques and research trends. Renew. Sust. Energ. Rev., 2017, 68: 234-246.

[14] Sariciftci N, Smilowitz L, Heeger A, et al. Semiconducting polymers (as donors) and buckminsterfullerene (as acceptor): Photoinduced electron transfer and heterojunction devices. Synth. Met., 1993, 59(3): 333-352.

[15] Kojima A, Teshima K, Shirai Y, et al. Organometal halide perovskites as visible-light sensitizers for photovoltaic cells. J. Am. Chem. Soc., 2009, 131 (17) : 6050-6051.

[16] Pope M, Kallmann H P. Magnante P Electroluminescence in organic crystals. J. Chem. Phys., 1963, 38 (8) : 2042-2043.

[17] Gustafsson G, Cao Y, Treacy G, et al. Flexible light-emitting diodes made from soluble conducting polymers. Nature, 1992, 357 (6378) : 477-479.

[18] Curran S, Dewald J, Carroll D L, et al. All-optical nanoscale read/write bit formation. Journal of Microlithography Microfabrication and Microsystems, 2006, 5 (1) : 011013.

[19] Chua L. Resistance switching memories are memristors. Appl. Phys. A, 2011, 102 (4) : 765-783.

[20] Kim J, Campbell A S, de Avila B E, et al. Wearable biosensors for healthcare monitoring. Nat. Biotechnol., 2019, 37 (4) : 389-406.

[21] Baps B, Eber-Koyuncu M, Koyuncu M. Ceramic based solar cells in fiber form. Key Eng. Mater., 2001, 206-213: 937-940.

[22] Dalton A B, Collins S, Munoz E, et al. Super-tough carbon-nanotube fibres. Nature, 2003, 423 (6941) : 703.

[23] O'Connor B, An K H, Zhao Y, et al. Fiber shaped light emitting device. Adv. Mater., 2007, 19 (22) : 3897-3900.

[24] Wang L, Fu X, He J, et al. Application challenges in fiber and textile electronics. Adv. Mater., 2020, 32 (5) : e1901971.

[25] Peng H. Fiber electronics. Adv. Mater., 2020, 32 (5) : e1904697.

[26] Liu Z, Misra M. Dye-sensitized photovoltaic wires using highly ordered TiO_2 nanotube arrays. ACS Nano, 2010, 4 (4) : 2196-2200.

[27] Yang Z, Sun H, Chen T, et al. Photovoltaic wire derived from a graphene composite fiber achieving an 8.45 % energy conversion efficiency. Angew. Chem. Int. Ed., 2013, 52 (29) : 7545-7548.

[28] Fu X, Sun H, Xie S, et al. A fiber-shaped solar cell showing a record power conversion efficiency of 10%. J. Mater. Chem. A, 2018, 6 (1) : 45-51.

[29] Lee M R, Eckert R D, Forberich K, et al. Solar power wires based on organic photovoltaic materials. Science, 2009, 324 (5924) : 232-235.

[30] Zhang Z, Yang Z, Wu Z, et al. Weaving efficient polymer solar cell wires into flexible power textiles. Adv. Energy Mater., 2014, 4 (11) : 1301750.

[31] Qiu L, Deng J, Lu X, et al. Integrating perovskite solar cells into a flexible fiber. Angew. Chem. Int. Ed., 2014, 53 (39) : 10425-10428.

[32] Dong B, Hu J, Xiao X, et al. High-efficiency fiber-shaped perovskite solar cell by vapor-assisted deposition with a record efficiency of 10.79%. Adv. Mater. Technol., 2019, 4 (7) : 1900131.

[33] Cheng X, Zhang J, Ren J, et al. Design of a hierarchical ternary hybrid for a fiber-shaped asymmetric supercapacitor with high volumetric energy density. J. Phys. Chem. C, 2016, 120 (18) : 9685-9691.

[34] Ren J, Zhang Y, Bai W, et al. Elastic and wearable wire-shaped lithium-ion battery with high electrochemical performance. Angew. Chem. Int. Ed., 2014, 53 (30) : 7864-7869.

[35] Fang X, Weng W, Ren J, et al. A cable-shaped lithium sulfur battery. Adv. Mater., 2016, 28 (3) : 491-496.

[36] Xu Y, Zhao Y, Ren J, et al. An all-solid-state fiber-shaped aluminum-air battery with flexibility, stretchability, and high electrochemical performance. Angew. Chem. Int. Ed., 2016, 55 (28) : 7979-7982.

[37] Pan J, Li H, Sun H, et al. A lithium-air battery stably working at high temperature with high rate performance. Small, 2018, 14 (6) : 1703454.

[38] Kwon S, Kim W, Kim H, et al. High luminance fiber-based polymer light-emitting devices by a dip-coating method. Adv. Electron. Mater., 2015, 1 (9): 1500103.

[39] Bredol M, Dieckhoff H S. Materials for powder-based AC-electroluminescence. Materials, 2010, 3 (2): 1353-1374.

[40] Liang G, Yi M, Hu H, et al. Coaxial-structured weavable and wearable electroluminescent fibers. Adv. Electron. Mater., 2017, 3 (12): 1700401.

[41] Zhang Z, Cui L, Shi X, et al. Textile display for electronic and brain-interfaced communications. Adv. Mater., 2018, 30 (18): e1800323.

[42] Wang L, Wang L, Zhang Y, et al. Weaving sensing fibers into electrochemical fabric for real-time health monitoring. Adv. Funct. Mater., 2018, 28 (42): 1804456.

[43] Wang L, Xie S, Wang Z, et al. Functionalized helical fibre bundles of carbon nanotubes as electrochemical sensors for long-term in vivo monitoring of multiple disease biomarkers. Nat. Biomed. Eng., 2020, 4 (2): 159-171.

[44] Wu X, Feng J, Deng J, et al. Fiber-shaped organic electrochemical transistors for biochemical detections with high sensitivity and stability. Sci. China Chem., 2020, 63 (9): 1281-1288.

[45] Lu L, Zhou Y, Pan J, et al. Design of helically double-leveled gaps for stretchable fiber strain sensor with ultralow detection limit, broad sensing range, and high repeatability. ACS Appl. Mater. Interfaces, 2019, 11 (4): 4345-4352.

[46] Ge J, Sun L, Zhang F R, et al. A stretchable electronic fabric artificial skin with pressure-, lateral strain-, and flexion-sensitive properties. Adv. Mater., 2016, 28 (4): 722-728.

[47] Chen R, Canales A, Anikeeva P. Neural recording and modulation technologies. Nat. Rev. Mater., 2017, 2 (2): 1-16.

[48] Pisanello F, Mandelbaum G, Pisanello M, et al. Dynamic illumination of spatially restricted or large brain volumes via a single tapered optical fiber. Nat. Neurosci., 2017, 20 (8): 1180-1188.

[49] Wang K, Frewin C L, Esrafilzadeh D, et al. High-performance graphene-fiber-based neural recording microelectrodes. Adv. Mater., 2019, 31 (15): e1805867.

[50] Chen T, Qiu L, Kia H G, et al. Designing aligned inorganic nanotubes at the electrode interface: towards highly efficient photovoltaic wires. Adv. Mater., 2012, 24 (34): 4623-4628.

[51] Li L, Lou Z, Chen D, et al. Hollow polypyrrole sleeve based coaxial fiber supercapacitors for wearable integrated photosensing system. Adv. Mater. Technol., 2018, 3 (8): 1800115.

第2章 纤维电极

构建纤维电子器件，要从选择纤维电极开始，它是设计纤维电子设备时最先考虑的部分。本章重点讨论了各类纤维电极的结构和特性，比较了多种无机、有机及其复合材料的纤维电极的制备过程和具体性能。除传统的金属丝电极外，将着重讨论各种碳基纳米材料纤维电极，如碳纳米管纤维、石墨烯纤维和高分子纤维。

2.1 引　言

传统的能源与电子器件多设计为平面结构，如通过在刚性基材或柔性聚合物膜上进行光刻的手段制备得到[1, 2]。通过集成化和功能化设计，或使用性能优异的新材料，可以提高和拓展器件的性能和应用范围[3, 4]。然而，平面的结构设计并不适用于任意表面，且不能承受扭曲变形，这限制了它的应用。为了满足在更广范围的应用需求，近年来，对柔性和可穿戴电子产品的研究日益增多，而对纤维电子器件的研究工作就是其中最重要的组成部分[5, 6]。纤维电子器件作为一个新兴的研究领域，它具有轻便、灵活和适应性强的特点，广泛应用在可穿戴设备中。近年来，许多纤维电子器件已经通过成熟和低成本的技术，在较为普通的环境条件下制造出来。而先进纳米加工技术的不断发展，也使得在单个纤维上直接组装纳米材料或器件成为可能，通过这种方法构建的微小结构单元通常只有几微米到几十微米的厚度。目前研究的纤维能源器件主要有聚合物太阳能电池、染料敏化太阳能电池、钙钛矿太阳能电池、超级电容器和锂离子电池。

毫无疑问，电极材料对于各种器件的性能至关重要[7]。电极的高电导率是其在器件中使用的前提，它有利于电荷的收集和传输。传统平面器件的电极材料通常不太容易弯曲和变形。所以柔性、导电、有电化学活性的纤维才是电极材料选择的关键。在本章中，我们将介绍一系列由金属材料、碳基材料和高分子材料制成的导电纤维，这是纤维器件的基础。

通常，导电纤维不单独用作电极，一般会添加活性组分来增强性能。作为纤维电子器件中的关键部分，纤维电极应具有合适的电导率、机械强度、柔性和电化学活性。金属丝、碳基纤维、聚合物纤维、复合纤维等多种纤维状材料都可用作纤维电极。但随着应用环境的不同，它们各有优缺点。例如，金属导线具有高电导率，这对电荷传输、减小内阻和促进电化学动力学反应至关重要，但是，采用金属导线会有较重的质量和高昂的费用，此外，金属丝的刚性会在器件装配过程中造成内部应力，从而降低器件的灵活性。高分子纤维可作为柔性和弹性衬底，但其较低的电导率阻碍了它们的应用。同时具有高电导率、机械强度和电化学特性以及高比表面积的各种碳纳米材料，如碳纳米管和石墨烯，成为理想的候选材料。这些材料也将在本章中进行重点介绍。

2.2　金属纤维电极

金属是人类最早发现的导电材料，所以金属丝是最早制备并得到广泛应用的导电纤维。目前，在日常生活的各个领域，金属纤维电极是使用最普遍的导线材料。金属丝经过了漫长的研究和开发后，拥有较低的制备成本和广泛的种类选择。故金属丝通常作为电极或导电基板用在各种纤维器件中，如纤维太阳能电池和纤维传感器。表 2.1 列出了一些金属的密度、杨氏模量和电导率。

表 2.1　常见金属材料性能

名称	密度/(g/cm^3)	杨氏模量/GPa	电导率/(10^6 S/m)
铜 (Cu)	8.9	110~128	58.8
铝 (Al)	2.7	70	35.5
不锈钢 (Type 304)	7.8	211	10.4
钛 (Ti)	4.5	116	2.4
镍 (Ni)	8.9	200	14.4
铂 (Pt)	21.4	168	9.5
金 (Au)	19.3	79	45.1
银 (Ag)	10.5	83	63.0

2.2.1　铜导线和铝导线

铜是一种延展性很好的金属，同时也具有非常高的导热性和导电性，所以铜被广泛用作热导体和电导体材料。铜丝也被自然地用作纤维电极。比如，可以通过热处理在铜线上均匀生长氧化铜纳米线。绝缘的氧化铜纳米线可以抑制器件中的自放电，并进一步负载了金、钯和二氧化锰后，就可以很轻易地制备出基于铜线的超级电容器纤维电极[8]（图 2.1）。

除了铜与铜合金材料，铝和铝合金材料是金属纤维材料中的另一种广泛应用的金属导线材料。铝线虽然没有铜线那么高的电导率，但有着更小的密度。在相同体积下，铝合金材料的质量约为铜合金的三分之一。即使在相同的载流能力下，铝合金线的质量也约为铜线的一半左右。这些优点为铝金属材料在纤维电极领域和纤维电子器件中的广泛应用奠定了基础。

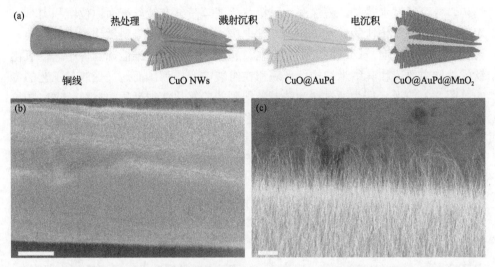

图 2.1 在铜线上制备 CuO@AuPd@MnO$_2$ 纳米线的过程 (a)；铜线被氧化铜纳米线完全覆盖并垂直生长的扫描电子显微镜侧视图 (b) 和俯视图 (c) [8]

2.2.2 不锈钢导线

不锈钢是一种含 10.5wt%铬的合金钢。顾名思义，不锈钢可以耐水腐蚀。但不锈钢并不是绝对防锈的，比如在盐碱环境下它也会生锈。不锈钢与常见碳钢的区别在于铬的含量。未加保护的碳钢暴露在空气和潮湿中容易生锈。这是因为生成的锈(Fe$_x$O$_y$ 膜)是活性的，并可以通过产生更多的 Fe$_x$O$_y$ 来加速腐蚀过程，而且 Fe$_x$O$_y$ 易于剥离和脱落，这进一步加速了碳钢表面的腐蚀。而不锈钢中含有足够的铬，可以形成钝化的 Cr$_x$O$_y$ 膜，并通过阻断氧的渗透来防止进一步的表面腐蚀。不锈钢有足够高的电导率来用作纤维电极[9]。此外，还可以通过浸涂的方式来进一步引入二氧化钛、氧化锌、小片层铂、银膜层等活性组分[9-12]。通过引入第二组分可调控不锈钢丝的功函数，使其在电化学反应过程中提供足够大的表面积和足够多的催化位点。

2.2.3 钛丝

钛是一种有光泽的过渡金属，具有许多优异的性能。它的密度低，又有较高的机械强度、电导率和熔点(1942 K)。虽然其他金属也具有这些优点，但钛丝可以通过电化学方法，较为容易地在表面修饰生长二氧化钛纳米材料。因此，钛丝在纤维能源器件领域特别是太阳能电池中，具有不可替代的地位。

作为一种半导体材料，二氧化钛应用于光催化、光电转换、电致变色、水分解、储氢等领域中[13]。二氧化钛纳米材料具有颗粒、纳米管、纳米线等多种不同结构，并可通过水热法、蘸涂法、阳极氧化法等工艺在钛丝表面原位沉积[14-19]。表面修饰有二氧化钛的钛丝可作为纤维电极，广泛应用于染料敏化太阳能电池、聚合物太阳能电池、钙钛矿太阳能电池、超级电容器等纤维能源器件中。二氧化钛的性能主要依赖其纳米结构、形貌和在组装中的排列，而这又受制备工艺的影响。图 2.2(b) 所示即为通过蘸涂法制备得到的二氧化钛纳米颗粒材料，这些颗粒均匀分布于纤维表面，而构造出的疏松多孔结构也赋予了其较高的比表面积。但是，蘸涂法得到的二氧化钛纳米颗粒与钛丝的表面结合力比较弱，更容易从纤维表面剥离，特别是在纤维弯折或扭曲变形时。二氧化钛的涂层厚度是影响材料黏附稳定性的重要因素。当涂层较薄时，虽然表面区域会出现裂纹，但连续大面积的涂层仍然可以黏附在钛丝表面。但当涂层过厚时，在靠近裂纹处会发生界面分离[20]。此外，在实际的制备过程中，二氧化钛颗粒容易团聚成不规则的聚集体，既不利于电荷的传输，也会产生较大范围的能级无序性[21]。

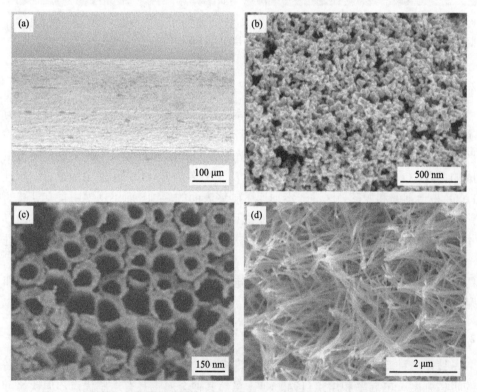

图 2.2　涂覆于钛丝表面二氧化钛纳米材料的扫描电镜照片
(a)纯钛丝；(b)二氧化钛纳米颗粒；(c)二氧化钛纳米管[18]；(d)二氧化钛纳米线[14]

　　形貌可控、组装有序的二氧化钛纳米材料更受人们的青睐，如二氧化钛纳米棒和纳米管。通过使用这类材料，也更容易制备出高性能的纤维能源器件[13]。例如在取向排列组装的二氧化钛一维纳米材料中，电荷可以沿路径较短的纳米棒或纳米管的长径方向进行传输。而对于二氧化钛纳米颗粒而言，电荷必须通过颗粒形成的大量界面曲折传递，相对而言路径更长、效率更低。如图 2.2 所示，二氧化钛纳米管可以通过电化学阳极氧化法在钛丝表面原位合成，通过调控阳极氧化的参数还可以调控纳米管的大小和形貌[22]。图 2.2(c) 显示的就是通过阳极氧化法制备的二氧化钛纳米管阵列。二氧化钛纳米管垂直地环绕在钛丝表面，可以在钛丝反复形变过程中保持良好的结构稳定。除了纳米棒和纳米管，也可以通过碱性水热的工艺来合成得到二氧化钛纳米线阵列，这些垂直于钛丝表面且取向排列的纳米线同样有利于电荷传输和减少电荷复合 [图 2.2(d)][23]。

除二氧化钛外，其他一些无机氧化物(如氧化钴)，也可以使用类似方法负载在钛丝表面。例如，通过溶剂热法在钛丝上生长多孔的四氧化三钴纳米线，得到的纤维电极也可用于构建高性能的纤维超级电容器[24]。

2.2.4　其他金属纤维电极

除了普遍使用的铜、铝、不锈钢导线和钛丝，其他材质的金属纤维，如镍、金、银、铂等也常作为电极用于纤维器件中。

镍是一种具有银白色光泽的过渡金属，质硬、易延展、耐腐蚀。很多的活性材料，如氢氧化镍和氧化钴纳米线，可以和镍丝复合，并作为纤维能量器件中的纤维电极(图 2.3)[24, 25]。

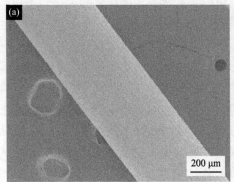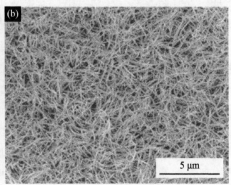

图 2.3　镍丝扫描电镜照片(a)；镍丝表面包覆氧化钴纳米线的扫描电镜照片(b)[24]

贵金属丝如铂丝、银丝和金丝，也是人们常用的纤维电极[11, 26]。金属铂因其固有的较高电导率和电化学催化活性，是染料敏化太阳能电池和燃料电池中常用的对电极材料。在太阳能电池中，具有合适功函数的电极对于电荷的分离和传输至关重要，银和金在广泛的研究中被认定是具有高功函数的电极材料。但是，贵金属丝一般都价格昂贵、储量有限,因为固有的刚性使其在弯折时往往产生内应力,故不能像其他纤维电极那样承受高曲率的弯折,影响纤维器件的稳定性。

2.3 碳基纤维电极

碳基材料目前发展迅速。在传统的石墨和炭黑材料之外,碳纳米材料也愈发受到人们的重视,包括零维的富勒烯、一维的碳纳米管、二维的石墨烯和三维的碳海绵(carbon sponge),各种性能优异的碳基纳米材料在越来越多的领域发挥着重要的作用。碳纳米材料具有高比表面积和优异的力学与电学性能,所以碳基纤维材料也常被用作纤维器件的电极材料,如碳纳米管纤维、石墨烯纤维和碳纤维。下面将详细讨论这些碳基纳米纤维的合成、结构、性能与应用。

2.3.1 碳纳米管纤维

1991 年首次被发现的碳纳米管,是一类完全由碳原子组成的碳同素异形体[27]。通常结构是由一层或多层石墨烯结构的碳原子组成的无缝管,具有开放或封闭的末端。仅考虑单个碳纳米管管壁的横截面积时,单个多壁碳纳米管的弹性模量接近 1 TPa,抗拉强度为 100 GPa,比普通工业纤维高出 10 倍以上[28]。目前主流的合成碳纳米管材料的方法有三种,即电弧放电法、激光烧蚀法和化学气相沉积法。电弧放电法和激光烧蚀法都是在极高温的惰性气体环境下,通过强电流或大功率脉冲激光形成碳等离子体或使碳源蒸发,进而重构成碳纳米管。化学气相沉积法则是在高温和惰性气体环境中,碳源高温裂解,并在金属催化剂纳米颗粒上组装生长成碳纳米管[29]。

碳纳米管具有较高的力学、电学和电催化性能。为了将这些优异性能应用到更广阔的领域,研究人员开发出了多种工艺来制备碳纳米管纤维。尽管碳纳米管是一种性能优异的一维材料,可单根碳纳米管仍然长度有限。因此,碳纳米管纤维材料大规模应用的关键技术,就是如何让相互独立的碳纳米管通过相互作用形成连续宏观纤维。目前已经开发出干法纺丝、湿法纺丝等多种技术,来制备连续碳纳米管纤维。沿拉伸方向将碳纳米管取向排列组装成纤维,从而把碳纳米管优异的理化性能从纳米尺度拓展到宏观尺度。碳纳米管通过范德瓦耳斯力和π−π相互作用,先组装成束状聚集体,然后再进一步组装成宏观纤维(图 2.4)[30]。

对于湿法纺丝,先把碳纳米管粉末分散在合适的溶液中,然后经过凝固浴来进行纤维成型,包括了基于表面活性剂分散的凝固浴纺丝和基于强酸分散的液晶纺丝。与湿纺纺丝不同,干法纺丝顾名思义无须使用溶液。根据原料和制备方法的不同,干法纺丝可以分成基于取向碳纳米管阵列的干法纺丝和基于碳纳米管气凝胶(由浮动催化剂化学气相沉积方法制备得到)的直接纺丝两类主要工艺。而从实际应用的角度来看，碳纳米管气凝胶直接纺丝作为"一步成型"的制备工艺，更加有利于大规模连续生产。

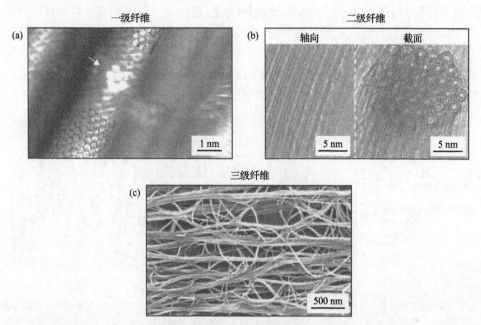

图 2.4　从单根碳纳米管到碳纳米管束再到连续纤维的多层次结构[30]

(a)包含拓扑缺陷(如白色箭头指示的位置)的碳纳米管的扫描隧道显微镜照片；(b)碳纳米管束的轴向和截面的隧穿电子显微镜照片；(c)由取向碳纳米管束构建的纤维的扫描电子显微镜照片

1. 湿法纺丝技术

湿法纺丝技术是一种常见制备化学纤维的纺丝工艺。许多合成纤维都是通过湿法纺丝技术生产的，如丙烯酸(聚丙烯腈)、人造丝(纯化纤维素)和芳纶(聚芳酰胺)。这类纺丝技术往往首先通过浸入液体凝固浴中的喷丝头注入溶解有聚合物原料的浓溶液，然后聚合物原料发生缩合、沉淀、胶凝等反应形成固态纤维。该技术还可用于处理在高温下不会熔融或降解的聚合物，或用于制备多组分的复合纤维[31]。湿法纺丝的这些优势，也让其成为最初制备碳纳米管纤维的首选方案，也获得了连续的碳纳米管纤维。湿法纺丝主要包括两大类：①碳纳米管粉末在表面活性剂的辅助下分散在合适溶液中进行纺丝。②碳纳米管粉末直接溶于超强酸中(如发烟硫酸或氯磺酸)，形成碳纳米管液晶分散液，再进行纺丝。

与传统的湿法纺丝技术一样，碳纳米管的凝固纺丝工艺同样需要碳纳米管在分子水平上均匀分散在溶液中。但是，受限于较低的溶解能力，碳纳米管一般很难均匀分散在绝大部分溶剂中。所以在实际的碳纳米管凝固纺丝中，需要在溶液中添加辅助分散组分，比如表面活性剂。因此，在第一类基于表面活性剂的凝固纺丝工艺中，可以先将碳纳米管分散在表面活性剂溶液中，然后再注入聚合物凝固浴中以形成连续纤维。如图 2.5(a) 所示，分散液由用电弧技术生产的单壁碳纳米管粉末和通过超声处理的表面活性剂十二烷基硫酸钠组成。碳纳米管纤维是通过将单壁碳纳米管分散液注入包含聚乙烯醇的聚合物凝固浴中制备[32]。基于表面活性剂的混合凝固浴纺丝简单且快速，适合大规模生产。该类技术可以连续制备出具有较高碳纳米管负载量(最高 60 wt%)和高拉伸强度(1.8 GPa)的碳纳米管纤维[29]。该方法目前面对的主要挑战在于，生产速率较低和高浓度碳纳米管较难分散。

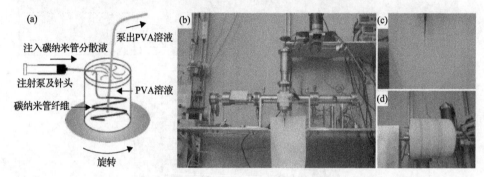

图 2.5　碳纳米管纤维的湿法纺丝

(a)制作碳纳米管纤维的实验装置示意图，碳纳米管的流动诱导排列发生在毛细管尖端，当聚合物溶液从容器底部缓慢泵出时，可以产生碳纳米管纤维[32]；(b)用于制备单壁碳纳米管纤维的定制装置，其中单壁碳纳米管在发烟硫酸中分散；(c)从毛细管中喷出的单壁碳纳米管分散液射流；(d)长达 30 m 的连续碳纳米管纤维[33]

碳纳米管是化学惰性的，并且相互之间存在范德瓦耳斯力，限制了它们在水、酸或有机溶剂中的分散，也让在常规溶液中控制碳纳米管的分散和排列变得非常困难。因此，使用有助于分散的两亲性表面活性剂，对于碳纳米管纤维凝固浴湿法纺丝工艺是必要的。然而，湿纺碳纳米管纤维中残余的表面活性剂杂质，也降低了纤维性能。为了制备更高纯度的碳纳米管纤维，就要首先得到更加纯净的碳纳米管分散溶液。均相的单壁碳纳米管液晶溶液可以通过将单壁碳纳米管分散在超强酸(如发烟硫酸和氯磺酸)中来制备，而这类分散液可以制备出更高纯度的碳纳米管纤维。如图 2.5(b) 所示，通过把单壁碳纳米管超强酸液晶分散液注入凝固浴中，可连续制备得到高纯度的碳纳米管纤维。

在超强酸中，单壁碳纳米管可在没有任何机械能的帮助下自发溶解，形成热力学稳定的分散体。在超强酸存在下，单壁碳纳米管被质子化，形成被阴离子(如硫酸根离子)包围的带电的单壁碳纳米管。单壁碳纳米管上正电荷引起的静电斥力，抵消了它们之间的范德瓦耳斯相互作用。理论与实验结合，证实了单壁碳纳米管–超强酸体系的行为是由溶剂介导的短距离排斥和长程吸引的竞争引起的。

基于液晶湿纺方法得到的碳纳米管纤维，拉伸强度可以达到 2.4 GPa，杨氏模量接近 200 GPa[34, 35]。然而，这种超酸液晶体系仅适用于单壁碳纳米管，不能扩展到多壁碳纳米管。此外，水的存在容易导致相分离，从而析出离散的针状晶体，这使得制备条件非常严格。制备后纤维的净化也很苛刻，残留的强酸很容易氧化碳纳米管。因此，有必要进一步优化碳纳米管纤维湿法纺丝制备工艺，提高制备效率和质量。

2. 通过取向碳纳米管阵列进行干法纺丝

通过取向碳纳米管阵列进行干法纺丝，是制备碳纳米管纤维的另一种有效方法，在制备工艺和形态控制方面具有湿纺纺丝达不到的一些优势。比如，这种方法制备的碳纳米管纤维，碳纳米管高度取向，从而赋予碳纳米管纤维更高的强度，并且很容易与各种活性材料均匀复合，更好满足纤维器件的应用需要。在本节中，我们将更加详细介绍这种方法。

(1) 可纺碳纳米管阵列的制备

将催化剂沉积在平面基底上，引入碳源诱导碳纳米管阵列生长，就可以在合适的条件下制备得到可纺的碳纳米管阵列[36]。目前化学气相沉积合成制备可纺碳纳米管阵列的碳源主要有甲烷、乙烯、乙炔和环己烷。随着碳源的不同，反应温度也有所不同，但温度越高一般越有利于生成更少缺陷的碳纳米管。

这里举例介绍以乙烯作为碳源，合成可纺碳纳米管阵列的过程[37]。首先，把缓冲层和催化剂层依次沉积在硅片上，这里硅片也可用其他表面光滑且耐高温的材料(如不锈钢)代替。缓冲层(Al_2O_3、ZnO、MgO 等)主要防止催化剂渗入基底，并限制催化剂颗粒的移动和 Ostwald 熟化。之后沉积的催化剂层包括 Fe、Co、Ni 纳米颗粒或它们的合金。催化剂层决定了碳纳米管阵列的密度和形貌，催化剂层的厚度会影响催化剂的颗粒密度和直径。通过控制催化剂颗粒的大小，可以控制碳纳米管的直径和壁数[38-40]。化学气相沉积过程发生在通有碳源和载气(H_2/Ar)的管式炉中，历经四段程序控温过程[图 2.6(a)]。

(2) 碳纳米管阵列的生长机理

可纺碳纳米管阵列的生长机理，符合气相—液相—固相过程[41]。在第一阶段(即退火过程)，随着温度升高，位于表面的催化剂膜熔化，在表面张力的作用下纳米颗粒分布于缓冲层之上[图 2.6(b)、(c)]。催化剂颗粒的直径和密度取决于催化剂层的厚度，也与升温速率、载气成分和缓冲层的厚度有关。由于单个催化剂纳米颗粒直接生成单根碳纳米管，因此催化剂颗粒的直径和密度对于可纺碳纳米管阵列至关重要。催化剂纳米颗粒分布均匀，那么制备出的碳纳米管直径分布也均匀。在退火过程结束后，如甲烷、乙烯等碳源通入管式炉的高温区域，并在该区域裂解形成碳簇。这些碳簇溶解在催化剂纳米颗粒中形成液态或者近液态的碳化铁合金。由于催化剂颗粒的纳米尺度、高热导率以及碳原子的快速扩散，故可认为催化剂颗粒中的温度和碳原子浓度分布均匀[41]。碳原子溶入催化剂至过饱和，形成一个与催化剂颗粒形状一致的碳笼，易于后续的分离和成核。碳笼可以为单层或者多层，即生成单壁碳纳米管或多壁碳纳米管。随着碳的溶解和析出达到平衡，碳纳米管进入稳定的生长过程。在碳纳米管生长过程中，催化剂表面会沉积无定形碳阻止前驱体的分解和碳的溶解，中止生长过程。因此，抑制无定形碳的沉积能得到更长的碳纳米管。例如，在载气中引入少量的弱氧化剂（水或乙醇）有助于刻蚀无定形碳，延长生长过程。同时，弱氧化剂也能刻蚀碳纳米管的外层管壁形成少壁甚至单壁的碳纳米管[42, 43]。

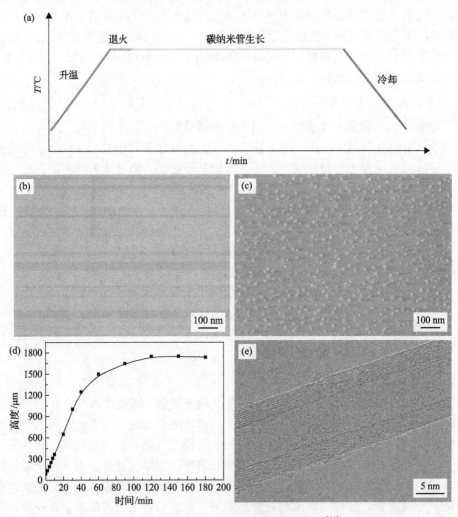

图 2.6 碳纳米管阵列的合成及影响因素[44]

(a) 合成碳纳米管阵列的温度控制程序；(b) 退火前催化剂薄膜的扫描电镜照片；(c) 退火后催化剂纳米颗粒的扫描电镜照片；(d) 碳纳米管阵列高度对生长时间的依赖曲线；(e) 碳纳米管阵列中多壁碳纳米管的透射电镜照片

碳纳米管阵列的形貌对其可纺性影响很大，可纺碳纳米管阵列的生长条件十分严格，一般要求有干净的表面、有序的排列以及合适的密度[图 2.7(a)，(b)]。从制备合适的催化剂开始，就要严格控制其组分和厚度，然后才能顺利制备出可纺碳纳米管阵列。碳纳米管阵列的形貌强烈依赖于生长过程，包括气体组成、流速、温度和生长时间。例如，碳源的浓度和氢气对于平衡无定形碳的沉积和碳纳米管的生长至关重要。氢气具有还原催化剂和刻蚀无定形碳的作用，但作为碳源的一种热解产物，氢气的浓度过高将阻止化学平衡朝着分解方向进行。温度是另一个重要因素。通常，控温程序设计成升温和保持阶段。在升温过程形成催化剂颗粒，在高温平台主要发生碳源的热解、无定形碳的沉积以及碳纳米管的生长。碳纳米管的生长速率随着催化剂尺寸的变化而变化，由于溶解相同碳的过饱和度不同，直径大的颗粒生长速率低于直径小的颗粒。由于不同的生长速率，阵列中碳纳米管的长度分布变宽，产生波浪结构，不利于其可纺性。

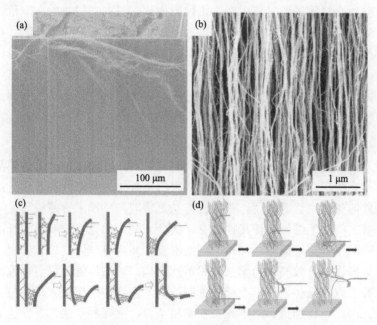

图 2.7　可纺碳纳米管阵列的扫描电镜图以及纺丝机理示意图
(a)阵列的侧面图；(b)阵列侧面的高分辨图；(c)相互作用结构模型[45]；(d)相互缠结结构模型[47]

所有这些因素都影响了碳纳米管阵列的可纺性。只有保持流动气体成分、生长温度、生长时间和合适的碳源前驱体等因素的相互平衡，才能合成出无非晶碳、高度取向的可纺碳纳米管阵列。

(3) 碳纳米管阵列的纺丝机理

只有当相邻碳纳米管束之间具有合适的相互作用和缠绕状态，碳纳米管阵列才可能纺出纤维。由于碳纳米管间具有较强的相互作用，阵列中的碳纳米管易于形成管束。在动态化学气相沉积过程中，气流的波动导致碳纳米管束在空间重新分布。单根碳纳米管或者小管束贯穿在相邻管束之间。如图 2.7(c) 所示，当一个碳纳米管束被拉出，相邻管束之间的碳纳米管分离并且团聚在管束底部，相互作用力增加到可以进一步剥离相邻的管束[45]。如此往复，管束不断地被剥离拉出形成头-头、尾-尾相连的连续结构。

因此不难理解，前述的碳纳米管阵列形貌为何决定了阵列的可纺性。干净的表面由于碳纳米管之间存在分子间作用力，有利于获得良好的可纺性。碳纳米管表面的无定形碳作为杂质，削弱了碳纳米管之间的相互作用，而对阵列的可纺性产生不利影响[46]。贯穿相邻管束的碳纳米管在纺丝过程中起重要作用，其数目往往随着碳纳米管阵列的高度增加而增加。因此，较矮的阵列不利于聚集足够的相互贯穿的碳纳米管和管束，从而不能影响邻近的管束；相反，较高的阵列，管束间约束过强，会导致纺丝过程中断。正因为如此，只有在较小的高度范围内，碳纳米管阵列才具有可纺性，而这一点可以通过生长时间和流速来控制。在某些情况下，阵列中的碳纳米管呈现波浪状，可能是由于生长过程中的紊流造成。这种波浪状的碳纳米管会减弱碳纳米管的取向度，导致碳纳米管阵列难以纺丝。不过另一个解释可纺性的模型则认为在纺丝过程中碳纳米管阵列的头部和端部产生缠结，从而实现头-头、尾-尾相连的连续结构[图 2.7(d)][47-49]。

(4) 通过可纺碳纳米管阵列制备纤维

碳纳米管纤维经由取向碳纳米管薄膜制备，其中取向碳纳米管薄膜从可纺碳纳米管阵列中拉出。通过取向碳纳米管薄膜制备纤维主要有两种方法。第一种方法是加捻取向碳纳米管薄膜[50]，第二种方法是将取向碳纳米管薄膜通过有机溶剂和碳纳米管之间的毛细作用使其收缩成丝状[51]。利用加捻方法制备的纤维，碳纳米管与纤维轴呈一定螺旋角。加捻的碳纳米管之间具有较强的相互作用，从而使得碳纳米管纤维具有较高的力学强度和多孔结构。碳纳米管通过溶剂致密收缩后可保持良好的取向结构，即沿着纤维轴向排列，但这使得碳纳米管在拉力作用下易于滑脱。因此，将加捻和溶剂致密收缩相结合，更有利于制备高性能的碳纳米管纤维。而且，在纺丝过程中使用添加第二组分的悬浮液作为溶剂，还可以方便地把第二组分复合到碳纳米管纤维中制备复合纤维[52]。另外，在加捻过程中施加牵伸力，如在拉纤维的过程中通过 Z 字形的路径，在柱子之间碳纳米管纤维受到拉伸应力，可进一步提高碳纳米管纤维的取向度，从而进一步提高其力学强度和电导率(图 2.8)[53]。

图 2.8(c) 为连续制备与收集碳纳米管纤维的示意图。将可纺碳纳米管阵列固定在一个旋转电机上，拉出取向碳纳米管薄膜并将其一端固定在收集器上[图 2.8(a)]。电机以一定速率旋转，加捻取向碳纳米管薄膜形成一个三角区域。碳纳米管纤维的长度依赖于碳纳米管阵列的尺寸。一般而言，对于长度为几毫米到几

十毫米、宽 1.5 毫米、高约 250 微米的可纺碳纳米管阵列，可以加捻成 1 米以上长度的纤维。通过调控阵列的宽度、管束大小和加捻速率，纤维的直径可以控制在几微米到几十微米。

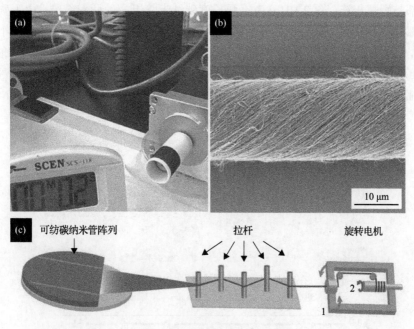

图 2.8　碳纳米管纤维制备过程

(a) 从可纺碳纳米管阵列中拉出取向碳纳米管薄膜；(b) 加捻碳纳米管纤维扫描电镜图[50]；
(c) 连续纺丝的设备与过程[54]

(5) 纤维性能

因为独特的取向结构，碳纳米管纤维有望实现单根碳纳米管优异的力学、电学、热学和电化学性能。碳纳米管阵列的结构和质量在一定程度上决定了碳纳米管纤维的性能高低，这些参数包括碳纳米管直径、管壁数量、缺陷和纯度[55]。此外，制备过程和后处理过程也有很大的影响。在传统纺丝工艺中，加捻过程对于纤维的性能至关重要。关于碳纳米管纤维的拉伸强度，可以借鉴传统纤维的通用公式来进行计算，即 $\sigma_f/\sigma_{CNT} \approx \cos^2\theta_s\,(1-k\times\mathrm{cosec}\theta_s)$，这里 σ_{CNT}、θ_s 和 k 分别是碳纳米管的拉伸强度、表面加捻角度和载荷传递常数[56]。碳纳米管纤维的强度依赖于螺旋角，而螺旋角则由纺丝速率和加捻速率控制。碳纳米管纤维的拉伸强度最高可达 1.2 GPa[57]。当纤维过加捻时，碳纳米管的塌陷可以增加管间的接触面积和摩擦力，此时纤维拉伸强度可增加到 3.3 GPa[58]。

跟踪碳纳米管纤维在拉伸过程中的结构变化，有助于理解碳纳米管纤维的断裂机理。开始，表面疏松蜷曲的碳纳米管将在拉伸作用下变直，因此碳纳米管纤维首先有一个致密化的过程。随着应力的增加，部分碳纳米管滑脱，使得纤维再变疏松，然后碳纳米管束之间的应力重新分布并且集中到整个碳纳米管束上，使得碳纳米管纤维变得紧实（图 2.9）[59]。微观结构表征发现碳纳米管纤维中碳纳米管端部与端部相连。图 2.10(a) 为不同长度碳纳米管组成的两根纤维。由于碳纳米管端部的相互作用力比较弱，根据端部密度随着碳纳米管长度的增加而减小这一现象，更高的碳纳米管阵列制备出的纤维应该具有更好的物理性能 [图 2.10(b)][60]。取向碳纳米管纤维同时也具有良好的柔性，如图 2.11 所示，弯曲和打结都不会破坏纤维结构，因此可以把取向碳纳米管纤维进一步编成织物。

图 2.9　在应力-应变测试中结构变化的扫描电镜照片[59]

从左到右直径依次为 23.4 μm、21.8 μm、21.1 μm 和 18.2 μm

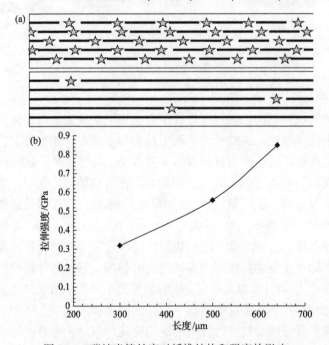

图 2.10　碳纳米管长度对纤维结构和强度的影响

(a)不同长度碳纳米管形成纤维的示意图[60]；(b)碳纳米管纤维的强度随碳纳米管长度变化的曲线[61]

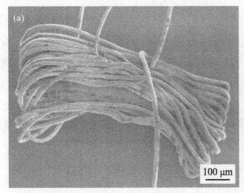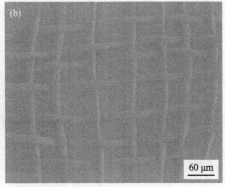

图 2.11 碳纳米管纤维的柔性[62]

(a) 缠绕的碳纳米管纤维；(b) 碳纳米管纤维编织物

取向碳纳米管纤维具有较高的电导率(通常为 $10^2 \sim 10^3$ S/cm)。一般而言，碳纳米管纤维的电导率随着温度的升高而增加，表现出半导体行为[37, 63]。有两种机理可以解释这一行为，分别是跃迁机理和隧道传导机理。这两种机理分别遵循 $\sigma = \sigma_0 \times \exp(-A/T^{1/4})$ 和 $\sigma = \sigma_0 \times \exp(-B/T^{1/2})$，其中 σ 代表电导率，σ_0、A 和 B 是常数，T 代表温度[64]。研究结果表明，碳纳米管纤维的导电主要是跃迁机理。碳纳米管纤维的性质可通过后处理来改变，如热退火和酸处理。在惰性气体或者空气中进行退火处理后可增加电学和力学性能[65]，在空气和硝酸中氧化可以增加碳纳米管纤维的电学性能。例如，在浓硝酸中处理 2 小时得到的碳纳米管纤维，其拉伸强度可达 1.52 GPa，电导率可达 1050 S/cm[66]。另外，通过对取向碳纳米管薄膜进行改性，也可以提高碳纳米管纤维的性能。把取向碳纳米管薄膜用 NH_3 或 He 等离子处理，得到氮掺杂的取向碳纳米管薄膜，然后将其加捻成掺氮的碳纳米管纤维，可以控制碳纳米管纤维的催化性能和电化学容量[67]。

正如我们已经提到的，可以将功能客体引入碳纳米管纤维中，以扩展其性能和应用范围。例如，引入 RuO_2 或聚苯胺，可以提高碳纳米管纤维的电容性能。掺入 Fe_3O_4 纳米颗粒可以使碳纳米管纤维具有磁性[68]。沉积敏化染料 TiO_2 纳米晶体可以使纤维具有光活性。这些复合碳纳米管纤维的实际应用，将在其他章节进行详细叙述。不过一般而言，多采用如下三种复合方法制备功能性碳纳米管复合纤维。

共纺：碳纳米管纤维具有多孔结构，可以在加捻过程中嵌入功能组分。例如，将取向碳纳米管薄膜浸没于介孔碳等纳米颗粒的悬浮液中，再将取向碳纳米管薄膜加捻，纳米颗粒被包埋在碳纳米管纤维中[69]。如果把第二组分的悬浮液不断地加入加捻过程形成的三角区域内，可连续制备出碳纳米管复合纤维。如图 2.8(b) 所示，三角区域是取向碳纳米管薄膜转变为纤维的过渡区域，取向碳纳米管薄膜的稀疏结构更加有利于功能组分的沉积。但由于碳纳米管的疏水性，在水相分散体系中利用此方法复合功能材料的效果不好。

蘸涂：将碳纳米管纤维浸润到第二组分溶液中，溶液通过毛细作用渗透到碳纳米管之间的缝隙中，溶剂挥发后第二组分复合在碳纳米管纤维中。比如，把碳纳米管纤维浸没于乙二炔的单体溶液中，单体会浸润在纤维的表面和内部，再经过拓扑化学聚合后得到碳纳米管/聚乙二炔复合纤维，该纤维表现出优异的电致变色敏感行为[70]。由于很多高分子不可溶解而且很难分散，因此蘸涂提供了一种先复合单体再聚合的方法，实现碳纳米管纤维与难溶高分子有效复合。

原位复合：原位复合主要包括原位合成、电化学沉积和电化学聚合。比如，通过化学气相沉积，可以在碳纳米管纤维的表面生长氮掺杂的碳纳米管，形成皮芯结构，大幅度提高其催化活性[图2.12(a)][62]。通过电化学沉积在碳纳米管纤维表面镀上金属颗粒如银或铂，可以显著提高碳纳米管纤维的电导率和催化性能[72-74]。通过电化学聚合反应，把导电高分子如聚苯胺和聚吡咯沉积在取向的碳纳米管表面，可以明显提高碳纳米管纤维的电化学容量，对于发展高储能性能的纤维超级电容器具有重要意义[75]。

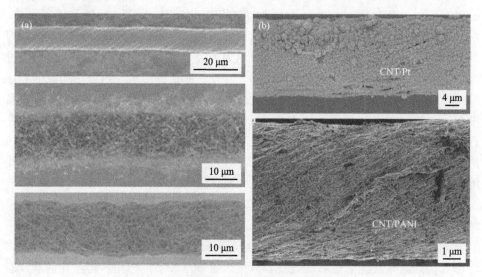

图 2.12　原位复合制备碳纳米管复合纤维

(a)通过化学气相沉积法，在碳纳米管纤维的表面生长氮掺杂的碳纳米管[62]；(b)通过电化学沉积和电化学聚合，分别合成碳纳米管/铂(上图)和碳纳米管/聚苯胺(下图)复合纤维[71]

3. 通过碳纳米管气凝胶干法纺丝

此前所述的制备方法中，无论是湿法纺丝还是干法阵列纺丝，碳纳米管的制备和纤维的连续制备都是分开的两个独立步骤。也正因如此，这些方法制备出的碳纳米管纤维性能很大程度上取决于碳纳米管的性能和制备过程。然而，包括电弧放电和激光烧蚀在内的常规碳纳米管制备方法,只能小规模制备碳纳米管粉末,这就限制了碳纳米管纤维的大规模制备和实际应用。因此,采用一步生成碳纳米管气凝胶并直接纺丝(图 2.13),有望满足大规模制备的发展需要。而这种理论上可生产无限长碳纳米管纤维的纺丝方式,其关键技术是通过浮动催化剂化学气相沉积合成碳纳米管气凝胶。浮动催化剂化学气相沉积合成碳纳米管,是传统化学气相沉积法的改进,关键不同之处在于使用"浮动"催化剂。传统气相沉积法合成碳纳米管时(如可纺碳纳米管阵列),需要将催化剂固定在基底上,这就限制了其制备的灵活性。而在浮动催化剂法中,催化剂是直接分散在碳源和载气中的,并与碳源同时输运到管式反应器的高温反应区。碳纳米管在载气中的悬浮催化剂纳米颗粒上进行生长,通过实时化学反应形成连续的碳纳米管气凝胶。这些碳纳米管气凝胶通过载气运输到收集端。通过冷却、收缩、牵伸、加捻和其他后处理工艺,把碳纳米管气凝胶转变为无长度限制的连续碳纳米管纤维。

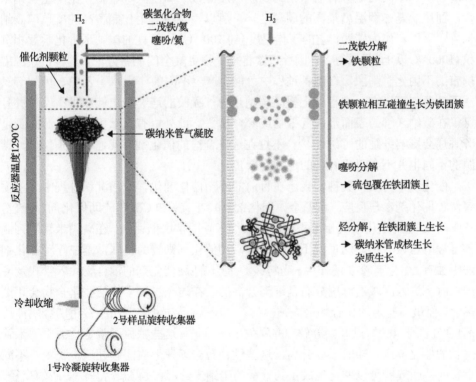

图 2.13　浮动催化剂化学气相沉积工艺的示意图(插图显示了反应器中碳纳米管气凝胶形成的详细过程)[76]

这种方法最早在 2002 年被报道。将反应器加热至碳源和催化剂的热解温度,以氢气为载气,将含有二茂铁(金属催化剂)和噻吩(硫助催化剂)的正己烷溶液引入反应器，产生了大量的单壁碳纳米管，然后收集得到一定长度的碳纳米管纤维[77]。该技术在 2004 年得到了进一步发展，从有限长度的纤维制备拓展到了连续的长纤维制备。选择溶解有二茂铁和噻吩的乙醇作为碳源，然后将反应液通过氢气载气从炉子顶部注入温度达到 1200 ℃的反应区中[78]。在合适的合成条件下，高温反应区中的碳纳米管形成气凝胶，通过将其缠绕到旋转杆上而连续地从热区抽出，形成连续的碳纳米管纤维。在整个制备过程中，碳源、催化剂、载气、温度、设备等因素都会产生重要影响，下面分别详细介绍。

(1)影响因素

选择合适的碳源，是制备高性能碳纳米管纤维的第一步。迄今为止，一系列碳源被报道用于通过浮动催化剂化学气相沉积合成碳纳米管纤维，包括甲烷、己烷、乙醇、丙酮、丁醇、甲苯和十氢化萘[31]。不同碳基化合物会在不同的温度下分解，所以不同的碳源有着不同的反应温度区域。高温区域容易产生单壁碳纳米管，而甲烷是热解温度最高的碳源之一。所以甲烷通常用作制备高纯度单壁碳纳米管[79]。甲苯作为碳源，它的工作温度(约 700 ℃)比常规的碳纳米管化学气相沉积(1000 ℃以上)要低得多，因此，这将是一种更安全的制备方法。同样，碳源中携带的不同化学基团，在制备过程中可能会产生不同的作用[76]。乙醇、丙酮等氧原子碳源，可以在一定程度上提高碳纳米管气凝胶的连续稳定性和可纺性，并且可以在碳纳米管的表面形成低聚物或聚合物[80]。此外，有文献报道，碳源是否是芳香烃会影响纤维的可纺性[76]。不过在选择合适的催化剂等其他制备条件后，碳源的不同也并不会阻碍纤维的连续化制备。

催化剂是另一个关键因素。在目前的浮动催化剂化学气相沉积过程中，主要有两种催化剂参与反应，包括金属催化剂(如 Ni、Fe 和 Co)和硫助催化剂(如硫粉和噻吩)。金属是化学气相沉积法合成碳纳米管的常用催化剂，在碳纳米管阵列制备过程中已做介绍，这里就不再赘述。硫助催化剂则较为特殊，是在浮动催化剂法中独有的，它有重要的作用。当将碳源/催化剂/助催化剂的混合物注入管式反应炉内时，进入区域的温度分布是逐渐升高的。在这个过程中，这些化合物会逐渐热解，而最不稳定的化合物最先被热解。二茂铁(浮动催化剂法中常用的金属催化剂)会在高于 400℃时开始分解，并释放出铁原子，这些铁原子就是后面碳纳米管生长的催化位点。随着温度升高，这些铁颗粒会逐渐形成团簇并逐步长大。不同直径的铁团簇就可以催化生成不同管径的碳纳米管。通过调节这些铁团簇的直径，就可以选择性地获得单壁或多壁碳纳米管，而这也就是硫助催化剂起的最主要作用。硫可以包围在铁纳米颗粒的表面并将它们彼此分离，从而阻碍铁颗粒之间的相互聚集，限制了铁团簇的大小。当这些硫化铁颗粒随载气移动到一个更高的温度范围时，这些颗粒与氢气相互碰撞，一些表面的硫原子就可能作为硫化氢脱去。一旦失去了足够的硫，铁催化剂团簇将被重新激活并开始催化生长相应直径大小的碳纳米管[81]。因此，硫助催化剂一般是作为次于铁催化剂的第二批热解化合物，其热解时间和温度也决定了铁团簇的生长程度。因此，通过控制具有不同热解温度的硫源，例如噻吩、二硫化碳和元素硫，可以在一定程度上控制碳纳米管的管径和壁数。

硫的第二个重要作用是促进碳纳米管的生成，它可以增加碳纳米管在催化剂表面的成核速率。硫化铁粒子的表面自由能远低于未包覆的 α-铁催化剂。反应效率的提高进一步稳定了碳纳米管气凝胶的形成，从而提高了可纺性。所以通过调节铁和硫催化剂的浓度，也可以调节碳纳米管在气凝胶中的密度。除了上述提到的硫之外，硒和碲也有用于浮动催化剂法中来催化碳纳米管的生长[82]。

制备碳纳米管纤维的最终目标是大规模生产与应用。因此，除了化学反应中涉及的碳源、催化剂等化学物质的相关影响外，制备过程中的反应器结构设计、反应温区分布设计、纺丝、收集等工艺参数的影响也很重要。同样，碳纳米管纤维内部的微观结构也在很大程度上依赖于加捻、牵伸、压缩、致密化等后处理工艺。

(2) 碳纳米管纤维的后处理工艺

目前制备的碳纳米管纤维通常是由大量碳纳米管组成的一个稳定聚集体，主要依赖于碳纳米管之间的范德瓦耳斯力。通常，它也可以进一步细分为多级结构，即碳纳米管、碳纳米管束和碳纳米管纤维[图 2.14(a)]。因此，在相邻的碳纳米管束之间以及在碳纳米管束内部存在的空隙数量和大小的分布，将极大地影响纤维的性能[图 2.14(b)]。因此，为了进一步提高碳纳米管纤维的性能，有必要降低和减少这些缺陷造成的性能损失。目前已有多种物理和化学的后处理方法来改善纤维的性能。此外，针对不同实际应用环境中对纤维的机械、电气、热、场发射等性能的特殊要求，也可以通过后处理工艺来制备具有特定功能的碳纳米管纤维材料。

碳纳米管纤维的物理后处理方法主要有两种。第一种方法是通过物理加捻或渗透溶液蒸发的毛细作用，让纤维致密化以消除间隙。第二种是通过嵌入第二组分如高分子材料填充空隙。碳纳米管纤维的致密化方法也分两类。第一类是机械力压缩致密的后处理过程，如拉伸、牵伸、加捻和轧制，通过外力压缩减小纤维内部的空隙。加捻是改善碳纳米管纤维性能的一种经典物理后处理方法。它也是阵列纺丝方法中的主要收集和后处理方案。已有研究报道了加捻收缩法在碳纳米管纤维中的理论模拟过程和相关模型[85]。此外，施加张力可能会产生类似的效果，这有助于纤维内部碳纳米管取向，同时施加横向的压缩也将碳纳米管相互压紧以增加纳米管之间的相互作用，这些效应在极端温度下的张力退火中表现得更加明显。当初始碳纳米管纤维在压力下通过机械轧制致密化时，这种致密化可导致力学和电性能提高一个数量级以上，并获得高强度 (4.34 GPa) 和高电导率 (2×10^4 S/cm)[86]。

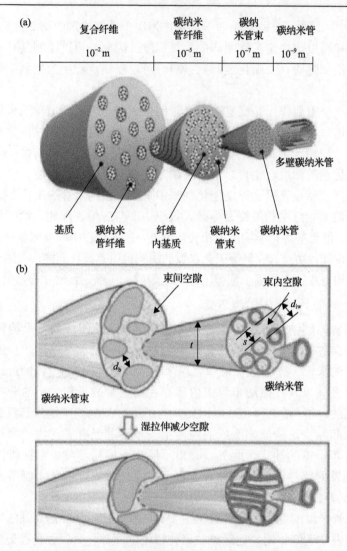

图 2.14 碳纳米管纤维的多层结构示意图

(a)一种包含多根碳纳米管纤维的复合结构示意图，其中碳纳米管纤维嵌入基质中，每根碳纳米管纤维都包含多个碳纳米管束，每个束包含数千个致密的单根碳纳米管，上标表示每个层次级别的直径[83]；(b)湿法拉伸下碳纳米管纤维的结构演变[84]

　　机械致密化可以增加碳纳米管纤维的密度，在增大内部碳纳米管束尺寸的同时，也容易增大纤维内部的无序程度。但机械力致密化过程更多的还是减少了碳纳米管束间的空隙，对于束内空隙的消除，该方法的工作效率并不高。而要进一步减少束内空隙，就需要采取另一种致密化方法，也就是渗透溶剂蒸发过程中的毛细作用。这种毛细作用可以让碳纳米管自组装成紧密堆积的高度取向结构，从而加强纳米管之间的相互作用并提高纤维的取向程度。尽管大多数溶剂在蒸发过程中产生的毛细作用力可用于增强碳纳米管纤维，但它们的增强能力存在很大差异，溶剂的极性会产生显著影响。N, N-二甲基甲酰胺、二甲基亚砜和 N-甲基吡咯烷酮的浸润性优于乙醇。乙二醇由于具有两个羟基，浸润溶剂更强。而酸溶剂的渗透作用也很强，甚至氯磺酸比 N-甲基吡咯烷酮在消除束间和束内空隙方面都更有效[52, 84, 87]。通常机械致密化和溶剂致密化两种方案会共同使用。

另一种物理后处理方法是通过渗透等方式，在空隙中填充第二组分以增强纤维性能[图 2.15(a)，(b)]。首先，环氧树脂、聚氨酯等高分子材料通过渗透直接进入到碳纳米管纤维中[88]。无论高分子对碳纳米管的亲和力如何，高分子链都通过分子偶联提高了结合强度。高分子对碳纳米管的亲和力和碳纳米管束的大小对于二者之间的相互作用都有影响。氧化石墨烯具有较高的力学性能和相似的碳基结构，也可以将其掺入碳纳米管纤维中以改善性能[89, 90]。然而，通过溶液渗透将高分子或氧化石墨烯简单地填充到空隙中，对纤维性能的改善仍然是有限的，而通过在空隙处的化学反应来填充会更加有效。

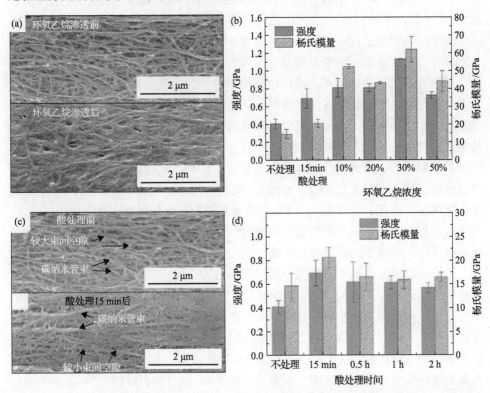

图 2.15 碳纳米管纤维的环氧乙烷渗透处理及酸处理[91]

(a)环氧乙烷渗透前后碳纳米管纤维表面形态的扫描电子显微镜照片；(b)环氧乙烷浓度对碳纳米管纤维力学性能的影响；(c)酸处理前后碳纳米管纤维表面形态的扫描电子显微镜照片；(d)酸处理时间对碳纳米管纤维性能的影响

　　仅仅依靠物理方法，不能完全解决碳纳米管纤维的性能问题。但是，填充材料也可以通过化学方法引入到空隙中，甚至还可以让填充的第二组分与碳纳米管发生化学反应，比如交联反应，来进一步提高碳纳米管纤维的性能。不过，在制备的碳纳米管纤维中，除了空隙问题，纤维中的杂质也是一个影响性能的关键因素。通过浮动催化剂法制备的碳纳米管纤维中存在残留的催化剂团簇和无定形碳杂质。杂质大小不同，分散不均匀，会使碳纳米管纤维缺陷较多，性能下降。

　　连续碳纳米管纤维中的杂质一般是制备过程中产生的残余催化剂和无定形碳。有时，残余的铁催化剂杂质甚至能占到碳纳米管纤维质量的十分之一。此类杂质会降低纤维性能并限制管间应力传递，从而导致强度降低。杂质是碳纳米管纤维中电子和声子传输的散射中心，对碳纳米管的电学和热学性质有重要影响。杂质含量越高，电子和声子的平均自由程越短。杂质也会直接影响纤维的导电和导热性能。目前，碳纳米管纤维一般采用惰性气体中酸处理或高温退火的方法进行提纯[91-93][图 2.15(c)，(d)]。此外，在丙酮溶液中超声处理也可以去除部分杂质[94]。

　　由于碳纳米管之间不能紧密接触，存在空隙。碳纳米管之间通过范德瓦耳斯力组装在一起，这是一种相对弱的分子间力。上述因素导致碳纳米管间和碳纳米管束间连通性低、聚结性差，纤维中碳纳米管间的负载转移效率低。如果引入化学键，则可以进一步提高碳纳米管纤维的性能。比如以 4-羧基苯二氮四氟硼酸盐预处理，在碳纳米管上形成反应性的羧基苯基，然后对相邻碳纳米管进行交联。甚至还能自组装成具有增强聚结性的高度交联的结构。除了使用交联剂，还可以通过离子束辐照、聚合物涂层等其他交联方法[95-98]。这些方法显著提高了碳纳米管纤维的断裂强度和杨氏模量。交联剂通过自缩合反应原位聚合，在纤维中形成聚合物网络，填充于管间空隙，并改善界面耦合，从而加强管间相互作用。同时，交联剂还与官能化碳纳米管形成共价键(图 2.16)，形成牢固的界面键并进一步增强网络结构，实现更高的负载转移效率。

　　化学后处理方法通常还包括使用预聚物或聚合物固化碳纳米管纤维。例如，通过引入预聚物或聚合物，可以在纤维内部空隙处聚合形成聚酰亚胺和双马来酰亚胺，在纤维内部形成良好连接碳纳米管的网状结构，使碳纳米管之间的负载有效转移[70,99]。除了热交联反应，预聚物通过紫外光聚合也是一种有效的方法[80]。除了聚合物填料，还可以让乙烯和乙炔气体作为原料，通过化学蒸气渗透的方式，在碳纳米管纤维中渗透纳米碳。纳米碳提供了额外的抗滑移性能，使得碳纳米管纤维的抗拉强度提高了近三倍[100,101]。

　　在实际应用中，特别是在需要特殊应用环境的情况下，碳纳米管纤维的一些性能仍需进一步提高。因此，碳纳米管纤维的功能化也是其后处理工艺的重要组

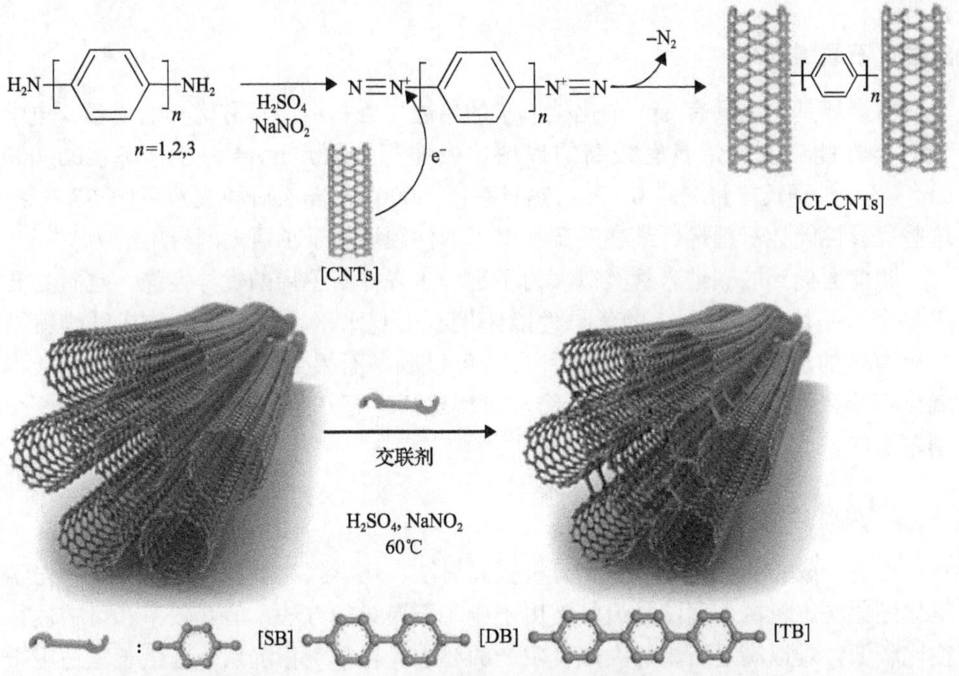

图 2.16 在交联剂作用下碳纳米管管间交联的示意图[98]

成部分。通常采用化学方法合成功能性的碳纳米管复合纤维。比如，在导线一类有高导电性需求的应用领域中，碳纳米管纤维虽然具有较高电导率和轻质的特点，但目前碳纳米管纤维的电导率还不足够高。通过电沉积或化学沉积，与金、银、铜等金属结合，电导率可提高1～2个数量级，并在一定程度上保留了碳纳米管纤维质量较小的优点[72]。此外，可以通过将碳化硅涂层原位固化在纤维表面，从而将纤维的工作温度范围提高到300 ℃以上，制备出耐高温的碳化硅/碳纳米管复合纤维[79]。碳纳米管纤维也可以通过酸、过氧化氢、氧等离子处理等进行改性，制备出具有亲水性或两亲性的功能纤维。

4. 其他纺丝工艺

除了上面介绍的湿法和干法纺丝方法，也发展了一些其他合成碳纳米管纤维的方法。比如，先采用化学气相沉积法合成了含有毫米长的碳纳米管的碳纳米管棉。后参考传统的纯棉纺丝工艺，可将随机纺丝的"碳纳米管棉花"纺丝成连续的多壁碳纳米管纤维。而因此制备的碳纳米管纤维显示了优异的力学和电学性能，可以用作高效的电子发射源和电化学传感电极[102, 103]。因为合成方面的挑战，这些方法尚难以进行规模化制备，也缺乏系统的深入研究。

2.3.2　石墨烯纤维

石墨烯是一类具有 sp^2 杂化碳原子的单层二维材料,具有优异的力学、电学和热学性能。石墨烯具有极高的理论比表面积($2630\ m^2/g$)、迁移率[$200\ 000$ $cm^2/(V·s)$]、杨氏模量($\sim1.0\ TPa$)、热导率[$\sim5000\ W/(m·K)$]和透光率($\sim97.7\%$)。这些优异性能让石墨烯纤维在能源和电子器件领域显示了巨大的应用潜力[104]。

和前面提到的碳纳米管类似,为了进一步发挥石墨烯的优异性能,也有必要将单个石墨烯片在微观上的优异性能拓展到宏观水平,而将其组装成纤维就是一个有效的解决方法。目前有多种方法可以制备石墨烯纤维,通过湿法纺丝将氧化石墨烯液晶挤出到凝固浴中纺丝成型然后进行还原,是应用最广泛的一个制备路线。

1. 原料合成

目前合成石墨烯的方法主要有机械剥离法、化学气相沉积外延生长法和化学氧化还原法。机械剥离法是最早被用于制备石墨烯的方法,但其效率和可控性往往比较低,难以满足石墨烯大规模生产的要求。化学气相沉积外延生长法适用于大尺寸石墨烯的合成,但同样不适合规模化的连续制备。化学氧化还原法制备的石墨烯或氧化石墨烯,可以从石墨或碳纳米管的前驱体中大规模制备得到。氧化石墨烯也是比较容易获得的石墨烯前驱体,在水、极性有机溶剂或超强酸中均具有良好的溶解性,形成溶致向列相液晶。氧化石墨烯的合成通常采用改良的 Hummer 法。除了石墨,碳纳米管也可以用作氧化石墨烯的原材料,通过轴向剪切碳纳米管得到石墨烯纳米带[105]。

图 2.17(a)和(b)是氧化石墨烯片的透射电镜照片,氧化石墨烯片宽度小于 $2\ \mu m$,平均厚度约为 $1.1\ nm$[图 2.17(c),(d)]。图 2.17(e)是通过氧化石墨烯 ^{13}C 固体核磁共振谱图,推导得到的氧化石墨烯结构模型[106]。氧化石墨由具有含氧官能团的石墨烯层堆叠而成,氧化石墨烯片层间距会随着水分的增加从 $6\ Å$ 逐渐增加到 $12\ Å$。石墨烯片层通过超声和机械剪切可以完全剥离,进而得到胶状悬浮液。ζ 电位测试表明,氧化石墨烯片层在溶液中带有负电荷。氧化石墨烯片层之间的静电排斥作用,可以阻止它们聚集,从而在悬浮液中保持稳定。

氧化石墨烯的尺寸对氧化石墨烯纤维的力学和电学性能有显著的影响。而石墨在高温下的预膨胀,有利于制备大尺寸的氧化石墨烯片层。在技术上,通过梯度离心法,可制备尺寸均匀的氧化石墨烯。因为越小的氧化石墨烯片层,越容易分散在上层清液中,而大片石墨烯则沉积在底部。氧化石墨烯在水中形成悬浮液,得到溶致向列相液晶,是制备氧化石墨烯纤维的原材料。通过湿法纺丝,向列相液晶中规则排列的氧化石墨烯片层进一步组装成宏观的石墨烯纤维。

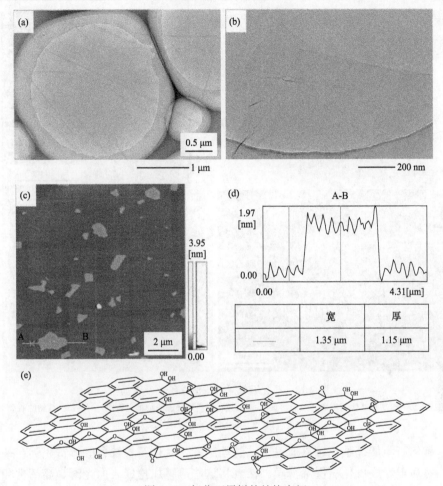

图 2.17　氧化石墨烯的结构表征

(a)、(b)为不同放大倍数下氧化石墨烯片层的透射电镜照片；(c)氧化石墨烯片层的原子力显微镜照片；(d)氧化
石墨烯片层的厚度分析[107]；(e)氧化石墨烯的模拟结构[106]

2. 氧化石墨烯纤维的制备

如图 2.18(a)所示，氧化石墨烯纤维可通过将氧化石墨烯悬浮液注入凝固浴中制备，即在凝固浴中氧化石墨烯薄片组装成连续纤维。而在纤维的收集过程中，牵伸力的增加能够进一步提高纤维中氧化石墨烯片层取向。氧化石墨烯溶液的浓度、注射速度、收集速度和针孔直径都影响氧化石墨烯纤维的直径与均匀性。然后通过氢碘酸或水合肼还原，得到高电导率和高强度的石墨烯纤维。还原后的层间距减小到 0.37 nm，接近于石墨层的层间距(0.34 nm)[108]。图 2.18(b)显示了合成的氧化石墨烯纤维的表面形貌和均匀性，发现它们主要受凝固浴参数如凝固动力学、传质速率和黏度的影响[109]。

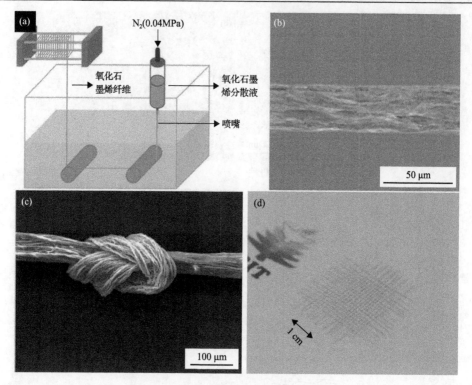

图 2.18　氧化石墨烯纤维湿法纺丝及表征

(a)通过湿法纺丝制备氧化石墨烯纤维的示意图；(b)氧化石墨烯纤维的扫描电镜照片[107]；(c)打结的石墨烯纤维[113]；(d)由石墨烯纤维编成的织物[111]

　　氧化石墨烯纤维也可以通过干法纺丝制备。氧化石墨烯分散体首先铺在基底上，然后干燥成氧化石墨烯薄膜。接着将这些薄膜加捻成表面光滑、高韧性和有规则截面的纤维。纤维纺丝过程不需要凝固浴，还可以与其他功能性成分进行复合。对这些纤维进行过加捻也不会断裂。相反，纤维会自我卷曲成具有相同手性的分层加捻结构的单一纤维[110]。除了上述方法，还可以通过加热在玻璃毛细管内的氧化石墨烯悬浮液制备石墨烯纤维，得到的氧化石墨烯纤维形貌与毛细管的直径相关，并具有多孔网络结构，可以复合其他功能组分[111]。

　　除了改进的 Hummer 法外，还有其他溶液法制备石墨烯，如有一种制备石墨烯纳米带的方法，可通过轴向剪切碳纳米管得到石墨烯纳米带纤维。这些石墨烯纳米条带可排列组装成大片的石墨烯纳米带薄膜，进而制备出具有高电导率和高强度的石墨烯纳米带纤维[112]。

3. 石墨烯纤维的性能

　　氧化石墨烯纤维由取向排列的氧化石墨烯片层组成，片层之间存在大量含氧官能团，片层之间主要通过分子间作用力和氢键组装在一起。氧化石墨烯纤维的断裂由相邻片层之间的滑移导致。使用大片的氧化石墨烯片层，可以制备出更高强度的纤维。而氧化石墨烯纤维在还原之后的密度为 0.61 g/cm³，抗拉强度为 $10^2\sim$ 10^3 MPa，电导率为 $10^2\sim10^3$ S/cm[107]。

如图 2.18 所示，石墨烯纤维具有很高的柔韧性，可以打结而不断裂，并能编成织物。不同的纺丝工艺对石墨烯纤维的结构和性能有一定的影响，如湿法液晶纺丝制备的氧化石墨烯纤维在形变过程中容易发生断裂，而通过加热玻璃毛细管还原其中氧化石墨烯悬浮液的方法，可以设计石墨烯的组装结构来优化纤维的力学性能[111]。在微观尺度上，石墨烯纤维的性能受石墨烯片层尺寸和取向的双重影响。比如，液晶纺丝可以带来良好的石墨烯纤维内部结构取向。此外，虽然较大氧化石墨烯片的取向度会降低，但其性能仍可能有所提高。

采用具有极高纵横比的巨大氧化石墨烯薄片，可以制备具有高强度和高电导率的石墨烯纤维。通过引入二价离子作为片层间和片层内含氧官能团之间的交联桥，也可以进一步增强氧化石墨烯纤维的力学性能。引入 Ca^{2+} 后，氧化石墨烯纤维的拉伸强度可以提高到 364.6 MPa。进一步经化学还原处理后，石墨烯纤维表现出高电导率[$(3.8\sim4.1)\times10^2$ S/cm]和高拉伸强度(501 MPa)[114]。与基于小片层氧化石墨烯的纤维相比，采用了大片层氧化石墨烯后，比应力提高了178%，比模量提高了188%，伸长率提高了278%[113]。

4. 石墨烯复合纤维

通过引入第二组分可以制备更高性能的石墨烯复合纤维。如将功能成分引入氧化石墨烯悬浮液中，就可以通过共纺将其复合到纤维中。在氧化石墨烯悬浮液中溶解 N-异丙基丙烯酰胺颗粒，得到的石墨烯/N-异丙基丙烯酰胺复合纤维显示了来自 N-异丙基丙烯酰胺的热敏性能[115]。

除了高分子材料，无机功能纳米材料同样可以分散于氧化石墨烯悬浮液中，以制备复合纤维。复合纤维的性能可以通过引入不同的功能组分进行定制调控。例如，将银粒子引入氧化石墨烯悬浮液中可获得高导电复合纤维[116]；引入碳纳米管，石墨烯纤维的力学和电化学性能可以被进一步提高[117]。

石墨烯独特的二维结构有利于第二组分成核和吸附在其表面，因此第二组分能够有效地复合在石墨烯纤维中。比如，把石墨烯纤维浸泡在氧化钛水系悬浮液中，氧化钛纳米颗粒可以插入到石墨烯片层中，获得比较均匀的复合纤维。该复合纤维表现出得益于氧化钛的光响应行为，可应用于光探测、光催化和光伏发电。通过引入不同的功能组分，我们可以调控纤维的性能。例如，在石墨烯纤维中引入四氧化三铁纳米粒子，可以制备磁响应的纤维材料[111]。在石墨烯纤维表面沉积铂纳米粒子，可以显著提高纤维的电催化性能，拓展其在电化学领域中的应用。

2.3.3　碳纤维

　　碳纤维也是一种碳基导电纤维材料,在电化学催化领域有着广泛的应用前景。目前碳纤维已经实现了规模化生产,具有优异的力学和电学性能。碳纤维具有 7 GPa 的高抗拉强度、良好的抗蠕变性能、低密度($1.75\sim2.00$ g/cm^3)和高模量(>900 GPa)。虽然它易受氧化过程(例如热空气和火焰)的影响,但对其他化学过程具有良好的抵抗力[118]。聚丙烯腈、黏胶和沥青是生产具有不同性能碳纤维的三种主要前驱体。碳纤维可作为对电极材料,用于构建各种柔性器件,如纤维染料敏化太阳能电池。通过引入其他功能组分,还可以进一步提高其性能。如在外层包裹光敏高分子,得到的复合电极在纤维电子器件中展现了重要的应用前景[119]。除了碳纤维自身的电化学应用,碳纤维还可以用作功能材料的载体。例如,可以通过水热法将氧化锌纳米线沉积在碳纤维表面来制备纤维电极。氧化锌纳米线修饰的碳纤维光阳极,可用于构建染料敏化太阳能电池[120]。同样,还可以使用浸涂法,将二氧化钛纳米颗粒沉积在碳纤维外围作为光阳极,应用在纤维太阳能电池中[121]。

2.4　高分子纤维电极

　　高分子纤维,像尼龙、氨纶、涤纶等,已经被广泛应用在我们的生产和生活中,如人们每天穿在身上的衣物都由高分子纤维组成。高分子纤维具有一些重要的优点,如密度小、柔性高、强度高、化学稳定性好等,通过纺织技术还可以赋予它们更多的特性。但是,常见的高分子纤维往往不导电,难以应用于纤维器件中。共轭高分子如聚苯胺、聚吡咯和聚噻吩在某些情况下具有导电性能,但较难被制成纤维。目前,制备导电高分子纤维仍然面临诸多挑战。近年来,人们发展了一个针对高分子纤维不导电这一难题的解决方案,即把导电组分如导电高分子、碳纳米材料、金属粒子等涂覆于高分子纤维表面。如在尼龙或聚对苯二甲酸乙二醇酯纤维表面涂覆导电高分子——聚乙撑二氧噻吩,可以制备纤维电化学晶体管[122]。但是,蘸涂聚乙撑二氧噻吩后高分子纤维的电导率仍小于 10 S/cm。通过在聚乙撑二氧噻吩中掺杂聚苯乙烯磺酸,可以把纤维的电导率提高到 100 S/cm。导电高分子纤维可以保持良好的柔性,并在形变过程中保持电导率不变[123]。这种策略具有普适性,可以拓展到所有的导电高分子纤维中。

　　除了导电高分子,引入无机碳纳米材料与高分子纤维复合,如在表面涂覆碳纳米管和石墨烯,同样可以得到导电的高分子纤维。比如,把碳纳米管悬浮液涂覆在棉布表面,可以形成有效的电路通路[124]。另外,把碳纳米管薄膜缠绕在高分子纤维上,也可以制备高电导率($10^0\sim10^1$ S/cm)的高分子纤维[125]。如果以弹性橡胶纤维代替常用的高分子纤维,还可以制备可拉伸的导电复合纤维,对于可穿戴设备领域的应用具有重要的价值[126]。

　　除在高分子纤维的外层涂覆导电层以外,还可以在高分子纤维挤出过程中引入导电剂来制备导电复合纤维。比如,银纳米粒子具有良好的导电性,碳纳米管可以增加电子的传输和拉伸强度,而高分子则提供良好的拉伸性。通过湿法纺丝把这三种材料复合在一起,可以制备出高电导率的弹性复合纤维(电导率为 17460 S/cm、断裂伸长率为 50%)[127]。

2.5 总　　结

　　纤维电极是纤维器件的重要组成部分,而兼具高力学强度和电导率的纤维电极是实现高性能纤维器件所必需的。本章重点介绍由不同材料制备的纤维电极。其中,金属丝具有较高的电导率,但是它们密度大,柔韧性较低。高分子纤维质轻和比较柔软,但是它们通常不导电或仅具有低电导率。碳基纤维电极如碳纳米管纤维和石墨烯纤维,既具有较高的力学和电学性能,又具备连续制备的技术基础,在纤维器件中显示出独特而诱人的应用前景,可能成为未来纤维电极研究的一个重要方向。然而,从规模化应用的角度看,发展低成本的复合纤维电极,更有可能满足工程化和产业化的要求。

参 考 文 献

[1] Hardin B E, Snaith H J, McGehee M D. The renaissance of dye-sensitized solar cells. Nat. Photonics, 2012, 6(3): 162-169.

[2] Dou L, You J, Hong Z, et al. 25th anniversary article: A decade of organic/polymeric photovoltaic research. Adv. Mater., 2013, 25(46): 6642-6671.

[3] Qiu L, Wu Q, Yang Z, et al. Freestanding aligned carbon nanotube array grown on a large-area single-layered graphene sheet for efficient dye-sensitized solar cell. Small, 2015, 11(9-10): 1150-1155.

[4] Chen T, Yang Z, Peng H. Integrated devices to realize energy conversion and storage simultaneously. ChemPhysChem, 2013, 14(9): 1777-1782.

[5] Chen T, Qiu L, Yang Z, et al. Novel solar cells in a wire format. Chem. Soc. Rev., 2013, 42(12): 5031-5041.

[6] Jost K, Dion G, Gogotsi Y. Textile energy storage in perspective. J. Mater. Chem. A, 2014, 2(28): 10776-10787.

[7] Thomas S, Deepak T G, Anjusree G S, et al. A review on counter electrode materials in dye-sensitized solar cells. J. Mater. Chem. A, 2014, 2(13): 4474-4490.

[8] Yu Z, Thomas J. Energy storing electrical cables: Integrating energy storage and electrical conduction. Adv. Mater., 2014, 26(25): 4279-4285.

[9] Lee M R, Eckert R D, Forberich K, et al. Solar power wires based on organic photovoltaic materials. Science, 2009, 324(5924): 232-235.

[10] Fan X, Chu Z Z, Wang F Z, et al. Wire-shaped flexible dye-sensitized solar cells. Adv. Mater., 2008, 20(3): 592-595.

[11] Liu D, Yan L, Bian Z, et al. Solid-state, polymer-based fiber solar cells with carbon nanotube electrodes. ACS Nano, 2012, 6: 11027–11034.

[12] Fu Y, Lv Z, Hou S, et al. TcO-free, flexible, and bifacial dye-sensitized solar cell based on low-cost metal wires. Adv. Energy Mater., 2012, 2(1): 37-41.

[13] Chen X, Mao S S. Titanium dioxide nanomaterials: Synthesis, properties, modifications, and applications. Chem. Rev., 2007, 107(7): 2891-2959.

[14] Chen L, Zhou Y, Dai H, et al. Fiber dye-sensitized solar cells consisting of TiO_2 nanowires arrays on Ti thread as photoanodes through a low-cost, scalable route. J. Mater. Chem. A, 2013, 1(38): 11790-11794.

[15] Lv Z, Fu Y, Hou S, et al. Large size, high efficiency fiber-shaped dye-sensitized solar cells. Phys. Chem. Chem. Phys., 2011, 13(21): 10076-10083.

[16] Hou S, Cai X, Wu H, et al. Nitrogen-doped graphene for dye-sensitized solar cells and the role of nitrogen states in triiodide reduction. Energy Environ. Sci., 2013, 6(11): 3356-3362.

[17] Zhang S, Ji C, Bian Z, et al. Single-wire dye-sensitized solar cells wrapped by carbon nanotube film electrodes. Nano Lett., 2011, 11(8): 3383-3387.

[18] Chen T, Qiu L, Kia H G, et al. Designing aligned inorganic nanotubes at the electrode interface: Towards highly efficient photovoltaic wires. Adv. Mater., 2012, 24(34): 4623-4628.

[19] Chen T, Qiu L, Yang Z, et al. An integrated "energy wire" for both photoelectric conversion and energy storage. Angew. Chem. Int. Edit., 2012, 51(48): 11977-11980.

[20] Ramier J, Da Costa N, Plummer C J G, et al. Cohesion and adhesion of nanoporous TiO_2 coatings on titanium wires for photovoltaic applications. Thin Solid Films, 2008, 516(8): 1913-1919.

[21] Docampo P, Guldin S, Leijtens T, et al. Lessons learned: From dye-sensitized solar cells to all-solid-state hybrid devices. Adv. Mater., 2014, 26(24): 4013-4030.

[22] Grimes C A. Synthesis and application of highly ordered arrays of TiO_2 nanotubes. J. Mater. Chem., 2007, 17(15): 1451-1457.

[23] Wang H, Liu Y, Li M, et al. Hydrothermal growth of large-scale macroporous TiO_2 nanowires and its application in 3d dye-sensitized solar cells. Applied Physics A, 2009, 97(1): 25-29.

[24] Wang X, Liu B, Liu R, et al. Fiber-based flexible all-solid-state asymmetric supercapacitors for integrated photodetecting system. Angew. Chem. Int., 2014, 53(7): 1849-1853.

[25] Dong X, Guo Z, Song Y, et al. Flexible and wire-shaped micro-supercapacitor based on $Ni(OH)_2$-nanowire and ordered mesoporous carbon electrodes. Adv. Funct. Mater., 2014, 24(22): 3405-3412.

[26] Wang D, Hou S, Wu H, et al. Fiber-shaped all-solid state dye sensitized solar cell with remarkably enhanced performance via substrate surface engineering and TiO_2 film modification. J. Mater. Chem., 2011, 21(17): 6383-6388.

[27] Iijima S. Helical microtubules of graphitic carbon. Nature, 1991, 354(6348): 56-58.

[28] Peng B, Locascio M, Zapol P, et al. Measurements of near-ultimate strength for multiwalled carbon nanotubes and irradiation-induced crosslinking improvements. Nat. Nanotechnol., 2008, 3(10): 626-631.

[29] Yadav M D, Dasgupta K, Patwardhan A W, et al. High performance fibers from carbon nanotubes: Synthesis, characterization, and applications in composites—A review. Ind. Eng. Chem. Res., 2017, 56(44): 12407-12437.

[30] Gao E, Lu W, Xu Z. Strength loss of carbon nanotube fibers explained in a three-level hierarchical model. Carbon, 2018, 138: 134-142.

[31] Janas D, Koziol K K. Carbon nanotube fibers and films: Synthesis, applications and perspectives of the direct-spinning method. Nanoscale, 2016, 8 (47): 19475-19490.

[32] Vigolo B, Pénicaud A, Coulon C, et al. Macroscopic fibers and ribbons of oriented carbon nanotube. Science, 2000, 290: 1331-1334.

[33] Ericson L M, Fan H, Peng H Q, et al. Macroscopic, neat, single-walled carbon nanotube fibers. Science, 2004, 305 (5689): 1447-1450.

[34] Tsentalovich D E, Headrick R J, Mirri F, et al. Influence of carbon nanotube characteristics on macroscopic fiber properties. ACS Appl. Mater. Interfaces, 2017, 9 (41): 36189-36198.

[35] Behabtu N, Young C C, Tsentalovich D E, et al. Strong, light, multifunctional fibers of carbon nanotubes with ultrahigh conductivity. Science, 2013, 339 (6116): 182-186.

[36] Kim J H, Jang H S, Lee K H, et al. Tuning of Fe catalysts for growth of spin-capable carbon nanotubes. Carbon, 2010, 48 (2): 538-547.

[37] Qiu L, Sun X, Yang Z, et al. Preparation and application of aligned carbon nanotube/polymer composite material. Acta Chim. Sin., 2012, 70 (14): 1523-1532.

[38] Amama P B, Pint C L, Kim S M, et al. Influence of alumina type on the evolution and activity of alumina-supported Fe catalysts in single-walled carbon nanotube carpet growth. ACS Nano, 2010, 4 (2): 895-904.

[39] Jia J, Zhao J, Xu G, et al. A comparison of the mechanical properties of fibers spun from different carbon nanotubes. Carbon, 2011, 49 (4): 1333-1339.

[40] Zhang Y Y, Zou G F, Doorn S K, et al. Tailoring the morphology of carbon nanotube arrays: From spinnable forests to undulating foams. ACS Nano, 2009, 3 (8): 2157-2162.

[41] Jiang K, Feng C, Liu K, et al. A vapor-liquid-solid model for chemical vapor deposition growth of carbon nanotubes. J. Nanosci. Nanotechnol., 2007, 7 (4-5): 1494-1504.

[42] Hata K, Futaba D N, Mizuno K, et al. Water-assisted highly efficient synthesis of impurity-free single-walled carbon nanotubes. Science, 2004, 306 (5700): 1362-1364.

[43] Zhang S, Zhu L, Minus M L, et al. Solid-state spun fibers and yarns from 1-mm long carbon nanotube forests synthesized by water-assisted chemical vapor deposition. J. Mater. Sci., 2008, 43 (13): 4356-4362.

[44] Huisheng P. Fiber-shaped energy harvesting and storage devices. Berlin: Springer, 2014.

[45] Kuznetsov A A, Fonseca A F, Baughman R H, et al. Structural model for dry-drawing of sheets and yarns from carbon nanotube forests. ACS Nano, 2011, 5 (2): 985-993.

[46] Liu K, Sun Y, Liu P, et al. Periodically striped films produced from super-aligned carbon nanotube arrays. Nanotechnology, 2009, 20 (33): 335705.

[47] Zhu C, Cheng C, He Y H, et al. A self-entanglement mechanism for continuous pulling of carbon nanotube yarns. Carbon, 2011, 49 (15): 4996-5001.

[48] Fallah Gilvaei A, Hirahara K, Nakayama Y. In-situ study of the carbon nanotube yarn drawing process. Carbon, 2011, 49 (14): 4928-4935.

[49] Wei H, Wei Y, Wu Y, et al. High-strength composite yarns derived from oxygen plasma modified super-aligned carbon nanotube arrays. Nano Research, 2013, 6 (3): 208-215.

[50] Zhang M, Atkinson K R, Baughman R H. Multifunctional carbon nanotube yarns by downsizing an ancient technology. Science, 2004, 306 (5700): 1358-1361.

[51] Zhang X, Jiang K, Feng C, et al. Spinning and processing continuous yarns from 4-inch wafer scale super-aligned carbon nanotube arrays. Adv. Mater., 2006, 18 (12): 1505-1510.

[52] Liu K, Sun Y, Zhou R, et al. Carbon nanotube yarns with high tensile strength made by a twisting and shrinking method. Nanotechnology, 2010, 21(4): 045708.

[53] Tran C D, Humphries W, Smith S M, et al. Improving the tensile strength of carbon nanotube spun yarns using a modified spinning process. Carbon, 2009, 47(11): 2662-2670.

[54] Liu K, Zhu F, Liu L, et al. Fabrication and processing of high-strength densely packed carbon nanotube yarns without solution processes. Nanoscale, 2012, 4(11): 3389-3393.

[55] Liu K, Sun Y H, Chen L, et al. Controlled growth of super-aligned carbon nanotube arrays for spinning continuous unidirectional sheets with tunable physical properties. Nano Lett., 2008, 8(2): 700-705.

[56] Beyerlein I J, Porwal P K, Zhu Y T, et al. Scale and twist effects on the strength of nanostructured yarns and reinforced composites. Nanotechnology, 2009, 20(48): 485702.

[57] Zhao J, Zhang X, Di J, et al. Double-peak mechanical properties of carbon-nanotube fibers. Small, 2010, 6(22): 2612-2617.

[58] Zhang X, Li Q, Holesinger T G, et al. Ultrastrong, stiff, and lightweight carbon-nanotube fibers. Adv. Mater., 2007, 19(23): 4198-4201.

[59] Deng F, Lu W, Zhao H, et al. The properties of dry-spun carbon nanotube fibers and their interfacial shear strength in an epoxy composite. Carbon, 2011, 49(5): 1752-1757.

[60] Behabtu N, Green M J, Pasquali M. Carbon nanotube-based neat fibers. Nano Today, 2008, 3(5-6): 24-34.

[61] Zhang X, Li Q, Tu Y, et al. Strong carbon-nanotube fibers spun from long carbon-nanotube arrays. Small, 2007, 3(2): 244-248.

[62] Chen T, Cai Z, Yang Z, et al. Nitrogen-doped carbon nanotube composite fiber with a core-sheath structure for novel electrodes. Adv. Mater., 2011, 23(40): 4620-4625.

[63] Peng H, Sun X, Cai F, et al. Electrochromatic carbon nanotube/polydiacetylene nanocomposite fibres. Nat. Nanotechnol., 2009, 4(11): 738-741.

[64] Ma Y G, Liu H J, Ong C K. Electron transport properties in CoAlO composite antidot arrays. EPL(EPL), 2006, 76 (6): 1144-1150.

[65] Yang Z, Sun X, Chen X, et al. Dependence of structures and properties of carbon nanotube fibers on heating treatment. J. Mater. Chem., 2011, 21(36): 13772-13775.

[66] Meng F, Zhao J, Ye Y, et al. Carbon nanotube fibers for electrochemical applications: Effect of enhanced interfaces by an acid treatment. Nanoscale, 2012, 4(23): 7464-7468.

[67] Lepró X, Ovalle-Robles R, Lima M D, et al. Catalytic twist-spun yarns of nitrogen-doped carbon nanotubes. Adv. Funct. Mater., 2012, 22(5): 1069-1075.

[68] Sun H, Yang Z, Chen X, et al. Photovoltaic wire with high efficiency attached onto and detached from a substrate using a magnetic field. Angew. Chem. Int., 2013, 52(32): 8276-8280.

[69] Lima M D, Fang S L, Lepro X, et al. Biscrolling nanotube sheets and functional guests into yarns. Science, 2011, 331(6013): 51-55.

[70] Guo W, Liu C, Sun X, et al. Aligned carbon nanotube/polymer composite fibers with improved mechanical strength and electrical conductivity. J. Mater. Chem., 2012, 22(3): 903-908.

[71] Chen T, Cai Z, Qiu L, et al. Synthesis of aligned carbon nanotube composite fibers with high performances by electrochemical deposition. J. Mater. Chem. A, 2013, 1(6): 2211-2216.

[72] Randeniya L K, Bendavid A, Martin P J, et al. Composite yarns of multiwalled carbon nanotubes with metallic electrical conductivity. Small, 2010, 6(16): 1806-1811.

[73] Xu G, Zhao J, Li S, et al. Continuous electrodeposition for lightweight, highly conducting and strong carbon nanotube-copper composite fibers. Nanoscale, 2011, 3 (10): 4215-4219.

[74] Zhang S, Ji C Y, Bian Z Q, et al. Porous, platinum nanoparticle-adsorbed carbon nanotube yarns for efficient fiber solar cells. ACS Nano, 2012, 6 (8): 7191-7198.

[75] Cai Z, Li L, Ren J, et al. Flexible, weavable and efficient microsupercapacitor wires based on polyaniline composite fibers incorporated with aligned carbon nanotubes. J. Mater. Chem. A, 2013, 1 (2): 258-261.

[76] Gspann T S, Smail F R, Windle A H. Spinning of carbon nanotube fibres using the floating catalyst high temperature route: Purity issues and the critical role of sulphur. Faraday Discuss., 2014, 173: 47-65.

[77] Zhu H W, Xu C L, Wu D H, et al. Direct synthesis of long single-walled carbon nanotube strands. Science, 2002, 296 (5569): 884-886.

[78] Li Y L, Kinloch I A, Windle A H. Direct spinning of carbon nanotube fibers from chemical vapor deposition synthesis. Science, 2004, 304 (5668): 276-278.

[79] Janas D, Cabrero-Vilatela A, Bulmer J, et al. Carbon nanotube wires for high-temperature performance. Carbon, 2013, 64: 305-314.

[80] Boncel S, Sundaram R M, Windle A H, et al. Enhancement of the mechanical properties of directly spun CNT fibers by chemical treatment. ACS Nano, 2011, 5 (12): 9339-9344.

[81] Lee S-H, Park J, Kim H-R, et al. Synthesis of high-quality carbon nanotube fibers by controlling the effects of sulfur on the catalyst agglomeration during the direct spinning process. RSC Advances, 2015, 5 (52): 41894-41900.

[82] Mas B, Alemán B, Dopico I, et al. Group 16 elements control the synthesis of continuous fibers of carbon nanotubes. Carbon, 2016, 101: 458-464.

[83] Sui X, Greenfeld I, Cohen H, et al. Multilevel composite using carbon nanotube fibers (CNTF). Compos. Sci. Technol., 2016, 137: 35-43.

[84] Cho H, Lee H, Oh E, et al. Hierarchical structure of carbon nanotube fibers, and the change of structure during densification by wet stretching. Carbon, 2018, 136: 409-416.

[85] Miao M. The role of twist in dry spun carbon nanotube yarns. Carbon, 2016, 96: 819-826.

[86] Wang J N, Luo X G, Wu T, et al. High-strength carbon nanotube fibre-like ribbon with high ductility and high electrical conductivity. Nat. Commun., 2014, 5: 3848.

[87] Qiu J, Terrones J, Vilatela J J, et al. Liquid infiltration into carbon nanotube fibers: Effect on structure and electrical properties. ACS Nano, 2013, 7 (10): 8412-8422.

[88] Liu K, Sun Y H, Lin X Y, et al. Scratch-resistant, highly conductive, and high-strength carbon nanotube-based composite yarns. ACS Nano, 2010, 4 (10): 5827-5834.

[89] Wang Y, Colas G, Filleter T. Improvements in the mechanical properties of carbon nanotube fibers through graphene oxide interlocking. Carbon, 2016, 98: 291-299.

[90] Nam K-H, Im Y-O, Park H J, et al. Photoacoustic effect on the electrical and mechanical properties of polymer-infiltrated carbon nanotube fiber/graphene oxide composites. Compos. Sci. Technol., 2017, 153: 136-144.

[91] Tran T Q, Fan Z, Mikhalchan A, et al. Post-treatments for multifunctional property enhancement of carbon nanotube fibers from the floating catalyst method. ACS Appl. Mater. Interfaces, 2016, 8 (12): 7948-7956.

[92] Zhang Q, Li K, Fan Q, et al. Performance improvement of continuous carbon nanotube fibers by acid treatment. Chinese Physics B, 2017, 26 (2): 523-528.

[93] Stobinski L, Lesiak B, Köver L, et al. Multiwall carbon nanotubes purification and oxidation by nitric acid studied by the FTIR and electron spectroscopy methods. J. Alloy. Compd., 2010, 501 (1): 77-84.

[94] Sundaram R M, Windle A H. One-step purification of direct-spun CNT fibers by post-production sonication. Mater. Des., 2017, 126: 85-90.

[95] Min J, Cai J Y, Sridhar M, et al. High performance carbon nanotube spun yarns from a crosslinked network. Carbon, 2013, 52: 520-527.

[96] Kim H, Lee J, Park B, et al. Improving the tensile strength of carbon nanotube yarn via one-step double [2+1] cycloadditions. Korean J. Chem. Eng., 2015, 33 (1): 299-304.

[97] Im Y-O, Lee S-H, Kim T, et al. Utilization of carboxylic functional groups generated during purification of carbon nanotube fiber for its strength improvement. Appl. Surf. Sci., 2017, 392: 342-349.

[98] Park O-K, Choi H, Jeong H, et al. High-modulus and strength carbon nanotube fibers using molecular cross-linking. Carbon, 2017, 118: 413-421.

[99] Jung Y, Kim T, Park C R. Effect of polymer infiltration on structure and properties of carbon nanotube yarns. Carbon, 2015, 88: 60-69.

[100] Thiagarajan V, Wang X, Bradford P D, et al. Stabilizing carbon nanotube yarns using chemical vapor infiltration. Compos. Sci. Technol., 2014, 90: 82-87.

[101] Lee J, Kim T, Jung Y, et al. High-strength carbon nanotube/carbon composite fibers via chemical vapor infiltration. Nanoscale, 2016, 8 (45): 18972-18979.

[102] Ci L, Punbusayakul N, Wei J, et al. Multifunctional macroarchitectures of double-walled carbon nanotube fibers. Adv. Mater., 2007, 19 (13): 1719-1723.

[103] Zheng L, Zhang X, Li Q, et al. Carbon-nanotube cotton for large-scale fibers. Adv. Mater., 2007, 19 (18): 2567-2570.

[104] Sun X, Sun H, Li H, et al. Developing polymer composite materials: Carbon nanotubes or graphene? Adv. Mater., 2013, 25 (37): 5153-5176.

[105] Weiss N O, Zhou H, Liao L, et al. Graphene: An emerging electronic material. Adv. Mater., 2012, 24 (43): 5782-5825.

[106] Park S, Ruoff R S. Chemical methods for the production of graphenes. Nat. Nanotechnol., 2009, 4 (4): 217-224.

[107] Yang Z, Sun H, Chen T, et al. Photovoltaic wire derived from a graphene composite fiber achieving an 8.45 % energy conversion efficiency. Angew. Chem. Int., 2013, 52 (29): 7545-7548.

[108] Xu Z, Gao C. Graphene chiral liquid crystals and macroscopic assembled fibres. Nat. Commun., 2011, 2: 571.

[109] Xiang C S, Behabtu N, Liu Y D, et al. Graphene nanoribbons as an advanced precursor for making carbon fiber. ACS Nano, 2013, 7 (2): 1628-1637.

[110] Cruz-Silva R, Morelos-Gomez A, Kim H I, et al. Super-stretchable graphene oxide macroscopic fibers with outstanding knotability fabricated by dry film scrolling. ACS Nano, 2014, 8 (6): 5959-5967.

[111] Dong Z, Jiang C, Cheng H, et al. Facile fabrication of light, flexible and multifunctional graphene fibers. Adv. Mater., 2012, 24 (14): 1856-1861.

[112] Carretero-Gonzalez J, Castillo-Martinez E, Dias-Lima M, et al. Oriented graphene nanoribbon yarn and sheet from aligned multi-walled carbon nanotube sheets. Adv. Mater., 2012, 24 (42): 5695-5701.

[113] Xiang C, Young C C, Wang X, et al. Large flake graphene oxide fibers with unconventional 100% knot efficiency and highly aligned small flake graphene oxide fibers. Adv. Mater., 2013, 25 (33): 4592-4597.

[114] Xu Z, Sun H, Zhao X, et al. Ultrastrong fibers assembled from giant graphene oxide sheets. Adv. Mater., 2013, 25 (2): 188-193.

[115] Cong H P, Ren X C, Wang P, et al. Wet-spinning assembly of continuous, neat, and macroscopic graphene fibers. Sci Rep, 2012, 2: 613.

[116] Xu Z, Liu Z, Sun H, et al. Highly electrically conductive Ag-doped graphene fibers as stretchable conductors. Adv. Mater., 2013, 25: 3249-3253.

[117] Shin M K, Lee B, Kim S H, et al. Synergistic toughening of composite fibres by self-alignment of reduced graphene oxide and carbon nanotubes. Nat. Commun., 2012, 3: 650.

[118] Frank E, Steudle L M, Ingildeev D, et al. Carbon fibers: Precursor systems, processing, structure, and properties. Angew. Chem. Int., 2014, 53 (21): 5262-5298.

[119] Hou S, Cai X, Wu H, et al. Flexible, metal-free composite counter electrodes for efficient fiber-shaped dye-sensitized solar cells. J. Power Sources, 2012, 215: 164-169.

[120] Zhang F, Niu S, Guo W, et al. Piezo-phototronic effect enhanced visible/UV photodetector of a carbon-fiber/ZnO-CdS double-shell microwire. ACS Nano, 2013, 7: 4537-4544.

[121] Cai X, Hou S, Wu H, et al. All-carbon electrode-based fiber-shaped dye-sensitized solar cells. Phys. Chem. Chem. Phys., 2012, 14 (1): 125-130.

[122] Hamedi M, Forchheimer R, Inganas O. Towards woven logic from organic electronic fibres. Nat. Mater., 2007, 6(5): 357-362.

[123] Hou S, Lv Z, Wu H, et al. Flexible conductive threads for wearable dye-sensitized solar cells. J. Mater. Chem., 2012, 22(14): 164-169.

[124] Kang T J, Choi A, Kim D-H, et al. Electromechanical properties of CNT-coated cotton yarn for electronic textile applications. Smart Mater. Struct., 2011, 20(1): 4537-4544.

[125] Sun G, Zheng L, An J, et al. Clothing polymer fibers with well-aligned and high-aspect ratio carbon nanotubes. Nanoscale, 2013, 5(7): 2870-2874.

[126] Yang Z, Deng J, Chen X, et al. A highly stretchable, fiber-shaped supercapacitor. Angew. Chem. Int., 2013, 52(50): 13453-13457.

[127] Ma R, Lee J, Choi D, et al. Knitted fabrics made from highly conductive stretchable fibers. Nano Lett., 2014, 14(4): 1944-1951.

第3章 纤维器件中的电荷分离与传输机制

3.1 引　言

众所周知，电荷的高效分离与传输，对于能量转换和储存器件而言具有重要意义。例如，对于染料敏化太阳能电池，染料分子受光照激发产生电子并注入多孔半导体的导带，从而产生光电流。此过程中高效的电荷分离有利于提升光生电流密度，从而获得更高的光电转换效率；又如，高效的电荷传输有利于减少电荷损耗，以获得更低的器件内阻和更高的输出电压与电流。跟传统平面器件相比，纤维器件独特的一维结构赋予了独特的电荷分离与传输过程，进而对器件性能产生较大影响。本章重点以纤维能源器件中电荷分离与传输机制作为范例进行详细研究，对主要的影响因素进行讨论，同时对未来相关的研究方向进行展望。

3.1.1 染料敏化太阳能电池

在染料敏化太阳能电池中，电荷的分离是由于电子和空穴的自由能或费米能级的差异引起的。光生电荷从半导体转移至吸附染料表面，是由半导体的能带位置和吸附在表面的染料分子的氧化还原电位共同决定。半导体和吸附染料的相对能级为电荷转移提供了热力学动力。染料分子的最高占有轨道(highest occupied molecular orbital，HOMO)和半导体导带的能量差，提供了电子注入导带的动力。电解质的氧化还原电势和染料分子最低未占轨道(lowest unoccupied molecular orbital，LUMO)的能量差，则为空穴向氧化–还原电对的传输提供了动力。

电荷分离主要涉及电子从激发态染料极快地注入半导体导带的过程。例如，染料敏化太阳能电池常用染料 N719，染料分子吸收光能主要是金属-配体电荷转移的过程。光激发促进了电子从金属中心向吸附于 TiO_2 颗粒表面的羧基联吡啶配体的转移，如图 3.1 所示。通常情况下，激发态的电荷分离发生在配体的 π* 轨道与 TiO_2 的导带之间。注入的动力学过程可以通过飞秒瞬时吸收光谱研究。尽管具体的机理还存在争议，但是可以确定的是，电子注入过程的时间尺度为 $10^{-12} \sim 10^{-13}$ s[1]。

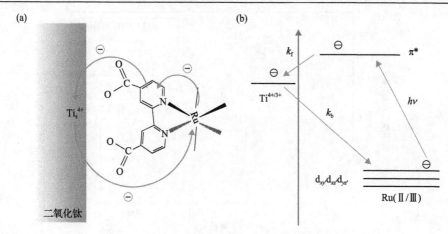

图 3.1　染料分子中金属与配体之间的电荷转移[1]

(a) 染料吸附在二氧化钛表面；(b) 图 (a) 中的分子轨道图

3.1.2　聚合物太阳能电池

　　一般认为，具有 π-π 共轭离域体系的导电聚合物在光照下，吸收光子并受到激发产生激子 (exciton)，即缔合的电子-空穴对。激子扩散到给体–受体界面并分离，形成自由载流子，载流子最终转移到相应的电极上 (图 3.2)[2, 3]。

　　当入射光子的能量大于材料带隙时，聚合物半导体被激发。由于聚合物通常具有较大的带隙 (约 2 eV)，因此其吸收光谱范围较窄。所以，为了提高光能的利用率，需要减小聚合物半导体的带隙 [图 3.2(b)]。受到激发的聚合物并不会立即释放出自由载流子，而是产生通过静电力缔合在一起的电子-空穴对，即激子-激子的分离，或者说电荷的分离，通常在给体-受体界面进行，这个过程是由界面的电势梯度驱动的。同时，激子在扩散到界面的过程中，容易通过辐射或者非辐射的途径衰灭。因此，给体和受体区域的尺度需要与激子的扩散距离 (10~20 nm) 相当 [图 3.2(c)]。激子分离后，自由载流子 (电子和空穴) 迁移到对应的电极上。

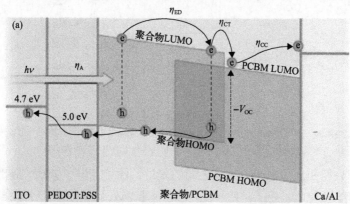

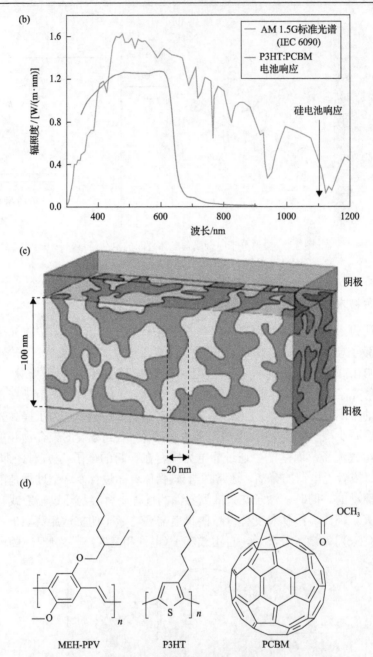

图 3.2　聚合物太阳能电池简介[2]

(a)聚合物太阳能电池的工作原理；(b)太阳光谱及 P3HT:PCBM 太阳能电池的光响应曲线；(c)给体和受体相分离
的形貌模型；(d)典型的给体和受体分子的化学结构式

给体的电离势能和受体电子亲和能之间的差值，除了使激子分离，还为电荷转移
提供了最初的驱动力。电子从给体的 HOMO 被激发到 LUMO，然后转移到受体

的 LUMO，同时空穴在给体材料中传输至电极。载流子的迁移速率很快，所需时间比光致发光和背向复合的竞争过程小几个数量级，因此电荷转移在激发过程中占据主导地位。在最优条件下，光子-电子的转换效率可以接近 100%。但是在载流子迁移到电极的过程中，复合过程逐渐显著并影响载流子的收集效率[4]。

3.1.3　钙钛矿电池

钙钛矿型材料是一类化学式为 ABX$_3$ 结构的有机金属卤化物，其中 A 一般为甲胺基，B 主要为铅，X 为卤素原子。例如，碘化铅甲胺(CH$_3$NH$_3$PbI$_3$)是一种常见的钙钛矿材料。使用钙钛矿型材料作为光吸收层构建的太阳能电池即为钙钛矿太阳能电池，主要结构为导电玻璃、电子传输层、钙钛矿层、空穴传输层和金属电极。它的工作原理和聚合物太阳能电池相似，但是由于钙钛矿材料通常表现出较低的载流子复合和较高的载流子迁移率，因此可以获得高达 1 微米的载流子扩散长度，从而使钙钛矿太阳能电池表现出较高的光电转换性能[5]。

3.2　纤维器件中的电荷分离机制

纤维器件的三种典型结构(图 3.3)：同轴、缠绕和交织。基于这些基本结构，

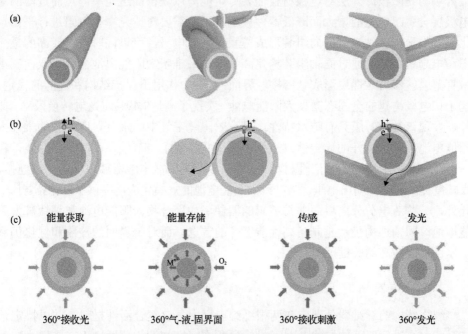

图 3.3　纤维器件结构和电荷分离与传输路径示意图

(a)三种典型的纤维器件结构示意图：同轴结构(左)、缠绕结构(中)和交织结构(右)；(b)三种器件结构对应的电荷传输路径示意图；(c)纤维结构赋予器件独特的性能，如可以 360°接收光、发光、接收刺激等

研究者制备了具有发电、储电、传感、发光等系列功能的新型纤维器件。纤维器件可 360°接收光、发光、接收外界刺激,显示了良好的柔性和较高的断裂强度,可通过编织方法得到柔性织物,如太阳能发电织物、锂离子电池储能织物、发光织物和传感织物等,这些独特性能和优势,对于可穿戴设备的应用发展具有至关重要的意义。

3.2.1　纤维能源器件的结构

1. 同轴结构

同轴结构主要以一根纤维作为基底,并在纤维表面依次涂覆活性层和外层电极,最终获得设计的纤维器件。从界面角度看,同轴纤维器件可以视作每一层头尾相接卷裹成纤维的平面器件,因此可以借鉴平面状器件已有的工艺进行构建。然而在器件的实际构建中,在一根高曲率的纤维表面沉积薄且均匀的多层组分,同时要求形成的多个界面在形变时仍能维持良好的稳定性,无疑对制备方法和工艺提出了极高的要求。此外,同轴结构中最外层电极材料通常需要兼具高的力学、电学甚至光学性能[6],而这常常需要在材料角度对上述指标进行平衡以实现最优的器件性能。以同轴的染料敏化太阳能电池为例,为了使更多的入射光能够到达最内层的光阳极,外层对电极材料需要尽可能薄以获得高透光率。然而过薄的对电极层会引起电阻的增大而降低器件性能。因此需要对透光率和电阻进行平衡。比如一维导电碳纳米管取向组装形成薄膜作为对电极,可以同时获得较高的透光率和电导率,然后通过同轴组装构建高性能的纤维状太阳能电池器件。取向碳纳米管薄膜能够与活性层形成紧密接触界面,在外力作用下保持结构和性能的稳定。基于该电极构建的全固态微型太阳能电池,实现了高达9.49%的光电转换效率。此外,发现该纳米薄膜具有疏水特性,可有效阻隔空气中的水分,所制备的柔性太阳能电池显示了良好的稳定性。进一步提出并实现了"节棍"模型设计路线,在一根纤维电极上间隔涂覆活性材料,实现了多个太阳能电池器件单元的高效连接,大幅度提高和调控输出电压,为纤维太阳能电池的规模化应用提供了理论指导[7-9]。此外,一些对电荷分离界面非常敏感的器件,如聚合物太阳能电池和钙钛矿太阳能电池,同轴结构仍然是制备高性能器件的首选,而对于界面的控制和优化仍然是器件性能提高的关键因素[10, 11]。

2. 缠绕结构

缠绕结构的纤维器件通常在两根纤维电极上各自复合活性材料,并以特定角度互相缠绕进行器件的构建[12, 13]。缠绕过程在研究初期主要通过手工实现,随着研究的深入,一种基于机械装置的"旋转-平移"方法可以使缠绕过程连续可控地进行。图 3.4 展示的是基于"旋转-平移"方法制备缠绕结构纤维太阳能电池的装置示意图[14]。具体而言，光阳极纤维的两端被两个电机固定，而对电极纤维被置于一个平移台上，并且一端固定在光阳极上。当电机和平移台同时开启，对电极纤维能够自动地缠绕于光阳极纤维表面。缠绕角度可以通过设定初始状态两根纤维的角度（如 60°）并保持相同的对纤维缠绕和释放速度实现[15]。由于缠绕结构将外层电极转换为纤维的形态，同时将多层活性物质分配到两根纤维电极上，有效降低了多层活性物质制备过程的工艺难度，并且可以基于机械装置进行连续化制备，因此目前是染料敏化太阳能电池、超级电容器、锂离子电池等器件广泛采用的一类结构。柔性的电极可以相互缠绕形成紧密接触界面，从而提高光电转换性能。如基于液态电解质的染料敏化太阳能电池，当两个纤维电极平行放置而无缠绕时，光电转换效率较低；缠绕之后，光电转换效率提高；当缠绕螺距减小，光电转换效率继续增加。这主要是因为当缠绕且螺距减少时，两个纤维电极间的有效接触点增加，电子的转移更为快速有效，从而提高器件的短路电流密度和光电转换效率。

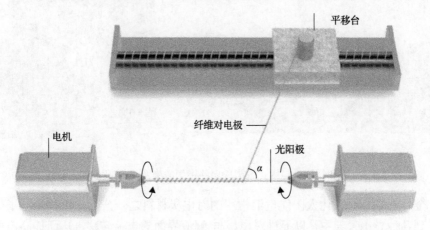

图 3.4 "旋转-平移"方法制备缠绕结构纤维太阳能电池的示意图[14]

3.2.2 纤维能源器件的界面

众所周知，界面对于能量收集和储存器件的性能具有至关重要的影响。而由于其独特的一维结构，纤维能源器件中产生了一些与传统平面器件相比独特的界面，而这些界面也直接影响着器件的性能。在本节，重点介绍纤维能源器件中两类界面，即活性物质-电解质界面和活性物质-纤维电极界面，并对界面优化方面的相关研究进行介绍。

1. 活性物质-电解质界面

与平面器件相比，纤维电极高曲率的表面会产生独特的界面效应。例如，对于平面染料敏化太阳能电池，垂直于基底表面生长的二氧化钛纳米管由于其取向结构，可以有效提高电荷在光阳极上的传输效率，与纳米粒子相比应具有更高的光电转换效率。然而，实验结果常常与上述推断不符[16, 17]，部分原因在于致密的二氧化钛纳米管使电解质难以充分浸润，因此无法完全利用二氧化钛纳米管的比表面积。然而，在高曲率表面取向纳米管成辐射发散状，形成了许多 V 形空隙，这些空隙有利于电解质和染料对二氧化钛纳米管的浸润和吸附(图 3.5)。因此，基于二氧化钛纳米管的纤维染料敏化太阳能电池，与二氧化钛纳米粒子相比通常表现出更高的光电转换效率。通过改变二氧化钛纳米管的密度和直径，对活性物质和电极之间的界面进行调控，可以有效优化电荷转移过程以实现更高的光电转换效率。

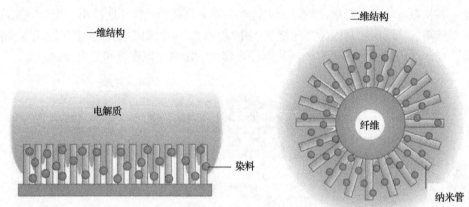

图 3.5　平面和纤维染料敏化太阳能电池不同的染料-电解质界面示意图[14]

金属铂是染料敏化太阳能电池常用的对电极材料之一，因此铂纳米粒子也被引入到各种导电骨架中，以促进对电极/电解液界面的电荷转移，从而提高器件性能。在由纳米组装单元构筑的导电骨架中，铂的大小和分布至关重要。导电骨架单元的表面形貌对铂纳米粒子的聚集结构具有重要影响。研究发现，在光滑碳纤维和铂丝表面沉积的铂纳米粒子容易发生团聚，并且容易在多次弯曲后发生脱落；而在一维的碳纳米管组装电极表面，铂纳米粒子虽然不易脱落，但发生团聚形成较大的尺寸；二维的石墨烯电极表面可实现铂纳米粒子的均匀沉积，且粒径较小，具有更丰富的活性催化位点。通过双电位阶跃法制备的石墨烯/铂纳米粒子复合纤维，随着第二阶段电沉积时间从 10 s 增加到 500 s，复合纤维中铂含量从 2.6%增加到 22.9%。同时纤维的电导率也从 200 S/cm 增加到 1000 S/cm。通过拉曼光谱研究发现，石墨烯与铂纳米粒子间存在较强的相互作用，通过吸附限域效应，使铂纳米粒子有效稳定在石墨烯表面并均匀分布，具有高比表面积和电化学活性，有效实现电极与电解质界面的电荷转移，从而获得更高的光电转换效率。随着复合纤维中铂含量从 0 提高到 7.1%，制备的纤维染料敏化太阳能电池的电流密度和填充因子分别从 12.67 mA/cm^2 和 0.42 提高到 17.11 mA/cm^2 和 0.67，实现了高达 8.45% 的光电转换效率，且高于基于铂丝对电极获得的光电转换效率 (7.2%)[18]。

2. 活性物质–纤维电极界面

如上所述，纤维电极高曲率的特性对构建稳定的活性物质-纤维电极界面产生了一定挑战。以钙钛矿太阳能电池为例，制备覆盖完全且均匀的高质量钙钛矿层，对于构建高性能的钙钛矿太阳能电池至关重要，否则将形成低电阻分流路径并影响光吸收情况，从而降低器件的开路电压和短路电流。由于钙钛矿材料成膜性较差，通过浸渍涂敷法在高曲率的金属丝表面制备钙钛矿层时，常常获得覆盖不完全的钙钛矿层，由此获得的光电转换效率仅为 3.3%[7]。通过在金属丝表面修饰一层二氧化钛纳米粒子，形成高比表面积的疏松多孔结构，可有效改善钙钛矿的成膜性和覆盖率，基于此，研究者对钙钛矿层与纤维电极之间界面进行了优化。例如，通过电化学阴极沉积法，在钛丝表面垂直生长的二氧化钛纳米管上制备了覆盖完全且均匀的钙钛矿活性层，由此构建了最高效率为 7.1% 的纤维钙钛矿太阳能电池[11]。然而与柔性平面钙钛矿太阳能电池 16% 的光电转换效率相比，纤维钙钛矿太阳能电池在界面优化方面仍然有较大提升空间[19]。特别是对于钙钛矿层在纤维电极表面可控、均匀的沉积方面，需要更加系统深入的研究。

3.3　纤维器件中的电荷传输机制

电荷传输过程广泛存在于各类能量收集和储存器件中。高效的电荷传输有利于减少电荷损耗，以获得更低的器件内阻，从而提高器件的输出电压和电流。特别对于纤维能源器件而言，器件独特的一维结构极大增加了电荷传输的实际距离。因此，高效的电荷传输对于器件性能的提升和大规模应用，无疑具有非常重要的意义。

3.3.1　电子传输机制

作为纤维能源器件最具潜力的电极材料，碳纳米管、石墨烯等碳纳米材料构建的纤维电极，在相邻的基本结构单元之间存在着众多界面，电阻主要由电荷在上述界面的传输过程中产生。因此，通过对基本结构单元的尺寸、间距以及取向度进行调控，可以有效对上述界面进行优化，从而提升纤维电极的电导率和纤维器件的性能。

以基本结构单元的尺度为例，对于相同长度的纤维电极而言，更大或更长的构成单元，无疑可以有效降低界面数量从而提高电荷传输效率。例如，当石墨烯的片层边长由 0.84 μm 增大至 18.5 μm 时，获得的纤维电极的电导率从 250 S/cm 提高至 390 S/cm[20]。值得注意的是，在纤维电极的制备过程中，通常需要根据实际情况合理选择基本单元的尺寸。例如，基于湿法纺丝工艺制备石墨烯纤维，较大尺寸石墨烯片层更容易导致挤出口发生堵塞；基于干法纺丝制备取向碳纳米管纤维时，较长的碳纳米管会降低用于纺丝的取向碳纳米管阵列的可纺性，从而降低纤维制备过程的连续性[21]。

对纤维电极基本结构单元取向性的优化，同样有助于提高电荷传输效率[13]。例如，基于干法纺丝方法获得的取向多壁碳纳米管纤维，其取向结构极大降低了纤维中基本结构单元之间的界面数量，与各向同性的多壁碳纳米管纤维相比电导率获得了极大提高[22]。因此，基于取向结构的多壁碳纳米管纤维构建的纤维染料敏化太阳能电池，表现出 4.6% 的光电转换效率，远高于基于各向同性多壁碳纳米管纤维的 0.49%。通过湿法纺丝制备的石墨烯纤维，同样表现出一定的取向结构，这一方面归因于还原的氧化石墨烯片层在水中形成有序液晶相结构；另一方面也归因于纺丝过程中纺丝溶液与针头之间的剪切力作用引起氧化石墨烯片沿纤维长度方向取向排列。石墨烯纤维的取向结构显著提升了电荷传输效率，纤维电导率达到 $10^2 \sim 10^3$ S/cm[20, 23]。

除了尺寸和取向结构，基本结构单元之间的距离同样对纤维电极的电荷传输具有重要影响。以取向多壁碳纳米管纤维为例，根据三维跃迁机理，电荷在传输过程中可以从一根碳纳米管跃迁至相邻的碳纳米管上[14, 24, 25]（图 3.6）。如果能缩短基本结构单元之间的距离，则可以大大降低跃迁过程造成的电荷损失。目前由碳纳米管气凝胶和碳纳米管阵列制备的碳纳米管纤维，其致密化程度较低。后续必须采用液体收缩和加捻的方法将其致密化，但其性能仍不理想，尤其是电导率，有时甚至低于传统的碳纤维。液体收缩不能使纤维沿轴线均匀收缩。而加捻虽使碳纳米管彼此更紧密地接触，但又会产生新的空隙，同时施加在纤维上的外部载荷对碳纳米管的轴向载荷产生偏差。最终的加捻效果取决于两者之间的竞争，通常只产生较小的净增长。

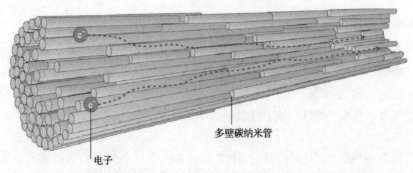

多壁碳纳米管

电子

图 3.6　电荷在取向多壁碳纳米管纤维上进行传输的三维跃迁机理示意图[14]

理论计算和实验研究均表明，碳纳米管在结构保持完整的情况下可以承受较大的压缩。随着对碳纳米管不断施加轧制力，薄壁碳纳米管之间的孔隙和间隙逐渐消除，最终使得碳纳米管获得前所未有的致密程度。通过将管式炉出口处形成的由薄壁碳纳米管组成的圆柱形薄膜连续吹入露天环境，并在水或酒精中冷凝，连续纺丝获得碳纳米管纤维。为了进一步提高纤维的致密化程度，可以采用加压轧制，使最终获得的碳纳米管纤维的力学和电学性能比一般报道的碳纳米管纤维提高一个数量级以上。相比通过溶液法或气溶胶法所获得的碳纳米管纤维，经过加压轧制的碳纳米管纤维具有超高的致密化程度，从而不仅具有高强度(4.34 GPa)、高塑性(10%)，又具有超高的电导率(2×10^4 S/cm)，为制备高性能的纤维电极提供了全新的思路[26]。

上述致密化处理虽然可以有效提高纤维电极的电导率，然而过度致密的微观结构牺牲了纤维的孔隙率，可能限制其在催化、吸附、活性物质负载等方面的能力。因此，需要结合具体应用，对纤维电极的电导率和其他方面性能进行合理平衡。

除了对纤维电极基本构筑单元的尺寸和间隙进行调控，通过引入第二组分同样可以优化纤维器件中电荷的传输。石墨烯片层具有更高的比表面积，将石墨烯与碳纳米管复合，大面积的石墨烯片通过 π-π 相互作用搭接在相邻碳纳米管之间，从而促进纳米管之间的电荷传输，该方法制备的柔性纤维电极的电导率从 370 S/cm 提升到 450 S/cm[27]。

在此基础上，将多壁碳纳米管外层壁原位沿轴向剪切，可以直接形成二维纳米桥。相比于直接物理混合的方法，该柔性纤维电极内部仍然是一维碳纳米管，碳纳米管表面形成石墨烯，石墨烯纳米桥与碳纳米管之间具有更强的相互作用，形成连续导电通路，从而进一步促进电荷快速传输。通过这种方法制备的新型碳纳米管杂化薄膜具有较高的电导率(10^2 S/cm)，比普通碳纳米管薄膜的电导率高 2 倍，比还原的氧化石墨烯薄膜的电导率高 3 倍。随着还原的氧化石墨烯质量分数的增加，还原的氧化石墨烯/碳纳米管杂化膜的电导率逐渐降低[28]。

目前，以碳纳米管和石墨烯为基本构筑单元的碳纳米纤维，电导率仍然较低，无法充分满足纤维器件的实际需求。金属纳米粒子的引入，可以进一步提高其导电性。比如，结合纤维纺丝、碳纳米管阳极氧化和金属沉积的连续工艺，可以制备轻质、高强度和高导电性的碳纳米管/铜复合纤维。当镀铜层的厚度从 1 μm 增加到 3 μm 时，经阳极氧化的碳纳米管复合纤维的电导率为 $4.08 \times 10^4 \sim 1.84 \times 10^5$ S/cm，质量密度为 $1.87 \sim 3.08$ g/cm^3，同时其力学强度与未改性的纯碳纳米管纤维相当。阳极氧化过程有效改善了碳纳米管和镀铜层之间的界面稳定性，因此对纤维的强度和导电性均有一定程度的提高[29]。

除了对已制备的碳纳米纤维进行后处理改性，对纤维的前驱体材料进行修饰同样可以有效提高纤维性能。例如，通过等离子溅射的方法，在可纺碳纳米管薄膜上沉积金纳米粒子，再通过干法纺丝获得的碳纳米管/金复合纤维，具有较高的电导率(5800 S/cm)。另外，通过对表面碳纳米管进行等离子体处理获得亲水的壳层，增强纤维电极对电解液的浸润性；通过电化学沉积导电高分子如聚苯胺，获得更好的电化学储能性能(图3.7)。得益于此，基于该复合纤维电极的纤维超级电容器也显示了优异的倍率性能，在高达 50 A/cm³ 电流密度下，比容量可以保持为小电流下比容量的 79%(256 F/cm³)。由此得到的纤维超级电容器同时实现了高能量密度(7.2 mW h/cm³)和高功率密度(10 W/cm³)[30]。

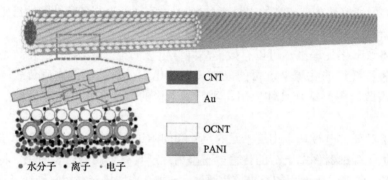

图 3.7　基于多组分的双亲性核壳结构纤维电极的结构示意图[30]

这里 CNT、Au、OCNT 和 PANI 分别代表碳纳米管、金、氧化碳纳米管和聚苯胺

3.3.2　离子传输机制

平面器件中离子迁移经由平板电极间形成的电场实现，活性材料与电场分布容易实现有效匹配[图3.8(a)]。而对于纤维电极，电场分布具有显著差别[图3.8(b)]。对纤维电极的孔道结构进行有效调控，使活性材料均匀负载在纤维电极的孔道中，可以在两个纤维电极之间构建更加有效的电场，从而实现电化学性能的提升[图3.8(c)]。

电解液对电极的有效浸润和渗透，是提升电极活性材料利用率和离子传输速率的关键。在传统电极中，活性材料与导电剂、高分子黏结剂等混合形成致密膜，贴附在集流体箔片上，导致电解液难以深度浸润，从而降低了内层活性材料的利用率，并限制了离子的有效进入。通过构建多级螺旋的纤维电极，形成微米级和纳米级的多尺度取向孔道，可以有效促进电解液快速浸润到电极内部[图3.9(b)，(c)]。上述孔道的尺寸和取向方向，可以通过改变加捻组装过程中初级纤维直径和缠绕角度进行精确设计和控制。对于多级螺旋纤维电极，电解液通过毛细作用，首先进入微米级大通道中，然后沿着纳米小通道迅速渗透到纤维内部，与包裹在纤维内部的电化学活性组分充分接触，有效提高活性组分的利用率，并促进离子快速传输，也有利于提高电极/活性组分/电解质界面在充放电过程中的稳定性[31]。虽然此类结构在纤维能源器件领域的应用仍然方兴未艾，但是通过合理的优化将在未来多种器件中显示出较大的应用潜力。

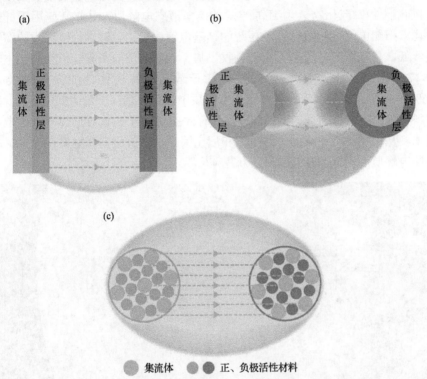

图 3.8　平面电极(a)、纤维电极(b)和多尺度孔道纤维电极(c)间横截面电场分布示意图

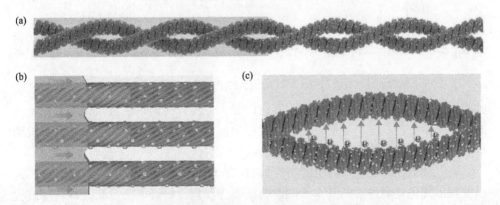

图 3.9　电解液在多级螺旋纤维电极内快速浸润的示意图

(a)、(b)多尺度取向孔道结构促进电解液先沿微米通道进入、再沿纳米通道渗透到取向碳纳米管间；(c)实现与活性材料高效浸润和离子的快速传输

对于微型柔性太阳能电池，如染料敏化太阳能电池，以往的研究主要集中于设计和制备新型柔性电极材料以提高光电转换效率和稳定性。然而传统的碘基电解质具有较大腐蚀性，对于可穿戴应用具有一定限制。因此，我们发展出一类基于有机硫醇盐/二硫化物氧化-还原电对的新型液态电解质，并将其应用于纤维染料敏化太阳能电池(图 3.10)。与传统的碘基电解质相比，该有机电解质的腐蚀性明显降低，且在可见光区基本没有吸收。基于该电解质的太阳能电池的光电转换效率(7.33%)，明显高于相同条件下基于碘基电解质器件的光电转换效率(2.06%)。此外，碳基纳米材料在这类电解质中显示出远高于铂的催化性能。碳纳米材料与此类电解质之间较高的匹配性，有效提高了电极/电解质界面上的电荷转移速率，从而实现了更高的短路电流和填充因子，这为面向新型柔性电极材料的高性能电解质的设计和开发提供了新思路[32]。

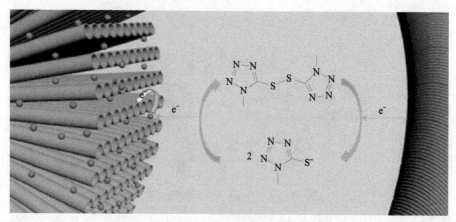

图 3.10　基于新型有机电解质的微型染料敏化太阳能电池的工作原理[32]

3.4　纤维器件结构参数对其电荷分离与传输过程的影响规律

人们对纤维锂离子电池存在一个普遍认知，即纤维锂离子电池的内阻与其长度成正比，纤维锂离子电池越长，其内阻越大。而较大的内阻将大幅削弱纤维电池的电化学性能，尤其是倍率性能。根据电池极耳的引出方式，缠绕式纤维电池结构可以分为"同端引出"和"异端引出"两种类型。

研究纤维锂离子电池内阻的主要目的，在于分析这种电池的基本电化学行为，以及找出优化电池性能的基本原则，为此首先要建立纤维电池及其各种传输过程的物理模型，然后将已知的电化学过程基本原理应用于这些模型，求出纤维电池内阻的解析解或数值解。显然，求解过程的难易程度和结论的精确性，与采用模型的简化程度有关。为了不使分析过程过于复杂，研究中忽略了电极的微观结构，而采用具有统计平均意义的各种参数的"有效值"。这种数学处理方式，无疑对内阻结果的精确性有些影响。然而考虑到纤维电池内部结构的复杂性，无论采用多么精准复杂的模型，仍不免会与实际情况有差异，即理论推算所得的结果仍然只可能是"原则性"的和"半定量"的[33]。相反，采用简化模型和各种参数的有效值所得的主要结论，与采用较复杂方法处理得到的结论并无本质上的差别。为此将正负活性物质、隔膜和电解液定义为一个整体，它们统称为"材料"，电阻率为 Z，单位为 $\Omega \cdot m$。将 ρ^+ 和 ρ^- 分别定义为正负极集流体单位长度的电阻，单位为 Ω/m。重点研究了长度为 L 的纤维状电池内单位长度为 dx 的电阻。单位长度内的电压变化率计算结果为：

$$\frac{dV}{dx} = \frac{V(x+dx) - V(x)}{(x+dx) - x} = \frac{[V(x) - I(x) \cdot \rho^+ \cdot dx - I(x) \cdot \rho^- \cdot dx] - V(x)}{dx} = -I(x) \cdot (\rho^+ + \rho^-)$$

$$(3.1)$$

其 x 处的电压为 $V(x)$，电流为 $I(x)$。根据欧姆定理，流经 Z 的电流 dI 为

$$-dI = \frac{V(x)}{\left(\dfrac{Z}{dx}\right)} = \frac{V(x)}{Z}dx \tag{3.2}$$

其中，物质电阻为 Z/dx。把式(3.1)、式(3.2)联立起来，就可以得到一个二次微分方程：

$$\frac{d^2V}{dx^2} = (\rho^+ + \rho^-)\frac{V}{Z} \tag{3.3}$$

根据两个边界条件 $x = 0$，$V = V^0$ 和 $x = L$，$I = 0$，$\dfrac{dV}{dx} = 0$，计算获得 x 处的电压为

$$V(x) = V^0 \frac{\cosh[k(L-x)]}{\cosh(kL)} \tag{3.4}$$

其中

$$k = \left(\frac{\rho^+ + \rho^-}{Z}\right)^{\frac{1}{2}} \tag{3.5}$$

最终，计算获得的纤维状电池内阻为

$$R = \frac{[(\rho^+ + \rho^-) \cdot Z]^{\frac{1}{2}}}{\tanh(kL)} \tag{3.6}$$

　　上述方程表明，纤维电池的电阻随着电池长度的增加而减小。此外，该方程还表明，纤维电池所用集流体的电阻越小，则纤维电池的内阻也越小。目前，碳材料纤维(碳纤维、碳纳米管纤维和石墨烯纤维)被广泛用作纤维电池的集流体，电阻一般在 1000 Ω/m 以上。通过式(3.6)计算获得 1m 长的纤维电池，对应的内阻可达 140 Ω。但当集流体电阻降到 1 Ω/m 时，例如金属丝，1m 长纤维电池的内阻将急剧下降到 10 Ω。

3.5　小结与展望

　　研究不同种类纤维器件中的电荷分离与传输机制，对于提升纤维器件性能起着至关重要的作用。得益于纤维器件构建过程中技术的不断突破，对于纤维器件中的电荷分离与传输机制的认识也不断深入，这将会对未来纤维器件的发展带来重要的推动作用。

　　然而，目前纤维器件多数尚处于初级阶段，与工业化、规模化的平面器件相比，纤维器件的总体性能仍有一定的差距，主要原因在于纤维器件长度一般只有几厘米到几十厘米。构建出较长且高效率的纤维器件，目前仍存在诸多问题亟待解决。基于目前发展水平得出的相关机制，是否适用于未来规模化制备的纤维器件，仍需进一步验证。但是，通过不同学科研究者的紧密协作，有效借鉴平面器件相关的发展经验，开发全新的适合纤维器件规模化制备的工艺和方法，在规模化制备纤维器件的前提下，研究纤维器件中电荷分离和传输机理，将显著提升纤维器件的性能。这些研究成果最终将促使纤维器件尽快应用在汽车、微电子、生物、医学等重要领域。

参 考 文 献

[1] Grätzel M. Solar energy conversion by dye-sensitized photovoltaic cells. Inorg. Chem., 2005, 44 (20): 6841-6851.

[2] Li G, Zhu R, Yang Y. Polymer solar cells. Nat. Photonics, 2012, 6(3): 153-161.

[3] Kim J Y, Lee K, Coates N E, et al. Efficient tandem polymer solar cells fabricated by all-solution processing. Science, 2007, 317(5835): 222-225.

[4] Günes S, Neugebauer H, Sariciftci N S. Conjugated polymer-based organic solar cells. Chem. Rev., 2007, 107(4): 1324-1338.

[5] Krebs F C. Polymer solar cell modules prepared using roll-to-roll methods knife-over-edge coating, slot-die coating and screen printing. Sol. Energy Mater Sol, 2009, 93(4): 465-475.

[6] Chen X, Sun H, Yang Z, et al. A novel "energy fiber" by coaxially integrating dye-sensitized solar cell and electrochemical capacitor. J. Mater. Chem. A, 2014, 2(6): 1897-1902.

[7] Qiu L, Deng J, Lu X, et al. Integrating perovskite solar cells into a flexible fiber. Angew. Chem. Int. Ed., 2014, 53(39): 10425-10428.

[8] Sun H, Li H, You X, et al. Quasi-solid-state, coaxial, fiber-shaped dye-sensitized solar cells. J. Mater. Chem. A, 2014, 2(2): 345-349.

[9] Sun H, You X, Yang Z, et al. Winding ultrathin, transparent, and electrically conductive carbon nanotube sheets into high-performance fiber-shaped dye-sensitized solar cells. J. Mater. Chem. A, 2013, 1(40): 12422-12425.

[10] Liu D, Zhao M, Li Y, et al. Solid-state, polymer-based fiber solar cells with carbon nanotube electrodes. ACS Nano, 2012, 6(12): 11027-11034.

[11] Qiu L, He S, Yang J, et al. Fiber-shaped perovskite solar cells with high power conversion efficiency. Small, 2016, 12(18): 2419-2424.

[12] Chen T, Qiu L, Cai Z, et al. Intertwined aligned carbon nanotube fiber based dye-sensitized solar cells. Nano Lett., 2012, 12(5): 2568-2572.

[13] Dalton A B, Collins S, Muñoz E, et al. Super-tough carbon-nanotube fibres. Nat. Photonics, 2003, 423: 703.

[14] Sun H, Zhang Y, Zhang J, et al. Energy harvesting and storage in 1d devices. Nat. Rev. Mater., 2017, 2: 17023.

[15] Yang Z, Deng J, Chen X, et al. A highly stretchable, fiber-shaped supercapacitor. Angew. Chem. Int. Ed., 2013, 52(50): 13453-13457.

[16] Yella A, Lee H-W, Hoi Nok Tsao C Y, et al. Porphyrin-sensitized solar cells with cobalt II III-based redox electrolyte exceed 12 percent efficiency. Science, 2011, 334(6056): 629-634.

[17] Zhu K, Neale N R, Miedaner A, et al. Enhanced charge-collection efficiencies and light scattering in dye-sensitized solar cells using oriented TiO_2 nanotubes arrays. Nano Lett., 2007, 7(1): 69-74.

[18] Yang Z, Sun H, Chen T, et al. Photovoltaic wire derived from a graphene composite fiber achieving an 8.45 % energy conversion efficiency. Angew. Chem. Int. Ed., 2013, 52(29): 7545-7548.

[19] Yang D, Yang R, Ren X, et al. Hysteresis-suppressed high-efficiency flexible perovskite solar cells using solid-state ionic-liquids for effective electron transport. Adv. Mater., 2016, 28(26): 5206-5213.

[20] Xu Z, Sun H, Zhao X, et al. Ultrastrong fibers assembled from giant graphene oxide sheets. Adv. Mater., 2013, 25(2): 188-193.

[21] Li Q, X Z, DePaula R F, et al. Sustained growth of ultralong carbon nanotube arrays for fiber spinning. Adv. Mater., 2006, 18: 3160-3163.

[22] Sun X, Chen T, Yang Z, et al. The alignment of carbon nanotubes an effective route to extend their excellent properties to macroscopic scale. Acc. Chem. Res., 2013, 46(2): 539-549.

[23] Xu Z, Gao C. Graphene chiral liquid crystals and macroscopic assembled fibres. Nat. Commun., 2011, 2: 571.

[24] Peng H, Jain M, Peterson D E, et al. Composite carbon nanotube/silica fibers with improved mechanical strengths and electrical conductivities. Small, 2008, 4(11): 1964-1967.

[25] Peng H, Sun X, Cai F, et al. Electrochromic carbon nanotube/polydiacetylene nanocomposite fibres. Nat. Nanotech., 2009, 4(11): 738-741.

[26] Wang J N, Luo X G, Wu T, et al. High-strength carbon nanotube fibre-like ribbon with high ductility and high electrical conductivity. Nat. Commun., 2014, 5: 3848.

[27] Sun H, You X, Deng J, et al. Novel graphene/carbon nanotube composite fibers for efficient wire-shaped miniature energy devices. Adv. Mater., 2014, 26(18): 2868-2873.

[28] Yang Z, Liu M, Zhang C, et al. Carbon nanotubes bridged with graphene nanoribbons and their use in high-efficiency dye-sensitized solar cells. Angew. Chem. Int. Ed., 2013, 52(14): 3996-3999.

[29] Xu G, Zhao J, Li S, et al. Continuous electrodeposition for lightweight, highly conducting and strong carbon nanotube-copper composite fibers. Nanoscale, 2011, 3(10): 4215-4219.

[30] Fu X, Li Z, Xu L, et al. Amphiphilic core-sheath structured composite fiber for comprehensively performed supercapacitor. Sci. China Mater., 2019, 62(7): 955-964.

[31] Chen P, Xu Y, He S, et al. Hierarchically arranged helical fibre actuators driven by solvents and vapours. Nat. Nanotech., 2015, 10(12): 1077-1083.

[32] Pan S, Yang Z, Li H, et al. Efficient dye-sensitized photovoltaic wires based on an organic redox electrolyte. J. Am. Chem. Soc., 2013, 135(29): 10622-10625.

[33] 查全性. 化学电源选论. 武汉: 武汉大学出版社, 2005: 160.

第 4 章 纤维染料敏化太阳能电池

本章主要讨论具有一维结构的纤维染料敏化太阳能电池。与传统的平面电池不同，纤维电池由于采用纤维电极组装而成，因此具有一些独特的结构和性能。本章首先讨论了染料敏化太阳能电池的工作原理；其次分别讨论了两种常见的电池结构，即缠绕结构和同轴结构，分析了两种不同结构纤维染料敏化太阳能电池的构建过程与性能；然后介绍了一些集成了其他功能的纤维染料敏化太阳能电池；最后，我们展望了纤维染料敏化太阳能电池的未来发展前景。

4.1 染料敏化太阳能电池概述

1839 年，Becquerel 在金属卤化物的溶液中首次观察到光伏现象。光敏染料的引入，能够明显增强半导体对光的响应能力。1873 年 Vogel 利用染料使卤化银感光剂对光的响应区间扩展到红外区域，为全彩光谱摄影技术提供了可能。使用光敏染料还能够明显增强光伏效应，这种现象在 19 世纪 80 年代已被 Moser 和 Rigollot 观测并证实。引入染料强化对光的响应，直接推动了感光显影技术和光伏效应的并行发展。染料对半导体的敏化作用涉及电荷在二者之间的转移，直到 20 世纪，人们才发现在半导体表面吸附单层染料分子才能实现有效的敏化作用[1]。

对染料及光电化学的早期探索，为接下来的应用奠定了基础。20 世纪 80 年代，用染料处理的分形 TiO_2 被用作光阳极构建太阳能电池[2]。然而，在很长一段时间内，不足 1% 的光电转换效率令这种基于染料敏化半导体的太阳能电池前景黯淡。直到 1991 年，Grätzel 等人基于新型染料和 TiO_2 纳米粒子开发出新一代的太阳能电池，基于染料敏化半导体的太阳能电池才由此复兴。由于纳米尺度的 TiO_2 粒子比以前用的半导体的比表面积增大上千倍，有利于吸附更多的染料，因此，这类材料前所未有地取得了超过 7% 的光电转换效率[3]。

Grätzel 等研制出的染料敏化太阳能电池，呈现出典型的"三明治"结构，即工作电极和对电极面对面地堆叠在一起，中间用电解质溶液隔开。具体而言，将一面附有掺氟氧化锡（FTO）或掺锡氧化铟（ITO）的透明导电玻璃作为基底，沉积一层介孔 TiO_2 纳米粒子后作为工作电极；同时将导电玻璃沉积一层铂催化剂，作为对电极。当工作电极吸附染料后，将两个电极封装在一起并注入电解质，就得到了平面染料敏化太阳能电池。

制备方法简单、成本低廉和性能良好的优势，使得染料敏化太阳能电池成为商业太阳能电池的有力竞争者。然而，由液态电解质挥发和泄漏带来的封装困难和长期稳定性差的问题，使其在实际应用中受限。为此人们也开始研究固态和准固态的电解质[4]。

除了传统的平面结构，染料敏化太阳能电池也可以构建成一维的纤维结构。纤维染料敏化太阳能电池离不开纤维电极。许多纤维电极，如金属丝、碳纤维、聚合物纤维都可被用于构建纤维电池。根据组装结构不同，纤维电池在结构上可分为缠绕结构和同轴结构，我们将在后续小节中分别展开讨论。

4.1.1　工作原理

染料敏化太阳能电池的工作过程概括如下：在光照下，染料分子吸收光子后被激发，激发后的染料分子将电子注入半导体的导带。电子在半导体内部传递，最后经外电路导出。电解质中的 I_3^- 离子在对电极获得电子后还原成 I^- 离子，I^- 离子将电子转移给氧化态染料使得染料再生，自己则被氧化为 I_3^- 离子。在电荷注入和传输的同时还伴随着电荷的复合，这种电荷的复合会使器件的性能下降。在接下来的部分，我们将分别从热力学和动力学的角度来讨论染料敏化太阳能电池的工作原理。

1. 热力学原理

图 4.1 涉及染料、半导体和氧化还原电对等材料，从热力学的角度阐明染料敏

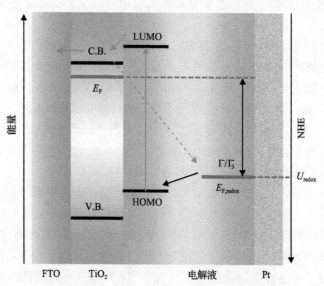

图 4.1　染料敏化太阳能电池的工作原理示意图[5]

化太阳能电池的工作原理[6]。这些材料能级的相对位置关系，对染料敏化太阳能电池的性能有决定性的影响。为了方便理解，我们首先对讨论中涉及的概念做出界定。第一，图 4.1 的纵坐标代表内能，而不是自由能，因为未考虑由载流子不同能态产生的巨大构象熵。第二，染料分子的能级通常由最高占有轨道(HOMO)和最低未占轨道(LUMO)得出，而分子轨道通常涉及许多近似计算。第三，半导体中电子的电化学势通常定义为费米能级(E_F)，而在电解质中，电势则通常指的是以电压为量纲的氧化还原电势(U_{redox})。氧化还原电对的电化学势，或者说费米能级($E_{F,redox}$)和它的氧化还原电势之间存在一个经验关系(4.1)。在平衡状态下，半导体和电解质的费米能级是相等的[7]。

$$E_{F,redox}[eV] = -(4.6 \pm 0.1) - eU_{redox}[V] \tag{4.1}$$

需要特别注意的是，描述半导体和氧化还原电对的电化学势的能量标度不同。一般而言，半导体的能级采用真空能级为参考能级，氧化还原电对的电极电势则以标准氢电极(NHE)为参照。利用式(4.1)，电解质的氧化还原电势可以转换为电化学势。

(1)半导体的能级

半导体的能级在接触电解质后会受其影响。在没有氧化还原电对的情况下，溶剂效应和染料吸附产生的 Helmholtz 偶极子，将会使半导体的导带移向真空能级。当有氧化还原电对存在时，电子将会从半导体转移到电解质中的氧化性物种，也就是空穴载体上，这一转移过程是由半导体和氧化还原电对之间的能级差引起的。转移过程中，半导体的能级逐渐靠近氧化还原电对的电化学势，直到 $E_F=E_{F,redox}$，此时不再发生电子的转移，即达到了暗场条件下的平衡状态。但是，由于粒子尺寸比德拜长度小得多，单个粒子内部没有形成空间电荷层，能带弯曲小得可以忽略。图 4.2 表明：在暗场条件下，半导体的费米能级和电解质的氧化还原电化学势是相等的；而在光照条件下，随着电子注入，半导体的费米能级移向导带底能级附近，而电解质的氧化还原电化学势保持不变，二者在开路状态下产生的电势差，正是光照下电池产生的光电压[8]。

值得注意的是，半导体的导带能级可以通过在电解质中加入阳离子进行调节。比如，常用的电解质添加剂 4-叔丁基吡啶，可以有效地提高光电压和光电转换效率[7]。

(2)氧化还原电对的能级

通常情况下，电解质的氧化还原电对是 I^-/I_3^-。电解质的成分包含 0.1mol/L 的 LiI 和 0.05mol/L 的 I_2。I_2 与 I^- 结合形成 I_3^- 离子：

$$I_2 + I^- \Longrightarrow I_3^-$$

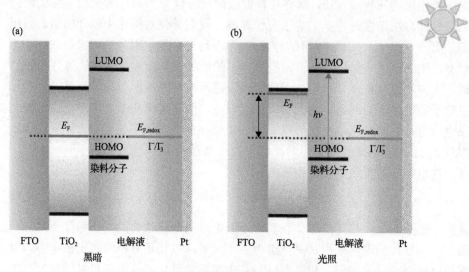

图 4.2　半导体与电解质接触后能级的变化[5]

(a)暗场条件下；(b)光照条件下

由 Nernst 方程可得 I^-/I_3^- 的氧化还原电化学势：

$$I_3^- + 2e^- \Longrightarrow 3I^-$$

$$E_{F,redox} = E_{F,redox}^{0'} - k_B T \ln \left(\frac{[I_3^-]}{[I^-]^3} \right) \tag{4.2}$$

式中，$E_{F,redox}^{0'}$ 是标准的氧化还原电化学势；k_B 是玻尔兹曼常数；T 是绝对温度。除了以上的氧化还原反应，电解质溶液中也包含其他涉及自由基的单电子的反应，例如以下的 $I^{\cdot}$ 和 $I_2^{\cdot}$：

$$2I^{\cdot} \Longrightarrow I_2$$

$$I^{\cdot} + I^- \Longrightarrow I_2^{\cdot}$$

相对于标准氢电极，I^-/I_3^- 氧化还原电对的标准电势是 0.35 V，而染料的氧化电势为 1.1 V。两者的能级差为染料再生提供了动力[7, 9]。

(3)激发态染料的能级

如图 4.3 所示，当电子从给体转移到分子的未占能级时，染料分子被还原。同样地，当电子从最低占有轨道转移到受体分子时，染料分子被氧化。这两种氧化还原过程的电化学势分别是 $E_{F,redox}^0(D^-/D)$ 和 $E_{F,redox}^0(D/D^+)$，其差异可以粗略地用 HOMO 和 LUMO 之间的能量差描述。图 4.3 清楚地表明电子转移优先发生在从高能级到受体或者是从给体到半填充轨道的过程中。由于吸收了激发能，激发态的染料分子容易发生氧化或是还原。典型的染料分子 $RuL_2(NCS)_2$ 的氧化还原电化学势 $E_{F,redox}^0(D/D^+)$ 为 -5.6 eV，激发后的能量 $E_{F,redox}^*(D/D^+)$ 为 -3.85 eV[10]。

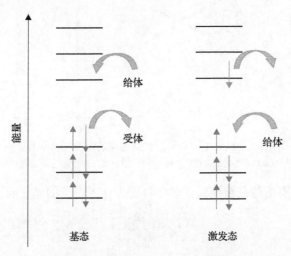

图 4.3　基态和激发态下的分子能级[5]

2. 动力学原理

(1) 电荷的分离和注入

染料敏化太阳能电池于 1991 年取得的突破得益于采用纳米尺度 TiO_2 粒子，纳米尺度 TiO_2 粒子尺寸远小于其德拜长度，一旦与电解质接触，所有的粒子都被耗尽。因此电荷的分离并不源自空间电荷层的内建电场。事实上，在染料敏化太阳能电池中，电荷的分离是由于电子和空穴的自由能或费米能级的差异所引起的。

半导体和吸附在表面的染料分子的能级位置提供了光照下电荷转移的热力学动力。染料分子 LUMO 和半导体导带的能量差提供了电子注入导带的动力。电解质的氧化还原电势和染料分子 HOMO 的能量差，则为空穴向氧化还原电对的传输提供了动力。

电荷的分离就是电子从激发态染料极快地注入半导体导带的过程。对于 N719 染料，染料分子吸收光能而后发生从金属至配体的电荷转移。光激发促进了电子从金属中心向吸附于 TiO_2 颗粒表面的羧基联吡啶配体的转移，如图 4.4 所示。通常情况下，激发态的电荷分离发生在配体的 π^* 轨道与 TiO_2 的导带之间。注入的动力学过程可以通过飞秒瞬时吸收光谱研究，目前认为电子注入需要的时间为 $10^{-12}\sim 10^{-13}$ s[6, 7, 11]。

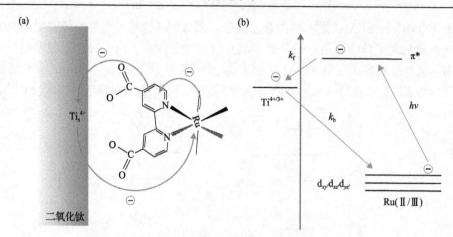

图 4.4　染料分子中金属与配体之间的电荷转移示意图[5]
(a)钌配合物锚定在二氧化钛表面；(b)图(a)中的分子轨道图

电子注入效率指的是被染料俘获并转变为注入电子的光子的比率：

$$\varphi_{\mathrm{inj}} = \frac{k_{\mathrm{inj}}}{k_{\mathrm{inj}} + k_{\mathrm{d}}} \tag{4.3}$$

k_{inj} 和 k_{d} 分别是激发态下染料的电子注入和衰变的速率常数。由于电荷注入过程极快(约 160 fs)，因此染料敏化太阳能电池的电子注入效率可达 90 % 以上。

电子的注入伴随着导带上的电子和氧化态染料之间的复合过程。复合速率用 k_{b} 来表示，它比 k_{inj} 小几个数量级。并且，与氧化态染料的 d 轨道相比，染料分子中配体的 π*轨道与 TiO$_2$ 的导带具有很好的重叠性。因此，TiO$_2$ 导带电子与氧化态染料之间的复合并不显著。

(2)电荷的复合

注入导带的电子需要在半导体内传递到达集流体。在这个过程中，电荷的复合使产生的光电流衰减。与电子复合物种有：氧化态的染料分子、电解质中的氧化态物质以及电池中的杂质。如前所述，电子与氧化态染料的复合在热力学和动力学上都是不利的。并且电子和氧化态染料的复合与氧化态染料被碘离子所还原的再生过程是一对竞争反应。鉴于在电解质中存在着大量的碘离子，因此氧化态染料会优先与碘离子反应，与电子复合是可以忽略的。因此，复合过程主要发生在注入 TiO$_2$ 导带上的电子和电极界面的 I$_3^-$ 离子之间。

$$2e^- + I_3^- \Longrightarrow 3I^-$$

复合的动力学过程仍然存在争论。按照上述分析，随着 I$_3^-$ 离子的浓度增大，复合速率也随之增大，且该反应受温度的影响。电解质中的添加剂如 4-叔丁基吡啶可以抑制电子的复合。电子复合也反映在电流-电压曲线中的填充因子上,当电子从二氧化钛向 I_3^- 转移时,填充因子降低[8]。

(3)开路电压

在光照下,染料敏化太阳能电池会产生光电压。在暗场下,体系的费米能级是由电解质中的氧化还原电化学势决定的。受到光照时,染料激发产生电子,TiO_2 中的费米能级将会移向导带,而氧化还原电化学势不变。由此产生的能量差就是光电压。但在实际条件下,电池所提供的开路电压还受到电子复合的影响。

当染料分子激发后,产生的电子注入 TiO_2 的导带上。注入的速率是由光照的强度和染料的吸附量决定的。可表示如下:

$$\upsilon_{inj}(\lambda, x) = \eta_{inj} \alpha(\lambda) I_0 e^{-\alpha x} \tag{4.4}$$

式中,η_{inj} 是激发态染料的电子注入效率;$\alpha(\lambda)$ 是吸收系数,它与染料的摩尔浓度和摩尔吸光系数有关。

开路电压受电子复合的制约,而复合速率可表示为:

$$\upsilon_{rec} = k_{I_3^-} n [I_3^-] \tag{4.5}$$

为了简化讨论,我们假设通过导电基底传递到氧化态染料的电子忽略不计。稳态下的电子密度可以由式(4.6)得出:

$$n = \frac{\upsilon_{inj}}{k_{I_3^-}[I_3^-]} = \upsilon_{inj} \tau_n \tag{4.6}$$

式中,τ_n 是电子的寿命。假设电子可以在半导体的导带内自由移动,根据 Fermi-Dirac 方程,导带中的电子密度表示为:

$$n_c = N_c \exp\left(-\frac{E_{CB} - E_F}{k_B T}\right) \tag{4.7}$$

在暗场下,半导体的费米能级与氧化还原电化学势相同,从而其电子密度可表示为:

$$n_c^0 = N_c \exp\left(-\frac{E_{CB} - E_{F,redox}}{k_B T}\right) \tag{4.8}$$

由于光电压源自 TiO_2 的费米能级和电解质中的氧化还原电化学势($E_{F,redox}$)之间的能量差,故有:

$$qV_{OC} = E_F - E_{F,redox}$$

$$= (E_{CB} - E_{F,redox}) - (E_{CB} - E_F) = k_B T \ln \frac{n_c}{n_c^0} \tag{4.9}$$

式(4.9)是电池产生开路电压的表达式。它表明电池能够提供的开路电压强烈地依赖于光照条件下半导体导带上的电子密度。例如，要产生 0.77 V 的开路电压，在光照和暗场下 TiO_2 导带的电子密度的比 $\frac{n_c}{n_c^0}$ 应为 10^{13}。若 $E_F - E_{F,redox} = 1 \text{ eV}$，$N_c = 10^{21} \text{ cm}^{-3}$，可推得暗场下 TiO_2 导带电子密度为 10^4 cm^{-3}，即 0.77 V 的光电压对应于 10^{17} cm^{-3} 的导带电子密度[7]。染料的吸附量越大，光照下激发产生的光电子越多，开路电压越大；复合过程会减小导带上的电子密度，故而使开路电压减小。

从动力学角度看，染料敏化太阳能电池的开路电压还可以从 p-n 结太阳能电池导出：

$$V_{OC} = \frac{kT}{e} \ln\left(\frac{I_{inj}}{I_0} + 1\right) \tag{4.10}$$

式中，k 为玻尔兹曼常数；T 为绝对温度；I_0 是由复合产生的暗电流。

$$I_{inj} = q\eta\Phi_0 \tag{4.11}$$

$$I_0 = qn_0 k_{rec}[I_3^-] \tag{4.12}$$

式中，η 是光生电子的量子产率；Φ_0 是入射光子通量；n_0 是在暗场下导带的电子密度；k_{rec} 是复合速率常数。将式(4.12)和式(4.11)代入式(4.10)就得到：

$$V_{OC} = \frac{kT}{q} \ln\left(\frac{\eta\Phi_0}{n_0 k_{rec}[I_3^-]} + 1\right) \tag{4.13}$$

由于 $I_{inj} \gg I_0$，表达式可简化为

$$V_{OC} = \frac{kT}{q} \ln\left(\frac{\eta\Phi_0}{n_0 k_{rec}[I_3^-]}\right) \tag{4.14}$$

该式表明，相比于传统的 p-n 结太阳能电池，染料敏化太阳能电池的性能对入射光的光照强度较不敏感。容易得到，光照强度每增加 10 倍光电压增加 59 mV[12]。

4.1.2　材料

1. 半导体

当前，在染料敏化太阳能电池中应用最广泛的半导体材料是 TiO_2。由于 TiO_2

是一种具有光活性的半导体，早期在光催化领域有诸多应用。TiO_2 光稳定性好，无毒，且具有高的折射率(n 为 2.4～2.5)，并且带隙和染料分子较为匹配。TiO_2 有三种晶型：金红石型、锐钛矿型和板钛矿型，其中锐钛矿型的 TiO_2 较为常用，其带隙为 3.2 eV，高于金红石型(3.0 eV)，并且导带底能级较高，因此有利于产生更高的光电压。目前可以制备得到不同形貌结构的 TiO_2，比如纳米颗粒、纳米管、纳米线和纳米片。传统合成 TiO_2 纳米粒子的方法是水解前驱体如钛醇盐，然后进行水热生长和结晶。将所得 TiO_2 颗粒与聚合物混合得到浆料，然后用刮片或丝网印刷技术涂到导电玻璃上。接着在 450 ℃下热处理得到致密的 TiO_2 层。该层的厚度约为 10 μm，TiO_2 颗粒的直径约为 20 nm。最后，经 $TiCl_4$ 处理，介孔 TiO_2 纳米颗粒表面沉积了一层超薄的 TiO_2 粒子(直径约 1 nm)，随后进行热处理，这层 TiO_2 粒子进一步提高电极的粗糙度，从而提高对染料的吸附效率，并且提升注入效率[13]。

早期的纤维染料敏化太阳能电池中以 TiO_2 纳米颗粒为半导体层。如今，通过阳极氧化法制备的垂直取向的 TiO_2 纳米管，已经成为广泛使用的半导体材料。通过控制阳极氧化的电压、时间、温度和电解质，可以调控纳米管的形貌、长度、直径、壁厚等关键参数[14]。与 TiO_2 纳米颗粒相比，TiO_2 纳米管对光电子的传递效率更高[15-17]。

除 TiO_2 外，ZnO 也是染料敏化太阳能电池中常用的半导体材料。ZnO 的带隙和导带底能级与 TiO_2 接近，并且 ZnO 具有更高的电子迁移率。但是，与 TiO_2 相比，ZnO 的化学稳定性差，在酸、碱环境中均不稳定[7, 18]。

2. 染料

1972 年 Fujishima 和 Honda 首次将 TiO_2 应用于光催化分解水，随后 TiO_2 在光解水领域大受欢迎[19]。相似的光催化原理，使 TiO_2 的应用扩展到光电化学电池。但 TiO_2 的较宽带隙使其对可见光的利用有限，而其他具有较窄的带隙的半导体材料在光照下均会产生较严重的腐蚀现象[20]。

在 TiO_2 的光催化过程中，光的吸收和电荷的传输通常都由半导体材料完成，如果将这两个过程剥离就可以有效解决上述问题。利用光敏剂吸收太阳光并将激发产生的电子传递到宽带隙、光稳定的半导体上。由于光敏剂的存在，能量小于带隙的入射光也可以实现电荷的分离，这就是染料敏化太阳能电池中"敏化"一词的意义。

许多染料都可以作为光敏剂，其中，二-四丁铵-双(异硫氰基)-双(2,2'-联吡啶-4,4'-二羧基)钌(Ⅱ)，简称为 N719，是目前应用最广也是最为成功的光敏剂。图 4.5 是它的化学结构式和入射单色光子-电流转换效率(IPCE)曲线[20]。独特的化学结构是 N719 成为高效敏化剂的重要原因。结构上，N719 分子含有四个羧酸基团作为锚定基团，使染料分子可以牢固地结合到半导体表面上。通过 IPCE 曲线可以看出，N719 的吸收光谱覆盖了可见光区域和部分近红外区域。从能级角度来讲，N719 的能级与半导体和电解质中氧化还原电对的能级匹配性好。如图 4.1，激发态染料的能级高于半导体的导带，因此被激发的电子可以直接注入半导体。染料的 HOMO 能级低于电解质中的氧化还原电对，这就确保了可以自发实现染料再生。同样，N719 光稳定性极好，经历 5×10^7 次氧化还原循环后仍然可以保持良好的性能。目前，纤维染料敏化太阳能电池中的光敏剂主要还是 N719。在本章中，如无特别说明，提到的光敏剂都是 N719。

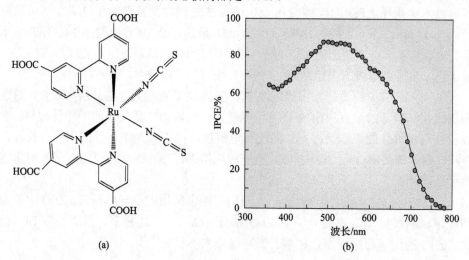

(a)　　　　　　　(b)

图 4.5　N719 分子的化学结构式(a)和入射单色光子-电流转换效率曲线(b)[20]

3. 氧化还原电解质

电解质是染料敏化太阳能电池的重要组成部分，负责载流子的传输和染料的再生。染料敏化太阳能电池中使用的电解质按其物理状态可分为三类：液态电解质、准固态电解质和固态电解质[4]。在传统的液态电解质中，I^-/I_3^- 是染料敏化太阳能电池中常用的氧化还原电对。其他的氧化还原电对还有二硫化物/硫醇盐和钴基配合物体系。电解质通常将碘化物如 LiI、NaI、KI 和单质 I_2 溶于非质子溶剂如乙腈中。与 I^- 配合的阳离子会影响溶液中的离子迁移速率，吸附在半导体表面的离子都会影响半导体的能级，溶剂黏度会影响电解质中的离子电导率，这些因素都会影响太阳能电池的性能。因此，低黏度的溶液是理想的电解质。电解质中的添加剂也会影响电池的性能，如 4-叔丁基吡啶能提高电池的光电压。对于准固态电解质，通常是在体系中引入了聚合物基质(热塑性或热固性)，而固态电解质通常是空穴传输材料[4]。

4. 对电极

目前研究的对电极材料包括镀铂的导电玻璃、碳材料、导电聚合物和硫化钴等。纤维染料敏化太阳能电池中不同对电极对电池的性能影响将会在接下来的小节中讨论。

4.1.3　表征

染料敏化太阳能电池的标准效率是在 AM1.5G 太阳光谱下得出的, 此时辐照强度为 1000 W/m^2(单位面积和单位时间接收到太阳光的辐射能量)。

染料敏化太阳能电池的光电转换效率可表示为:

$$\eta = \frac{V_{OC}J_{SC}FF}{I_0} \tag{4.15}$$

式中, V_{OC} 是开路电压; J_{SC} 是短路电流密度; I_0 是入射光的强度, 即在 AM1.5 G 下为 1000 W/m^2。 FF 是电池的填充因子, 定义为最大功率(P_{max})与开路电压和短路电流密度乘积的比值。

$$FF = \frac{P_{max}}{V_{OC}J_{SC}} \times 100\% \tag{4.16}$$

在 $J\text{-}V$ 曲线中, 光电流和光电压乘积的最大值就是最大功率。

表征染料敏化太阳能电池的另一个重要参数是入射单色光子-电流转换效率(IPCE), 它对应于电池在单色光照射下外电路产生的光电流密度, 可以获得一个太阳能电池单元的单色量子效率。

$$IPCE = \frac{J_{SC}(\lambda)}{e\Phi(\lambda)} = 1240 \frac{J_{SC}(\lambda)[\text{A/cm}^2]}{\lambda[\text{nm}]I_0(\lambda)[\text{W/cm}^2]} \tag{4.17}$$

4.1.4　小结

染料敏化太阳能电池被认为是第二代和第三代太阳能电池之间的一种技术。与传统的光伏电池相比, 染料敏化太阳能电池有以下优点:

① 光电转换效率高:目前, 染料敏化太阳能电池报道的效率超过了 14%。

② 成本低廉:染料敏化太阳能电池的制造成本较低, 不需要像硅基太阳能电池那样烦琐的制造工艺。TiO$_2$ 半导体、染料和碘都很容易获得。

③ 结构多样性:染料敏化太阳能电池可以制备成为透明或彩色的器件以满足不同的需要。更重要的是, 可以用具有柔性、可拉伸的基底取代玻璃基底制备柔性的太阳能电池, 以满足便携式电子器件对柔性、轻便的需求。

4.2   纤维染料敏化太阳能电池概述

纤维染料敏化太阳能电池的概念可以追溯到 2001 年[21]。当时设计的电池结构和目前采用的同轴结构基本类似。在不锈钢丝表面涂覆了一层 TiO_2 颗粒，吸附染料后作为工作电极；把透明的导电高分子涂覆在工作电极表面，作为对电极。将其封装在一个透明管中，接着注入电解液，便得到了一个纤维染料敏化太阳能电池。在光照下，一个 10 cm 长的纤维电池能够产生 0.3～0.35 V 的光电压。然而，由于作为对电极的聚合物电导率极低，并且电解液具有一定的腐蚀性，因此这种纤维电池只能产生几微安的光电流，也没有记录到有效的光电转换效率。纤维染料敏化太阳能电池的首次尝试不是很成功，但也不是没有收获。提出纤维电池这一概念，是迈向可穿戴电子设备的第一步。更为重要的是，这一设想促使科学家们开展对高性能电池所需纤维电极的探索。

在纤维染料敏化太阳能电池之前，已经分别实现了纤维聚合物太阳能电池和有机太阳能电池，它们的光电转换效率分别为 0.6%和 0.5%[22, 23]。直到 2008 年，有光电转换效率报道的纤维染料敏化太阳能电池才出现[24]。尽管纤维染料敏化太阳能电池问世时间不长，但近几年发展迅猛。纤维染料敏化太阳能电池呈现出典型的一维纤维结构，并具有一系列优点，比如体积小、质量轻、柔性好等。更为重要的是，其一维结构使得电池可以利用来自各个方向的光照，特别是来自周围环境的漫射光，使得它们对环境光的利用更为充分。纤维染料敏化太阳能电池的开发，离不开高性能的纤维电极材料，其发展总是伴随着新型纤维电极的开发。在本节中，我们以电极材料为线索，讨论了不同材料构建的纤维染料敏化太阳能电池[25]。

面向可穿戴电子器件，染料敏化太阳能电池的电极材料应当是质轻、柔软并且导电性良好的。另外对电极应当对氧化还原反应有高催化活性。电极主要有两种类型，一类是金属电极，而另一类是非金属电极，包括碳材料纤维和导电聚合物纤维。

1. 金属电极

前已述及，金属电极材料最突出的优势是其优异的导电性能，采用金属电极可以有效降低电子的传递电阻。铂电极作为一种在电化学领域应用广泛的电极材料，因其优异的电导率和良好的催化能力，在染料敏化太阳能电池中也被用作对电极材料。但由于铂是一种贵金属，单独作为电极材料价格昂贵。由于电极的催化行为都发生在电极表面，可以在金属丝表面电化学沉积铂颗粒制得对电极。

早期研究中，纤维染料敏化太阳能电池由两根缠绕的金属电极组成，即涂有吸附染料的二氧化钛的不锈钢丝作为工作电极，铂丝作为对电极[24]，使用传统的液态电解质。制备的纤维染料敏化太阳能电池显现出典型的由两个纤维电极对称缠绕构成的一维结构。由于对电极表面 TiO_2 层的阻隔，两极之间不会发生短路。前面提到，与平面电池相比，纤维电池的一个优势是可以利用各个角度的入射光，即光电转化不受入射光角度的影响。从工艺上讲，两根电极相互缠绕的螺距和 TiO_2 层的厚度对电池性能有重要的影响，主要取决于电荷的输出与复合之间的平衡。经过优化后，几厘米长的纤维染料敏化太阳能电池在光照下可以产生 0.61 V 的开路电压和 0.27%的光电转换效率。效率不高的直接原因是产生的光电流密度只有 0.06 mA，电池的填充因子也不高，只有 38%。

后来，用金属钛丝替代不锈钢丝，通过水热反应在钛丝表面生长一层 TiO_2 纳米线，吸附染料后作为工作电极，电池的光电转换效率可以提高到 0.86%[26]。早期构建的纤维电池光电转换效率都在 1%以下，远低于同时期平面电池的水平。通过改进工作电极，纤维染料敏化太阳能电池的光电转换效率在 2010 年有突破性的进展[27]。这一改进利用阳极氧化法在钛丝表面制备出一层有序排列的 TiO_2 纳米管阵列。取向的 TiO_2 纳米管有利于电荷的传输和减小电子的复合。将工作电极与铂丝对电极并列放于透明管中，注入电解液后得到的太阳能电池光电转换效率提高到 2.54%。与以前的结果相比，较高的效率主要是由于光电流密度的显著提高，这一短路电流密度记录是此前数值的数倍。因为填充因子与电池的结构和组装过程有着紧密的关系，通过两电极平行组装的方法，纤维电池的填充因子明显降低。如果把铂丝缠绕到生长有 TiO_2 纳米管阵列的钛丝上，电池的光电转换效率可以提高到 6.72%[28]。TiO_2 纳米管的性质对电池的性能有重要影响。这里值得注意的是，对 TiO_2 管进行了 $TiCl_4$ 处理，引入了 TiO_2 纳米粒子。TiO_2 纳米管的长度对电池的性能也很关键，主要是影响染料的吸附和电荷复合。

另一种制备工作电极的方法是通过浸涂法将 TiO_2 层涂覆在钛丝上。涂层的厚度可以控制在 10~40 μm 的范围内。TiO_2 层越厚则可以吸附更多的染料分子，同时也会增加复合率。制备更长尺寸的纤维太阳能电池会使得其光电转换效率下降。这种浸涂的制备工艺，可以是纤维电池在有限的效率衰减下实现更长的尺寸。对于一个 9.5 cm 长的电池，优化后的效率可以达到 5.41%[29]。

除了传统的 TiO_2 纳米管和薄膜，其他的 TiO_2 纳米材料如 TiO_2 纳米线和 TiO_2 多孔膜，也可以涂覆钛丝表面[30, 31]。所有基于金属丝的工作电极都显示出典型的"皮芯"结构：光活性层作为外层，而金属丝作为内芯。外层的 TiO_2 纳米材料可以由金属丝原位产生，也可以作为第二组分复合。从上面的分析可知，高效的工作电极应该具有较大的染料吸附能力和较低的电荷转移电阻。实现较高的染料吸附需要较大的比表面积，而较低的电荷转移电阻又要求电荷传输距离短并且传递界面少。然而这两个条件很少能被同时满足，通常需要平衡染料吸附和电荷复合。此外，面向可穿戴电子设备的纤维染料敏化太阳能电池需要具有一定的柔性，但是在钛丝表面涂覆 TiO_2 得到的工作电极的柔性并不理想，特别是弯曲后，TiO_2 层容易开裂，难以耐受反复形变[32, 33]。

2. 非金属电极

考虑到金属电极的价格昂贵且质地坚硬，因此有必要开发非金属的电极材料。石墨、炭黑、碳纳米管、石墨烯等碳材料，是平面染料敏化太阳能电池中有潜力的对电极材料。因此，在纤维染料敏化太阳能电池中也可以引入纤维碳电极取代铂丝，如商业碳纤维可以直接作为对电极材料。这种由纤维束构成的碳纤维具有良好的柔性和强度，其电导率为 10^2 S/cm，比表面积为 1.3 m^2/g，这些性能可以满足电极材料的基本要求。以碳纤维作为对电极，构建的纤维染料敏化太阳能电池的光电转换效率为 2.7%。如果铂粒子与碳纤维复合，其催化能力和导电性能被进一步提高，光电转换效率增加到 5.1%[34]。

另一种适合做对电极的材料是碳纳米管纤维，它同时具有优异的力学强度（$10^2\sim10^3$ MPa）和电导率（$10^2\sim10^3$ S/cm）。将铂粒子包覆在碳纳米管纤维中，可以得到碳纳米管/铂复合纤维。在复合纤维中，均匀分布的铂纳米粒子赋予了较高的催化活性，基于这种复合纤维对电极构建的电池效率为 4.85%，性能与铂丝作为对电极时相当[35]。

与传统的金属丝相比，纤维碳材料质量更轻、柔性更好，并可以构建全部由碳材料作为电极的全碳电池。TiO_2 可以涂覆到碳纤维上或原位生长。对电极可以是镀铂或碳墨浸涂的碳纤维。这种全碳太阳能电池的效率可以达到 2.48%[36, 37]。

导电化学纤维因其质量轻且可大规模制备而具有广阔的应用前景。导电化学纤维是通过在化学纤维上引入一薄层金属材料制备的，兼具柔性和高导电性。例如，通过聚合物辅助金属沉积，可以在聚(对苯二甲酸丁二酯)纤维表面沉积一层铜颗粒作为对电极，这种复合纤维的电阻仅为 0.34 Ω/cm[38]，用该复合电极制备的染料敏化太阳能电池，与使用铜丝作为对电极时的光伏性能相近。同样，镀银尼龙纤维也可以作为固态纤维染料敏化太阳能电池的对电极，其光电转换效率可以达到 1.92%[39]。

4.3　缠绕结构的纤维染料敏化太阳能电池

绝大部分的纤维染料敏化太阳能电池，都是通过两个纤维电极制备而得的。其中经光活性物质修饰后的纤维电极作为工作电极，另一纤维作为对电极，它的主要功能是催化电解液中的氧化还原反应[25]。纤维工作电极和对电极都需要合理的设计才能够制备高效的纤维染料敏化太阳能电池。此外，为了提高器件的光电转换效率和稳定性，非碘电解液和准固态电解液也都应用于纤维染料敏化太阳能电池中。

4.3.1　工作电极

工作电极的构建通常是将二氧化钛纳米材料复合到不同的导电纤维上，如碳材料纤维和钛丝。目前已研究了许多方法涂覆二氧化钛纳米颗粒以及修饰二氧化钛纳米线或纳米管。

1. 负载 TiO_2 纳米粒子的碳纳米管纤维

碳纳米管因其具有优异的力学、电学和热学性能而受到了广泛的关注。近年来，为了扩展碳纳米管的实际应用，已经成功制备出连续的碳纳米管纤维。在碳纳米管纤维中，纳米级的碳纳米管被组装成宏观纤维，高度取向的结构确保了它优异的性能[40]。通过改变碳纳米管薄膜的宽度可以调控纤维的直径在微米至毫米级之间变化。与金属丝、碳纤维以及其他工程纤维相比，碳纳米管纤维具有更好的柔性，不会在多次弯曲和折叠甚至打结后断裂。

通过反复将碳纳米管纤维浸入二氧化钛胶体溶液，随后在 500℃ 退火 60 分钟制备了碳纳米管/二氧化钛复合纤维。如图 4.6(a) 和图 4.6(b) 所示，二氧化钛颗粒

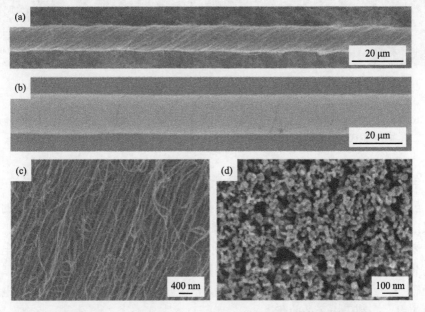

图 4.6　碳纳米管纤维浸涂二氧化钛颗粒前(a)和后(b)的低倍扫描电子显微镜照片；碳纳米管纤维浸涂二氧化钛颗粒前(c)和后(d)的高倍扫描电子显微镜照片[41]

附着于碳纳米管纤维的外表面，粒径约为 25 nm[图 4.6(c)，(d)]。二氧化钛层的厚度可以通过浸涂次数来控制。

将附有 TiO_2 粒子的碳纳米管纤维作为工作电极，纯的碳纳米管纤维作为对电极，得到如图 4.7(a)和(b)的电池结构示意图[41]。将这两种纤维电极紧密地缠绕在一起形成了纤维染料敏化太阳能电池[图 4.7(c)，(d)][42]。值得注意的是，这种缠绕结构对于成功制备器件十分重要。如果两个纤维电极之间缠绕得过于紧密，容易造成短路；反之当两个纤维电极缠绕得过于松弛，电池的效率会严重降低。基于这种结构的纤维染料敏化太阳能电池获得了 2.94%的光电转换效率。图 4.7(e)显示这种柔性的电池可以通过常规的纺织技术编入织物中。

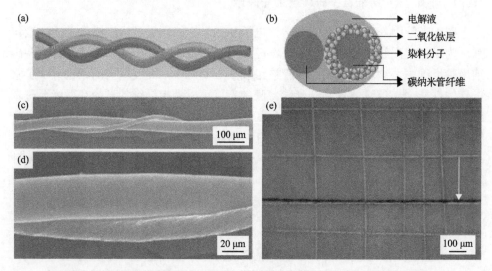

图 4.7　以碳纳米管/TiO_2 复合纤维为工作电极、碳纳米管纤维为对电极的纤维
染料敏化太阳能电池[41]

(a)、(b)纤维染料敏化太阳能电池的侧视图和顶视图；(c)、(d)不同放大倍数的纤维染料敏化太阳能电池扫描电子显微镜照片；(e)纤维染料敏化太阳能电池编入织物中，箭头指示纤维染料敏化太阳能电池

2. 修饰取向 TiO_2 纳米管阵列的钛丝

虽然负载 TiO_2 粒子的碳纳米管纤维能够作为纤维染料敏化太阳能电池的工作电极，但是它们的光电转换效率还比较低。因此，需要找到更合适的纤维工作电极，来构建高效的纤维电池。在平面电池中，TiO_2 纳米颗粒薄膜通常作为电子传输的介质。然而，纳米粒子的电子迁移率相比于一维的纳米管和纳米线要低几个数量级[26,42]。因此，以 TiO_2 纳米管阵列为电子传输的介质，可以有效增强电子的传输速率，有利于电子的收集。

为了获得 TiO_2 纳米管修饰的纤维工作电极，研究者们进行了许多尝试。比如，在氟化铵、水、乙二醇的混合溶液中通过电化学阳极氧化的方法，在钛丝表面生长出取向的 TiO$_2$ 纳米管[43]。如图 4.8(a)所示，垂直取向的 TiO$_2$ 纳米管成功附着在钛丝表面。从顶视图和侧视图中可以得到，纳米管的直径范围为 70~100 nm，管壁的厚度约为 25 nm[图 4.8(b)~(d)]。

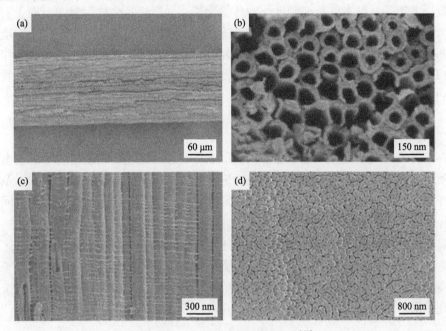

图 4.8　阳极氧化法制备的 TiO$_2$[43]

(a)阳极氧化后的钛丝扫描电子显微镜照片；(b)~(d)取向 TiO$_2$ 纳米管的形貌：顶部(b)、侧面(c)及底部(d)

阳极氧化的电压对光电转换效率有重要的影响[43]。如图 4.9(a)所示，当阳极

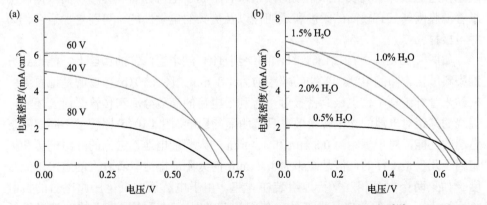

图 4.9　阳极氧化电压和电解液含水量对器件性能的影响规律[43]

(a)不同电压制备工作电极而构建的纤维染料敏化太阳能电池的 J-V 曲线(电解液含 1%的水，2 h)；(b)不同含水量电解液制备工作电极而构建的纤维染料敏化太阳能电池的 J-V 曲线(电压为 60 V，2 h)

氧化的电压为 60 V 时，电池具有最高的光电转换效率。电解液含水量也对器件的光伏性能有重要影响。如图 4.9(b)所示，在其他条件保持不变的情况下，含水量由 0.5%增大至 2%，发现含水量为 1%时电池具有最高的光电转换效率。TiO$_2$ 纳米管的长度也对光伏性能起着关键的作用，因为纳米管的长度决定了染料分子的吸附量以及电子从纳米管传递到钛丝的传输距离。当阳极氧化时间为 8 h 时，TiO$_2$ 纳米管的长度为 35 μm，此时电池的效率最高。值得注意的是，当阳极化的电解液和材料改变时，这些最优的参数值会发生变化。与前面讨论的碳纳米管工作电极相比，基于 TiO$_2$ 纳米管的电池效率可达到 3.94%[44]。因此，修饰 TiO$_2$ 纳米管阵列的钛丝是一种更理想的工作电极材料。

4.3.2 对电极

在纤维染料敏化太阳能电池中，除了工作电极，对电极也是实现较高光电转换效率的重要因素。理想的纤维对电极应该具有良好的柔性、高催化活性以及高电导率。一方面，为了提高 I$_3^-$ 离子的还原速率，减少光电子的复合，对电极应与工作电极紧密接触，电极之间缠绕的螺距要足够小。另一方面，螺距越小，对电极对染料的屏蔽面积也就越大，也就越不利于光电流的产生。因此，兼顾上述两个方面，使光能吸收和电子复合之间达到平衡十分关键。紧密缠绕的结构赋予纤维染料敏化太阳能电池良好的柔性，能够耐受使用中产生的形变。人们研究了一系列不同材料制备的纤维对电极。

1. 碳纳米管纤维

因为独特的结构和优异的电学性能，碳纳米管被广泛研究作为对电极材料的理想候选对象。研究表明，无规的碳纳米管不利于电荷分离和传输，而取向碳纳米管薄膜因其具有较高的柔性和透明性以及优异的电学性能，可能更加适合作为对电极材料[44-49]。

如图 4.10(a)，将碳纳米管纤维缠绕到 TiO$_2$ 纳米管修饰的钛丝上，能得到纤维染料敏化太阳能电池，缠绕的螺距约为 1.8 mm。图 4.10(b)可以清楚地看到，碳纳米管纤维与工作电极紧密接触，有利于电荷的高效分离和传输。前已述及，缠绕的螺距对电池的光电转换效率具有明显的影响。图 4.10(c)比较了不同螺距下电池的性能。对于螺距为 0.8 mm 和 1.4 mm 的太阳能电池，它们的开路电压和填充因子几乎是一样的，但是螺距为 0.8 mm 的太阳能电池有着较大的短路电流密度。如果两个电极相互平行地组装在一起，由于电解质中氧化还原电对的扩散长度增大，电池的效率是最低的。值得注意的是，对于不同直径的碳纳米管纤维，这些最优参数会发生变化。此外，还研究了器件长度对其性能的影响。如图 4.10(d)，电池的效率在长度为 0.2~1.4 cm 内几乎保持不变，这对于纤维染料敏化太阳能电池的大规模实际应用是非常重要的。

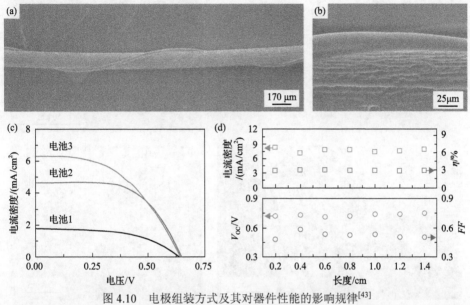

图 4.10　电极组装方式及其对器件性能的影响规律[43]

(a)纤维染料敏化太阳能电池的扫描电子显微镜照片,它通过把碳纳米管纤维缠绕到 TiO₂ 纳米管修饰的钛丝而构建;(b)电池缠绕部分的高倍扫描电子显微镜照片;(c)不同螺距的纤维染料敏化太阳能电池的 J-V 曲线(电池 1:两个电极平行组装;电池 2:缠绕的螺距为 1.4 mm;电池 3:缠绕的螺距为 0.8 mm);(d)不同长度电池的性能参数,阳极氧化的电解液包含 1%的水,在 60 V 电压下反应 8 h

2. 石墨烯纤维

石墨烯是单原子层的石墨,由于其突出的性能,自发现以来吸引了人们越来越多的关注[50-53]。制备石墨烯纤维主要包括以下几个步骤:首先,通过 Hummer 方法合成氧化石墨烯。其次,通过湿法纺丝,将氧化石墨烯溶液注入凝固浴中形成氧化石墨烯纤维[图 4.11(a)]。最后,在 80 ℃的氢碘酸溶液中,将氧化石墨烯纤维还原得到石墨烯纤维[54]。

通过该方法制备的石墨烯纤维密度为 0.61 g/cm³,电导率为 $10^2\sim10^3$ S/cm,拉伸强度为 $10^2\sim10^3$ MPa。从图 4.11(b)可以看到,石墨烯纤维直径均匀。截面图进一步显示[图 4.11(c)],石墨烯在纤维中以层状堆积。由于良好的柔性和较高的力学强度,石墨烯纤维可以被打结[图 4.11(d)]或弯折成其他各种形状。总体来说,石墨烯纤维可以被用作一类新的纤维电极。

将石墨烯纤维缠绕到 TiO₂ 修饰后的钛丝上,就得到纤维染料敏化太阳能电池[54]。基于石墨烯纤维的太阳能电池可以产生 0.72 V 的开路电压、12.67 mA/cm² 的短路电流密度、0.42 的填充因子,因此光电转换效率为 3.85%。纯的石墨烯纤维电导率比较低,因此需要进行合适的修饰使它成为高效的对电极。

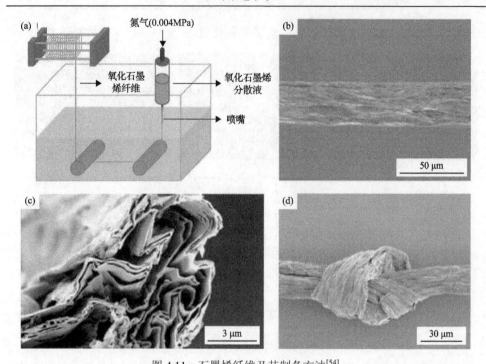

图 4.11　石墨烯纤维及其制备方法[54]
(a)氧化石墨烯纤维的制备示意图；(b)石墨烯纤维的扫描电子显微镜照片；(c)断裂的石墨烯纤维的截面图；
(d)打结后的石墨烯纤维的扫描电子显微镜照片

3. 杂化碳纳米纤维

作为碳纳米材料家族的一个新的分支，石墨烯纳米带在光伏器件等各种应用中引起关注[55-57]。但是，将石墨烯纳米带组装成宏观的纤维存在很多麻烦，而将其掺入其他纤维以形成复合纤维是实现其应用的有效方法。

人们最近通过打开碳纳米管纤维外层的碳纳米管，得到了外层为石墨烯、内层为碳纳米管的"皮芯"结构复合纤维[58]。图 4.12(a)和(b)分别展现了"皮芯"结构复合纤维的示意图和扫描电子显微镜照片，而从图 4.12(c)的放大图可以清楚地看到外层的石墨烯片层。将外层的石墨烯剥落后，可以进一步看到内层的碳纳米管[图 4.12(d)]。将这种"皮芯"结构纤维缠绕到 TiO_2 纳米管修饰后的钛丝上，以构建纤维染料敏化太阳能电池。由于"皮芯"结构纤维外层的石墨烯纳米带和残余碳质具有较多的催化活性位点，因此获得了 5.16% 的光电转换效率。

4. 碳纳米材料/铂复合纤维

虽然碳基纤维已成功用作纤维染料敏化太阳能电池的电极，但电池效率却不理想[59]。因此需要引入其他组分以进一步提高电池效率。如前所述，铂由于其出色的电化学活性成为首选的材料。

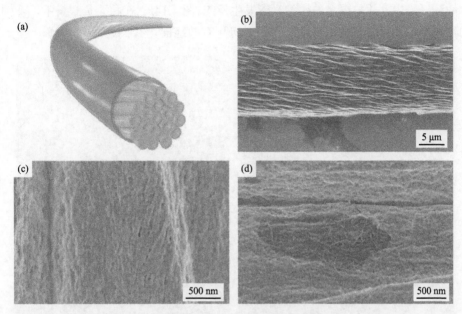

图 4.12　"皮芯"结构复合纤维[58]

(a)"皮芯"复合纤维的结构示意；(b)、(c)经氧化处理后碳纳米管纤维不同倍数下的扫描电子显微镜照片；
(d)剥离外层后"皮芯"复合纤维的扫描电子显微镜照片

　　碳纳米管的疏水使得铂纳米颗粒难以掺入碳纳米管纤维中。因此，对碳纳米管薄膜进行氧微波等离子体处理制备亲水性的碳纳米管，然后通过不对称加捻得到具有疏水内核和亲水外壳的碳纳米管纤维(图 4.13)。最后，在室温下通过双电位法在纤维上电沉积铂纳米粒子，即在 0.5 V 和–0.7 V 电位下分别沉积 10 s 制备碳纳米管/铂复合纤维[60]。

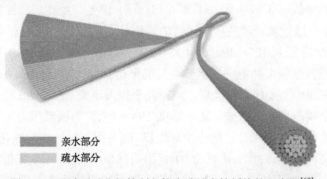

　　■ 亲水部分
　　■ 疏水部分

图 4.13　通过不对称加捻制备核壳碳纳米管纤维的示意图[60]

　　与碳纳米管纤维相比，在核壳碳纳米管纤维上沉积的铂纳米颗粒粒径较小。其原因在于，一方面经氧等离子体处理产生的含氧官能团和缺陷位点使碳纳米管上具有更多的成核位点。另一方面，亲水性外壳使电沉积的水溶液能够更深入地扩散到纤维中，并与更多的碳纳米管发生反应（图 4.14）。在相同负载量下，较小的铂纳米粒子可提供更多的催化位点，可更有效地催化 I_3^- 的还原。

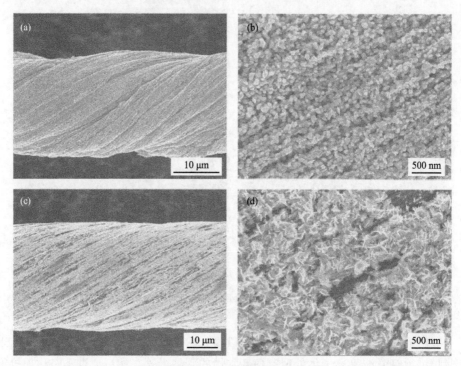

图 4.14　50%铂负载量的铂/碳纳米管复合纤维的低倍(a)和高倍(b)扫描电子显微镜照片；50% 铂负载量的铂/碳纳米管复合纤维的低倍(c)和高倍(d)扫描电子显微镜照片[60]

氧等离子体处理可有效提高碳纳米管的亲水性。随着处理时间从 0 增加到 40 分钟，水接触角从 123°减小到 15°［图 4.15(a)］。但是，处理后纤维的机械强度下降。随着纤维中进行氧处理的碳纳米管的比例从 0 增加到 100wt%，纤维的拉伸强度从 374 MPa 降低至 125 MPa［图 4.15(b)］。因此，采用 50wt%氧处理碳纳米管的纤维以取得机械强度和电化学活性之间的平衡。该纤维具有良好的柔性，在 0°～180°弯曲或在 90°弯曲 10 000 次后，电阻几乎保持不变［图 4.15(c)，(d)］。

将两根金属电极相互缠绕，即以修饰 TiO_2 纳米管的钛丝作为工作电极，沉积铂颗粒的核壳复合碳纳米管纤维作为对电极，制备得到纤维染料敏化太阳能电池。目前实现的最高功率转换效率为 10.00%［图 4.16(a)，(b)］。纤维染料敏化太阳能电池可进一步编成织物且可承受各种变形，制得的织物可在太阳光下为计步器供电［图 4.16(c)，(d)］。

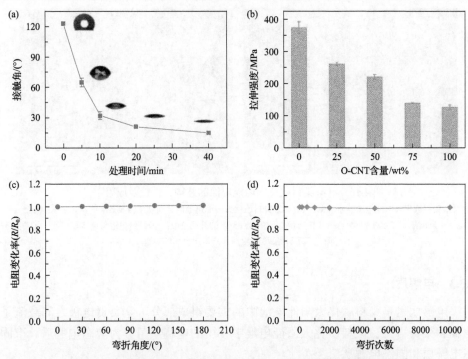

图 4.15　氧等离子体处理对碳纳米管亲水性及导电性的影响规律[60]
(a) 已修饰的碳纳米管膜的水接触角随氧等离子体处理时间的变化；(b) 核壳碳纳米管纤维的拉伸强度随氧处理的碳纳米管的含量的变化；(c)、(d) 含 50 wt%氧处理的碳纳米管的纤维的电阻分别随弯曲角度和弯折次数的变化

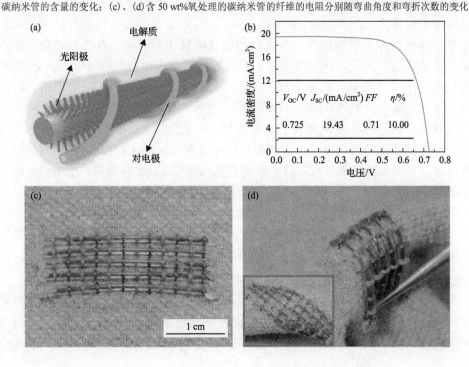

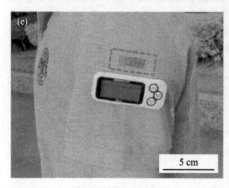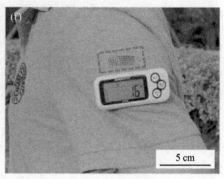

图 4.16　纤维染料敏化太阳能电池的结构、性能及应用[60]

(a)纤维染料敏化太阳能电池的示意图；(b)纤维染料敏化太阳能电池的最高功率转换效率的 *J-V* 曲线；(c)5 个纤维电池串联编织到 T 恤上；(d)弯折和扭转状态(虚线方框)下的纤维电池；(e)纤维电池与计步器连接；(f)在室外阳光下手臂摆动 16 次后计步器上显示的步数

4.3.3　电解质

电解质也是染料敏化太阳能电池中的重要组成部分，它负责电极之间载流子运输和染料再生。染料敏化太阳能电池中使用的电解质可分为液态电解质、准固态电解质和固态电解质三类。

液态电解质因其电导率高，易于制备且黏度低而使用最为广泛。基于液态电解质的纤维染料敏化太阳能电池的最高光电转换效率为 10.28%。这里所讨论的纤维染料敏化太阳能电池主要基于液态 I^-/I_3^- 电解质。尽管这种传统的氧化还原对能够使器件高效地工作，但是诸如腐蚀电极和对可见光有部分吸收等缺点限制了其应用。因此，研究可以替代它的氧化还原电对非常重要[61-63]。硫醇/二硫化物(T^-/T_2)有机氧化还原电对由于在可见光区的吸收很小被用于纤维染料敏化太阳能电池中。紫外-可见光光谱表明，这种有机氧化还原电对在可见光区的吸收较小，这对器件实现高性能非常重要。研究发现以不同直径的碳纳米管纤维为对电极制备的器件显示不同的光电转换效率。如图 4.17(a)所示，当碳纳米管纤维直径为 60 μm 时，太阳能电池具有 7.33% 的最高转换效率；在相同实验条件下[图 4.17(b)]，基于碘电解液的纤维染料敏化太阳能电池的效率为 5.97%，低于新型的有机电解液[64]。

液态电解质在实际应用中会遇到稳定性和安全性问题。目前如何有效封装液态电解质，仍然是一个具有挑战性的难题。因此，开发固态和准固态电解质，对于纤维染料敏化太阳能电池的实际应用就显得尤其重要。

固态电解质体系通常采用空穴传输材料如 CuI 和 CuSCN 来代替以 I^-/I_3^- 为氧化还原电对的液态电解质。基于固态电解质的纤维染料敏化太阳能电池的稳定性大大提高，但由于固态电解质的载流子迁移率低，故光电转换效率很低。譬如，以修饰二氧化钛纳米管的钛丝作为工作电极，以镀银尼龙复合纤维作为对电极，基于 CuI 固态电解质制备的器件最佳光电转换效率达 1.92%，它显现出长期的稳定性，在干燥环境中放置 60 天后几乎保持了原有的效率[39]。

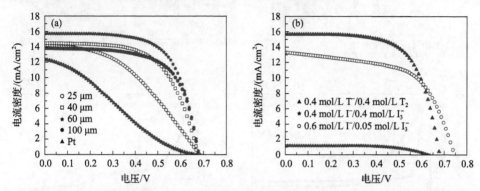

图 4.17　碳纳米管纤维对电极直径和电解质组分对器件性能的影响规律[64]

(a)不同直径的碳纳米管纤维和铂丝为对电极、I⁻/I₂ 为电解质构建的纤维染料敏化太阳能电池的 $J\text{-}V$ 曲线；(b)基于 I⁻/I₂ 和 I⁻/I₃⁻ 电解质、采用相同直径碳纳米管纤维(60 μm)为对电极的纤维染料敏化太阳能电池的 $J\text{-}V$ 曲线

为了提高固态纤维染料敏化太阳能电池的效率，以具有高电导率的离子液体 1-乙基-3-甲基咪唑鎓碘化物和 1-丙基-3-甲基咪唑鎓碘化物作为电解质，所得器件具有 3.51% 的光电转换效率，且具有良好的机械稳定性和热稳定性，先加热至 100 ℃ 再冷却至 30 ℃，效率可以完全恢复[65]。

以聚偏二氟乙烯-六氟乙烯共聚物作为聚合物基质、1-丁基-3-甲基咪唑鎓双(三氟甲磺酰基)酰亚胺(BMITFSI)离子液体作为溶剂，可以得到稳定的离子液体凝胶电解质，具有高的热稳定性[66]，在 50 ℃ 下放置 240 分钟其质量几乎没有变化。此外，这种电解质在室温至 98 ℃ 范围内可以保持准固态，且在 300 ℃ 以下不会有明显的质量损失(图 4.18)。

相比于基于乙腈的液态电解质和以 3-甲氧基丙腈为溶剂的凝胶电解质器件，基于离子液体凝胶电解质的器件使用寿命更长，具有更好的耐湿性和更高的热稳定性。如图 4.19(a)所示，密封保存 30 天后，基于离子液体凝胶电解质的器件仍保持初始效率的 90%，3-甲氧基丙腈凝胶电解质可保留 40%，而液态乙腈电解质仅可保持 20%。在没有密封的情况下，差异更加明显。将基于不同电解质的电池封装后浸入水中 60 分钟以评估其抗水能力。结果表明，基于离子液体凝胶电解质的器件保持 95% 的初始效率，而基于液态电解质的器件在不到 40 分钟内失效。为了比较其热稳定性，将基于三种电解质的电池从 30 ℃ 加热到 110 ℃，然后冷却至 30 ℃。基于离子液体凝胶电解质的器件可以完全恢复其原始效率，优于其他两种电解质。

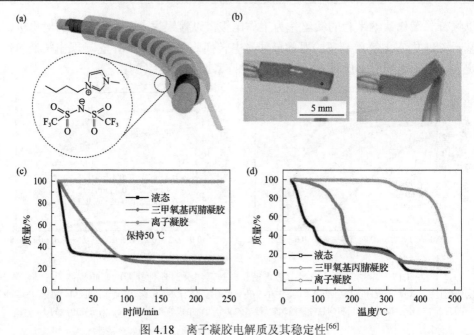

图 4.18　离子凝胶电解质及其稳定性[66]

(a)纤维染料敏化太阳能电池的结构示意图和离子凝胶电解质的化学组成；(b)离子凝胶电解质在自然条件下和弯折时的照片；(c)在 50 ℃下三种不同电解质随时间的质量变化；(d)三种电解质从室温升温至 500 ℃的质量变化

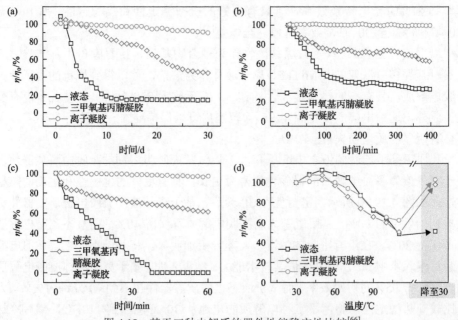

图 4.19　基于三种电解质的器件性能稳定性比较[66]

(a)基于三种电解质的太阳能电池的寿命；(b)基于三种电解质的电池在空气中无封装的稳定性比较；(c)基于三种电解质的电池在水中的稳定性比较；(d)基于三种电解质的电池从 30 ℃升温至 130 ℃再降至 30 ℃的光电转换效率的比较

4.4　同轴结构的纤维染料敏化太阳能电池

前一节讨论主要基于缠绕结构的纤维染料敏化太阳能电池,本节主要围绕同轴结构来展开讨论。同轴结构,顾名思义,就是把一个电极包裹在另一电极上形成"皮芯"结构。同轴结构的构想源于传统的平面染料敏化太阳能电池,假设我们将同轴结构的电池沿着它的轴向剪开,就可以得到了传统平面染料敏化太阳能电池的"三明治"结构。

基于缠绕结构的纤维染料敏化太阳能电池在剧烈弯曲形变时,两根电极可能会有一定的滑移。通常情况下,不透明的纤维对电极不能被密集地缠绕在工作电极上,以保证足够的受光面积。因此,溶液中的 I_3^- 离子扩散到对电极上的时间增加,对电极上的电子与 I_3^- 离子结合也将会延迟。

同轴结构的纤维染料敏化太阳能电池中,对电极与电解液充分接触,加快了氧化还原反应,不会出现缠绕结构中离子扩散距离长等问题。一层自支撑的碳纳米管薄膜包裹在 TiO_2 修饰的钛丝上,就得到了同轴结构的纤维染料敏化太阳能电池[图 4.20(a)][67]。碳纳米管薄膜的厚度为 20~40 nm,面电阻为 300~400 Ω/sq,在可见光范围内的透过率为 80%~85%。这样制备得到的同轴结构电池的光电转换效率为 1.65%。此外,可以加入金属丝作为辅助电极,以提高电池的效率。比如,添加与碳纳米管薄膜平行的金属铜丝或银丝,可以促进电荷传输,分别获得了 2.60%和 2.45%的光电转换效率。对于缠绕结构的电池,如果没有封装而直接暴露在空气中,电解液易挥发。但是对于碳纳米管薄膜包裹的同轴结构的电池,外层的碳纳米管薄膜可以减缓电解液的挥发,延长电池的寿命。

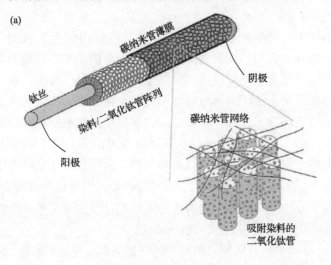

(a)

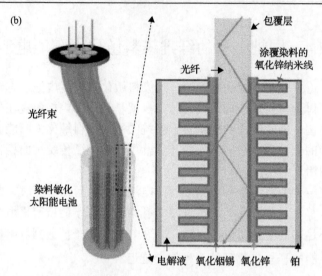

图 4.20　同轴结构的纤维染料敏化太阳能电池

(a) TiO₂纳米管修饰的钛丝为工作电极、柔性透明的碳纳米管薄膜为对电极构建的同轴结构纤维染料敏化太阳能电池[67]；(b) 同轴结构的纤维染料敏化太阳能电池的结构示意图[68]

　　用取向碳纳米管薄膜取代碳纳米管膜可以进一步提升器件的性能，其同样柔性而透明且具有高电导率。以修饰了 TiO_2 管的钛丝为工作电极，正如前面的结论一样，较长的 TiO_2 纳米管具有较大的表面区域，可以吸附更多的染料分子，能够产生更多的光电流。然而，当 TiO_2 纳米管的长度进一步增大时，由于较长的电子扩散距离，电荷复合会明显加大，从而减小了电子的收集。对于不同厚度的碳纳米管薄膜，电池的开路电压和填充因子略有不同，而短路电流密度则依赖碳纳米管薄膜的厚度。较厚的薄膜减少了光照强度，染料分子不会完全被激发，从而导致较低的光电流。

　　在相同条件下，同轴结构的光电转换效率为 4.1%而缠绕结构的光电转换效率为 3.20%。一方面与取向碳纳米管纤维相比，取向碳纳米管薄膜的电导率更低，因此同轴结构的电池显示相对较低的短路电流密度。另一方面，取向碳纳米管薄膜与电解液接触得更充分，因此同轴结构的电池具有较高的填充因子。

　　考虑到液态电解质易挥发和不稳定，尝试用准固态电解质来制备同轴结构的太阳能电池[69]。将 1-乙基-3-甲基碘化咪唑鎓（EMII）、1-丙基-3-甲基碘化咪唑鎓（PMII）和单质碘熔融混合得到了准固态电解质。吸附在工作电极表面的咪唑类阳离子能抑制 I_3^- 离子和 TiO_2 导带上电子的复合，最高光电转换效率为 2.6%。在一定温度范围内，基于这种准固态电解质的电池都可以正常工作。比如，这种电池可以在 20~120℃范围内正常工作 300 小时以上。

　　图 4.20(b)显示了另外一种同轴结构的纤维染料敏化太阳能电池，其中主要的电极材料是光纤和纳米线阵列[68]。前面讨论的纤维工作电极，绝大部分是将 TiO₂

纳米管长在金属丝上，由于光照强度沿着 TiO_2 纳米管会逐渐衰减，导致纵深部分的 TiO_2 受光强度下降。因此引入光纤作为基底，通过构建同轴结构的光阳极，使得电池对光能的利用更加充分。比如，将光纤沿轴向分为两个构建单元。其中一部分包覆有低折射率的涂层用于光的传导，另一部分用于构建太阳能电池。按这种方法构建的器件，将光的传导和利用分离，使得太阳能电池在无直接光照的条件下，通过光纤对光的远程传输也能工作。在构建太阳能电池时，光纤外涂覆有导电涂层氧化铟锡，该涂层既用作电极基底也提供了较高折射率，使得光能从光纤内部折射出来。在氧化铟锡外生长取向的 ZnO 纳米线，经染料敏化后作为工作电极，而铂作为对电极。将两极平行放置，然后填充电解质并封装，得到的电池光电转换效率为 3.3%。

4.5　交织结构的染料敏化太阳能电池织物

交织结构的染料敏化太阳能电池是通过在工业织机上将纤维光阳极和对电极按经线和纬线方向编织而成的。其不仅在柔性可穿戴电子产品中有广泛的应用，而且还为大规模收集太阳能提供了一种绿色的替代方法[70]。为了保证良好的电学接触并避免液态电解质带来的封装困难，通常使用固态染料敏化太阳能电池来实现交织结构。

以修饰有一层 ZnO 纳米阵列的镀锰聚对苯二甲酸丁二醇酯纤维为光电阳极，以镀铜聚对苯二甲酸丁二醇酯纤维作对电极，制得具有交织结构的全固态光伏织物。经染料敏化后，在 ZnO 纳米阵列上涂覆 CuI 作为空穴传输材料。基于飞梭工艺在工业纺织机上以交错的方式将纤维光阳极和对电极编织成织物。该织物的结构如图 4.21 所示。其功率转换效率为 1.3%[70]。

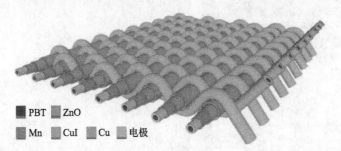

图 4.21　以修饰有 ZnO 纳米阵列的镀锰聚对苯二甲酸丁二醇酯纤维为光阳极、镀铜的聚对苯二甲酸丁二醇酯纤维为对电极制得的光伏织物的示意图[70]

另一种固态染料敏化太阳能电池织物以镀银尼龙复丝为对电极，经阳极氧化法修饰二氧化钛纳米管阵列的钛丝作为光阳极，其中二氧化钛纳米管阵列作为电子传输层。光阳极浸泡 N719 染料后，滴涂 CuI 作为空穴传输层。该 CuI 溶液由将 0.16 mol/L 碘化亚铜、1-甲基-3-乙基咪唑硫氰酸盐和 0.2 mmol/L 4-叔丁基吡啶溶解在乙腈中制得。其中 4-叔丁基吡啶的加入可以提高开路电压。掺入少量 1-甲基-3-乙基咪唑硫氰酸盐，可减少 CuI 颗粒粒径，使其能进入二氧化钛纳米管阵列的空隙中，形成牢固接触并降低串联电阻，从而显著增加了短路电流和填充因子。该电池的结构如图 4.22 所示。进一步优化 1-甲基-3-乙基咪唑硫氰酸盐浓度、阳极氧化时间和水浴温度后，单个电池的功率转换效率可以达到 1.92%。

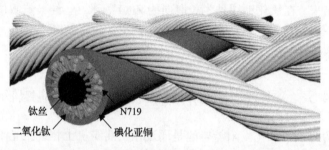

图 4.22　镀银尼龙复丝为对电极、修饰 TiO_2 的钛丝作光阳极编成的光伏织物结构示意图[39]

　　在织布机上将棉线和光阳极纤维在纬线方向上交替编织。棉线和镀银尼龙复丝在经线方向上以一定宽度交替排列。若对电极纤维直径较小则会阻挡入射的太阳光，而间隔较大则会减小两个纤维电极的接触面积。因此，镀银尼龙纤维的直径和两个对电极的间隔分别优化为 0.2 mm 和 1 mm。如图 4.23 所示，按平纹方式编织成光伏织物。通过改变并联或串联的光阳极纤维数，可以调节光伏织物的输出功率[39]。

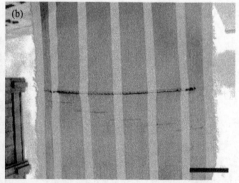

图 4.23　自供电织物[39]

(a)在织布机上制备柔性自供电织物的实物照片；(b)自供电织物的实物照片，比例尺为 5 厘米

　　另外，将光阳极纤维和纤维锂离子电池在纬线方向上交替编织，即可简便地将该交织结构的染料敏化太阳能电池与锂离子电池进行集成，从而实现柔性自供

电织物。纤维锂离子电池的研究,将在第 8 章中进行详细介绍。这里得到的自供电织物的光充电和放电性能如图 4.24 所示。这种自供电织物轻便、柔软、稳定且可水洗。

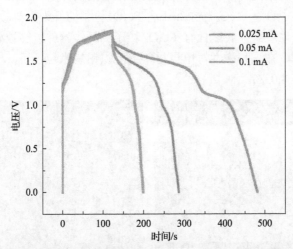

图 4.24　光充电和放电曲线随放电电流增大的变化[39]

总而言之,交织结构成功地将器件制备、织物编织和电路连接集成在一个过程中,而且可通过工业织布机来实现这种新颖结构,因此更加有利于连续和大规模生产。

4.6　多功能的纤维染料敏化太阳能电池

纤维染料敏化太阳能电池相比于传统的平面染料敏化太阳能电池,具有柔性和质量轻等优势。为了进一步满足不同领域的应用,可以将各种功能进一步引入纤维器件中。尤其是当纤维染料敏化太阳能电池被编到织物中时,除了柔性和质量轻的特性,还需要具有可拉伸性。而面向未来在便携式电子设备中的应用,如汽车和航天器,这些光伏器件需要能够以物理的方法分离。因此,纤维染料敏化太阳能电池需要具备能够产生电流以外的其他功能。

在对电极中引入超顺磁性纳米粒子,就可以实现具有磁响应的纤维染料敏化太阳能电池。我们首先将超顺磁性纳米粒子的分散液滴到取向碳纳米管薄膜上,然后将复合薄膜加捻得到了具有磁响应的对电极[71]。如图 4.25 (a) 所示,加入 Fe_3O_4 后的碳纳米管复合纤维具有均匀的直径,纤维的表面也十分平滑。从元素分布图中可以看出,Fe_3O_4 纳米粒子均匀地分散在碳纳米管纤维中［图 4.25 (b)］。

碳纳米管复合纤维的磁性通过超导量子干涉器进行了研究。从图 4.25 (c) 的磁滞回线可以得到矫顽力和剩磁都为零,说明 Fe_3O_4 和碳纳米管形成的复合纤维具

有超顺磁性。图 4.25(d)和图 4.25(e)显现了复合纤维的磁性,当磁铁靠近复合纤
维时,复合纤维被迅速吸到磁铁上。正如预期的那样,基于该磁性复合纤维的纤
维染料敏化太阳能电池,可以很容易被吸附在磁铁上。图 4.25(f)和图 4.25(g)比
较了对电极材料中含有 Fe_3O_4 粒子和不含 Fe_3O_4 粒子的纤维染料敏化太阳能电池。
从图中可以清楚地看到,底端含有 Fe_3O_4 粒子的纤维器件能够被磁铁吸附。为了
提高电池的效率,在这种磁性对电极材料上沉积铂纳米粒子后,电池的光电转换
效率可以提高到 8.03%。

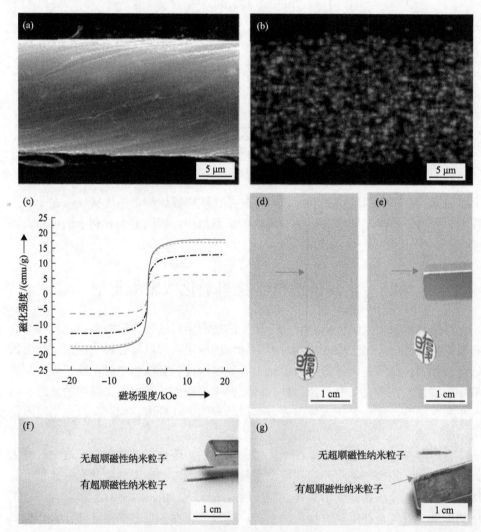

图 4.25 具有磁响应性的纤维染料敏化太阳能电池[71]

(a)、(b)碳纳米管/Fe_3O_4复合纤维的扫描电子显微镜照片和铁元素分布图;(c)不同 Fe_3O_4 含量的复合纤维的磁滞
回线;(d)、(e)碳纳米管/Fe_3O_4复合纤维的磁响应照片;(f)、(g)纤维染料敏化太阳能电池的磁响应照片

可拉伸性对于电子器件的实际应用是十分重要的。对于纤维染料敏化太阳能电池，如果要实现可拉伸性，首先必须得到可拉伸的工作电极和对电极。为了实现可拉伸的纤维染料敏化太阳能电池，我们设计了螺旋形的工作电极，将对电极插入螺旋形的工作电极内[72]。由于毛细管的作用，螺旋结构能够有效地保持住电解液，这种电池的光电转换效率为 4.1%。尽管这样的电池不能被拉伸，但是螺旋结构还是给了研究者一些启发。螺旋形的钛丝如同弹簧，在修饰后可以进行拉伸。

可拉伸纤维电池的对电极应该具有弹性和高催化活性。图 4.26(a) 显示了一种可拉伸的导电纤维，具体的制备方法是将取向的碳纳米管薄膜卷绕在橡胶纤维上[73]。这种可拉伸的纤维具有良好的柔性，可以被制成各种形状。从图 4.26(b)可以看到，在拉伸 100% 后，弹性纤维没有被破坏。更为重要的是，在拉伸后弹性纤维的电阻几乎保持不变。

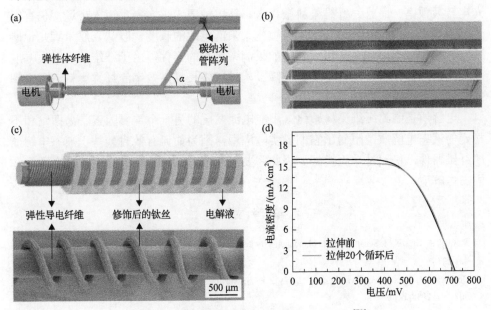

图 4.26　可拉伸的纤维染料敏化太阳能电池[73]

(a)弹性导电纤维的制备示意图；(b)弹性导电纤维被拉伸 50% 和 100% 后的照片；(c)可拉伸染料敏化太阳能电池的示意图和扫描电子显微镜照片；(d)可拉伸染料敏化太阳能电池拉伸前后的 J-V 曲线

可拉伸纤维染料敏化太阳能电池的构建过程总结如下。首先，在弹簧状的钛丝上生长取向的 TiO_2 纳米管阵列，吸附染料后作为可拉伸的工作电极。然后，把弹性纤维插入弹簧状的工作电极中，即得到了可拉伸的电池 [图 4.26(c)][73]。为了进一步提高稳定性，将可拉伸电池封装在一个可拉伸、透明的聚乙烯管中。可拉伸太阳能电池的效率与弹簧状钛丝的螺距有密切的联系。当螺距为 560 μm 时，得到了 7.13% 的最高光电转换效率。可拉伸的太阳能电池在拉伸至 30% 和拉伸 20 个循环后，其 *J-V* 曲线图与拉伸前相比基本保持不变[图 4.26(d)]。

4.7　小结与展望

纤维染料敏化太阳能电池作为一种新结构的光伏器件，代表了一种新的能源转换技术，它具有体积小、质量轻、高柔韧性等优点，适合被集成在小型的器件中，其独特的一维结构提供了利用纺织技术实现能源织物的可能。

回眸纤维染料敏化太阳能电池的发展历程，电池性能逐年提高，电池的效率从刚开始不到 1%到目前已经超过 10%，显示了良好的发展前景。从过去的发展历程看，纤维电极的发展对电池性能的提高起着重要的作用，这也是纤维染料敏化太阳能电池未来发展的主要方向之一，特别是通过发展新的电极材料来提高其光电转换效率。而且，纤维染料敏化太阳能电池要走出实验室迈入市场，仍有很长的路要走。目前研究的纤维染料敏化太阳能电池的长度一般从几厘米到几十厘米，并不足以应用于大面积织物。如果制备更长的器件，由于纤维的电阻大幅度增加，电池的光电转换效率明显下降。构建出较长且高效率的纤维染料敏化太阳能电池，目前仍然非常困难。

电解质是制约纤维染料敏化太阳能电池发展的另一个重要因素。易挥发和不稳定的液态电解质，阻碍了它们的实际应用，因为如何有效封装基于液态电解质的纤维器件，仍然是一大挑战。因此需要投入更多的精力发展高性能的准固态和固态电解质。

参 考 文 献

[1] McEvoy A, Grätzel M. Sensitisation in photochemistry and photovoltaics. Sol. Energy Mater. Sol. Cells, 1994, 32(3): 221-227.

[2] Desilvestro J, Graetzel M, Kavan L, et al. Highly efficient sensitization of titanium dioxide. J. Am. Chem. Soc., 1985, 107(10): 2988-2990.

[3] O'regan B, Grfitzeli M. A low-cost, high-efficiency solar cell based on dye-sensitized. Nature, 1991, 353: 737-740.

[4] Wu J, Lan Z, Lin J, et al. Electrolytes in dye-sensitized solar cells. Chem. Rev., 2015, 115(5): 2136-2173.

[5] Peng H. Fiber-shaped energy harvesting and storage devices. Berlin Heidelberg: Springer-Verlag, 2015.

[6] Hagfeldt A, Graetzel M. Light-induced redox reactions in nanocrystalline systems. Chem. Rev., 1995, 95(1): 49-68.

[7] Hagfeldt A, Boschloo G, Sun L, et al. Dye-sensitized solar cells. Chem. Rev., 2010, 110(11): 6595-6663.

[8] Cahen D, Hodes G, Grätzel M, et al. Nature of photovoltaic action in dye-sensitized solar cells. J. Phys. Chem. B, 2000, 104(9): 2053-2059.

[9] Peter L M. Dye-sensitized nanocrystalline solar cells. Phys. Chem. Chem. Phys., 2007, 9(21): 2630-2642.

[10] Memming R. Electron transfer processes with excited molecules at semiconductor electrodes. Prog. Surf. Sci., 1984, 17(1): 7-73.

[11] Grätzel M. Solar energy conversion by dye-sensitized photovoltaic cells. Inorg. Chem., 2005, 44(20): 6841-6851.

[12] Rosenbluth M L, Lewis N S. "Ideal" behavior of the open circuit voltage of semiconductor/liquid junctions. J. Phys. Chem., 1989, 93 (9) : 3735-3740.

[13] Sommeling P, O'regan B, Haswell R, et al. Influence of a TiCl$_4$ post-treatment on nanocrystalline TiO$_2$ films in dye-sensitized solar cells. J. Phys. Chem. B, 2006, 110 (39) : 19191-19197.

[14] Roy P, Berger S, Schmuki P. TiO$_2$ nanotubes: Synthesis and applications. Angew. Chem. Int. Ed., 2011, 50 (13) : 2904-2939.

[15] Roy P, Kim D, Lee K, et al. TiO$_2$ nanotubes and their application in dye-sensitized solar cells. Nanoscale, 2010, 2 (1) : 45-59.

[16] Zhu K, Neale N R, Miedaner A, et al. Enhanced charge-collection efficiencies and light scattering in dye-sensitized solar cells using oriented TiO$_2$ nanotubes arrays. Nano Lett., 2007, 7 (1) : 69-74.

[17] Jennings J R, Ghicov A, Peter L M, et al. Dye-sensitized solar cells based on oriented TiO$_2$ nanotube arrays: Transport, trapping, and transfer of electrons. J. Am. Chem. Soc., 2008, 130 (40) : 13364-13372.

[18] Quintana M, Edvinsson T, Hagfeldt A, et al. Comparison of dye-sensitized ZnO and TiO$_2$ solar cells: Studies of charge transport and carrier lifetime. J. Phys. Chem. C, 2007, 111 (2) : 1035-1041.

[19] Fujishima A, Honda K. Photolysis-decomposition of water at the surface of an irradiated semiconductor. Nature, 1972, 238 (5385) : 37-38.

[20] Grätzel M. Photoelectrochemical cells. Nature, 2001, 414 (6861) : 338-344.

[21] Baps B, Eber-Koyuncu M, Koyuncu M. Ceramic based solar cells in fiber form. Key Eng. Mater., 2001, 206: 937-940.

[22] Liu J, Namboothiry M A, Carroll D L. Fiber-based architectures for organic photovoltaics. Appl. Phys. Lett., 2007, 90 (6) : 063501.

[23] O'Connor B, Pipe K P, Shtein M. Fiber based organic photovoltaic devices. Appl. Phys. Lett., 2008, 92 (19) : 193306.

[24] Fan X, Chu Z, Wang F, et al. Wire-shaped flexible dye-sensitized solar cells. Adv. Mater., 2008, 20 (3) : 592-595.

[25] Chen T, Qiu L, Yang Z, et al. Novel solar cells in a wire format. Chem. Soc. Rev., 2013, 42 (12) : 5031-5041.

[26] Wang H, Liu Y, Li M, et al. Hydrothermal growth of large-scale macroporous TiO$_2$ nanowires and its application in 3d dye-sensitized solar cells. Appl. Phys. A, 2009, 97 (1) : 25-29.

[27] Liu Z, Misra M. Dye-sensitized photovoltaic wires using highly ordered TiO$_2$ nanotube arrays. ACS Nano, 2010, 4 (4) : 2196-2200.

[28] Lv Z, Yu J, Wu H, et al. Highly efficient and completely flexible fiber-shaped dye-sensitized solar cell based on TiO$_2$ nanotube array. Nanoscale, 2012, 4 (4) : 1248-1253.

[29] Lv Z, Fu Y, Hou S, et al. Large size, high efficiency fiber-shaped dye-sensitized solar cells. Phys. Chem. Chem. Phys., 2011, 13 (21) : 10076-10083.

[30] Chen L, Zhou Y, Dai H, et al. Fiber dye-sensitized solar cells consisting of TiO$_2$ nanowires arrays on Ti thread as photoanodes through a low-cost, scalable route. J. Mater. Chem. A, 2013, 1 (38) : 11790-11794.

[31] Tao H, Fang G-j, Ke W-j, et al. In-situ synthesis of TiO$_2$ network nanoporous structure on Ti wire substrate and its application in fiber dye sensitized solar cells. J. Power Sources, 2014, 245 (0) : 59-65.

[32] Ramier J, Da Costa N, Plummer C, et al. Cohesion and adhesion of nanoporous TiO$_2$ coatings on titanium wires for photovoltaic applications. Thin Solid Films, 2008, 516 (8) : 1913-1919.

[33] Ramier J, Plummer C, Leterrier Y, et al. Mechanical integrity of dye-sensitized photovoltaic fibers. Renewable Energy, 2008, 33 (2) : 314-319.

[34] Hou S, Cai X, Fu Y, et al. Transparent conductive oxide-less, flexible, and highly efficient dye-sensitized solar cells with commercialized carbon fiber as the counter electrode. J. Mater. Chem., 2011, 21(36): 13776-13779.

[35] Zhang S, Ji C, Bian Z, et al. Porous, platinum nanoparticle-adsorbed carbon nanotube yarns for efficient fiber solar cells. ACS Nano, 2012, 6(8): 7191-7198.

[36] Cai X, Hou S, Wu H, et al. All-carbon electrode-based fiber-shaped dye-sensitized solar cells. Phys. Chem. Chem. Phys., 2012, 14(1): 125-130.

[37] Cai X, Wu H, Hou S, et al. Dye-sensitized solar cells with vertically aligned TiO_2 nanowire arrays grown on carbon fibers. ChemSusChem, 2013, 7(2): 474-482.

[38] Zhao Z, Yan C, Liu Z, et al. Machine-washable textile triboelectric nanogenerators for effective human respiratory monitoring through loom weaving of metallic yarns. Adv. Mater., 2016, 28(46): 10267-10274.

[39] Gao Z, Liu P, Fu X, et al. Flexible self-powered textile formed by bridging photoactive and electrochemically active fiber electrodes. J. Mater. Chem. A, 2019, 7(24): 14447-14454.

[40] Zhang X, Li Q, Tu Y, et al. Strong carbon-nanotube fibers spun from long carbon-nanotube arrays. Small, 2007, 3(2): 244-248.

[41] Chen T, Qiu L, Cai Z, et al. Intertwined aligned carbon nanotube fiber based dye-sensitized solar cells. Nano Lett., 2012, 12(5): 2568-2572.

[42] Wang Y, Liu Y, Yang H, et al. An investigation of DNA-like structured dye-sensitized solar cells. Curr. Appl. Phys., 2010, 10(1): 119-123.

[43] Chen T, Qiu L, Kia H G, et al. Designing aligned inorganic nanotubes at the electrode interface: Towards highly efficient photovoltaic wires. Adv. Mater., 2012, 24(34): 4623-4628.

[44] Huang S, Li L, Yang Z, et al. A new and general fabrication of an aligned carbon nanotube/polymer film for electrode applications. Adv. Mater., 2011, 23(40): 4707-4710.

[45] Li L, Yang Z, Gao H, et al. Vertically aligned and penetrated carbon nanotube/polymer composite film and promising electronic applications. Adv. Mater., 2011, 23(32): 3730-3735.

[46] Huang S, Yang Z, Zhang L, et al. A novel fabrication of a well distributed and aligned carbon nanotube film electrode for dye-sensitized solar cells. J. Mater. Chem., 2012, 22(33): 16833-16838.

[47] Sun X, Chen T, Yang Z, et al. The alignment of carbon nanotubes: An effective route to extend their excellent properties to macroscopic scale. Acc. Chem. Res., 2012, 46(2): 539-549.

[48] Yang Z, Li L, Lin H, et al. Penetrated and aligned carbon nanotubes for counter electrodes of highly efficient dye-sensitized solar cells. Chem. Phys. Lett., 2012, 549: 82-85.

[49] Guan G, Yang Z, Qiu L, et al. Oriented PEDOT: PSS on aligned carbon nanotubes for efficient dye-sensitized solar cells. J. Mater. Chem. A, 2013, 1(42): 13268-13273.

[50] Zhang Y, Tan Y W, Stormer H L, et al. Experimental observation of the quantum hall effect and berry's phase in graphene. Nature, 2005, 438(7065): 201-204.

[51] Schedin F, Geim A, Morozov S, et al. Detection of individual gas molecules adsorbed on graphene. Nat. Mater., 2007, 6(9): 652-655.

[52] Gupta V, Chaudhary N, Srivastava R, et al. Luminescent graphene quantum dots for organic photovoltaic devices. J. Am. Chem. Soc., 2011, 133(26): 9960-9963.

[53] Kavan L, Yum J-H, Grätzel M. Graphene nanoplatelets outperforming platinum as the electrocatalyst in co-bipyridine-mediated dye-sensitized solar cells. Nano Lett., 2011, 11(12): 5501-5506.

[54] Yang Z, Sun H, Chen T, et al. Photovoltaic wire derived from a graphene composite fiber achieving an 8.45% energy conversion efficiency. Angew. Chem. Int. Ed., 2013, 52(29): 7545-7548.

[55] Kosynkin D V, Higginbotham A L, Sinitskii A, et al. Longitudinal unzipping of carbon nanotubes to form graphene nanoribbons. Nature, 2009, 458(7240): 872-876.

[56] Cai J, Ruffieux P, Jaafar R, et al. Atomically precise bottom-up fabrication of graphene nanoribbons. Nature, 2010, 466(7305): 470-473.

[57] Yang Z, Liu M, Zhang C, et al. Carbon nanotubes bridged with graphene nanoribbons and their use in high-efficiency dye-sensitized solar cells. Angew. Chem. Int. Ed., 2013, 52(14): 3996-3999.

[58] Fang X, Yang Z, Qiu L, et al. Core-sheath carbon nanostructured fibers for efficient wire-shaped dye-sensitized solar cells. Adv. Mater., 2014, 26(11): 1694-1698.

[59] Pan S, Yang Z, Chen P, et al. Carbon nanostructured fibers as counter electrodes in wire-shaped dye-sensitized solar cells. J. Phys. Chem. C, 2013, 118(30): 16419-16425.

[60] Fu X, Sun H, Xie S, et al. A fiber-shaped solar cell showing a record power conversion efficiency of 10%. J. Mater. Chem. A, 2018, 6(1): 45-51.

[61] Wang M, Chamberland N, Breau L, et al. An organic redox electrolyte to rival triiodide/iodide in dye-sensitized solar cells. Nat. Chem., 2010, 2(5): 385-389.

[62] Hamann T W, Ondersma J W. Dye-sensitized solar cell redox shuttles. Energy Environ. Sci., 2011, 4(2): 370-381.

[63] Yella A, Lee H-W, Tsao H N, et al. Porphyrin-sensitized solar cells with cobalt (II/III)-based redox electrolyte exceed 12 percent efficiency. Science, 2011, 334(6056): 629-634.

[64] Pan S, Yang Z, Li H, et al. Efficient dye-sensitized photovoltaic wires based on an organic redox electrolyte. J. Am. Chem. Soc., 2013, 135(29): 10622-10625.

[65] Li H, Yang Z, Qiu L, et al. Stable wire-shaped dye-sensitized solar cells based on eutectic melts. J. Mater. Chem. A, 2014, 2: 3841-3846.

[66] Li H, Guo J, Sun H, et al. Stable hydrophobic ionic liquid gel electrolyte for stretchable fiber-shaped dye-sensitized solar cell. ChemNanoMat, 2015, 1(6): 399-402.

[67] Zhang S, Ji C, Bian Z, et al. Single-wire dye-sensitized solar cells wrapped by carbon nanotube film electrodes. Nano Lett., 2011, 11(8): 3383-3387.

[68] Weintraub B, Wei Y, Wang Z L. Optical fiber/nanowire hybrid structures for efficient three-dimensional dye-sensitized solar cells. Angew. Chem. Int. Ed., 2009, 48(47): 8981-8985.

[69] Sun H, Li H, You X, et al. Quasi-solid-state, coaxial, fiber-shaped dye-sensitized solar cells. J. Mater. Chem. A, 2014, 2(2): 345-349.

[70] Zhang N, Chen J, Huang Y, et al. A wearable all-solid photovoltaic textile. Adv. Mater., 2016, 28(2): 263-269.

[71] Sun H, Yang Z, Chen X, et al. Photovoltaic wire with high efficiency attached onto and detached from a substrate using a magnetic field. Angew. Chem. Int. Ed., 2013, 52(32): 8276-8280.

[72] Liu Y, Li M, Wang H, et al. Synthesis of TiO$_2$ nanotube arrays and its application in mini-3D dye-sensitized solar cells. J. Phys. D: Appl. Phys., 2010, 43(20): 205103.

[73] Yang Z, Deng J, Sun X, et al. Stretchable, wearable dye-sensitized solar cells. Adv. Mater., 2014, 26(17): 2643-2647.

第 5 章　纤维聚合物太阳能电池

本章将重点介绍纤维聚合物太阳能电池，首先概述聚合物太阳能电池的发展历史和工作原理，然后以电极材料作为主线，重点讨论不同纤维电极对聚合物太阳能电池柔性、稳定性和光伏性能的影响。此外，本章还介绍了纤维聚合物太阳能电池在可穿戴器件领域的潜在应用，展示聚合物太阳能电池织物的构建细节与优势。

5.1　聚合物太阳能电池概述

作为有机光电器件的重要分支，聚合物太阳能电池的重要性与日俱增。尽管被冠以聚合物的名称，然而并不是所有的聚合物都满足太阳能电池的要求。只有具有电子离域体系的共轭聚合物才可以用作太阳能电池的光活性物质。聚合物太阳能电池具有如下几个优势：①光活性物质对光的吸收系数高，因此可以做成薄膜用于器件中。②构建电池的各种材料原料丰富，并且用量较少。③聚合物太阳能电池通过溶液方法构建，可以使用卷轴(roll-to-roll)印刷技术实现大规模生产。此外，聚合物太阳能电池的各组分都是固态的，有利于应用于各种柔性、可拉伸的微型和可穿戴器件。

聚合物太阳能电池起源于有机光电器件。1979 年，基于给体-受体平面异质结的有机光电器件获得了约 1%的光电转换效率[1]。但直到 1993 年，随着共轭聚合物与富勒烯衍生物之间电子转移过程的研究，首个平面异质结聚合物太阳能电池才被制造出来[2]。此后聚合物太阳能电池得到了迅猛发展，伴随着电池材料、器件结构和制备工艺的革新，光电转换效率的记录不断被刷新。最近的研究将光电转换效率提高到 16.35%[3]。但这一结果很快又被刷新，叠层聚合物太阳能电池的最高光电转换效率达到 17.22%[4]。作为后续讨论的基础，本节将介绍聚合物太阳能电池的工作原理、器件结构、电池材料和性能表征。

5.1.1　工作原理

一般认为，具有 π-π 共轭离域体系的导电聚合物是宽价带(>1.4 eV)的半导体，其在暗场下的本征载流子可以忽略。当导电聚合物受到光照时，光生电子从给体(p 型半导体)转移到受体(n 型半导体)，产生自由载流子。给体-受体异质结是聚合物太阳能电池的核心部分，它决定了光激发和电荷分离，这与传统硅太阳能电池中的 p-n 结十分相似。目前，大部分高性能聚合物太阳能电池都是基于聚合物-富勒烯(C_{60})体系的，其中导电聚合物作为电子给体而富勒烯及其衍生物充当电子受体[5, 6]。

聚合物太阳能电池的工作原理可描述如下：在光照下，给体材料吸收光子并受到激发产生激子(exciton)，即缔合的电子-空穴对。激子扩散到给体-受体界面并分离，形成自由载流子，载流子最终转移到相应的电极上[图 5.1 (a)][5, 7, 8]。

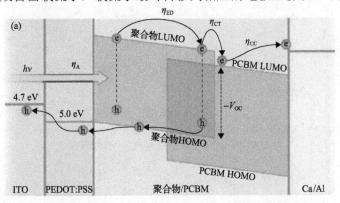

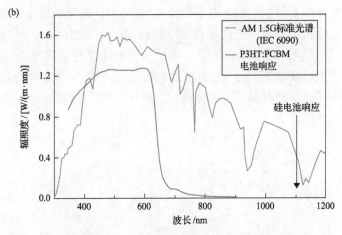

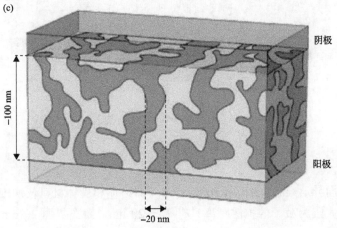

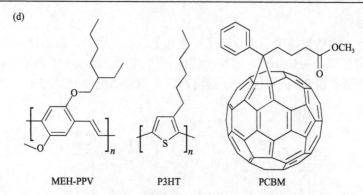

图 5.1　聚合物太阳能电池介绍[5]

(a)聚合物太阳能电池的工作原理；(b)太阳光谱及 P3HT:PCBM 太阳能电池的光响应曲线；(c)给体和受体相分离
的形貌模型；(d)典型的给体和受体分子的化学结构式

5.1.2　器件结构

典型的聚合物太阳能电池具有多层结构(图 5.2)。透明的氧化铟锡(ITO)导电玻璃作为收集空穴的电极，上面涂覆有空穴传输层，比如掺杂了聚苯乙烯磺酸的聚(3,4-乙烯二氧噻吩)(PEDOT:PSS)。电池的阴极主要是铝等低功函的金属，并且表面沉积了单层氟化锂。这些材料的功能将会在 5.1.3 节中具体介绍。在这里我们着重讨论中间的活性材料。活性材料中的给体-受体异质结有两种结构：平面异质结和本体异质结。

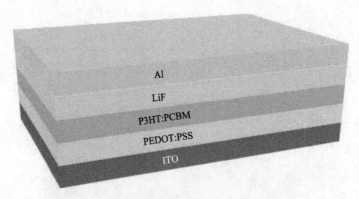

图 5.2　典型的多层聚合物太阳能电池结构示意图

1. 平面异质结

所谓平面异质结(planar heterojunction)，即给体和受体材料依次堆叠形成平面异质结界面。因为激子的扩散距离只有 10~20 nm，距离界面 20 nm 之外的地方产生的激子，就几乎不能到达异质结并发生分离，所以平面异质结的光量子效率很低。

2. 本体异质结

本体异质结(bulk heterojunction)解决了平面异质结聚合物太阳能电池的问题。在本体异质结中，给体和受体材料在本体中共混。在平面异质结中给体和受体材料是分开的，而在本体异质结中这两相是相互贯穿的。本体异质结中相分离的尺度在 10~20 nm，显著增大了整个活性材料中异质结的界面面积。因此，本体异质结器件的性能强烈依赖于光活性共混物的纳米形貌。此外，长期光照下，共混物中的相分离会发生粗粒化(coarsen)，导致形貌退化，同时伴随着共轭聚合物的光降解，因此器件的稳定性必须加以考虑。

5.1.3　材料

聚合物太阳能电池的发展离不开材料的革新。这一小节将讨论聚合物太阳能电池中的材料，包括聚合物给体材料、受体材料和电极材料。与种类繁多的给体材料相比，聚合物太阳能电池所用的受体材料多局限于富勒烯及其衍生物。[6,6]-苯基-C_{61}-丁酸甲酯(PCBM)，是一种溶解性较好的富勒烯衍生物。PCBM 具有强电负性和高电子迁移率[约 10^{-3} $cm^2/(V·s)$]，是目前应用最为广泛的电子受体[图 5.1(d)][6]。但是富勒烯衍生物材料存在着一些内在的弊端，比如在可见光区表现出较弱的光谱吸收，合成与纯化过程成本较高等。而非富勒烯电子受体拥有较好的光谱吸收，能级可调控与合成步骤简单、廉价等优势，近年来发展十分迅速[9]。

1. 聚合物给体材料

聚合物太阳能电池中的"聚合物"指的是聚合物给体材料，它在太阳能电池中起着关键作用。理想的聚合物给体材料需要满足以下几个条件：

①窄带隙以实现宽谱响应。

②合适的 HOMO/LUMO 能级保证有效的电荷传输和较高开路电压。

③高有序规整度和结晶度以确保较高空穴迁移率。

④与受体材料良好的相容性以形成稳定的纳米形貌。

⑤良好的可加工性和光稳定性。

在早期的研究中，聚[2-甲氧基-5-(2′-乙基己氧基)对苯乙炔](MEH-PPV)和其类似物聚[2-甲氧基-5-(3′,7′-二甲基辛氧基)对苯乙炔](MDMO-PPV)被用作聚合物太阳能电池中的 n 型给体材料[10,11]。Shaheen 等人报道了基于 MDMO-PPV 和 PCBM 的聚合物太阳能电池。通过控制共混物相分离的形貌，电池效率可以达到 2.5%[12]。

然而，由于给体材料空穴迁移率低和光谱吸收范围窄，太阳能电池性能的提高空间有限。

可溶性的聚(3-烷基噻吩)的空穴迁移率更高，带隙更小并且具有良好的可加工性，因而成为合适的给体材料[13, 14]。目前头尾结构的聚(3-烷基噻吩)在聚合物太阳能电池中得到了广泛应用。这些聚合物中的烷基链对聚合物溶解性、结晶性和形貌有显著影响。具有短侧链的聚(3-烷基噻吩)如聚(3-丁基噻吩)，溶解性和结晶性都较差，因此空穴迁移率较低。长烷基链会"稀释"共轭主链，导致聚合物的吸光系数减小。在所有聚(3-烷基噻吩)的同系物中，聚(3-己基噻吩)(P3HT)实现了最高的光电转换效率。基于 P3HT-PCBM 体系的聚合物太阳能电池的光电转换效率达到了 4%~5%[13]。P3HT 具有 1.9 eV 的带隙，空穴迁移率约为 0.1 $cm^2/(V \cdot s)$。它的分子量和规整性会影响电池的性能。头尾结构的 P3HT 具有良好的结晶性，有利于空穴的传输和相分离。通过精确调控聚合物的形貌，可以进一步优化 P3HT-PCBM 聚合物太阳能电池的性能，例如退火可以诱导重结晶并且减少界面缺陷。基于富勒烯的聚合物太阳能电池，富勒烯受体在可见光与近红外区表现出较弱的光谱吸收，因此，需要具有宽光谱响应的低带隙给体来与之匹配。相对于富勒烯受体，非富勒烯受体在紫外区有很好的光谱响应，因此，挑选与之匹配的给体材料非常重要。比如，宽带隙与中带隙的给体材料聚[(2,6-(4,8-双(5-(2-乙基己基)噻吩-2-基)-苯并[1,2-*b*:4,5-*b'*]二噻吩))-alt-(5,5-(1',3'-双-2-噻吩基-5',7'-双(2乙基己基)苯并[1',2'-*c*:4',5'-*c'*]二噻吩-4,8-二酮))](PBDB-T)就可以很好地匹配窄带隙的非富勒烯受体材料[15]。

2. 电子传输层

作为阴极的一部分，电子传输层通过改善电荷传输和收集过程，对提高光电转换效率起着重要的作用。此外，电子传输层作为除氧剂，可以防止本体异质结在空气中降解，从而提高器件的稳定性。

多数情况下，聚合物太阳能电池的阴极都是由低功函金属材料例如钙、钡、镁等从活性材料的 LUMO 能级收集电子。但是这些金属反应活性强并且价格昂贵。鉴于 LiF-Al 已经成功应用于有机发光二极管中，因此被尝试用作聚合物太阳能电池的阴极材料[16]。LiF 的作用尚不明确，其中一种解释是 LiF 薄层分解并掺杂了有机半导体，从而降低了功函数[5, 6]。

氧化钛、氧化锌/碳酸铯等无机化合物在有机光电器件中被广泛用于收集电子[17-20]。这些无机化合物制备条件温和、电子迁移率较高、环境稳定性好、透光率高。TiO_2 和 ZnO 是有机光电器件中最重要的电子传输层材料。但是 ZnO 的高功函(约 4.1 eV)以及与光活性层之间的电荷传输能垒，导致太阳能电池的光电转换效率比较低。引入自组装的单层结构或者强偶极矩的物理吸附层，可以有效调控电极的功函。此外，碳纳米管和石墨烯具有高电导率、高力学强度和高热稳定性，也是很有前景的电子传输层材料[21, 22]。

3. 空穴传输层

在与聚合物给体材料接触的工作电极中，空穴传输层要求材料具有高功函以匹配光活性层的 HOMO 能级，从而收集空穴并屏蔽电子。高功函的 PEDOT:PSS (5.0 eV) 和金属氧化物如氧化钼、氧化钨、五氧化二钒等都是合适的材料。其中 PEDOT:PSS 和 MoO_3 具有高透明性和高导电性。PEDOT:PSS 可以通过旋涂的方法成膜，适用于大规模生产；而制备 MoO_3 层需要热蒸镀，所以其应用受到制约。然而，最近一些研究表明，MoO_3 或者 WO_3 空穴传输层也可以使用乙氧基钼、乙氧基钨等前驱体通过温和的方法制备[23]。同时，具有高功函和高导电性的碳纳米管也可以用作空穴传输层[24, 25]。

4. 电极

一般而言，聚合物太阳能电池是具有三明治构型的薄膜器件，其中两个电极通常是金属电极(如铝或者银)和 ITO 透明导电玻璃。最近报道了一些基于银纳米线、碳纳米管和石墨烯材料的电极，拓展了聚合物太阳能电池在透明和柔性器件中的应用。

5.1.4 表征

第 4 章已经讨论，表征聚合物太阳能电池性能的参数主要有四个：开路电压(V_{OC})、短路电流密度(J_{SC})、填充因子(FF)和光电转换效率(η)。这些参数是在 AM 1.5 G 标准条件下测量的，该条件模拟了以 48.2° 的入射角照射到地球表面的太阳光光谱。辐射强度(单位时间单位面积接受的辐射能)标定为 1000 W/m^2。在标准条件下，聚合物太阳能电池的光电转换效率为：

$$\eta = \frac{V_{OC}J_{SC}FF}{I_0} \tag{5.1}$$

其中最大功率是从 J-V 曲线中光电流和光电压乘积最大的点计算得到的。

另一个重要的性能参数是光量子转换效率(IPCE)，它可以提供太阳能电池中单色光量子转换效率的信息，第 4 章已经给出了明确的定义和解释。对于聚合物太阳能电池，在实际过程中，IPCE 是由光的吸收(A)、激子扩散(D)，电荷分离(S)、电荷传输(T)和电荷收集(C)这一连串的过程决定的。因此有：

$$IPCE(\lambda) = \eta_A \times \eta_D \times \eta_S \times \eta_T \times \eta_C \tag{5.2}$$

IPCE 对于短路电流密度有着非常大的影响。

1. 开路电压

开路电压是聚合物太阳能电池的能量指标,它源于给体的 HOMO 能级和受体的 LUMO 能级的能量差。其经验表达式为:

$$V_{OC} = [|E_{LUMO}(受体) - E_{HOMO}(给体)| - 0.3\ eV]/e \tag{5.3}$$

其中的常数 0.3 eV 是电荷分离所需能量的经验值[26]。因此,HOMO 能级较低的聚合物给体将会有更高的 V_{OC}。例如,HOMO 能级约为 4.9 eV 的 P3HT,其制备出器件 V_{OC} 为 0.6 V[27]。通过化学修饰,例如引入芴基到聚合物中,可以调控给体的能级从而增大开路电压[28]。开路电压对于电极和活性材料的界面十分敏感。如前所述,调节电极的功函也可以获得更高的开路电压。

2. 短路电流密度

聚合物太阳能电池的动力学过程通常用短路电流密度描述,其中包括电荷产生、转移和收集,其对应于电池对入射光谱响应曲线的积分[5]。因此,通过减小带隙实现更宽的光谱响应有利于提高光电流。在理想条件下短路电流密度的定量表达式为:

$$J_{SC} = ne\mu E \tag{5.4}$$

式中,n 是载流子密度;μ 是载流子迁移率;E 是电场强度[6]。与材料本身性质相比,载流子迁移率与材料形貌的关系更为密切,而理想的材料形貌需要通过精细的设计和制备得到。另外,改变受体材料的种类,如用 C_{70} 衍生物代替 C_{60} 衍生物,也可以增大 J_{SC}[5]。

原则上,提高 V_{OC} 和 J_{SC} 是实现太阳能电池高效率的有效途径。但是在技术上这个过程很复杂,同时提高光电流和光电压,依然是一个巨大的挑战。提高给体材料的 HOMO 能级,可以获得窄带隙,从而提高 J_{SC},然而这一过程同时会减小 V_{OC}。

3. 填充因子

填充因子是由电极收集的载流子数量决定的,特别是当内建电场接近开路电压时。填充因子受到载流子迁移率、材料的纳米形貌、材料的相容性、器件的串并联电阻、电荷的复合等多方面的影响[6]。目前对填充因子的理解并不十分透彻,它对于材料和器件的设计都很敏感。

5.1.5　总结

高性能聚合物太阳能电池的发明被认为是光电器件领域的重要成就。目前，聚合物太阳能电池的最高效率已经超过了 17% 并有可能更高。本节简要介绍了聚合物太阳能电池的原理和研究背景。聚合物太阳能电池的优化是一个系统性工程，包括分子设计、材料合成和器件构建。概述如下：

①从分子设计角度考虑，减小给体聚合物材料的带隙是提高 J_{SC} 的主要方法。

②降低给体材料的 HOMO 能级有利于提高 V_{OC}。

③较高的载流子迁移率对于提高光电流和填充因子非常重要，在材料制备和形貌控制中必须考虑到这一点。

④引入本体异质结，显著增大了给体和受体之间的界面面积，这凸显给体-受体共混物中纳米形貌的重要性。

⑤稳定性是聚合物太阳能电池的另一个重要问题。共轭聚合物和给体-受体混合物在长时间光照下的稳定性以及材料对氧气和湿度的耐受性，都应该获得更多的关注。

5.2　纤维聚合物太阳能电池概述

可穿戴电子器件的快速发展，对供能系统提出了越来越高的要求，包括具有柔性、轻质、便携等性能。本节将介绍纤维聚合物太阳能电池在可穿戴领域的独特优势：纤维聚合物太阳能电池质量轻、柔性好、可编织，并且与传统的染料敏化太阳能电池相比可以制成全固态器件，更适合应用在可穿戴电子领域。与纤维染料敏化太阳能电池相似，纤维聚合物太阳能电池也具有两种结构：缠绕和同轴。

5.2.1　缠绕结构的纤维聚合物太阳能电池

2009 年，Gaudiana 等人报道了一种纤维聚合物太阳能电池，它由两根金属丝构成。电子传输层（TiO$_x$）、光活性层（P3HT:PCBM）、空穴传输层（PEDOT:PSS）等电池的主要部分通过蘸涂的方法，构筑在一根金属丝电极上。另一根金属丝电极缠绕在活性层修饰的金属丝电极上用于传导电子[29]。进一步用透明的聚合物对电池进行封装。缠绕结构确保了两个电极间的有效接触，电池的光电转换效率达到 2.99%。然而，缠绕的电极会部分遮挡照射在光活性层上的光。因此，把另一根金属丝电极置于活性层修饰的金属丝电极下方，可以消除遮挡效应，得到了最高的光电转换效率（3.81%）。

两根金属丝缠绕在一起难免会产生内应力，所以金属丝缠绕的结构在力学上是不稳定的，电极容易滑脱。因此，碳纳米管纤维等具有柔性的导电纤维更适合作为电极。比如，在钢丝上涂覆 ZnO 纳米晶层作为空穴屏蔽层，以 P3HT:PCBM作为光学活性层，将碳纳米管纤维缠绕在上面作为对电极，得到的电池光电转换效率为 2.11%（图 5.3）[30]。在相同条件下用银丝替代碳纳米管纤维做对电极，光电转换效率下降到 0.8%，显示出柔性碳纳米管纤维对于实现较高光电转化性能具有重要的意义。电极良好的柔性有利于两根纤维电极保持紧密接触，防止电极在形变时滑脱。

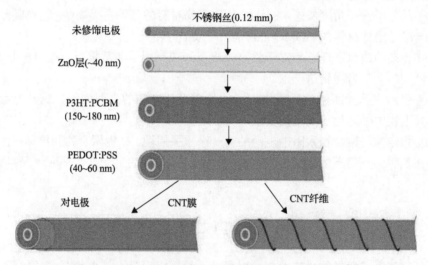

图 5.3　缠绕结构和同轴结构的纤维聚合物太阳能电池[30]

5.2.2　同轴结构的纤维聚合物太阳能电池

对于纤维聚合物太阳能电池，电荷的产生和分离过程都在主电极上进行，而对电极在传导电子的过程中扮演着重要的角色。对于缠绕结构的电池，两个纤维电极间的接触面积较小，不利于电荷向外电路的转移。而在同轴结构中，对电极是直接覆盖在主电极上的，这种结构有利于电荷的收集。碳纳米管、石墨烯等二维薄膜具有高表面积、柔性和导电性，比较适合作为对电极。用单层碳纳米管薄膜代替碳纳米管纤维作为对电极后，电池效率达到了 2.31%（图 5.3）[30]。与缠绕结构相比，电池性能参数中得到改善的主要是填充因子，由 44%增大到 50%，说明碳纳米管薄膜提高了电荷收集效率。

除了碳纳米管薄膜，具有二维构型的石墨烯也可被用作聚合物太阳能电池的对电极[31]。如图 5.4(a) 所示，通过化学气相沉积法在铜基底上生长单层的石墨烯薄膜，然后引入金纳米颗粒增强石墨烯薄膜的导电性，最后包覆到主电极上。与碳纳米管薄膜相比，单层石墨烯具有更高的透光率(95%)，其高柔性也使它能够与电极紧密接触。电池的光电转换效率达到了 2.53%，其中 V_{OC} 为 0.570 V，J_{SC} 为 8.14 mA/cm^2，FF 为 54.5%。此外，完整的石墨烯层可以隔绝氧气和湿度，防止活性材料降解。实验显示，在空气中暴露数天后，电池的光电转换效率基本稳定，衰减小于 5%。

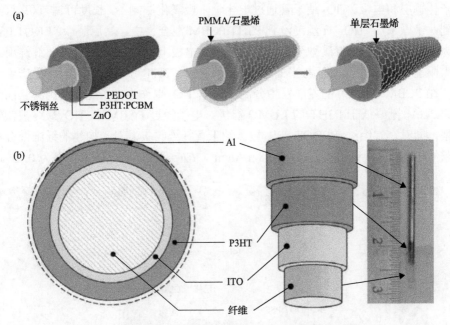

图 5.4　同轴结构的纤维聚合物太阳能电池

(a) 基于石墨烯的同轴纤维聚合物太阳能电池[31]；(b) 基于光导纤维的同轴纤维聚合物太阳能电池[32]

图 5.4(b) 显示了基于光纤基底的纤维聚合物太阳能电池，其中电子传输层、光活性层和空穴传输层涂覆在 ITO 修饰的光纤上[32]。光纤作为器件的基底，使得入射光可以沿着轴向方向到达光活性层。ITO 导电层和 P3HT:PCBM 聚合物活性层依次通过蘸涂的方法涂覆在光纤上，LiF-Al 薄膜通过热蒸镀的方法沉积在外表面。与平面器件相比，这个结构减小了光的反射和透射损失，光电转换效率达到了 1.1%。除了光纤，经修饰的塑性纤维如涂覆聚酰亚胺的硅纤维和聚丙烯纤维，也被用作聚合物太阳能电池的基底，但是外面包裹的导电金属层需要小于 20 nm，以保证入射光可以透射进去[33]。

5.3　基于碳纳米管的纤维聚合物太阳能电池

本节将介绍基于取向碳纳米管材料的新型纤维聚合物太阳能电池。取向碳纳米管材料，包括碳纳米管纤维和碳纳米管薄膜，因为同时具备质量轻、柔性好、电导率高、力学强度高、电催化活性好等特点，被广泛用作纤维能源器件的电极材料。

受纤维染料敏化太阳能电池(第 4 章)的启发，具有类似结构的纤维聚合物太阳能电池也被成功研发[34]。纤维聚合物太阳能电池以 TiO_2 纳米管修饰的钛丝作为电子传输层和电极。TiO_2 纳米管通过电化学阳极氧化法制备，长度可调节(几百纳米到几十微米)。TiO_2-Ti 丝浸没到 P3HT:PCBM 混合物中，然后蘸涂 PEDOT:PSS 作为主电极。最后，将碳纳米管纤维缠绕到主电极上[图 5.5(a)，(b)]。纤维聚合物太阳能电池的工作原理与平面电池是一致的。P3HT 分子吸收入射光子产生激子，在 PCBM 与 TiO_2 的界面发生分离，这里 TiO_2 也作为电子受体是因为它的导带(4.2 eV)刚好低于 P3HT 的 LUMO 能级。电子经过 PCBM 和 TiO_2 最终被钛丝收集，同时空穴经过 PEDOT:PSS 被碳纳米管纤维收集。对于构建的纤维聚合物太阳能电池，V_{OC}=0.42 V，J_{SC}=0.98 mA/cm^2，FF=36%，光电转换效率为 0.15%。

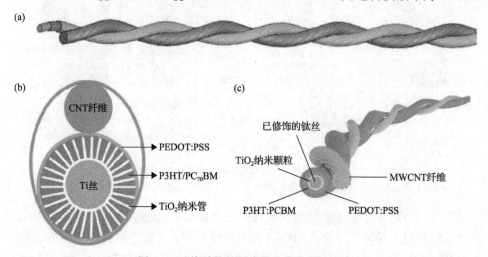

图 5.5　缠绕结构的纤维聚合物太阳能电池

(a)基于碳纳米管纤维的纤维聚合物太阳能电池[34]；以 TiO_2 纳米管修饰的钛丝(b)[34]和以 TiO_2 纳米粒子修饰的钛丝(c)[35]作为光阳极的纤维聚合物太阳能电池

器件光电转换效率低的原因是电极和光活性层之间的接触不好，不利于电荷的分离和传输。为了解决这个问题，我们进一步在纤维基底和光活性层之间引入 TiO_2 纳米晶薄层[图 5.5(c)][35]。TiO_2 纳米粒子在染料敏化太阳能电池中发挥了显著作用，在聚合物太阳能电池中同样有益。引入了 TiO_2 纳米粒子后，聚合物太阳能电池的光电转换效率增加了 36%。纳米晶半导体氧化层对于提高太阳能电池的性能意义重大。在大多数情况下，一个平整光滑的表面有利于形成薄且均匀的 P3HT:PCBM 和 PEDOT:PSS 层。然而，钛丝光滑而均匀的表面易被 TiO_2 纳米管破坏，使用 TiO_2 纳米粒子则使得这一影响减弱。此外，纳米粒子层为负载聚合物提供了较大的比表面积，减小了电荷传输的电阻，增强了光散射。值得注意的是，外层聚合物会轻微减少入射到纳米粒子层的光。但这种效应并不明显，因为超薄的聚合物层具有很高的透光性。

作为电子传输层，TiO_2 纳米管的长度和直径对聚合物太阳能电池的性能有非常重要的影响。钛丝上的 TiO_2 纳米管的长度，可以通过改变电化学阳极氧化的时间来控制，从 650 nm 到 4 μm 不等。研究发现 TiO_2 纳米管长度为 1.8 μm 时，光电转换效率最高(1.01%)。TiO_2 纳米粒子通过在四氯化钛($TiCl_4$)中进行化学处理生成。图 5.6 展示了 TiO_2 纳米管在处理前和经过不同时间 $TiCl_4$ 处理后的形貌。TiO_2 纳米粒子尺寸约为 20 nm，但在 $TiCl_4$ 处理 60 min 后，TiO_2 纳米粒子倾向于团聚。

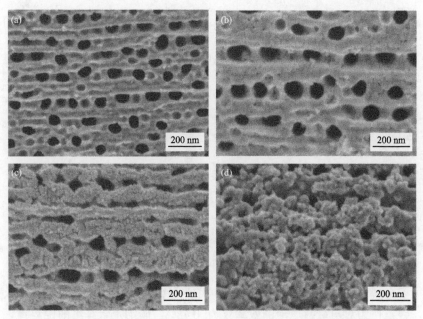

图 5.6　未经 $TiCl_4$ 处理和 $TiCl_4$ 处理不同时间后的 TiO_2 纳米管的扫描电镜照片[35]
(a) 未经 $TiCl_4$ 处理；(b) $TiCl_4$ 处理 15 min；(c) $TiCl_4$ 处理 30 min；(d) $TiCl_4$ 处理 60 min

图 5.7(a) 为纤维聚合物太阳能电池的工作原理。TiO_2 纳米粒子层在纤维聚合物太阳能电池中发挥了重要作用。图 5.7(b) 显示了电池在 $TiCl_4$ 溶液处理前后的 J-V 曲线。有效光照面积通过主电极的长度和厚度(包括钛丝、TiO_2 纳米管和光活性材料的厚度)的乘积得到。未经 $TiCl_4$ 溶液处理时器件的 V_{OC} 为 0.50 V，J_{SC} 为 6.48 mA/cm^2，FF 为 41%，光电转换效率低于 1.31%。而 $TiCl_4$ 溶液分别处理 15 min 和 30 min 后器件效率增加到 1.60% 和 1.78%。

TiO_2 的团聚对于聚合物太阳能电池是不利的，经过 $TiCl_4$ 处理 60 min 后，电池效率下降到 1.38%。电池效率随处理时间的变化也可以通过 IPCE 曲线佐证，如

图 5.7(c)。研究表明，碳纳米管纤维的直径也会强烈地影响器件的性能[图 5.7(d)]。当碳纳米管纤维的直径为 32 μm 时，光电转换效率达到峰值，这时导电性和光照面积的影响达到平衡。细的纤维具有较大的电阻，导致电流密度和填充因子降低，而粗的纤维遮挡了更多的入射光同样减小了电流密度。

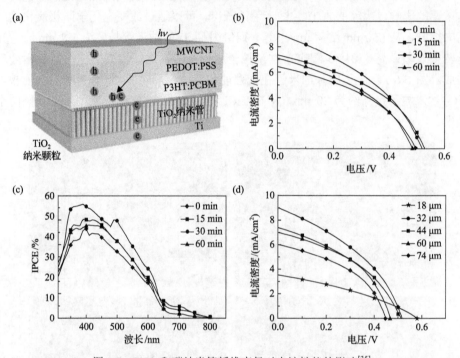

图 5.7　TiCl₄ 和碳纳米管纤维直径对电池性能的影响[35]

(a)纤维聚合物太阳能电池的工作原理；聚合物太阳能电池经 TiCl₄ 处理不同时间之后的 *J-V*(b) 和 IPCE(c) 曲线；
(d)不同直径的碳纳米管纤维的纤维聚合物太阳能电池的 *J-V* 曲线

　　很多金属丝也被用作对电极以代替碳纳米管纤维，但是性能都不尽如人意。比如，银丝作为对电极时电池的效率仅为 0.48%。碳纳米管纤维的优势体现在两个方面。首先，碳纳米管纤维的功函(4.8~5.1 eV)与银相比更适合收集空穴。其次，金属丝没有足够的柔性来制备高性能的纤维聚合物太阳能电池。如图 5.8(a)~(d) 所示，两个电极并没有形成紧密接触。电极之间的空隙对于电荷传输是不利的，这在器件弯曲时表现得更为明显。器件弯曲 50 次后，光电转换效率从 0.48%下降到 0.14%。

　　纤维聚合物太阳能电池显示了良好的柔性，可以被弯曲成各种形貌。并且在经过 1000 次的弯曲后，聚合物太阳能电池仍然保持了约 85%的效率[图 5.8(e)]。纤维聚合物太阳能电池也表现出较好的稳定性，暴露在空气中 16 天后，器件的效率还能保持 70%[图 5.8(f)]。

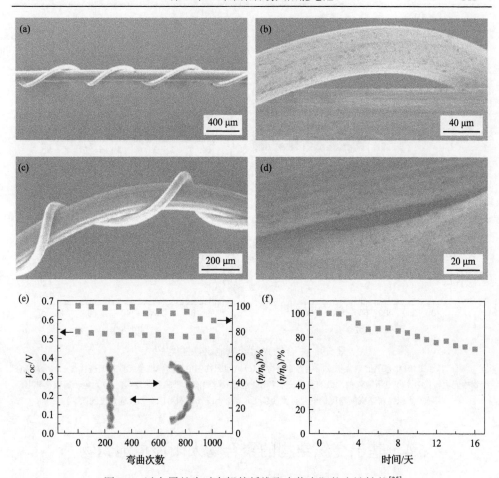

图 5.8　以金属丝为对电极的纤维聚合物太阳能电池性能[35]

以银丝作对电极的纤维聚合物太阳能电池在自然状态(a)、(b)和弯曲状态(c)、(d)下的扫描电镜照片；(e)光电转换效率和开路电压随弯曲次数的变化，η_0 和 η 分别表示弯曲前后的效率；(f)光电转换效率随暴露在空气中时间的变化，η_0 和 η 分别表示暴露在空气前后的效率

　　用这种方法制备的纤维聚合物太阳能电池，可以被编成各种柔性的复杂结构（如织物）而不需要封装[图 5.9(a)，(b)]，纤维染料敏化太阳能电池在编织前则需要进行封装。编成织物是将纤维聚合物太阳能电池进行集成的有效策略。器件的输出电压随纤维器件数量的增加而线性增高[图 5.9(c)]。聚合物太阳能电池织物具有良好的柔性，光电转换效率在弯曲 1000 次后保持约 80%[图 5.9(d)]。有趣的是，聚合物太阳能电池织物的性能与入射光的角度无关。比如，光电转换效率在不同的入射光角度下变化不超过 20%[图 5.9(e)]。用碳纳米管薄膜取代碳纳米管纤维，可以得到最大效率为 1.01% 的同轴器件。

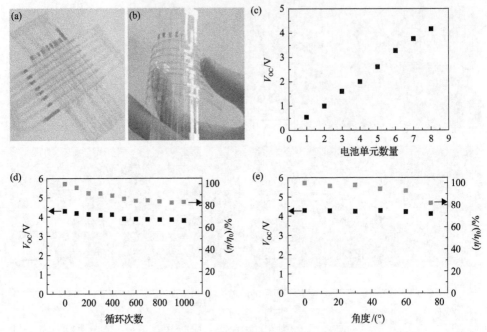

图 5.9　聚合物太阳能电池织物性能[35]

在自然(a)和形变(b)状态下的聚合物太阳能电池织物；(c)电池织物中电压随电池单元数量的变化；(d)串联电池
织物中光电转换效率和电压随弯曲次数的变化，η_0和η分别对应弯曲前和弯曲后的效率；(e)光电转换效率和电压
随电池织物与基底间角度的变化，光源位于顶部，η_0和η分别对应 0 和其他角度的效率

5.4　基于交织结构的聚合物太阳能电池织物

　　传统纤维太阳能电池采用两电极缠绕的电极结构，其中一个电极层层涂覆着功能层。然而直到现在，纤维太阳能电池的长度普遍小于 1 cm，难以放大生产与编织。主要存在的问题有：纤维太阳能电池在规模化编织的电路连接中需要借助大量外电路实现串并联连接，且由于单根纤维本身缠绕时存在电极遮挡的问题，在编织过程中加入经线后更是极大降低了其受光面积。而基于交织结构构建聚合物太阳能电池织物的方法，将电路设计与编织方式结合，在简化电路连接的同时更解决了电极遮挡的问题。

　　如图 5.10(a)所示，一块块的模块可以被串联或者并联以调节输出功率。每个模块中是经纬交织结构的光伏纤维[图 5.10(b)]，阳极纤维在经线方向，涂覆功能层的阴极纤维在纬线方向，两种电极纤维呈现交织结构以实现电路连接。如图5.10(c)所示，在太阳光照射下，活性层产生激子并解离成电子和空穴，空穴通过空穴传输层传输至阳极纤维，而电子通过电子传输层传输至阴极纤维。这种交织结构形成了在纬线方向的串联以及在经线方向的并联，因此输出功率可以通过调节编织数量进行调控。

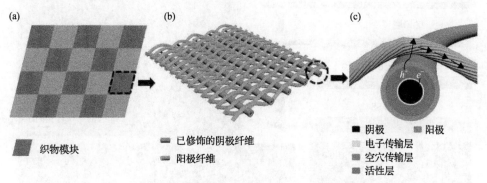

图 5.10　基于交织结构的聚合物太阳能电池织物[36]

(a)聚合物太阳能电池织物的示意图;(b)织物中单个模块示意图;(c)工作原理示意图

　　首先将钛丝蘸涂氧化锌前驱体溶液,并烧结以形成氧化锌致密层。然后将涂有致密氧化锌层的钛丝蘸涂聚噻吩类导电高分子和 C_{60} 衍生物(PTB7:PC$_{71}$BM),并退火形成活性层。最后蘸涂 PEDOT 和 PSS 的水溶液,并退火形成空穴传输层 [图 5.11(a)]。图 5.11(b)为纤维经过修饰后的截面扫描电镜图,经过修饰的纤维与镀银尼龙复丝在剑杆织布机上共同编制形成织物[图 5.11(c)]。光伏纤维在经线方向实现串联连接,在纬线方向实现并联连接,通过调节器件的数目可以控制织物的开路电压与短路电流,以匹配不同的负载。其他部分再编织化学纤维如棉线等以赋予支撑结构,同时保证质地。如图 5.11(d)所示,阳极纤维和阴极纤维以垂直交织的方式紧密贴合在一起,阳极纤维的间距约为 500 µm,保证光伏织物可以有效吸收太阳光。织物的厚度约为 400 µm,密度约为 12 mg/cm^2。

　　电子传输材料能促使阴极与活性层形成良好的欧姆接触,调节活性层与阴极的能级序列,在电荷收集与传导过程中起至关重要的作用,阻挡空穴传输电子,能够有效地提高电池的光电转换效率。因此,氧化锌层的形貌对织物光电转化效率非常重要。图 5.12 为不同浓度前驱体溶液制备出的氧化锌层的扫描电镜照片,可以看出,随着前驱体溶液浓度从 0.05 mol/L 增加到 0.5 mol/L,器件的开路电压从 0.15 V 增加到 0.48 V,短路电流从 0.07 mA/cm^2 增加到 7.39 mA/cm^2,相应的器件光电转化效率从 0.0023%增加到 1.62%。当浓度进一步提高到超过 0.5 mol/L 到 2 mol/L 时,开路电压降低到 0.4 V,同时短路电流和填充因子大幅下降到 2.37 mA/cm^2 和 27%,导致光电转化效率从 1.62%骤降至 0.27%。由 0.05 mol/L 前驱体溶液制备的氧化锌纳米晶层,只有一些粒径大约在 100 nm 的纳米晶分散沉积在表面,导致活性层与钛丝直接接触。当前驱体溶液浓度从 0.05 mol/L 升高到 0.5 mol/L,氧化锌在钛丝表面的覆盖率越来越高,能够有效防止活性层与阴极的直接接触,导致开路电压的提高和串联电阻的降低,也就意味着电流密度和填充因子的提高。在前驱体

图 5.11　交织结构聚合物太阳能织物的制备[36]

(a)阴极纤维的全溶液加工方法示意图；(b)修饰阴极纤维的扫描电镜截面照片；(c)聚合物太阳能电池织物编织过程照片；(d)聚合物太阳能电池织物的扫描电镜照片

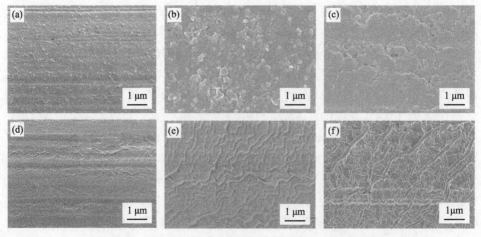

图 5.12　不同浓度前驱体溶液制备的氧化锌层扫描电镜图

(a)0.05 mol/L；(b)0.1 mol/L；(c)0.2 mol/L；(d)0.5 mol/L；(e)1 mol/L；(f)2 mol/L

溶液浓度为 0.5 mol/L 时，钛丝表面完全被一层均匀又致密的氧化锌层覆盖，且呈现波纹状。这种纳米尺度的波纹形貌能够促使活性层和氧化锌更紧密地接触，且提供较大的接触面积，更有效地收集电子以及降低串联电阻。超过 0.5 mol/L 的浓度导致了氧化锌层过于粗糙的表面形貌，呈沟壑状，而由于氧化锌和活性层迥异的表面能使得活性层溶液很难渗入粗糙形貌的空隙中，因此这些空隙导致了接触面积的降低，从而使串联电阻升高，相应的电流密度和填充因子都降低。

此外，织物的效率会随着器件的尺寸变大而降低，如图 5.13（a），当器件的

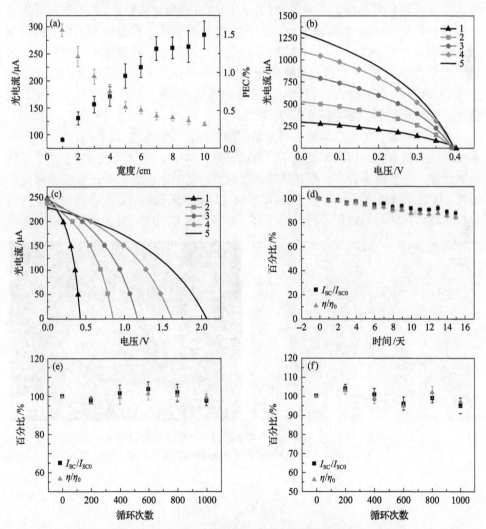

图 5.13　交织结构聚合物太阳能织物的性能[36]

（a）织物光伏性能随器件长度的变化；（b）织物光伏性能随编入并联阴极纤维数量的变化；（c）织物光伏性能随编入串联阴极纤维数量的变化；（d）织物在空气中放置光伏性能随时间的变化；（e）织物光伏性能在弯曲循环下的变化；（f）织物光伏性能在扭曲循环下的变化

长度从 1 cm 增加到 10 cm 时，光电转化效率从 1.62%降低至 0.34%，尽管器件的光电转化效率随着长度增加而不断降低，但是产生的光电流因为吸光面积的增大而不断增大。长度为 10 cm 器件的短路电流可达 0.28 mA，我们可以通过串并联增加器件的数目，以达到更高的电压与更大的电流，从而满足各种外接设备的要求。如图 5.13(b) 和 (c) 所示，对于并联连接，织物的光电流随着编入阴极纤维数量的增加而线性增加，同时输出电压保持稳定。5 根阴极纤维并联能够获得 1.30 mA 的短路电流、0.40 V 的开路电压。对于串联连接，输出电压随着编入阴极纤维数量的增加而线性增加，同时输出电流保持稳定。5 根阴极纤维串联能够获得 0.23 mA 的短路电流、2.10 V 的开路电压。聚合物太阳能电池织物的工作稳定性对于其应用非常重要，如图 5.13(d) 所示，织物在不经任何材料封装下在空气中放置 15 天后，织物的光电转化效率保持了初始值的 85%以上。如图 5.13(e) 和 (f) 所示，而将织物弯曲或扭曲多达 1000 次后，效率几乎与初始值持平，反映出织物具备非常优异的柔性。

为了展示聚合物光伏织物在可穿戴应用领域作为能量来源的可行性，我们制备了一块光伏织物并用其驱动电子设备。如图 5.14(a)，光伏织物主要由两个模块串联而成，每个模块含有 5 根并联的阴极纤维。基于此，在 AM1.5 模拟太阳光照射下，这块织物能点亮一块电子表[图 5.14(b)]。将来我们可以制备出面积更大的光伏织物，并将其与衣服、鞋帽等结合，对多种可穿戴电子设备进行供电。

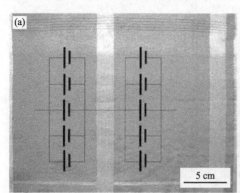
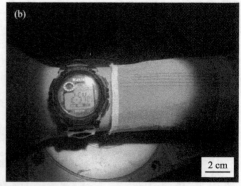

图 5.14　交织结构聚合物太阳能织物的应用展示[36]
(a)织物的照片与等效电路图；(b)织物在模拟太阳光下点亮电子表

5.5　展　望

目前纤维聚合物太阳能电池取得的进展是令人鼓舞的。但是纤维聚合物太阳能电池的研究还面临许多挑战。首先，纤维聚合物太阳能电池的效率仍然明显低于传统平面电池的效率，也远远低于纤维染料敏化太阳能电池。其次，目前纤维聚合物太阳能电池的长度从几厘米到几十厘米不等，若增加电池长度到可实际应用的水平，电池效率会随着电极电阻的急剧增加而大幅下降。目前实现高效率的较长器件仍然十分困难。因此，研究具有高电导率的纤维电极，对于纤维聚合物太阳能电池的实际应用具有非常重要的意义。

纤维聚合物太阳能电池在构建过程中仍然还有很多技术难题。不同于平面器件的旋涂技术，利用蘸涂技术在纤维基底上涂覆既薄又均匀的光活性层和电极层是很困难的。此外，纤维聚合物太阳能电池的一个重要优势在于可编成织物或其他柔性结构。但是，如何将纤维聚合物太阳能电池织物封装使其能够在空气中稳定工作仍是一个难题，这些问题还需要进一步系统研究。

参 考 文 献

[1] Tang C W. Multilayer organic photovoltaic elements: US Patent 4 164 431. 1979.

[2] Sariciftci N S, Smilowitz L, Heeger A J, et al. Semiconducting polymers (as donors) and buckminsterfullerene (as acceptor): Photoinduced electron transfer and heterojunction devices. Synth. Met., 1993, 59 (3): 333-352.

[3] Xu X P, Feng K, Bi Z Z, et al. Single-junction polymer solar cells with 16.35% efficiency enabled by a platinum (Ⅱ) complexation strategy. Adv. Mater., 2019, 31 (29): 1901872.

[4] An Q S, Wang J, Gao W, et al. Alloy-like ternary polymer solar cells with over 17.2% efficiency. Sci Bull, 2020, 65 (7): 538-545.

[5] Li G, Zhu R, Yang Y. Polymer solar cells. Nat. Photonics, 2012, 6 (3): 153-161.

[6] Günes S, Neugebauer H, Sariciftci N S. Conjugated polymer-based organic solar cells. Chem. Rev., 2007, 107 (4): 1324-1338.

[7] Kim J Y, Lee K, Coates N E, et al. Efficient tandem polymer solar cells fabricated by all-solution processing. Science, 2007, 317 (5835): 222-225.

[8] Sariciftci N S, Smilowitz L, Heeger A J, et al. Photoinduced electron transfer from a conducting polymer to buckminsterfullerene. Science, 1992, 258 (5087): 1474-1476.

[9] Qiu N L, Zhang H J, Wan X J, et al. A new nonfullerene electron acceptor with a ladder type backbone for high-performance organic solar cells. Adv. Mater., 2017, 29 (6): 1604964.

[10] Yu G, Gao J, Hummelen J C, et al. Polymer photovoltaic cells: Enhanced efficiencies via a network of internal donor-acceptor heterojunctions. Science, 1995, 270 (5243): 1789-1791.

[11] Wudl F, Srdanov G. Conducting polymer formed of poly (2-methoxy, 5-(2'-ethyl-hexyloxy)-p-phenylenevinylene): US Patent 5 189 136. 1993.

[12] Shaheen S E, Brabec C J, Sariciftci N S, et al. 2.5% efficient organic plastic solar cells. Appl. Phys. Lett., 2001, 78 (6): 841-843.

[13] Li G, Shrotriya V, Huang J, et al. High-efficiency solution processable polymer photovoltaic cells by self-organization of polymer blends. Nat. Mater., 2005, 4 (11): 864-868.

[14] Bao Z, Dodabalapur A, Lovinger A J. Soluble and processable regioregular poly (3-hexylthiophene) for thin film field-effect transistor applications with high mobility. Appl. Phys. Lett., 1996, 69 (26): 4108-4110.

[15] Sun L Y, Xu X F, Song S, et al. Medium-bandgap conjugated polymer donors for organic photovoltaics. Macromol. Rapid. Comm., 2019, 40(14): 1900074.

[16] Brabec C J, Shaheen S E, Winder C, et al. Effect of LiF/metal electrodes on the performance of plastic solar cells. Appl. Phys. Lett., 2002, 80(7): 1288-1290.

[17] Tan Z a, Zhang W, Zhang Z, et al. High-performance inverted polymer solar cells with solution-processed titanium chelate as electron-collecting layer on ito electrode. Adv. Mater., 2012, 24(11): 1476-1481.

[18] Colsmann A, Reinhard M, Kwon T-H, et al. Inverted semi-transparent organic solar cells with spray coated, surfactant free polymer top-electrodes. Sol. Energy Mater Sol., 2012, 98: 118-123.

[19] Sun Y, Seo J H, Takacs C J, et al. Inverted polymer solar cells integrated with a low-temperature-annealed sol-gel-derived zno film as an electron transport layer. Adv. Mater., 2011, 23(14): 1679-1683.

[20] Kuwabara T, Nakayama T, Uozumi K, et al. Highly durable inverted-type organic solar cell using amorphous titanium oxide as electron collection electrode inserted between ito and organic layer. Sol. Energy Mater Sol., 2008, 92(11): 1476-1482.

[21] Lu L Y, Xu T, Chen W, et al. The role of n-doped multiwall carbon nanotubes in achieving highly efficient polymer bulk heterojunction solar cells. Nano Lett., 2013, 13(6): 2365-2369.

[22] Jung Y S, Hwang Y-H, Javey A, et al. PCBM-grafted MWNT for enhanced electron transport in polymer solar cells. J. Electrochem. Soc., 2011, 158(3): A237-A240.

[23] Höfle S, Bruns M, Strässle S, et al. Tungsten oxide buffer layers fabricated in an inert sol-gel process at room-temperature for blue organic light-emitting diodes. Adv. Mater., 2013, 25(30): 4113-4116.

[24] Bindl D J, Ferguson A J, Wu M Y, et al. Free carrier generation and recombination in polymer-wrapped semiconducting carbon nanotube films and heterojunctions. J. Phys. Chem. Lett., 2013, 4(21): 3550-3559.

[25] Stylianakis M M, Kymakis E. Efficiency enhancement of organic photovoltaics by addition of carbon nanotubes into both active and hole transport layer. Appl. Phys. Lett., 2012, 100(9): 093301.

[26] Scharber M C, Mühlbacher D, Koppe M, et al. Design rules for donors in bulk-heterojunction solar cells—towards 10% energy-conversion efficiency. Adv. Mater., 2006, 18(6): 789-794.

[27] Yun J-J, Jung H-S, Kim S-H, et al. Chlorophyll-layer-inserted poly(3-hexyl-thiophene) solar cell having a high light-to-current conversion efficiency up to 1.48%. Appl. Phys. Lett., 2005, 87(12): 123102.

[28] Zhou Q, Hou Q, Zheng L, et al. Fluorene-based low band-gap copolymers for high performance photovoltaic devices. Appl. Phys. Lett., 2004, 84(10): 1653-1655.

[29] Lee M R, Eckert R D, Forberich K, et al. Solar power wires based on organic photovoltaic materials. Science, 2009, 324(5924): 232-235.

[30] Liu D, Zhao M, Li Y, et al. Solid-state, polymer-based fiber solar cells with carbon nanotube electrodes. ACS Nano, 2012, 6(12): 11027-11034.

[31] Liu D, Li Y, Zhao S, et al. Single-layer graphene sheets as counter electrodes for fiber-shaped polymer solar cells. RSC Adv., 2013, 3(33): 13720-13727.

[32] Liu J, Namboothiry M A G, Carroll D L. Optical geometries for fiber-based organic photovoltaics. Appl. Phys. Lett., 2007, 90(13): 133515.

[33] Bedeloglu A, Demir A, Bozkurt Y, et al. A photovoltaic fiber design for smart textiles. Text. Res. J., 2010, 80(11): 1065-1074.

[34] Chen T, Qiu L, Li H, et al. Polymer photovoltaic wires based on aligned carbon nanotube fibers. J. Mater. Chem., 2012, 22(44): 23655-23658.

[35] Zhang Z, Yang Z, Wu Z, et al. Weaving efficient polymer solar cell wires into flexible power textiles. Adv. Energy. Mater., 2014, 4（11）: 1301750.

[36] Liu P, Gao Z, Xu L M, et al. Polymer solar cell textiles with interlaced cathode and anode fibers. J. Mater. Chem. A., 2018, 6（41）: 19947-19953.

第 6 章 纤维钙钛矿太阳能电池

6.1 钙钛矿太阳能电池概述

钙钛矿的名称源自发现钛酸钙矿(CaTiO₃)的俄罗斯矿物学家 L. A. Perovski (1792～1856 年)，后将具有 ABX_3 化学结构的一类有机-无机杂化化合物统称为钙钛矿。其中，A 和 B 分别表示两类阳离子，X 代表连接它们的阴离子。在图 6.1 所示的典型晶胞结构中，八个阳离子 A 位于立方体的八个顶点，阳离子 B 位于体心位置，六个 X 阴离子位于面心。对光伏器件中常用的钙钛矿材料，A 通常是甲基铵等有机基团，B 为铅或锡离子，X 为卤素，典型的材料如三卤铵铅酸盐($CH_3NH_3PbI_3$)。

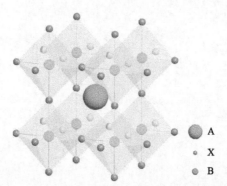

A
X
B

图 6.1　具有 ABX_3 结构的钙钛矿晶体结构[1]

钙钛矿最早被用于薄膜晶体管和发光二极管中，这启发了其在光伏器件中的应用[2]。早在 2006 年，Miyasaka 等人将 $CH_3NH_3PbBr_3$ 替代有机染料作为纳米晶体敏化剂构建染料敏化太阳能电池，取得了 2.2%的光电转换效率[3]。进一步用碘取代溴，由于对光谱的吸收范围更宽，光电转换效率提高到 3.8%[4]。Park 等人将 2～3 nm 的 $CH_3NH_3PbI_3$ 纳米晶引入量子点敏化太阳能电池中，取得了 6.5%的光电转换效率[5]。但是，钙钛矿材料在有机溶剂中的不稳定性，严重降低了器件的稳定性。因此，使用固态空穴传输材料替代液态电解质，是解决该问题的一个有效途径[6]。聚吡咯等导电聚合物最早被用作空穴传输材料取代液态电解质，但由于导电高分子并不能完全渗入 TiO_2 的介孔结构中，效果并不理想[5]。2,2′,7,7′-四[N,N-二(4-甲氧基苯基)氨基]-9,9′-螺二芴(Spiro-MeOTAD)是一种三苯胺基固态空穴传输材料，它能够与 TiO_2 形成异质结结构，这在染料敏化太阳能电池中已经得到有效的应用[7]。因此，人们也通过溶液法将 Spiro-MeOTAD 应用于钙钛矿太阳能电池中，提高了电池的稳定性，并将光电转换效率提高至 9.7%[8]。前已述及，钙钛矿材料在染料敏化太阳能电池中作为光敏剂吸收光能，并将激发的电子注入半导体的导带中。引入固态空穴传输材料，取代了需要额外能量以驱动循环反应的氧化还原电对（导致输出光电压的下降），有效避免了钙钛矿在溶剂中的分解[9]。

2012 年，Snaith 等人在钙钛矿太阳能电池领域取得了突破性进展，使得钙钛矿太阳能电池从固态染料敏化太阳能电池中独立出来，成为传统太阳能电池强有力的竞争对手[10]。这一突破在于用绝缘的介孔 Al_2O_3 作为超薄钙钛矿层的支架取代原先的 TiO_2 半导体。Spiro-MeOTAD 能够有效地渗入并覆盖在 Al_2O_3 支撑层上。在这一结构中，绝缘的 Al_2O_3 并非作为 n 型半导体传输电子，而是钙钛矿同时作为光吸收材料和电子传输材料。这种太阳能电池并不是敏化太阳能电池，而是一种新型的太阳能电池。钙钛矿宽谱吸收和窄带隙的优异特性，使得电池产生较高的开路电压（0.98 V）和短路电流（17.8 mA/cm^2），光电转换效率达到了 10.7%。随着材料的革新和器件结构的多样化，钙钛矿太阳能电池在短时间内迅猛发展，光电转换效率被不断刷新。通过精细地调控钙钛矿层的表面形貌，目前报道的钙钛矿太阳能电池最高效率达到 25.2%[11]。

钙钛矿太阳能电池兼具高光电转换效率和全固态的优势，展现出超越染料敏化太阳能电池和聚合物太阳能电池的潜力，但电池的稳定性和钙钛矿材料的毒性等问题限制了其进一步发展。

6.1.1　工作原理

钙钛矿太阳能电池的工作原理如图 6.2 所示，其工作过程主要包括七个步骤：光致激发（1），产生的电子转移到电子传输层（2），而产生的空穴转移到空穴传输层（3），过程中伴随的电荷复合（4）～（7）。复合过程包括自由载流子的缔合（4）、电子空穴的逆向传输（5）、（6）和钙钛矿缺陷区域的局部短路（7）。

与染料敏化太阳能电池和聚合物太阳能电池相比，钙钛矿太阳能电池的一个重要优势在于较长的载流子传输距离（$10^2 \sim 10^3$ nm），使得非辐射复合较少[12]。钙钛矿太阳能电池的另一显著优势是开路电压较高。开路电压表示从吸收的光能中能够利用的最大能量，主要取决于钙钛矿材料的带隙。一般来说，获得的开路电压要低于带隙电压（E_g/q）。在钙钛矿太阳能电池中，开路电压一般为 0.9～1.15 V，与带隙电压相比损失了 0.4～0.65 eV，但这种电压损失低于染料敏化太阳能电池（～0.75 eV）和聚合物太阳能电池（～0.8 eV）[13, 14]。钙钛矿太阳能电池的高效率主要可以归因于以下几个因素：①光吸收系数高（10^5 cm^{-1}），使得电池中可以使用钙钛矿薄膜。②载流子传输距离长，复合受到抑制。③电荷转移良好平衡[15]。

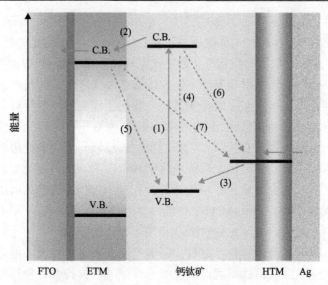

图 6.2　钙钛矿太阳能电池中各个部分的能级和电子转移过程示意图[1]

FTO：透明导电玻璃；ETM：电子传输层；HTM：空穴传输层；C.B.：导带；V.B.：价带

6.1.2　器件结构

　　如上所述，钙钛矿太阳能电池最初是将钙钛矿作为光敏剂取代有机染料，而衍生发展出来的。因此，最初的钙钛矿太阳能电池的结构与染料敏化太阳能电池和量子点敏化太阳能电池类似，具有"三明治"的结构，在这一结构中，钙钛矿吸光材料渗透入半导体金属氧化物或绝缘金属氧化物支架之中。钙钛矿太阳能电池还可以是薄膜结构，即 TiO$_2$ 层为致密层而非介孔层。当钙钛矿层被夹在底部的 n 型材料（如 TiO$_2$）和顶部的 p 型材料（如 Spiro-MeOTAD）之间时，这种器件结构称为 n-i-p 结构；当这种结构顺序倒置时称之为 p-i-n 结构。由于钙钛矿具有双极传输性质，即既可以作为电子导体也可以作为空穴导体，所以器件结构中可以不包含电子传输层或空穴传输层，而分别形成无电子传输层结构和无空穴传输层结构。钙钛矿太阳能电池的各种器件结构如图 6.3 所示。

(a)　　　　　　　　　　　(b)　　　　　　　　　　　(c)

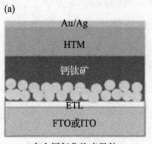

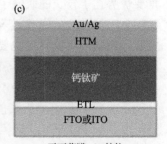

有金属氧化物半导体　　　有绝缘金属氧化物支架　　　平面薄膜n-i-p结构
的介孔n-i-p结构　　　　　的介孔n-i-p结构

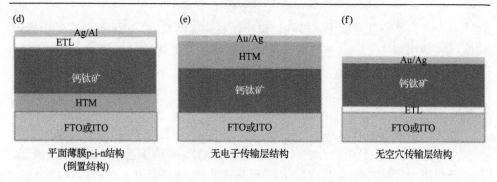

图 6.3　钙钛矿太阳能电池的结构示意图[15]

6.1.3　材料

钙钛矿太阳能电池的发展伴随着对其工作原理理解的加深和材料的不断革新。本节重点讨论钙钛矿太阳能电池中应用的各种材料，主要包括钙钛矿材料、电子和空穴传输材料。

1. 钙钛矿材料

目前，有机-无机杂化钙钛矿材料在高性能太阳能电池中占据主导地位，其优异性能主要表现为：

①多样的制备方法有利于得到高质量的晶体。

②合适的带隙带来的宽谱吸收特性。

③双极性的传输能力使其能够同时作为电子导体和空穴导体。

④载流子传输距离长，电荷复合少。

$CH_3NH_3PbI_3$ 是目前最广泛使用的钙钛矿材料，其他一些在 A 位点为混合阳离子（如 $MA_xFA_{1-x}PbI_3$）以及在 X 位点为混合卤离子（如 $MAPbI_{3-x}Br_x$）的钙钛矿材料，因为更加稳定，也越来越受到人们关注。通过在 X 位点混合卤离子，钙钛矿材料的带隙可以精细地调控[15]。尽管这些有机-无机杂化钙钛矿材料在器件性能上显现出优异的性能，然而它们的长期稳定性差一直是一个问题。提升稳定性的一个策略是采用全无机钙钛矿材料（如 $CsPbI_3$[16]）。这些钙钛矿材料中包含的铅元素的毒性是另一个问题。因此，人们也开始研究无铅钙钛矿材料，例如锡基钙钛矿（如 $CsSnI_3$[17]）和锗基钙钛矿[18]。

2. 电子传输材料

电子传输材料用于辅助电子传输，并阻碍空穴扩散。致密的二氧化钛层几乎应用在所有结构的钙钛矿太阳能电池中。由于具有恰当的能级，它有效阻止了空穴的传输。此外，有研究通过掺杂钇提高了载流子浓度，因此电导率提高到 2×

10^{-5} S/cm[19]。在介孔结构中，多孔二氧化钛材料如纳米晶、纳米纤维、纳米管等被制备在致密层之上。其他一些电子传输材料还有氧化钛、氧化锌、二氧化钛-石墨烯复合材料和富勒烯。

3. 空穴传输材料

目前，Spiro-MeOTAD 作为一种经典的有机小分子，依然在空穴传输材料中占据主导地位。一些导电聚合物（如聚(3-己基噻吩)、聚(3,4-乙烯二氧噻吩)-(苯乙烯磺酸酯)、聚[双(4-苯基)(2,4,6-三甲基苯基)胺])和无机 p 型材料(如 NiO_x、CuO_x 和 CuPc)也被使用并显现出良好的潜力[15]。空穴传输层的厚度对于太阳能电池的性能至关重要，太厚往往导致较高的并联电阻，太薄则会导致钙钛矿与背电极直接接触。通常，空穴传输层的厚度可以通过旋涂工艺进行调控。由于钙钛矿材料自身激子寿命长且光致电荷分离效率高，最近也报道了无空穴传输层的高效钙钛矿太阳能电池[20]。

6.1.4　小结

钙钛矿太阳能电池刚刚问世数年，就凭借其超越传统硅基太阳能电池的高的光电转换效率、低成本和简单的工艺推动了新一轮光伏产业的发展。由于是从染料敏化太阳能电池和聚合物太阳能电池中发展而来，钙钛矿太阳能电池的工作原理和器件结构与前者相似。与被不断刷新的光电转换效率相比，钙钛矿材料、空穴和电子传输材料的发展相对缓慢，性能的提高主要源于工艺的优化和界面工程设计，在这一点上相比于染料敏化太阳能电池和聚合物太阳能电池要求更为精细。钙钛矿太阳能电池作为光伏器件中的新面孔，为人类掌控太阳光的竞赛中注入了新的活力，展现出成为具备与硅基太阳能电池相当的光电转换效率的经济型光伏器件的良好前景。

6.2　柔性钙钛矿太阳能电池

随着可穿戴设备的流行，柔性太阳能电池获得了越来越多的关注，已经有大量柔性染料敏化太阳能电池[21]和聚合物太阳能电池[22]的研究。从实际应用角度上看，柔性太阳能电池应与溶液法卷轴印刷(roll-to-roll)技术兼容，这有利于大规模的制备和应用[23,24]。由于二氧化钛晶型变化需要高温煅烧处理，因此高效率的柔性染料敏化太阳能电池往往都是制备在金属箔[25]或金属网[26,27]上。当柔性染料敏化太阳能电池制备在塑料基底如聚对苯二甲酸乙二醇酯(PET)或聚萘二甲酸乙二醇酯(PEN)基底上时，光电转换效率通常较低，这是由于煅烧温度无法提高、二氧化钛附着力低和长时间使用所凸显的封装困难等问题[21,28]。虽然固态聚合物太阳能电池无须高温处理和封装，但是较低的效率和稳定性制约了其实际应用[29]。

钙钛矿太阳能电池兼具固态和高效率的特点，因此在柔性器件方面受到了大量的关注，但目前仍然面临一些瓶颈问题。一般来说，钙钛矿太阳能电池包括二氧化钛致密层和介孔二氧化钛支撑层，需要高温煅烧处理。考虑到这一要求，聚合物基底就被排除在外[30]。并且如此严苛的工艺条件不利于大规模生产。因此，过去的研究重点关注低温制备二氧化钛工艺[31]，或采用能够适应低温工艺的氧化锌[32]、石墨烯/二氧化钛复合材料[33]或氧化铝[34]取代二氧化钛。比如，氧化锌致密层和纳米棒被用于取代二氧化钛来制备柔性的钙钛矿太阳能电池，在柔性基底上实现了 2.62% 的光电转换效率[35] [图 6.4(a)]。制备过程主要基于溶液旋涂方法，无须高温处理。但由于纳米棒比表面积高、钙钛矿覆盖率低，器件的电荷复合严重，开路电压较低。通过引入低温处理的氧化锌致密层，成功制备出高效率的柔性钙钛矿太阳能电池，光电转换效率达到 10.3%[32] [图 6.4(b)]。

与有机光伏器件一样，还可以通过其他方法获得柔性的钙钛矿太阳能电池，比如替换材料、表面修饰和形貌控制。传统的聚合物太阳能电池，其空穴和电子传输材料可以在低温条件下通过低成本的溶液法制备。氧化镍、五氧化二钒、聚(3,4-乙撑二氧噻吩)-聚苯乙烯磺酸酯(PEDOT:PSS)、Spiro-OMeTAD 等聚合物都能够作为空穴传输材料，[6,6]-苯基-C_{61}-丁酸甲酯(PCBM)、氧化锌和二氧化钛能够作为电子传输材料[30]。$CH_3NH_3PbI_{3-x}Cl_x$ 钙钛矿光吸收层可以从溶液中制备，器

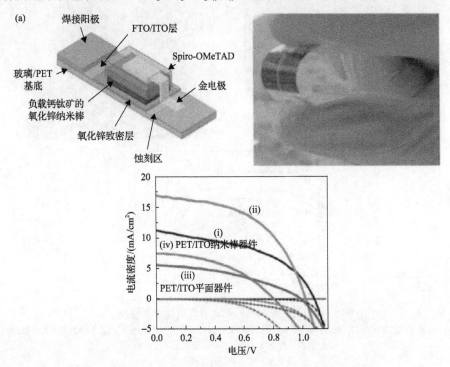

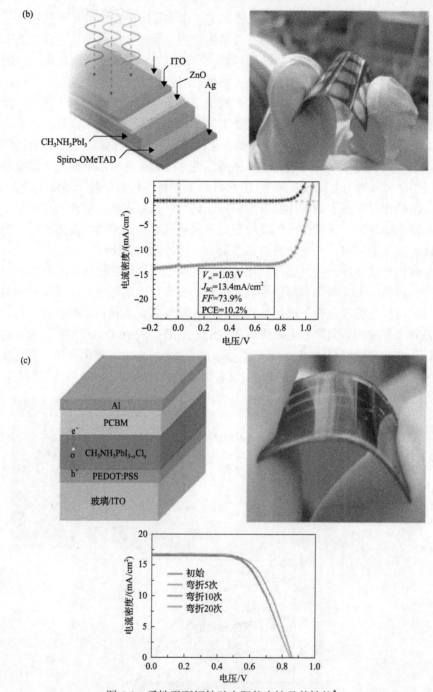

图 6.4　柔性平面钙钛矿太阳能电池及其性能*

(a)介孔结构的柔性钙钛矿太阳能电池[35]；(b)平面结构的柔性钙钛矿太阳能电池[32]；(c)在弯折下展现出稳定光伏性能的基于聚合物基底的平面钙钛矿太阳能电池[36]

*扫描封底二维码见本图彩图

件由氟掺杂氧化锡透明导电玻璃(FTO)、PEDOT:PSS、钙钛矿光吸收层、PCBM、TiO$_x$ 和铝电极组成，效率达到了 10%。当转移到柔性的铟掺杂氧化锡(ITO)导电塑料薄膜上后，光电转换效率为 6.5%[30]。在报道的类似的工作中，通过器件优化，光电转换效率提高到了 9.2%[36][图 6.4(c)]。

大规模太阳能电池的制备需要使用卷轴印刷技术，要求每一层的材料都必须有较好的柔性和具有可印刷的特性。然而，透明导电电极和金属电极的制备仍然需要相对复杂且昂贵的真空镀膜技术，限制了其大规模应用。因此，近年来人们也致力于寻找它们的替代品，如炭黑[36]和碳纳米管[37]。

钙钛矿材料是一种晶体，人们曾经担心其在弯曲时可能断裂而大幅度降低器件性能。为此，柔性钙钛矿太阳能电池被制备在 PET 基底上对其在弯曲后的稳定性进行测试。研究发现，当电池弯曲 50 次后，光电转换效率仍然保持在 7%左右。弯曲后性能并没有明显的衰减，表明钙钛矿材料适合卷轴印刷技术[38]。系统研究显示，随着弯曲曲率半径减少，器件性能能够保持。因此，柔性器件的限制因素主要是 ITO/PET 导电基底，而不是钙钛矿材料本身[32]。

6.3　纤维钙钛矿太阳能电池

随着便携式和可穿戴设备的迅猛发展，传统的平面供能系统越来越难以满足实际应用的要求。纤维钙钛矿太阳能电池结合了固态和高效率两大优点，在这个领域显示出独特而诱人的应用前景。这一节将重点介绍将钙钛矿太阳能电池从平面发展至纤维的方法[39]。

6.3.1　制备工艺

旋涂是制备平面钙钛矿太阳能电池功能层最常采用的工艺。然而由于纤维基底具有高曲率的表面，这种技术很难在纤维钙钛矿太阳能电池上重复出好的结果。因此，发展出一种适合纤维钙钛矿太阳能电池的制备工艺，对于获得高质量的器件是必需的。

浸涂是制备纤维器件最广泛使用的技术。不锈钢丝由于拥有合适的功函数和高的电导率最早被选作阳极。通过层层浸涂功能材料，致密二氧化钛层、多孔二氧化钛层、钙钛矿活性层和空穴传输层被依次涂覆于不锈钢纤维基底上，最后一层取向碳纳米管薄膜被缠绕在纤维上作为透明电极(图 6.5)。值得注意的是，钙钛矿材料在光滑的纤维基底上成膜性差，从而导致钙钛矿层的不完全覆盖。引入多孔二氧化钛层可以一定程度缓解这一问题，这不仅增强了对入射太阳光的吸收，使得短路电流密度增大；而且还减少了空穴传输层和电子传输层的直接接触，使内部短路路径和载流子复合减少，有利于增大开路电压。优化后的纤维钙钛矿太阳能电池的光电转换效率达到 3.3%，并且显现出良好的柔性，在 50 次弯折后可以保持 95%的初始效率[39]。

图 6.5　纤维钙钛矿太阳能电池的扫描电子显微镜照片[39]
(a)不锈钢；(b)致密二氧化钛层；(c)多孔二氧化钛层；(d)钙钛矿活性层；
(e)空穴传输层；(f)取向碳纳米管薄膜

　　通过优化二氧化钛电子传输层和钙钛矿活性层的制备工艺和形貌，可以有效提升纤维钙钛矿太阳能电池的光伏性能。阳极氧化法和阴极沉积法被分别用于制备二氧化钛和钙钛矿，制得的纤维钙钛矿太阳能电池的效率为 6.8%[40]。制备过程如图 6.6(a)所示，首先通过阳极氧化法在钛丝表面制备取向二氧化钛纳米管，而后通过阴极沉积法在二氧化钛纳米管层上沉积一层均匀的氧化铅，再依次与氢碘酸和 CH_3NH_3I 反应，得到 PbI_2 和钙钛矿层[图 6.6(b)]。最终，将一层取向碳纳米管薄膜缠绕在钙钛矿层上，制得纤维钙钛矿太阳能电池。

　　用阳极氧化法制备二氧化钛的优势，一方面在于原位生长保证了二氧化钛电子传输层和钛丝基底之间的良好接触，另一方面在于取向纳米管有利于电子的提取和传输。另外，在钛丝和二氧化钛纳米管之间会形成致密二氧化钛层，从而阻止钙钛矿和基底直接接触及其导致的载流子复合。与没有二氧化钛纳米管，即采用多孔二氧化钛作为电子传输层的器件相比，有二氧化钛纳米管的纤维钙钛矿太阳能电池的短路电流密度有所提升。然而进一步将二氧化钛纳米管的厚度由 400 nm 增加至 1000 nm，导致性能变差，这是因为更长的二氧化钛纳米管会增大阻抗并带来更多的载流子复合[40][图 6.7(a)]。

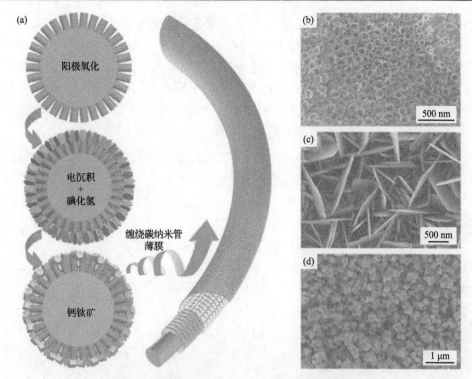

图 6.6　纤维钙钛矿太阳能电池制备过程及形貌变化[40]

(a)纤维钙钛矿太阳能电池制备过程示意图；取向二氧化钛纳米管(b)、
碘化铅(c)和钙钛矿层(d)的扫描电子显微镜照片

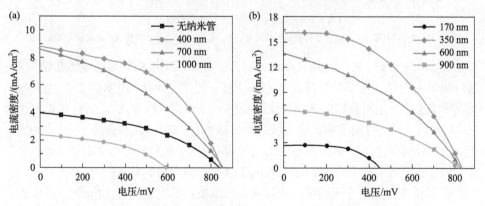

图 6.7　二氧化钛和钙钛矿厚度对器件性能的影响规律[40]

(a)有无二氧化钛纳米管阵列以及不同厚度下纤维钙钛矿太阳能电池的电压-电流密度曲线；
(b)不同钙钛矿层厚度下纤维钙钛矿太阳能电池的电压-电流密度曲线

　　钙钛矿层的厚度可以通过调节阴极沉积氧化铅的时间来控制。当钙钛矿层的厚度从 170 nm 增大至 350 nm 时，由于钙钛矿层的高覆盖率，纤维钙钛矿太阳能电池的短路电流密度和开路电压显著增大，获得 6.8%的光电转换效率。而将钙钛矿层厚度进一步增大至 900 nm 时,晶粒的堆叠形成了更多的晶界,不利于载流子的传输,因此短路电流密度反而下降[40][图 6.7(b)]。

如此制备得到的纤维钙钛矿太阳能电池具有良好的柔性并且可以进行各种形变。在经历扭曲后,电池的短路电流密度轻微地下降,而填充因子由于钙钛矿层和取向碳纳米管薄膜间更好地接触反而增大。光电转化效率可以在扭曲 400 次循环后保持初始值的 90%以上(图 6.8)。

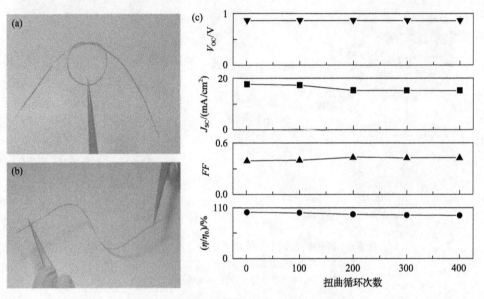

图 6.8　纤维钙钛矿太阳能电池的形变测试[40]

(a)、(b)纤维钙钛矿太阳能电池进行打结和扭曲的照片;(c)光伏性能参数与扭曲循环次数的依赖关系

除二氧化钛外,氧化锌是另一种在钙钛矿太阳能电池中常用的电子传输材料。通过化学沉积可以在不锈钢纤维表面制备取向的方尖碑状氧化锌阵列。首先在不锈钢纤维上涂一层氧化锌纳米颗粒(粒径为 5 nm)作为成核位点,而后将其置于含六水合硝酸锌、$(CH_2)_6N_4$ 和聚乙烯亚胺的水溶液中,在 $60\sim100$℃低温下生长氧化锌。得到的氧化锌纳米方尖碑阵列可以均匀地覆盖在不锈钢纤维上,并且在 1000 次弯折后仍能牢固地与基底结合。这种氧化锌纳米方尖碑的底部直径约为 150 nm,沿着不锈钢纤维的径向逐渐减小,在抵达尖端末梢前的直径约为 70 nm[41](图 6.9)。

随后进一步在修饰有氧化锌的不锈钢纤维上涂覆钙钛矿层和空穴传输层,并缠绕一层取向碳纳米管薄膜制得纤维钙钛矿太阳能电池(图 6.10)。值得注意的是,钙钛矿晶粒的尺寸应当控制在合适的范围内,因为过大的晶粒会使取向方尖碑状氧化锌阵列坍塌而导致器件的短路。

取向方尖碑状氧化锌阵列的长度是影响纤维器件性能的关键因素。长度越大,意味着有更大的表面积沉积钙钛矿材料,但同时也会增加电荷的传输距离。

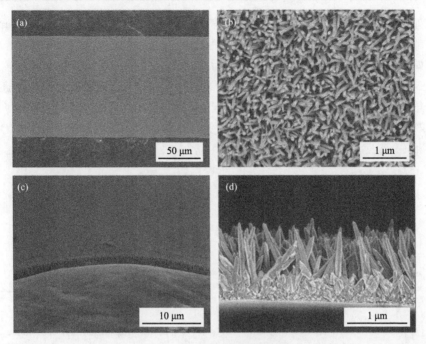

图 6.9　氧化锌阵列的形貌[41]

低倍(a)和高倍(b)扫描电子显微镜下生长在不锈钢纤维上的取向方尖碑状氧化锌阵列的侧视图；
低倍(c)和高倍(d)扫描电子显微镜下生长在不锈钢纤维上的取向方尖碑状氧化锌阵列的截面图

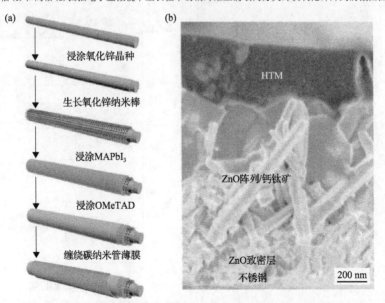

图 6.10　纤维钙钛矿太阳能电池的制备工艺和结构[41]

(a)纤维钙钛矿太阳能电池的制备工艺示意图；(b)器件截面的扫描电子显微镜照片

如图 6.11（a）所示，当方尖碑状氧化锌阵列的长度从 450 nm 增大至 700 nm 时，器件的短路电流密度和开路电压增大；而长度进一步增大至 1050 nm 时，光伏性能开始下降。方尖碑状氧化锌阵列长度为 700 nm 时，优化后的器件光电转换效率达到 3.8%［图 6.11（b）］。因为器件采用的是同轴结构，其光电转换效率不会随入射光的角度变化而变化。另外，该器件具有良好的柔性，可以在 200 次弯折 30° 后保持 93% 的初始效率，在 100 次扭曲 30° 后保持 84% 的初始效率［图 6.11（c）～（f）］。

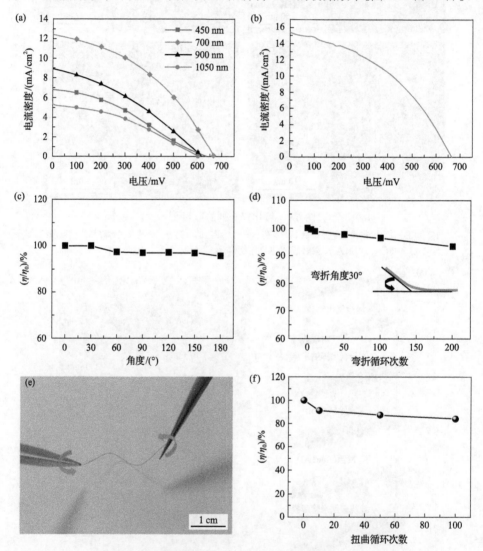

图 6.11　纤维钙钛矿太阳能电池的性能规律和形变测试[41]

（a）具有不同长度的方尖碑状氧化锌阵列的纤维钙钛矿太阳能电池电压-电流密度曲线；（b）优化后的纤维钙钛矿太阳能电池的电压-电流密度曲线；（c）光电转换效率对入射光角度的依赖关系；（d）光电转换效率对弯折循环次数的依赖关系；（e）对纤维钙钛矿太阳能电池进行扭曲的照片；（f）光电转换效率对扭曲循环次数的依赖关系

6.3.2　宽温度范围工作的纤维钙钛矿太阳能电池

在实际应用中，纤维太阳能电池应当能够应对季节变化和极端温度条件(极地探险和空间探测等)，而在宽的温度范围内工作。然而目前大多数已报道的纤维太阳能电池可以在室温下工作，而在相对更低或更高的温度下则会因为电解液的挥发或材料的损坏而失效。$CsPbBr_3$ 是一种全无机钙钛矿材料，拥有高载流子迁移率和良好的热稳定性，是钙钛矿太阳能电池里非常有前景的一种光吸收材料。因此，全无机纤维钙钛矿太阳能电池有望满足宽工作温度范围的需求。

要制备具有高性能的纤维钙钛矿太阳能电池，其中高质量的钙钛矿层是必需的。这里设计了一种量子点辅助烧结工艺，用于在纤维基底的曲面上制备均匀的钙钛矿层。简单地说，将修饰有二氧化钛的钛丝浸入 $CsPbBr_3$ 溶液中，随后提拉出来在纤维基底上形成一层薄膜，再利用高温烧结防止已沉积的 $CsPbBr_3$ 在后续的浸涂过程中再次溶解。值得注意的是，烧结过程不仅能使 $CsPbBr_3$ 从量子点转化为块体钙钛矿，而且可以除去量子点上的有机配体，从而提升钙钛矿层的稳定性。钛丝在烧结后再次浸入 $CsPbBr_3$ 量子点溶液中，溶液中的量子点因具有小尺寸可以填充在钙钛矿晶粒间的缝隙中，并通过烧结转化为大的晶粒。可以通过改变上述过程的循环次数来调控钙钛矿层的厚度，从而获得期望的致密均一的钙钛矿层[42](图 6.12)。

当实际应用于不同温度时，钙钛矿层和基底的热膨胀系数的不匹配，会导致界面处产生热应力，从而使得器件失效。多孔的二氧化钛纳米管层被引入作为应力缓冲层来克服这一问题。如图 6.13(a)所示，以致密二氧化钛层作为电子传输层

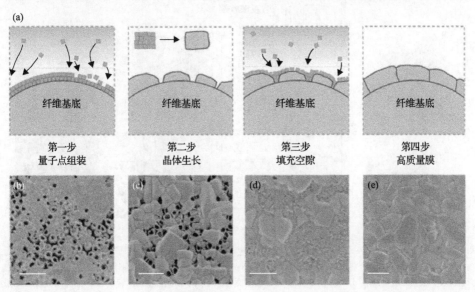

(a)

纤维基底　　纤维基底　　纤维基底　　纤维基底

第一步　　　　第二步　　　　第三步　　　　第四步
量子点组装　　晶体生长　　　填充空隙　　　高质量膜

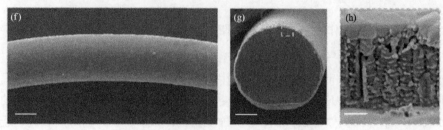

图 6.12　钙钛矿层制备方法及其形貌[42]

(a)在纤维基底上制备致密钙钛矿层的工艺过程示意图；(b)～(e)分别为涂覆量子点、烧结后、量子点填充大的
CsPbBr₃晶粒间隙、致密 CsPbBr₃层的扫描电子显微镜照片；(f)～(h)分别为沉积了钙钛矿层的钛丝、修饰后的钛
丝的横截面、钙钛矿层和二氧化钛纳米管界面的扫描电子显微镜照片，图中的比例尺为 400 nm

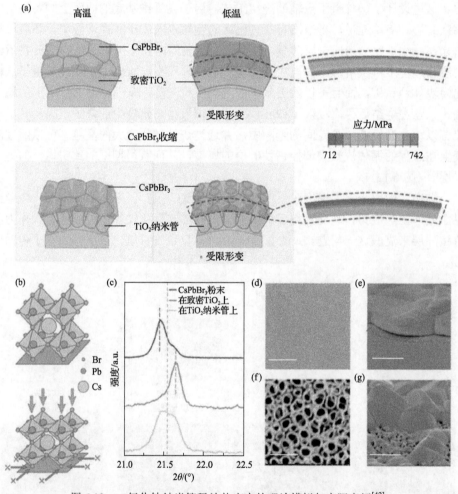

图 6.13　二氧化钛纳米管释放热应力的理论模拟与实际表征[42]

(a)有限元模拟二氧化钛纳米管释放热应力的示意图；(b)应力形成过程示意图；(c)不同基底上 CsPbBr₃ 的 X 射线
衍射图案；致密二氧化钛层(d)、CsPbBr₃ 和致密二氧化钛层界面(e)、二氧化钛纳米管层(f)、CsPbBr₃ 层和二氧化
钛纳米管层(g)的界面的扫描电子显微镜照片，图中的比例尺为 300 nm

的器件，其热应力集中在靠近钙钛矿层和致密二氧化钛层的界面处，而多孔的二氧化钛纳米管层则在变温过程中对 $CsPbBr_3$ 的形变限制更小，从而极大地释放了产生的热应力。这一结论也在模拟中得到证实。$CsPbBr_3$ 和多孔二氧化钛纳米管层界面处的热应力小于其与致密二氧化钛层的界面热应力 [图 6.13(a) 的右部分]。用 X 射线衍射进一步评估了 $CsPbBr_3$ 和不同二氧化钛结构之间的热应力。所有样品都在测试前高温退火并冷却至室温，$CsPbBr_3$ 膜在垂直方向上的压缩应力会导致更小的晶面间隔 [图 6.13(b)]，这会导致面外 X 射线衍射图案中的衍射峰移向更高的衍射角。如图 6.13(c) 所示，基于致密二氧化钛层的样品显示出比基于多孔二氧化钛纳米管的样品更高的峰偏移，说明基于二氧化钛纳米管的 $CsPbBr_3$ 膜的压缩应力更小。此外，扫描电子显微镜照片 [图 6.13(d)，(e)] 也显示在 $CsPbBr_3$ 层和致密二氧化钛层的界面处有一个热应力引起的 10 nm 的缝隙，而 $CsPbBr_3$ 层和二氧化钛纳米管层则紧密结合，没有缝隙。

　　这种纤维钙钛矿太阳能电池的结构如图 6.14(a) 所示，通过优化钙钛矿层的制备工艺，电池的光电转换效率达 5.37% [图 6.14(b)]。为了评估器件在不同温度下的稳定性，将未封装的纤维太阳能电池放置在不同的温度下各 15 分钟。结果显示器件的效率可以在 $-40 \sim 160℃$ 的宽温度范围内保持其初始值的 90% 以上 [图 6.14(c)]，说明其可以在上述范围内稳定工作。器件在高低温下的长效稳定性，是评价其实用性的另一重要指标，因此将器件存放在 $-20℃$ 和 $100℃$ 来测试其在极端温度条件下的长效稳定性，结果在两种条件下器件的效率都能在 240 小时内保持其初始值的 90% 以上 [图 6.14(d)，(e)]。

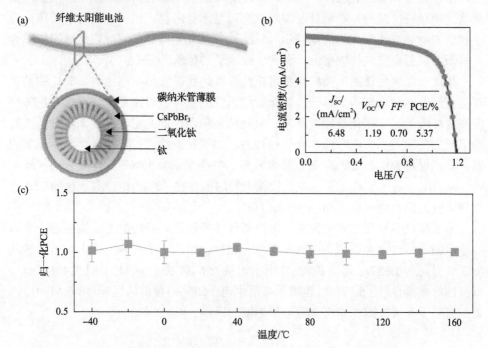

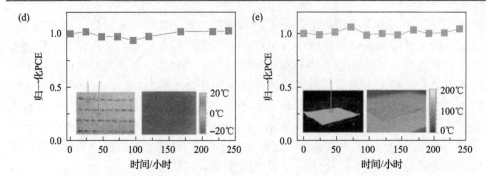

图 6.14　纤维钙钛矿太阳能电池的结构和在不同温度下工作的性能[42]

(a)纤维钙钛矿太阳能电池的结构示意图；(b)纤维钙钛矿太阳能电池的电压-电流密度曲线；
(c)光电转换效率与工作温度的依赖关系；(d)在−20℃下光电转换效率随时间的变化关系；
(e)在 100℃下光电转换效率随时间的变化关系

6.3.3　可拉伸纤维钙钛矿太阳能电池

考虑到纤维太阳能电池的实际应用，钙钛矿太阳能电池要求能够进一步集成在可拉伸基底上，以承受实际使用过程中产生的拉伸形变。除钙钛矿太阳能电池以外，已有可拉伸的纤维光伏器件的报道，但其发展才刚刚起步。

可拉伸纤维钙钛矿太阳能电池的制备过程如图 6.15(a)所示。首先，将钛丝制备成弹簧状；接着，在其表面修饰二氧化钛纳米管阵列，钙钛矿和空穴传输层分别浸涂在弹簧状钛丝表面；然后，将缠绕有取向碳纳米管薄膜的弹性纤维插入弹簧状的电极中；最后，在最外层缠绕取向碳纳米管薄膜。由于有合适的带隙，电子和空穴能够快速分离和传输[图 6.15(b)]，并且取向碳纳米管薄膜能够通过范德瓦耳斯力附着在空穴传输层上，有利于载流子的传输[43][图 6.15(c)]。

相比于二氧化钛纳米颗粒，在可拉伸纤维钙钛矿太阳能电池中二氧化钛纳米管是更适合的纳米结构，基于二氧化钛纳米管的器件表现出更好的弯折和拉伸性能。图 6.16 比较了采用这两种纳米二氧化钛结构器件的光电转换效率随弯折次数和应变的变化关系。在弯曲 300 次循环后，二氧化钛纳米管和纳米颗粒所制备的器件分别保持80%和25%的光电转换效率。在拉伸率为30%时，性能分别保持在90%和50%。进一步将基于二氧化钛纳米管的器件在30%的拉伸率下拉伸250次循环，性能仍然能保持在90%[图 6.17(a)]。

为了满足多样化的外接设备，可拉伸纤维钙钛矿太阳能电池还能够进一步被编成织物，通过串并联调整电流和电压。比如，串联三个电池，输出电压能够从0.63 V 提高到 1.88 V；通过并联，输出电流从 156 μA 提高到 412 μA[图 6.17(b)]。可拉伸纤维器件[图 6.17(c)]也赋予其衍生电子织物可拉伸的性能[图 6.17(d)]，更加有利于开展在柔性和可穿戴电子领域的应用。

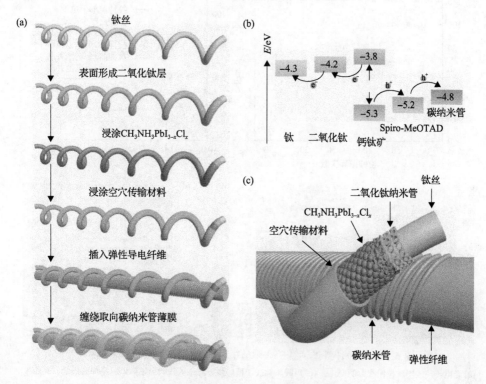

图 6.15　可拉伸纤维钙钛矿太阳能电池示意图[43]
(a)制备过程；(b)能级图；(c)局部结构示意图

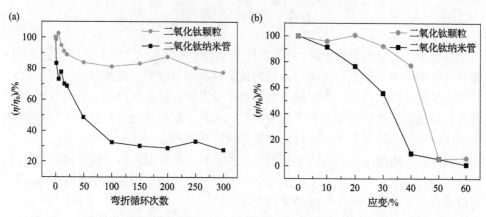

图 6.16　形变对基于不同形貌的二氧化钛的纤维钙钛矿太阳能电池的性能影响规律[43]
(a)光电转换效率随弯折次数的变化关系；(b)光电转换效率随拉伸应变的变化关系。
这里的 η_0 和 η 分别表示弯折或拉伸前和后的光电转换效率

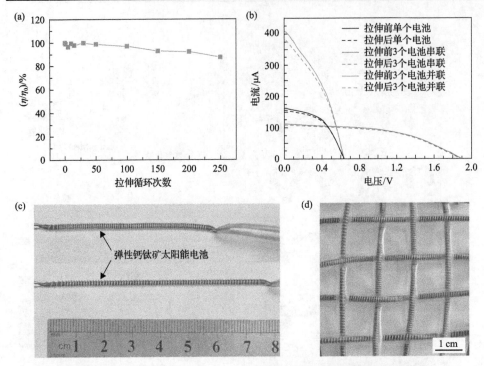

图 6.17 可拉伸纤维钙钛矿太阳能电池的性能和编织而成的织物[43]

(a)光电转换效率随拉伸次数的变化；(b)串联与并联 3 根可拉伸纤维钙钛矿太阳能电池拉伸前后的 J-V 曲线；
(c)可拉伸纤维钙钛矿太阳能电池拉伸前后的照片；(d)可拉伸钙钛矿太阳能电池织物的照片

6.4　小结与展望

　　钙钛矿太阳能电池的出现，将会在接下来几年内给光伏产业带来巨大的变革。依赖多样化的电子和空穴传输层以及钙钛矿材料来提高光电转换效率，将是未来几年的发展趋势。然而，光电转换效率并不是其商业化前景的唯一决定性因素。此外，电池稳定性还需要大量广泛的研究。因此，在接下来的研究中，应该更加关注能够满足实际应用要求的材料和器件设计，而不是片面追求高效率。

　　钙钛矿太阳能电池的集成化和功能化是其另一个发展趋势，而纤维钙钛矿太阳能电池也是其中一个重点发展的方向。开发类似平面电池的旋涂技术来制备均匀薄膜，是大幅提升器件性能的关键之一。

参 考 文 献

[1] Peng H, Fiber-shaped energy harvesting and storage devices. Berlin Heidelberg: Springer-Verlag, 2015.

[2] Mitzi D, Wang S, Feild C, et al. Conducting layered organic-inorganic halides containing<110>-oriented perovskite sheets. Science, 1995, 267(5203): 1473-1476.

[3] Kojima A, Teshima K, Miyasaka T, et al. In Novel photoelectrochemical cell with mesoscopic electrodes sensitized by lead-halide compounds(2). Meeting Abstracts, The Electrochemical Society, 2006: 397-397.

[4] Kojima A, Teshima K, Shirai Y, et al. Organometal halide perovskites as visible-light sensitizers for photovoltaic cells. J. Am. Chem. Soc., 2009, 131(17): 6050-6051.

[5] Im J-H, Lee C-R, Lee J-W, et al. 6.5% efficient perovskite quantum-dot-sensitized solar cell. Nanoscale, 2011, 3(10): 4088-4093.

[6] Kojima A, Teshima K, Shirai Y, et al. In Novel photoelectrochemical cell with mesoscopic electrodes sensitized by lead-halide compounds(11). Meeting Abstracts, The Electrochemical Society, 2008: 27.

[7] Bach U, Lupo D, Comte P, et al. Solid-state dye-sensitized mesoporous TiO_2 solar cells with high photon-to-electron conversion efficiencies. Nature, 1998, 395(6702): 583-585.

[8] Kim H-S, Lee C-R, Im J-H, et al. Lead iodide perovskite sensitized all-solid-state submicron thin film mesoscopic solar cell with efficiency exceeding 9%. Scientific Reports, 2012, 2: 591.

[9] Docampo P, Guldin S, Leijtens T, et al. Lessons learned: From dye-sensitized solar cells to all-solid-state hybrid devices. Adv. Mater., 2014, 26(24): 4013-4030.

[10] Lee M M, Teuscher J, Miyasaka T, et al. Efficient hybrid solar cells based on meso-superstructured organometal halide perovskites. Science, 2012, 338(6107): 643-647.

[11] Yang X, Chen Y, Liu P, et al. Simultaneous power conversion efficiency and stability enhancement of $Cs_2AgBiBr_6$ lead-free inorganic perovskite solar cell through adopting a multifunctional dye interlayer. Adv. Funct. Mater., 2020, 30(23): 202001557.

[12] Grätzel M. The light and shade of perovskite solar cells. Nature Materials, 2014, 13(9): 838-842.

[13] Snaith H J. Perovskites: The emergence of a new era for low-cost, high-efficiency solar cells. The J. Phys. Chem. Lett., 2013, 4(21): 3623-3630.

[14] Snaith H J. Estimating the maximum attainable efficiency in dye-sensitized solar cells. Adv. Funct. Mater., 2010, 20 (1): 13-19.

[15] Jena A K, Kulkarni A, Miyasaka T. Halide perovskite photovoltaics: Background, status, and future prospects. Chem. Rev., 2019, 119(5): 3036-3103.

[16] Eperon G E, Paternò G M, Sutton R J, et al. Inorganic caesium lead iodide perovskite solar cells. J. Mater. Chem. A., 2015, 3(39): 19688-19695.

[17] Todorov T K, Reuter K B, Mitzi D B. High-efficiency solar cell with earth-abundant liquid-processed absorber. Adv Mater, 2010, 22(20): E156-159.

[18] Krishnamoorthy T, Ding H, Yan C, et al. Lead-free germanium iodide perovskite materials for photovoltaic applications. J. Mater. Chem. A., 2015, 3(47): 23829-23832.

[19] Zhou H, Chen Q, Li G, et al. Interface engineering of highly efficient perovskite solar cells. Science, 2014, 345 (6196): 542-546.

[20] Mei A, Li X, Liu L, et al. A hole-conductor-free, fully printable mesoscopic perovskite solar cell with high stability. Science, 2014, 345(6194): 295-298.

[21] Li L-L, Tsai C-Y, Wu H-P, et al. Fabrication of long TiO_2 nanotube arrays in a short time using a hybrid anodic method for highly efficient dye-sensitized solar cells. J. Mater. Chem., 2010, 20(14): 2753-2758.

[22] Brabec C J, Sariciftci N S, Hummelen J C. Plastic solar cells. Adv. Funct. Mater., 2001, 11(1): 15-26.

[23] Krebs F C. Polymer solar cell modules prepared using roll-to-roll methods: Knife-over-edge coating, slot-die coating and screen printing. Sol. Energy Mater Sol., 2009, 93(4): 465-475.

[24] Youn H, Lee T, Guo L J. Multi-film roll transferring (MRT) process using highly conductive and solution-processed silver solution for fully solution-processed polymer solar cells. Energy Environ. Sci., 2014, 7 (8): 2764-2770.

[25] Liao J Y, Lei B X, Chen H Y, et al. Oriented hierarchical single crystalline anatase TiO_2 nanowire arrays on Ti-foil substrate for efficient flexible dye-sensitized solar cells. Energy Environ. Sci., 2012, 5 (2): 5750-5757.

[26] Pan S, Yang Z, Chen P, et al. Wearable solar cells by stacking textile electrodes. Angew. Chem. Int. Ed., 2014, 53 (24): 6110-6114.

[27] Fan X, Wang F Z, Chu Z Z, et al. Conductive mesh based flexible dye-sensitized solar cells. Appl. Phys. Lett., 2007, 90 (7): 073501.

[28] Qiu L, Wu Q, Yang Z, et al. Freestanding aligned carbon nanotube array grown on a large-area single-layered graphene sheet for efficient dye-sensitized solar cell. Small, 2014, 11 (9-10): 1150-1155.

[29] Jorgensen M, Norrman K, Gevorgyan S A, et al. Stability of polymer solar cells. Adv. Mater., 2012, 24 (5): 580-612.

[30] Docampo P, Ball J M, Darwich M, et al. Efficient organometal trihalide perovskite planar-heterojunction solar cells on flexible polymer substrates. Nat. commun., 2013, 4: 2761-2766.

[31] Wojciechowski K, Saliba M, Leijtens T, et al. Sub-150℃ processed meso-superstructured perovskite solar cells with enhanced efficiency. Energy Environ. Sci., 2014, 7 (3): 1142-1147.

[32] Liu D Y, Kelly T L. Perovskite solar cells with a planar heterojunction structure prepared using room-temperature solution processing techniques. Nat. Photonics, 2014, 8 (2): 133-138.

[33] Wang J T, Ball J M, Barea E M, et al. Low-temperature processed electron collection layers of graphene/TiO_2 nanocomposites in thin film perovskite solar cells. Nano lett., 2014, 14 (2): 724-730.

[34] Ball J M, Lee M M, Hey A, et al. Low-temperature processed meso-superstructured to thin-film perovskite solar cells. Energy Environ. Sci., 2013, 6 (6): 1739-1743.

[35] Kumar M H, Yantara N, Dharani S, et al. Flexible, low-temperature, solution processed ZnO-based perovskite solid state solar cells. Chem. Commun., 2013, 49 (94): 11089-11091.

[36] You J, Hong Z, Yang Y M, et al. Low-temperature solution-processed perovskite solar cells with high efficiency and flexibility. ACS Nano, 2014, 8 (2): 1674-1680.

[37] Li Z, Kulkarni S A, Boix P P, et al. Laminated carbon nanotube networks for metal electrode-free efficient perovskite solar cells. ACS Nano, 2014, 8 (7): 6797-6804.

[38] Roldán-Carmona C, Malinkiewicz O, Soriano A, et al. Flexible high efficiency perovskite solar cells. Energy Environ. Sci., 2014, 7 (3): 994-997.

[39] Qiu L, Deng J, Lu X, et al. Integrating perovskite solar cells into a flexible fiber. Angew. Chem. Int. Ed., 2014, 53 (39): 10425-10428.

[40] Qiu L, He S, Yang J, et al. Fiber-shaped perovskite solar cells with high power conversion efficiency. Small, 2016, 12 (18): 2419-2424.

[41] He S, Qiu L, Fang X, et al. Radically grown obelisk-like ZnO arrays for perovskite solar cell fibers and fabrics through a mild solution process. J. Mater. Chem. A., 2015, 3 (18): 9406-9410.

[42] Xu L, Fu X, Liu F, et al. A perovskite solar cell textile that works at −40 to 160℃. J. Mater. Chem. A., 2020, 8 (11): 5476-5483.

[43] Deng J, Qiu L, Lu X, et al. Elastic perovskite solar cells. J. Mater. Chem. A., 2015, 3 (42): 21070-21076.

第7章 纤维超级电容器

本章总结了纤维超级电容器的发展和应用。首先，介绍了超级电容器的工作机理以及纤维超级电容器的结构和应用。然后，讨论了提高纤维超级电容器电化学性能的一系列策略，并讨论了纤维超级电容器的性能，包括柔性、稳定性和比电容。最后，重点介绍了近年来报道的各种多功能纤维超级电容器的发展。

7.1 超级电容器概述

便携式电子产品与混合动力汽车的快速发展，引起了人们对低成本且环保型的储能器件的研究兴趣。其中，超级电容器和锂离子电池是储能领域的两个研究热点。如图 7.1 所示的 Ragone 图显示了常见储能器件的性能[1]。其中，横轴表示单位质量器件所储存的能量，即比能量(Wh/kg)；纵轴表示单位质量的器件输出能量的快慢，即比功率(W/kg)。比能量和比功率是衡量能量存储器件两个最重要的指标。在一些情况下，体积比能量和体积比功率也可作为参考，表示为能量密

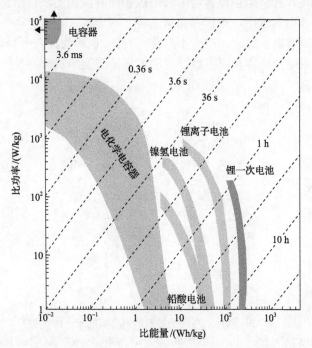

图 7.1 储能器件的 Ragone 图(功率密度与能量密度的关系曲线)[1]

度(Wh/L)和功率密度(W/L)。一般而言,比能量(或比功率)与能量密度(或功率密度)之间的区别不是很明确,通常情况下也用能量密度(或功率密度)代指比能量(或比功率)。本章统一使用能量密度和功率密度来表示比能量和比功率。与具有高能量密度(180 Wh/kg)的商业锂离子电池相比,超级电容器显示出更高的功率密度(10^5 W/kg)和循环稳定性($> 10^5$ 次循环)。

7.1.1 储能机理

超级电容器(电化学电容器)被广泛用于便携式电子设备或混合动力汽车。根据其储能原理,超级电容器可分为两大类:双电层超级电容器(其容量源于阴阳离子在电极/电解质界面的可逆吸附)和赝电容超级电容器(其容量主要来自电极材料表面活性物质的可逆氧化还原反应)(图 7.2)[2, 3]。在双电层电容器中,电荷积累在邻近电极表面的区域并吸引电解液中的阴离子或阳离子,从而在电极和电解质之间的界面产生静电场,能量被存储在静电场中。而在赝电容电容器中,电极和电解质界面存在电荷转移,充放电过程为法拉第过程。能量以化学反应的形式存储。前缀"赝"被用于区别储能机理不同的传统的双电层电容器。与赝电容器相比,双电层电容器由于不涉及界面电荷转移,电荷可进行快速迁移,表现为更高的功率密度以及更好的循环性能。然而,由于化学反应所带来的吉布斯自由能(ΔG)的贡献,赝电容电容器可储存更多的能量。通常情况下,电容器中这两种储能机制共同存在。在双电层电容器中,电极表面官能团的法拉第反应会产生赝电容;而在赝电容电容器中,电极界面总是存在双电层。在电容器中,两个相同的电极构成对称电容器;反之,则为不对称电容器(也称为混合电容器)。其中两个电极分别提供双电层电容和赝电容以实现大规模储能和快速能量传输。

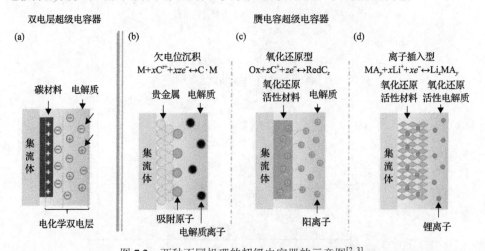

图 7.2　两种不同机理的超级电容器的示意图[2, 3]

(a)双电层超级电容器;(b)~(d)不同类型的赝电容超级电容器:(b)欠电位沉积型;(c)氧化还原型;
(d)离子插入型

通常，超级电容器的电化学性能主要由比容量、能量密度、功率密度、倍率性能和长期循环稳定性来描述，通常使用循环伏安法(cyclic voltammetry, CV)和恒电流充放电测试来表征。其中，比容量是描述一个超级电容器存储电荷能力最重要的参数，可根据式(7.1)从充放电曲线计算得到。

$$C_{\mathrm{sp}} = \frac{2i}{m\Delta V / \Delta t} \tag{7.1}$$

式中，m 是单个电极或整个器件中活性物质的质量；i 是充电和放电电流，通常在测试中维持恒定；ΔV 是在测试过程的电压窗口；Δt 是器件的放电时间。测试电压的上限取决于电解质电化学稳定窗口。例如，水的分解电压为 1.23 V，一般即为水系电解质的电压上限(通常充电至 1.0 V，以避免副反应的发生)。有机电解质具有较高的充电电压。原则上，比容量不受电压窗口而受扫描速率 $\Delta V/\Delta t$ 影响，即充放曲线的斜率。C_{sp} 一般随指定 m 的不同而不同。一般认为，基于整个器件质量计算的比容量在实际中更有意义，因为它直观表现一个器件储存电荷的能力。

在循环伏安测试中，一个理想双电层超级电容器的 CV 曲线总是呈矩形。在学术研究中，研究人员还使用其他方法来计算具有不同材料和结构的电极的电化学行为。对于纤维器件，性能也可用长度比容量(C_{L})、面积比容量(C_{A})和体积比容量(C_{V})表示：

$$C_{\mathrm{L}} = \frac{2i}{L\Delta V / \Delta t} \tag{7.2}$$

$$C_{\mathrm{A}} = \frac{2i}{A\Delta V / \Delta t} \tag{7.3}$$

$$C_{\mathrm{V}} = \frac{2i}{V\Delta V / \Delta t} \tag{7.4}$$

式中，L、A 与 V 分别是电极的长度、表面积与体积。因此，C_{L}、C_{A} 和 C_{V} 是描述超级电容器在单位长度、面积与体积内储存电荷的能力，并未考虑其他影响电容的因素，如电极的直径以及微观结构。因此，在大部分研究中，C_{L}、C_{A} 和 C_{V} 主要作为辅助指标来进行比较。C_{sp} 仍然是纤维超级电容器中不可缺少的参数。

电容器的能量密度(E)和功率密度(P)定义为：

$$E = \frac{CV^2}{2} \tag{7.5}$$

$$P = \frac{V^2}{4R_{\mathrm{s}}} \tag{7.6}$$

式中，$R_s(\Omega)$ 是电容器的等效串联电阻，对应于电解液本体阻抗、电极内部电阻以及电极和集流体之间的界面电阻的总和。与锂离子电池相比，超级电容器具有较高的功率密度(约 15 kW/kg)，可在几秒钟内完成充放电过程。虽然其能量密度较低，但超级电容器有望在需要高功率的能量存储领域发挥重要作用，用于补充或替代电池，例如在电力中断时作为提供瞬时大功率的后备电源。超级电容器的能量密度可以通过增大电容与扩大电压窗口两个方面来提高。通过提高电极材料的比表面积与导电性、引入赝电容等可以提高器件的电容量。通过更换水系电解质为具有更高电压窗口的有机溶剂与离子液体电解质、构建非对称电容器等策略可以提高器件的操作电压(图 7.3)。

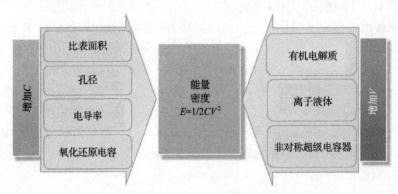

图 7.3　提高超级电容器能量密度的策略[1]

7.1.2　电极材料

超级电容器通常包括三部分：电解质和两个电极。凝胶电解质可以起到隔膜的作用。电极材料在控制电荷存储和运输中起着至关重要的作用。回顾超级电容器的发展，器件性能的提升总是伴随着电极材料的革新。经过多年的研究，电极材料变得愈加多样化。总体而言，它们可以分为碳材料、过渡金属氧化物和导电聚合物，如图 7.4 所示。

碳材料具有较高的表面积以提供静电电荷存储，而过渡金属氧化物和导电聚合物可以进行快速可逆的表面氧化还原反应以提供赝电容。与存储在双电层之间的静电荷相比，电极界面的法拉第过程贡献的电容更高。然而，由于某种程度上氧化还原反应的热力学和动力学的不可逆性，赝电容超级电容器表现出较低的功率密度和较差的循环稳定性。为此，受益于超级电容器和电池双重优点的混合电容器，实现了双电层和氧化还原反应电荷存储的组合，为高能量密度和高功率密度的能量存储设备提供了一种有效的方法。

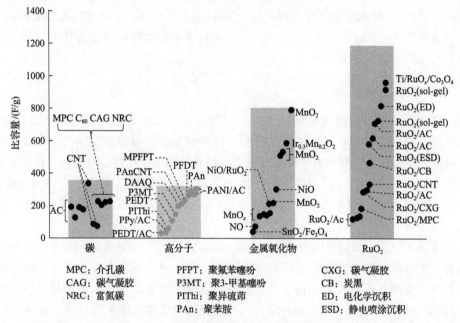

图 7.4 超级电容器中不同材料的容量对比[4]

MPC：介孔碳	PFPT：聚氟苯噻吩	CXG：碳气凝胶
CAG：碳气凝胶	P3MT：聚3-甲基噻吩	CB：炭黑
NRC：富氮碳	PIThi：聚异硫茚	ED：电化学沉积
	PAn：聚苯胺	ESD：静电喷涂沉积

1. 碳材料

在超级电容器的早期研究中，将具有较高比表面积的碳涂覆在金属集流体上作为电极。为了获得较高的电容量，电极总是需要大的比表面积和优异的导电性能。例如，活性炭、碳气凝胶、石墨、碳纳米管和碳纳米纤维之类的碳材料因其低成本、低毒性和可调控结构，被认为是应用于超级电容器的理想材料。

活性炭是液态商用电容器中使用最广泛的材料。它们是由生物材料或聚合物前驱体通过碳化成孔而制备的。然而，在快速充放电过程中，活性炭中的嵌入表面阻碍了高压条件（>3 V）下离子在电解质中的迁移，并且活性炭的微观缺陷容易塌陷。

取而代之的是碳纳米管。具有 sp^2 杂化碳原子的碳纳米管由于具有大的比表面积以及优异的力学和电学性能，非常适合用作超级电容器的电极材料。碳纳米管可以通过化学气相沉积法，从气态碳源材料（例如甲烷、乙炔和乙烯）合成。与其他碳材料（例如活性炭、碳化物衍生的碳和沸石模板化的碳）相比，碳纳米管具有更高的电导率和开孔结构，这有利于离子快速迁移到中孔结构中。通过优化结构形态，提高碳纳米管的纯度，碳纳米管的双层电容可以达到 200 F/g。

以下是碳纳米管对超级电容器重要的代表性实例。经 HNO_3 处理的多壁碳纳米管的平均孔径为 8 nm，比表面积为 430 m^2/g，其功率密度为 8 kW/kg，比电容为 102 F/g 和 49 F/g[5]。KOH 溶液中的多壁碳纳米管的最大电容也为 80 F/g[6]。单壁碳纳米管在 KOH 水溶液中可以提供高达 180 F/g 的比电容，功率密度为 20 kW/kg，能量密度为 7 Wh/kg[7]。除了大电容之外，碳纳米管在柔性可穿戴设备中也起着杰出的作用，这将在本章中介绍。

2. 过渡金属氧化物

研究人员已经对过渡金属氧化物，如氧化钌(RuO_2)和氧化锰(MnO_2)，作为超级电容器的电极材料进行了深入研究。这种材料在电极界面发生可逆的氧化还原反应以提供较大的赝电容[8-10]。RuO_2 是一种流行的电极材料，因为它具有良好的电导率和在 1.2 V 电压窗口中呈现了三种不同氧化态的超高赝电容(大于 600 F/g)。但是，RuO_2 的高昂价格不利于大规模化生产，且较低的电压窗口限制了其在有机电解质中的应用。

随后，科研人员进一步研究了 MnO_2 等廉价替代品，但是 MnO_2 存在电导率与离子扩散常数低、在电解质中溶解等问题。近年来，科研人员在设计 MnO_2 纳米结构以克服其缺点方面取得了令人鼓舞的进展。例如，科研人员将导电添加剂(如碳纳米管或石墨烯)与 MnO_2 混合，以增强其电化学性能。通过将 MnO_2 电化学沉积在柔性碳纳米管纸上并与石墨烯混合来制备纸状电极。被固定在碳纳米管纸表面上的石墨烯，既增强了导电性也防止了 MnO_2 与碳纳米管基体的分离[11]。该三元电极(石墨烯/MnO_2/碳纳米管)呈现了更高的比电容(486.6 F/g)和循环稳定性。受高表面积有望带来高电容量的事实启发，研究人员进一步开发出具有各种纳米结构的金属氧化物，如树枝状簇、纳米晶体、纳米带、纳米针和纳米管。例如，将 MnO_2 纳米颗粒沉积在碳纳米管织物上，以获得三维网络结构。如图 7.5 所示，该三维结构可以实现较高的 MnO_2 负载量(8.3 mg/cm^2)，而不会牺牲其机械强度[12]。MnO_2 和碳纳米管之间的强相互作用，也使得颗粒均匀而紧密地附着在碳纳米管基底上。织物超级电容器在 Na_2SO_4 溶液中的电容高达 410 F/g。最近，超长 MnO_2 纳米线也被用来制备了一种新型可编织超级电容器，以实现 227.2 mF/cm^2 的高比电容[13]。

3. 导电聚合物

如图 7.4 所示，用于超级电容器的电化学活性聚合物包括聚苯胺(PANI)、聚吡咯(PPy)、聚(3,4-乙撑二氧噻吩)(PEDOT)和聚噻吩及其衍生物[14]。从理论上讲，导电聚合物可以提供高的赝电容。例如，根据其发生氧化还原反应所转移的理论电子数，可以计算得到 PANI、PPy 和 PEDOT 的理论电容分别为 1284 F/g、480 F/g 和 210 F/g。然而，由于电极内部的活性材料不能被完全利用，这一理论值是难以实现的。此外，与基于金属氧化物的赝电容超级电容器相比，导电聚合物在长期的充放电操作中表现较小的稳定性。

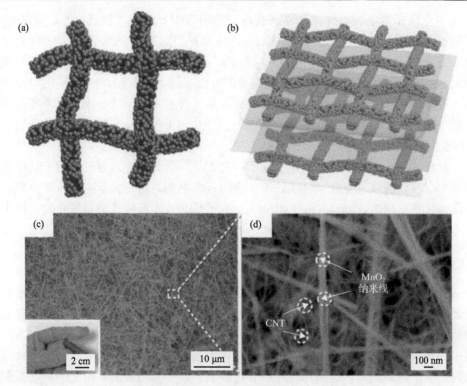

图 7.5　基于二氧化锰电极的超级电容器

(a)二氧化锰沉积在碳布织物上的示意图；(b)基于碳纳米管/二氧化锰织物的对称赝电容器[2]；包含 30%碳纳米管的二氧化锰纳米线/碳纳米管复合膜的低倍(c)与高倍(d)扫描电子显微照片，(c)中插图是处于弯曲状态的复合膜的实物光学照片[13]

于是，研究人员引入碳纳米管以克服导电聚合物在电导率、机械强度和热稳定性方面的障碍，并以高比表面积为基质。例如，将 PANI 纳米线生长在单壁碳纳米管布上，以制造具有 410 F/g 的高比电容的柔性超级电容器，该电容要远高于单壁碳纳米管(60 F/g)和 PANI(290 F/g)的理论电容[14]。这种增强归因于单壁碳纳米管和 PANI 的协同作用，其中单壁碳纳米管形成了导电网络，从而消耗了更多的活性材料。经过 3000 次充放电后，超过 90%的电容得以保留。据报道，除了碳纳米管外，其他碳材料(例如具有大表面积和高电导率的石墨烯)也可以支撑导电聚合物。例如，合成三维 PANI/石墨烯水凝胶以制备可拉伸的全凝胶态纤维超级电容器，其能量密度为 8.80 mWh/cm³[15]。

4. MXenes

MXenes 是一种由过渡金属碳化物和碳氮化物组成的新型二维材料[16-18]，其具有高电导率和丰富的储能活性位点，因而显示出优于其他电极材料的应用前景。目前，研究最多的 MXenes 材料之一是 $Ti_3C_2T_x$，其可通过从层状碳化物 Ti_3AlC_2

的主体中选择性地蚀刻掉铝元素来获得。蚀刻产物表面通常被氧原子、羟基和/或氟原子所覆盖。研究人员将 MXenes 纳米片组装在碳纳米管骨架中以制备 MXene/碳纳米管纤维超级电容器[16]。碳纳米管基底为离子的快速扩散提供了开放空间，并确保了电子的快速传输。所制备的纤维超级电容器在 0.1 A/cm^3 的电流密度下呈现了 22.7 F/cm^3 的体积电容。另外，基于具有 9880 S/cm 高电导率和高度透明的 Ti$_3$C$_2$T$_x$ 膜的非对称超级电容器，呈现出 1.6 mF/cm^2 的高电容量和超过 20000 次循环的长寿命[17]。

此外，其他一些新颖材料也引起了研究人员广泛的兴趣，且已被用于超级电容器中以显著增强其电化学性能，例如金属有机框架材料、共价有机骨架材料、金属氮化物、黑磷、LaMnO$_3$ 和 RbAg$_4$I$_5$/石墨[18]。从实际应用的角度出发，探索具有更高电化学性能的新型电极材料，值得研究人员的更多关注。

7.1.3　电解质

电解质已被认为是超级电容器中最关键的成分，在器件的电化学性能中起着重要的作用[19]。目前，研究人员已经为超级电容器设计了各种电解质，如液态电解质(水系电解质、离子液体、有机电解质等)、凝胶电解质和固态电解质(图 7.6)。其中，具有高离子迁移率、溶解性和润湿性的液态电解质，面临着泄漏、腐蚀等问题。由于封装困难，这些问题在纤维超级电容器中尤为突出。相比之下，凝胶

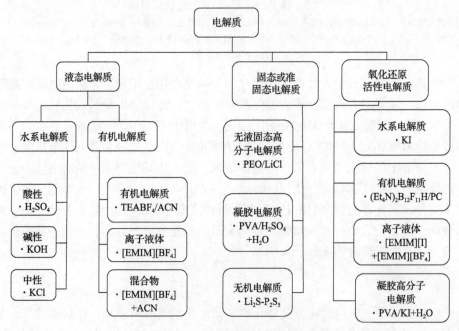

图 7.6　电化学超级电容器的电解质分类[19]

和固态电解质不仅充当着离子传导介质，还可以充当隔膜，它们还具有更好的温度适应性，因而可以解决泄漏问题并简化制造工艺。通常，通过将作为离子导体的非挥发性酸（如 H_2SO_4 和 H_3PO_4）引入稳定的亲水性聚合物凝胶如聚乙烯醇（PVA）中来制备凝胶电解质。典型方法是将 PVA 在 90℃的去离子水中溶解 2 小时，然后冷却至室温并加入 H_3PO_4 水溶液。电解质的组分决定了超级电容器的稳定电压窗口。由于 PVA-H_3PO_4 凝胶电解质中存在大量水，我们将器件的工作电压上限（即水的分解电位）设置为 1.23 V。但是在大多数情况下，实际充电电压应设置为低于 1 V，以避免发生不良的副反应。但是在非质子电解质中，器件电压可以增大至 4 V，因而极大地提高了器件的能量密度和功率密度，但出于电解液安全考虑，其应用受到明显限制。

7.2　纤维超级电容器

7.2.1　概述

纤维超级电容器在可穿戴设备领域具有广阔的应用前景。一方面，与传统刚性块状平面器件相比，其独特的一维结构赋予其诸多优势。纤维超级电容器通常表现出良好的柔性，且容易通过编织工艺进行集成，进一步得到透气性好的织物。另一方面，与其他类型的纤维储能器件相比，如纤维锂离子电池，纤维超级电容器更加容易制备，且功率密度更高，更安全环保且易于多功能化[20]。

通常，纤维超级电容器主要由纤维电极、电解质和外部封装层三个部分构成。取向碳纳米管纤维具有良好的电导率、力学强度、可修饰性和较轻的质量，并且可以同时作为集流体和电极材料，因而可以直接应用于超级电容器，尤其是双电层超级电容器。通过取向碳纳米管纤维电极引入其他高比表面积的碳材料，可以进一步提高纤维超级电容器的电容量；引入导电聚合物或金属氧化物等赝电容材料，可以进一步得到同时具有高功率密度和能量密度的赝电容纤维超级电容器。

此外，将取向碳纳米管薄膜缠绕在功能性聚合物纤维上，或通过向碳纳米管纤维电极引入其他功能材料，可以实现多功能纤维超级电容器。例如，通过将碳纳米管薄膜包覆在具有自愈合或者形状记忆性能的聚合物纤维基底上，可以得到自愈合或者形状记忆纤维超级电容器；将具有电致变色性能的聚苯胺作为赝电容材料，可以利用电致变色现象来显示超级电容器不同的工作状态，这一功能可以作为显示纤维超级电容器工作状态的信号；通过将荧光材料负载在碳纳米管电极纤维上，可以让超级电容器在正常工作的同时具有荧光信号，有望作为黑暗环境下使用的可穿戴电子设备。

7.2.2　器件结构

　　根据两根纤维电极的相对位置，纤维超级电容器主要包括以下三种结构：平行结构、缠绕结构和同轴结构(图 7.7)[21]。平行、缠绕和同轴三种结构的截面图，如图 7.8 所示。不同于平行和缠绕结构器件具有两根纤维电极，同轴结构的纤维超级电容器仅由一根内电极、电解质层和外电极层组成，具有更稳定的电极/电解质界面。

平行结构　　　　　　　　　缠绕结构　　　　　　　　　同轴结构

图 7.7　三种典型的纤维超级电容器示意图[21]

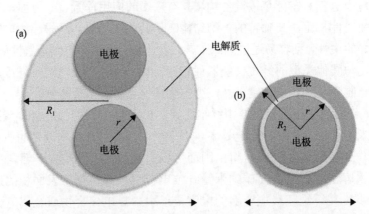

图 7.8　具有平行结构/缠绕结构(a)与同轴结构(b)的纤维超级电容器横截面示意图

平行/缠绕结构的纤维超级电容器的直径比具有相同电极材料的同轴结构超级电容器更大

1. 平行结构纤维超级电容器

　　平行结构纤维超级电容器是三种结构中最为简单的一种结构。与传统夹层结构的平面超级电容器类似，该种结构器件在制备时直接将两根纤维电极用隔膜分开，平行放置在塑料管中，然后加入液态电解质。当纤维电极的直径较大或者力学性能相对较差时多采取平行结构。然而，使用电解液的平行结构纤维超级电容器在形变过程中不太稳定，容易发生隔膜破裂，造成器件短路，且存在电解液泄漏的风险。于是，发展出使用凝胶电解质同时作为电解质和隔膜的平行结构纤维超级电容器，显著提高了器件的安全性、柔性和机械强度。

2. 缠绕结构纤维超级电容器

为了进一步提高纤维超级电容器的机械稳定性，将两根涂覆了凝胶电解质的电极纤维加捻到一起，得到缠绕结构纤维超级电容器。缠绕结构的器件结构与商用加捻纤维的结构类似，因而吸引了工业界更广泛的关注，更有希望应用于可穿戴电子器件。

3. 同轴结构纤维超级电容器

同轴结构与传统平面超级电容器的夹层结构类似，只不过将平面电极换成了纤维电极，可以被看作是卷起来的平面超级电容器。不同于平行结构或缠绕结构的纤维超级电容器，在同轴结构纤维超级电容器的制备过程中，需要在同一根纤维电极上逐层涂覆凝胶电解质和外电极层。然而，这种结构对于大规模连续化生产来说，是非常困难的，很难将多层活性材料快速连续地涂覆到纤维电极上。另外，外电极层对电极浆料导电性能也提出了很高的要求。

超级电容器的容量与活性物质的含量密切相关，对于活性物质含量相同的纤维电极，其横截面积应该是大致相同的。对于半径为 r 的圆柱形电极，组装得到的纤维超级电容器的半径 R_1 显然大于 $2r$。但对于同轴结构纤维超级电容器而言，当内电极是半径为 r 的圆柱体时，涂覆了凝胶电解质和外电极层后，纤维超级电容器的半径及外电极层的半径 R_2 稍大于 r。为了得到更高的比容量，内外电极的活性物质的含量应该相当，因此内外层圆柱体的横截面积应该相同。

根据圆的面积计算公式 $S=\pi r^2$ 可知，

$$\pi r^2 = \pi(R_2^2 - r^2)$$

因此，R_2 应该为 $1.414r$，而已知 R_1 最小为 $2r$。

$$\pi R_1^2 = 4\pi r^2$$

$$\pi R_2^2 = 2\pi r^2$$

于是，平行或者缠绕结构的纤维超级电容器的横截面积应该超过 $4\pi r^2$，而同轴结构的纤维超级电容器的横截面积应该略大于 $2\pi r^2$。因此，同轴结构的器件将体积利用率提升到了近 100%。

基于上述三种结构，可以通过微结构设计进一步提升纤维超级电容器的性能。例如，通过模仿电鳗细胞的组织结构，将大量微型超级电容器在一根弹性纤维基底上进行串联，可以得到具有高输出电压的超高压纤维电容器[22]；另外它同时融

合了平行结构和同轴结构的优势。也可通过一步法挤出成型得到的一体化纤维超
级电容器[23]。

7.2.3 制备方法

　　纤维电极是纤维超级电容器的核心，因此纤维电极的制备工艺对最终得到的
纤维超级电容器的性能有非常重要的影响。近年来，研究者们发展了多种用于纤
维超级电容器的纤维电极，包括碳纳米管纤维[24]、石墨烯纤维[25]、碳纳米管/导电
聚合物复合纤维[26]、导电聚合物/金属氧化物复合纤维和全水凝胶纤维[27]。在这些
纤维电极中，碳纳米管纤维电极表现出质量轻、强度高、柔性好、热导率高和电
导率高的优势，对于实现高性能纤维超级电容器至关重要。

　　目前实验室制备碳纳米管纤维的手段主要是干法纺丝，得到的碳纳米管纤维
可以直接作为超级电容器的纤维电极。为了进一步提高器件的电化学性能，各种
活性材料被引入取向碳纳米管纤维中。通常从可纺碳纳米管阵列到取向碳纳米管
纤维，需要经过拉膜和加捻两个过程。因此可以很方便地在拉膜过程中直接向取
向碳纳米管薄膜负载活性材料的分散液，通过加捻得到纤维电极［图 7.9(a)］。由
于溶剂挥发产生的毛细作用以及特殊的加捻结构，负载的活性物质与纤维内部的碳
纳米管结合紧密，在使用过程中不易脱落，且可以提高电荷转移效率和器件的长期
稳定性。另外，使用具有高弹性、自愈合、形状记忆等功能的聚合物作为纤维基底，
或者向碳纳米管纤维引入活性材料，可以得到多功能纤维超级电容器［图 7.9(b)］。

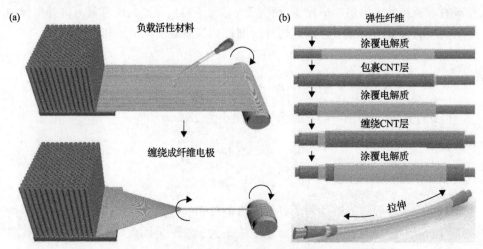

图 7.9　构建纤维电极与纤维超级电容器的典型策略[28]

(a)在取向碳纳米管薄膜上沉积活性材料制备纤维电极示意图；
(b)将取向碳纳米管薄膜包覆在弹性纤维基底上直接制备纤维超级电容器

　　为了提升器件性能以及赋予其特殊功能，通常需要向取向碳纳米管中引入活

性材料。主要方法包括：①直接向取向碳纳米管薄膜负载活性材料加捻得到纤维电极。②将负载活性材料的取向碳纳米管薄膜包覆在聚合物功能纤维上得到多功能纤维电极。③首先制备碳纳米管导电纤维，通过电沉积、水热沉积（溶剂热沉积）或者直接涂覆的方式得到纤维电极，同样方法还可用于向金属导线或金属/高分子复合纤维负载活性材料。

另外一种方法是先制备碳纳米管导电纤维，然后通过电化学或和热化学反应，在碳纳米管纤维上原位沉积活性材料（图 7.10）。利用氧等离子体处理对碳纳米管纤维表面进行修饰，可以实现活性物质更加均匀致密的沉积。在纤维上电沉积或者涂覆活性材料的方法，适用于多种导电纤维，包括碳材料纤维、金属导线、聚合物纤维和复合纤维。

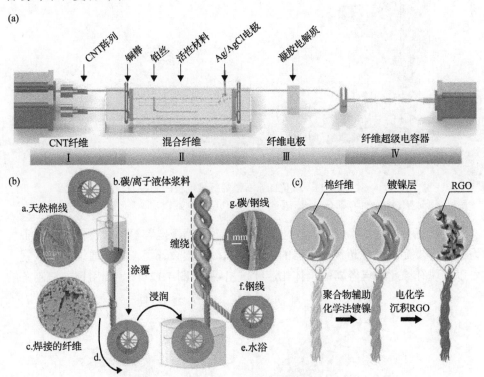

图 7.10　制备复合纤维电极的典型策略

(a)在碳纳米管表面原位电沉积活性物质[29]；(b)通过涂覆法将电极浆料负载在金属/棉复合纤维的表面[30]；
(c)氧化还原石墨烯/镍/棉复合纤维电极的制备过程[31]

为了实现纤维储能器件的连续化制备，3D 打印、湿法纺丝、激光刻蚀等技术也被用于纤维电极其至纤维超级电容器的制备。湿法纺丝是一种成熟的化学纤维制备技术。在利用湿法纺丝制备纤维电极的过程中，首先需要制备由碳纳米材料和/或导电聚合物组成的可纺电极墨水，然后挤出到凝固浴中形成纤维[图 7.11(a)][32]。

与湿法纺丝方法类似的 3D 打印技术，同样需要先制备电极墨水，但这种技术可以使得纤维超级电容器更加微型化。上述两种技术均可实现纤维电极的连续化制备，但还需要经过进一步的组装才能得到纤维超级电容器。激光刻蚀是另一种用于制备纤维电极的新方法，通过这种方法可以将湿法纺丝得到的氧化石墨烯(GO)纤维的特定区域还原成还原氧化石墨烯(rGO)，得到具有 rGO-GO-rGO 分段结构 [图 7.11(b)][33]。纤维上的两段 rGO 部分可以直接作为纤维超级电容器的两根电极。虽然这种方法可以实现纤维超级电容器的一体化制备，但是仅仅适用于还原氧化石墨烯基的纤维电极。

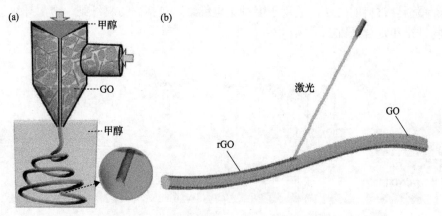

图 7.11　氧化还原石墨烯纤维电极的制备

(a)湿法纺丝连续制备还原氧化石墨烯纤维[32]；(b)激光刻蚀局部还原氧化石墨烯纤维[33]

上述三种方法均不能在真正意义上实现纤维超级电容器的一体化连续制备。为了进一步提高纤维超级电容器的制备效率，我们设计了一种多通道纺丝装置，可以实现纤维超级电容器的一体化连续挤出成型(图 7.12)[23]。利用该方法制备的

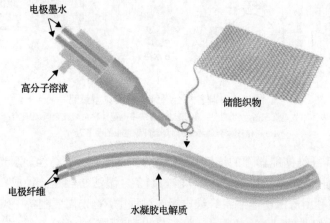

图 7.12　多通道挤出制备纤维超级电容器[23]

纤维器件，表现出优异的电化学性能和良好的机械稳定性，且这一方法具有极高的生产效率。在制备过程中，电极墨水和凝胶电解质溶液被挤出到凝固浴中同步成型，得到纤维超级电容器(表 7.1)。作为一种普适性制备技术，这一方法可以被拓展应用于多种纤维储能器件，包括超级电容器、锂离子电池和钠离子电池等。

表 7.1　纤维超级电容器的结构、制备方法和比容量汇总

纤维电极	器件结构	制备方法	比容量	参考文献
碳纳米管	同轴	干法纺丝	59 F/g	[34]
碳纳米管/二氧化锰	缠绕	电沉积	13.31 F/g	[35]
碳纳米管/聚苯胺	缠绕	电聚合	274 F/g	[36]
碳纳米管/石墨烯	缠绕	涂覆	31.5 F/g	[37]
碳纳米管/介孔碳	缠绕	涂覆	507.02 mF/cm²	[38]
碳纳米管/橡胶	仿电鳗	涂覆	11.72 F/g	[22]
碳纳米管/石墨烯	平行	水热法	63.1 F/g	[39]
碳纳米管/二氧化锰/PEDOT 碳纳米管/介孔碳	缠绕	水热法	21.7 F/g	[40]
碳纳米管/二氧化锰/聚酰亚胺	平行	水热法	32.8 F/g	[41]
石墨烯/二硫化钼	平行	水热法	368 F/cm³	[42]
金/碳纳米管/聚苯胺	缠绕	电聚合	118 F/g	[43]
PEDOT	平行	湿法纺丝	74.5 F/cm³	[44]
碳纳米管/聚苯胺/橡胶	平行	涂覆	255.5 F/g	[45]
碳纳米管/介孔碳/橡胶	同轴	涂覆	18 F/g	[28]
碳纳米管/自愈合聚合物	缠绕	涂覆	140.0 F/g	[46]
碳纳米管/PEDOT/弹性纤维	同轴	蘸涂	30.7 F/g	[47]
碳纳米管/形状记忆纤维	同轴	涂覆	24 F/g	[48]
氧处理碳纳米管	平行	等离子体	20.8 F/g	[49]
碳纳米管/PEDOT/染料	平行	涂覆	11.98 F/cm³	[50]
碳纳米管/聚苯胺	同轴	涂覆	111.6 F/g	[51]
碳纳米管/聚苯胺	平行	蘸涂	272.7 F/g	[52]
碳纳米管/聚苯胺	平行织物	电聚合	343.6 F/g	[53]
聚苯胺/氧化石墨烯/聚酯	平行织物	蘸涂	693 mF/cm²	[54]
碳纳米管/聚苯胺	平行	电聚合	248.8 F/g	[55]

注：PEDOT 为聚乙撑二氧噻吩。

7.3　高性能纤维超级电容器

为了满足可穿戴电子设备的要求，已经设计了各种电极材料和电解质来增强纤维超级电容器的电化学性能。根据两个电极的配置和电解质的特性，通常可以

将纤维超级电容器分为对称纤维超级电容器、非对称纤维超级电容器和混合纤维超级电容器。尽管可以轻松识别对称纤维超级电容器，但在许多情况下区分非对称纤维超级电容器和混合纤维超级电容器并不容易。在此，我们将简要讨论对称和非对称纤维超级电容器，这些电容器在最近十年中已得到广泛研究。

7.3.1　对称纤维超级电容器

典型的对称纤维超级电容器通常由两根完全相同的纤维电极组成，包括电化学双电层与赝电容材料。如前所述，碳纳米管已被组装成高度取向状态的宏观纤维，其保持着单根碳纳米管独特的力学、电学和电化学性能。然而，碳纳米管纤维电极仅提供了有限的电容量。为了进一步制备高性能纤维超级电容器，引入第二功能组分以制备高性能复合纤维至关重要。图 7.13 总结了对称纤维超级电容器的一些代表性研究。

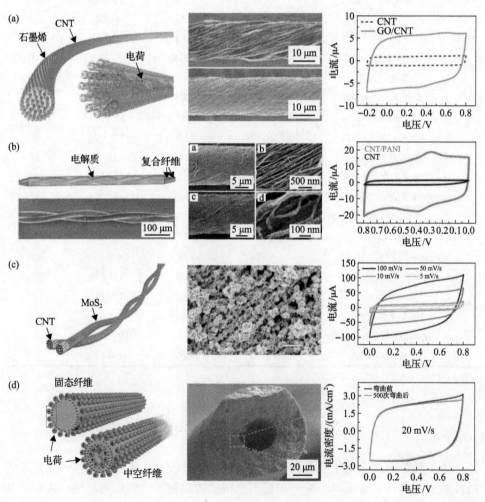

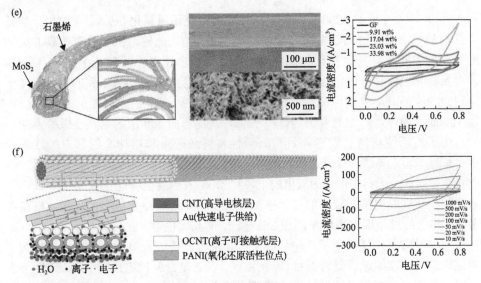

图 7.13　对称纤维超级电容器*

左列：示意图；中列：电子显微照片；右列：循环伏安曲线。(a)碳纳米管-石墨烯复合纤维电极[37]；
(b)碳纳米管-聚苯胺复合纤维电极[26]；(c)碳纳米管-二硫化钼复合纤维电极[56]；(d)中空还原氧化石墨烯-PEDOT
复合纤维电极[39]；(e)插层石墨烯/二硫化钼杂化纤维电极[42]；(f)两亲性核壳结构复合纤维电极[43]
*扫描封底二维码见本图彩图

　　在早期阶段,我们尝试利用具有高比表面积的碳材料以提高纤维超级电容器的电容量。例如,将有序介孔碳添加到碳纳米管纤维中作为复合电极,其具有 39.7 mF/cm^2 的高电容[24]。通过引入石墨烯片以改善碳纳米管纤维之间的电荷传输,新型石墨烯/碳纳米管复合纤维同时实现了较高的电导率与电催化活性。当将其用于制备纤维超级电容器时,可实现高达 31.50 F/g 的比电容,远高于在相同条件下基于纯碳纳米管纤维所实现的 5.83 F/g(0.90 F/cm^2 或 5.1 μF/cm)比容量[图 7.13(a)][37]。此外,大量的赝电容材料也被掺入碳纳米管纤维。例如,金属纳米颗粒和导电聚合物(如 PANI 和 PPy)[26]。作为例证,将取向的碳纳米管/PANI 复合纤维加捻以制备比电容为 274 F/g 或 263 mF/cm 的纤维超级电容器,明显高于纯碳纳米管基纤维超级电容器[图 7.13(b)][39]。此外,聚合物链能够更紧密地链接相邻碳纳米管,以减少滑动并降低碳纳米管之间的接触电阻,复合纤维的强度相比纯碳纳米管纤维提高了 58%。此外,制备得到取向碳纳米管/二硫化钼(MoS$_2$)杂化纤维,其中很少层的 MoS$_2$ 纳米片缠绕在碳纳米管纤维表面[图 7.13(c)][56]。该复合纤维有效地结合了碳纳米管高电导率和 MoS$_2$ 高容量的优势。因此,所得的纤维超级电容器在 5 mV/s 下显示出 135 F/cm^3 的高比电容。

　　通常,大多数固体纤维电极只能通过其外表面与电解质接触,因而具有非常小的界面接触面积。如果纤维电极是中空的,则其附加内表面将为纤维超级电容器贡献更多的比容量。为此,即使在计算横截面面积时不减去空心内部,也制备得到具有 4700 S/m 和 4200 S/m 的高电导率的中空还原氧化石墨烯/导电聚合物复合纤维和中空还原氧化石墨烯纤维[图 7.13(d)][39]。此外，由于具有很高的柔韧性，它们能够很容易地打结加捻并编成纺织品。基于两个平行还原氧化石墨烯/导电聚合物电复合纤维电极的对称纤维超级电容器在 0.08 mA/cm^2 的电流密度下呈现出 304.5 mF/cm^2 的电荷存储能力，即为 271 μWh/cm^2 的超高能量密度。此外，在 10000 次循环后，比电容仍能保持 96%，即使弯曲 500 次后也几乎保持不变。

　　为了将活性材料有效掺入具有高活性材料负载量和电导率的导电纤维骨架中，采用一步水热法合成具有新型插层纳米结构的石墨烯/MoS$_2$ 复合纤维电极，该电极有效地结合了石墨烯片的双电层电容和 MoS$_2$ 片的赝电容[图 7.13(d)，(e)][42]。插层结构还同时提供了较高的离子接触表面积和高达 33.98 wt%的高活性材料含量。所得的纤维超级电容器呈现出 368 F/cm^3 的高比电容。此后，为了在单根纤维电极中同时实现快速的电子传输和离子可接触性，研究人员制备了一种新型两亲性核壳结构的碳纳米管复合纤维[图 7.13(f)][43]。复合纤维电极的 PANI 改性亲水壳层，通过提高离子可接触性而有效增强了电化学性能，而金沉积的疏水核通过快速电子供给而表现出增强的导电性。得益于两者的协同效应，所获得的纤维超级电容器最终在 0.5 A/cm^3 的条件下显示出 324 F/cm^3 的高比电容，并实现了大大提高的倍率性能，即在 50 A/cm^3 下仍然具有 79%的容量保留率(256 F/cm^3)。

　　上述讨论主要集中在合成新材料以改善纤维超级电容器的电化学性能。此外，通过设计新型器件结构也可以提高器件性能。例如，通常水系电解质由于具有更高的安全性而更适合可穿戴应用，但其最大工作电压受到水的热力学分解电压的限制(1.23 V)，因而不能满足各种电子设备与产品的电压要求。通常可以通过串联或电压转化等方式提高器件的性能，但是通过外部导线连接的器件具有许多缺点，包括复杂的制备过程与高昂的制备成本。同时，当许多电子设备与纤维超级电容器连接时，也进一步牺牲了器件的安全性和集成度。在模仿电鳗体内的串联结构时，我们将活性物质逐段沉积在共用纤维电极上，两个相邻部分之间留有空白，以实现较高的输出电压(图 7.14)[22]。

　　图 7.14(a)示意性地说明了串联式纤维超级电容器的制备过程。使用直径为 500 μm 的弹性纤维作为可拉伸基底以制备最终的可拉伸纤维超级电容器。从碳纳米管可纺阵列中纺出的取向碳纳米管薄膜以 60°夹角连续包裹在弹性纤维表面。以一定间隔除去宽度为 0.2 cm 的碳纳米管带，然后涂覆 PVA/H$_3$PO$_4$ 凝胶电解质。每个碳纳米管链节中部都没有电解质涂层以充当共用电极。图 7.14(b)中的四个矩形表示串联连接的四个电化学电容器单元。这些串联的纤维器件具有很高的柔韧性和可拉伸性[图 7.14(c)]，并具有相同的直径[图 7.14(d)]。这种具有 1000 个串联单元的纤维超级电容器，可以在实验室规模提供高达 1000 V 的高输出电压[图 7.14(e)]。此外，在经过 100000 次充放电循环后，包含五个串联单元的纤维超级电容器的电容保持 83.3%[图 7.14(f)]。

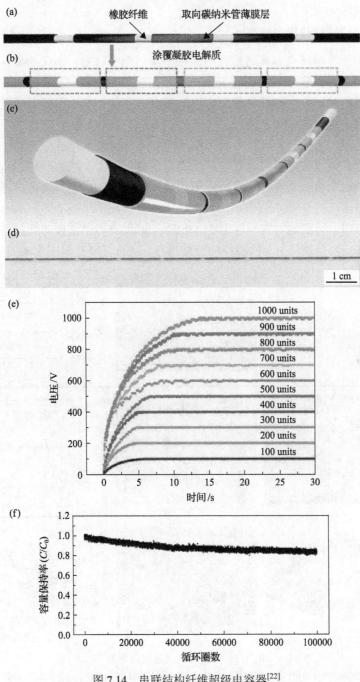

图 7.14　串联结构纤维超级电容器[22]

(a)、(b)制备过程示意图；(c)器件设计示意图；(d)实物照片；

(e)不同器件数目的充电电压与充电时间的相关性；(f)循环性能

7.3.2 非对称纤维超级电容器

非对称纤维超级电容器通常包括两种不同的电极材料，不同的氧化还原活性电解质或者两种具有不同表面官能团的双电层电容碳材料[5]。通常，与对称纤维超级电容器相比，非对称纤维超级电容器具有更高的工作电压窗口和能量密度。

通过集成电极的多个功能组件，可以制备具有高体积能量密度的不对称纤维超级电容器[图7.15(a)~(c)][40]。具体地，通过将MnO₂纳米片生长到涂覆有PEDOT的碳纳米管纤维上来制备三元复合纤维作为正极，并且将有序的微孔碳/碳纳米管复合纤维制成负极。将正极和负极纤维组装成不对称的纤维超级电容器，该超级电容器表现出 1.8 V 的高工作电压，远高于基于传统水凝胶电解质的 0.8~1.0 V 工作电压窗口。特别地，它呈现出 113 mWh/cm³ 的高能量密度，优异的循环稳定性和良好的倍率性能。由于其独特的纤维形态，它也可以被编成柔软的供能织物。

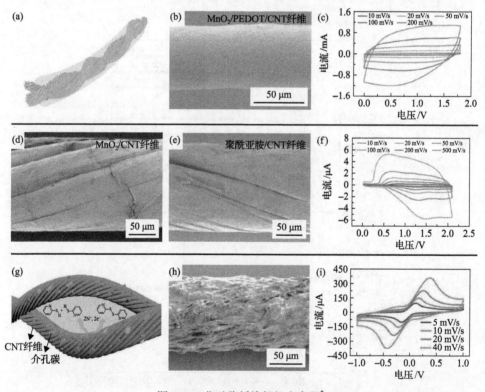

图 7.15 非对称纤维超级电容器*

左列：器件示意图或纤维电极扫描电镜照片；中列：扫描电子显微镜照片；右列：循环伏安曲线。(a)~(c)以MnO₂/PEDOT:PSS/碳纳米管复合纤维作为正极，以有序微孔碳/碳纳米管复合纤维作为负极的纤维非对称纤维超级电容器[40]；(d)~(f)MnO₂/碳纳米管复合纤维作为正极和聚酰亚胺/碳纳米管作为负极的非对称纤维超级电容器[41]；(g)~(i)基于氧化还原活性凝胶电解质的非对称纤维超级电容器[38]

*扫描封底二维码见本图彩图

基于类似的策略，设计制备一种非对称纤维超级电容器。分别以原位生长 MnO_2 纳米片的碳纳米管纤维与聚酰亚胺沉积的碳纳米管纤维作为正极与负极 [图 7.15(d)～(f)]。它显示出高达 2.1 V 的宽工作电压窗口，在 0.78 mW/cm^2 的功率密度下具有 36.4 mWh/cm^2 的高面能量密度、长循环寿命和高柔韧性[31]。通过向 PVA-H_2SO_4 凝胶电解质中引入有效的氧化还原活性添加剂 2-巯基吡啶，也是一种可用于制备具有高面积比电容的非对称纤维超级电容器的通用策略[图 7.15(g)～(i)][38]。基于取向碳纳米管/介孔碳复合纤维电极的对称纤维超级电容器具有 507.02 mF/cm^2(17.51 mF/cm)的高比电容，并在 1000 次循环后仍能很好保持。在弯曲 500 次后，它仍具有良好的柔性和 97%的比电容。

如上所述，通过设计新颖的电极和电解质，纤维超级电容器的电化学性能得到了很大的提高。然而，由于大多数研究仅仅报道了基于活性材料质量计算的电化学性能，实际上基于整个器件质量计算的电化学性能仍然不能令人满意。此外，目前所报道的多种电极材料制备过程通常很复杂并且材料昂贵，因此它们与实际应用仍然相距甚远。

7.4　多功能纤维超级电容器

随着可穿戴电子设备的发展，纤维超级电容器引发了研究人员广泛的研究兴趣。如前面小节所述，许多研究致力于提高纤维超级电容器的电化学性能。此外，越来越多的工作开始研究将更多功能集成到纤维超级电容器中，以满足实际应用的需求。以下将讨论几种概念性尝试。

7.4.1　可拉伸纤维超级电容器

可拉伸电子器件在拉伸后仍能保持稳定的电化学性能，比柔性更能满足实际应用的需求，从而吸引了广泛的研究兴趣。设计同时具有导电性和弹性的可拉伸电极是制备可拉伸纤维超级电容器的关键。然而，从材料自身属性来看，弹性和导电性常常是不兼容的。例如，传统纤维电极如铁丝、碳纳米管纤维、石墨烯纤维是不具有弹性的，而弹性纤维如橡胶纤维是不导电的。

以上问题可通过制备复合纤维得以解决。例如，通过将碳纳米管薄膜缠绕在弹性纤维上，制备了一种性能良好的可拉伸纤维超级电容器[图 7.16(a)][28]。高度取向的碳纳米管薄膜具有高柔性、电导率和力学稳定性，而弹性纤维具有很好的可拉伸性能。除此之外，同轴结构使得电极和电解质之间具有较高的接触面积，在变形时界面不易被破坏。因此，制备所得的纤维超级电容器在以 75%的长度变形拉伸 100 次后，比容量仍能保持为 18 F/g[图 7.16(b)]。

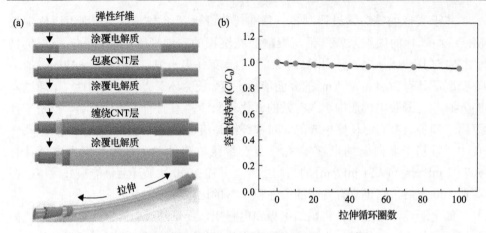

图 7.16 可拉伸纤维超级电容器的制备与性能[28]

(a)一种高度可拉伸的纤维超级电容器制备过程示意图；(b)在75%的拉伸应力下比容量与循环圈数的关系，
C_0 与 C 分别为器件拉伸前后的比容量

基于相似策略，研究人员制备了一种具有超高弹性的纤维超级电容器[图 7.17(a)][47]。首先，弹性线两端被固定，并拉伸到设定的应力。然后，从碳纳米管阵列中拉出高度取向碳纳米管薄膜，并将碳纳米管薄膜随着基底前后移动，包裹在已拉伸的弹性纤维上。撤去外力后恢复到自然状态，碳纳米管薄膜包裹的弹性纤维呈现膨胀的结构，壳层的碳纳米管薄膜高度重叠，这不同于上面提到的将碳纳米管薄膜包裹在未经预拉伸的弹性线上。制备得到的纤维超级电容器在施加 350%的应力时仍可保持初始容量的 97%[图 7.17(b)]。

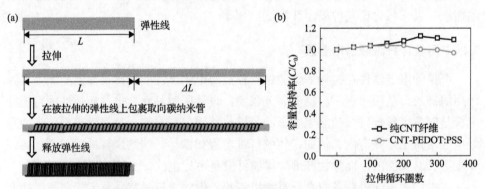

图 7.17 具有超高弹性的纤维电极的制备与性能[47]

(a)制备可拉伸导线电极示意图，将取向碳纳米管薄膜缠绕在预拉伸的弹性线上；
(b)容量保持率随拉伸循环圈数的变化，C_0 与 C 分别为器件拉伸前后的比容量

然而，上述工作仅探究了器件在静态拉力下的稳定性。为了更好地满足实际应用需求，一种在动态拉伸中仍能保持稳定功率性能的纤维超级电容器被成功制备[图 7.18(a)][51]。首先，将碳纳米管薄膜缠绕在预拉伸的超弹性纤维上，再撤去

外力恢复到自然状态，制备出弹性聚合物纤维电极。之后，再通过电化学聚合的方法将聚苯胺沉积在碳纳米管薄膜上。最后，另一个碳纳米管/聚苯胺层缠绕在纤维外部作为外电极。在 300%应力下拉伸 5000 次仍能保持 79.4 F/g 的比电容[图 7.18(b)]。在动态拉伸速度高达 30 mm/s 时，纤维超级电容器的比电容仍能保持 95.8%[图 7.18(c)]，这为其实际应用奠定了基础。

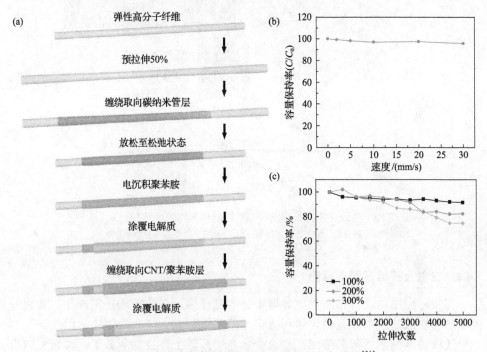

图 7.18　动态拉伸纤维超级电容器的制备与性能[51]

(a)纤维超级电容器制备示意图；(b)容量保持率随拉伸速度的变化，C_0 与 C 分别为器件拉伸前后的比容量；
(c)容量保持率随拉伸次数的变化

7.4.2　电致变色纤维超级电容器

智能化是现代电子产品的重要发展方向。如果纤维超级电容器可以感知并及时反馈储能状态的变化，我们就可以很快地判断器件的储能状态。电致变色材料通过氧化还原反应在不同电势下能够可逆地改变颜色。如果电致变色材料被整合至纤维超级电容器中，就可以通过不同颜色判断纤维超级电容器的储能状况，这使得器件更加智能化。

通过将聚苯胺电沉积到碳纳米管薄膜上作为对称电极，成功制备了一种电致变色的纤维超级电容器[图 7.19(a)][45]。在充放电过程中，复合电极随着电压的不同变换颜色。由于纤维超级电容器呈对称结构，以下将主要讨论正极。如图 7.19(b)所示，当充电至 1.0 V 时，正极变为蓝色，表示充电过程完成。当放电至 0.5 V 时，正极变为绿色,进一步放电至 0 V 变为黄色。这便于实时监测纤维超级电容器中的储能情况。并且,制备所得电致变色纤维超级电容器可进一步编进织物来显示设计的图案。

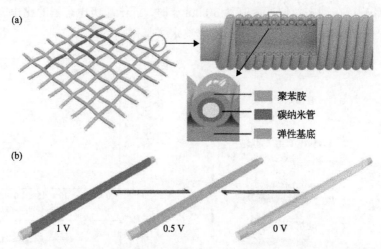

图 7.19　电致变色纤维超级电容器的结构与电致变色功能展示[45]
(a)电致变色纤维超级电容器的结构;(b)在不同电压下的颜色改变

7.4.3　自愈合纤维超级电容器

在实际应用中,纤维超级电容器十分容易破裂,导致无法正常工作。如果纤维电容器在破裂后可恢复电化学和力学性能,就可大大提高器件的耐用性。

通过将碳纳米管薄膜缠绕在自愈合聚合物纤维上,成功制备了一种新型的自愈合导电纤维[图 7.20 (a)][46]。首先,通过改进的 Leibler 法合成自愈合高分子。然后,将碳纳米管薄膜缠绕在聚合物纤维上。最后,缠绕两根自愈合导电纤维电极即制备得纤维超级电容器。器件在破裂后自愈合,比容量可恢复至原来的 92%,高达 140.0 F/g。如图 7.20 (c) 所示,碳纳米管沿轴向高度取向,使得纤维超级电容器具有高的电导率。图 7.20 (d) 表明将纤维超级电容器切断后,破裂末端的横截面处形成了高度取向的碳纳米管带。当破裂末端相互接触时,这条碳纳米管带充当桥梁连接破裂的两端,从而恢复导电性。聚合物纤维破裂的两端自愈合后实现力学性能的恢复。

7.4.4　形状记忆纤维超级电容器

柔性储能器件在外力下可保持特定的形状,而在撤去外力后能恢复到初始状态。然后,在一些领域,在撤去外力后能保持变形的形状是十分必要的。例如,纤维电子器件预期能够在外力下适应不同的人身体表面,而在撤去外力后仍能保持这种形状。

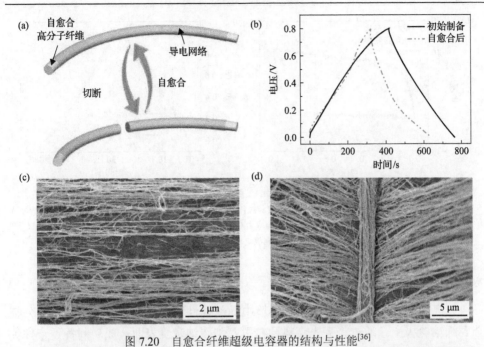

图 7.20　自愈合纤维超级电容器的结构与性能[36]

(a)超级电容器的自愈合过程示意图；(b)自愈合超级电容器在切断前和自愈合后的恒电流充放电曲线，
电流密度为 0.17 A/g；碳纳米管薄膜包裹的聚合物纤维断裂前(c)和自愈合后(d)的扫描电镜照片

通过将碳纳米管薄膜包裹在具有形状记忆功能的聚氨酯基底上成功制备了形状记忆纤维超级电容器[48]。这种超级电容器可以变形成用户需要的形状和大小，当温度超过转变温度($T_{转变}$)时可以自动恢复成初始形状和大小[图 7.21(a)]。如图 7.21(b)所示，当温度升至 $T_{转变}$ 或者更高时，弯曲超级电容器可以恢复到初始形状，并且 CV 曲线几乎保持不变，表明在形状恢复前后的高稳定性。此外，超级电容器拉伸后加热至 $T_{转变}$ 可恢复到初始长度，长度恢复前后的恒电流充放电曲线几乎重合[图 7.21(c)]。

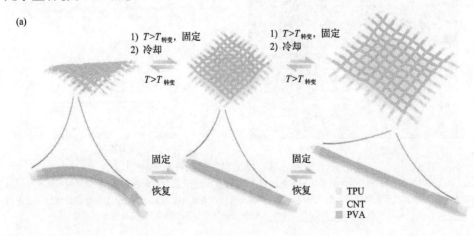

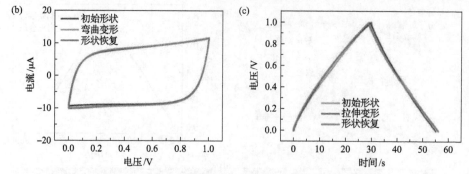

图 7.21   形状记忆纤维超级电容器的结构与功能展示[48]

（a）形状记忆纤维超级电容器及织物经历可逆的弯曲和拉伸变形后又恢复到初始形状的示意图；（b）超级电容器弯曲变形前后和恢复至初始形状后的 CV 曲线，扫描速率为 0.5 V/s；（c）超级电容器在 50% 拉力下，拉伸变形前后和形状恢复后的恒电流充放电曲线，电流密度为 0.2 A/g

7.4.5   荧光纤维超级电容器

为提高可穿戴电子设备在黑暗环境中的便捷性和安全性，可以将发光组分整合到纤维电极上。通过将荧光染料颗粒引入到碳纳米管表面，成功制备了一种荧光多色的纤维超级电容器［图 7.22（a），（b）］[50]。首先，研磨荧光染料使得其尺寸

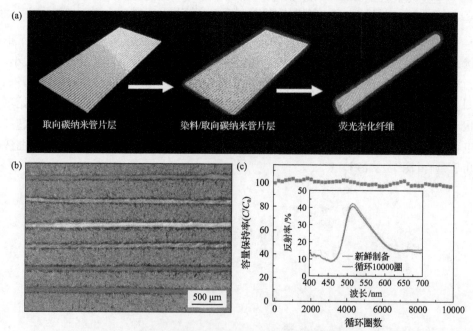

图 7.22   荧光纤维超级电容器的制备与性能[50]

（a）荧光纤维电极的制备过程示意图；（b）红色、橙色、黄色、绿色、蓝色和紫色纤维电极的光学纤维照片；（c）10000 次恒电流充放电循环中，荧光超级电容器容量的变化，电流密度为 10 mA/cm³。C_0 和 C 分别为充放电循环前后的比容量。插图为 10000 次充放电循环前后的紫外-可见光吸收光谱图

均匀分布在 1~5 μm，分散在水中形成悬浮液。然后，将悬浮液浸涂到碳纳米管薄膜上，使得染料颗粒负载到碳纳米管骨架上，再将薄膜缠绕卷成纤维。如图 7.22(c) 所示，在经过 10000 次充放电循环后，容量和发光强度分别可以保持在 98.4%和 95.6%。将荧光集成到超级电容器中拓展了它们在智能电子产品的标签、签名或黑暗警示方面的应用。

7.5 展　望

目前，已经报道了具有不同功能的纤维超级电容器，如弹性、电致变色、自愈合、形状记忆、荧光等。但有时仍然需要将多个功能集成到一个储能设备中以减少电子设备的数量。因此，仍需着力于涉及同时具备多种功能的纤维超级电容器。此外，现阶段，多功能纤维器件的电化学性能常常明显落后于传统纤维超级电容器，因此仍需要进一步提高多功能超级电容器的电化学性能。

参 考 文 献

[1] Yan J, Wang Q, Wei T, et al. Recent advances in design and fabrication of electrochemical supercapacitors with high energy densities. Adv. Energy Mater., 2014, 4(4): 1300816.

[2] Augustyn V, Simon P, Dunn B, et al. Pseudocapacitive oxide materials for high-rate electrochemical energy storage. Energy Environ. Sci., 2014, 7(5): 1597-1614.

[3] Shao Y, El-Kady M. F, Sun J, et al. Design and mechanisms of asymmetric supercapacitors. Chem. Rev., 2018, 118 (18): 9233-9280.

[4] Naoi, K, Simon, P. New materials and new configurations for advanced electrochemical capacitors. Electrochem. Soc. Interface, 2008, 17(1): 34-37.

[5] Niu C, Sichel E K, Hoch R, et al. High power electrochemical capacitors based on carbon nanotube electrodes. Appl. Phys. Lett., 1997, 70(11): 1480-1482.

[6] Frackowiak E, Metenier K, Bertagna V, et al. Supercapacitor electrodes from multiwalled carbon nanotubes. Appl. Phys. Lett., 2000, 77(15): 2421-2423.

[7] An K H, Kim W S, Park Y S, et al. Electrochemical properties of high-power supercapacitors using single-walled carbon nanotube electrodes. Adv. Funct. Mater., 2001, 11(5): 387-392.

[8] Xu J, Wang Q, Wang X, et al. Flexible asymmetric supercapacitors based upon Co9S8 nanorod//Co$_3$O$_4$@RuO$_2$ nanosheet arrays on carbon cloth. ACS Nano, 2013, 7(6): 5453-5462.

[9] Simon, P, Gogotsi, Y. Materials for electrochemical capacitors. Nature Mater., 2008, 7(11): 845-854.

[10] Winter M, Brodd R J. What are batteries, fuel cells, and supercapacitors? Che. Rev., 2004, 35(50): 4245-4269.

[11] Jin Y, Chen H, Chen M, et al. Graphene-patched CNT/MnO$_2$ nanocomposite papers for the electrode of high-performance flexible asymmetric supercapacitors. ACS App. Mater. Interfaces, 2013, 5(8): 3408-3416.

[12] Hu L, Chen W, Xie X, et al. Symmetrical MnO$_2$-carbon nanotube-textile nanostructures for wearable pseudocapacitors with high mass loading. ACS Nano, 2011, 5(11): 8904-8913.

[13] Lv Z, Luo Y, Tang Y, et al. Editable supercapacitors with customizable stretchability based on mechanically strengthened ultralong MnO$_2$ nanowire composite. Adv. Mater., 2018, 30(2): 1704531.

[14] Liu X, Wen Z, Wu D, et al. Tough BMImCl-based ionogels exhibiting excellent and adjustable performance in high-temperature supercapacitors. J. Mater. Chem. A, 2014, 2(30): 11569-11573.

[15] Li P, Jin Z, Peng L, et al. Stretchable all-gel-state fiber-shaped supercapacitors enabled by macromolecularly interconnected 3D graphene/nanostructured conductive polymer hydrogels. Adv. Mater., 2018, 30(18): 1800124.

[16] Yu C, Gong Y, Chen R, et al. A solid-state fibriform supercapacitor boosted by host-guest hybridization between the carbon nanotube scaffold and Mxene nanosheets. Small, 2018, 14(29): 1801203.

[17] Zhang C J, Anasori B, Seral-Ascaso A, et al. Transparent, flexible, and conductive 2D titanium carbide(MXene) films with high volumetric capacitance. Adv. Mater., 2017, 29(36): 1702678.

[18] Wang F, Wu X, Yuan X, et al. Latest advances in supercapacitors: From new electrode materials to novel device designs. Chem. Soc. Rev., 2017, 46(22): 6816-6854.

[19] Zhong C, Deng Y, Hu W, et al. A review of electrolyte materials and compositions for electrochemical supercapacitors. Chem. Soc. Rev., 2015, 44(21): 7484-7539.

[20] Zhai S, Karahan H E, Wang C, et al. 1D supercapacitors for emerging electronics: Current status and future directions. Adv. Mater., 2020, 32(5): 1902387.

[21] Mo F, Liang G, Huang Z, et al. An overview of fiber-shaped batteries with a focus on multifunctionality, scalability, and technical difficulties. Adv. Mater., 2020, 32(5): 1902151.

[22] Sun H, Fu X, Xie S, et al. Electrochemical capacitors with high output voltages that mimic electric eels. Adv. Mater., 2016, 28(10): 2070-2076.

[23] Hong Y, Cheng X, Liu G, et al. One-step production of continuous supercapacitor fibers for a flexible power textile. Chinese J. Polym. Sci., 2019, 37(8): 737-743.

[24] Ren J, Bai W, Guan G, et al. Flexible and weaveable capacitor wire based on a carbon nanocomposite fiber. Adv. Mater., 2013, 25(41): 5965-5970.

[25] Meng Y, Zhao Y, Hu C, et al. All-graphene core-sheath microfibers for all-solid-state, stretchable fibriform supercapacitors and wearable electronic textiles. Adv. Mater., 2013, 25(16): 2326-2331.

[26] Chen T, Cai Z, Qiu L, et al. Synthesis of aligned carbon nanotube composite fibers with high performances by electrochemical deposition. J. Mater. Chem. A, 2013, 1(6): 2211-2216.

[27] Xu T, Yang D, Zhang S, et al. Antifreezing and stretchable all-gel-state supercapacitor with enhanced capacitances established by graphene/PEDOT-polyvinyl alcohol hydrogel fibers with dual networks. Carbon, 2021, 171: 201-210.

[28] Yang Z, Deng J, Chen X, et al. A highly stretchable, fiber-shaped supercapacitor. Angew. Chem. Int. Ed., 2013, 52 (50): 13453-13457.

[29] Wang B, Fang X, Sun H, et al. Fabricating continuous supercapacitor fibers with high performances by integrating all building materials and steps into one process. Adv. Mater., 2015, 27(47): 7854-7860.

[30] Jost K, Durkin D P, Haverhals L M, et al. Natural fiber welded electrode yarns for knittable textile supercapacitors. Adv. Energy Mater., 2015, 5(4): 1401286.

[31] Liu L, Yu Y, Yan C, et al. Wearable energy-dense and power-dense supercapacitor yarns enabled by scalable graphene-metallic textile composite electrodes. Nat. Commun., 2015, 6: 7260.

[32] Zhao Y, Jiang C, Hu C, et al. Large-scale spinning assembly of neat, morphology-defined, graphene-based hollow fibers. ACS Nano, 2013, 7(3): 2406-2412.

[33] Hu Y, Cheng H, Zhao F, et al. All-in-one graphene fiber supercapacitor. Nanoscale, 2014, 6(12): 6448-6451.

[34] Chen X, Qiu L, Ren J, et al. Novel electric double-layer capacitor with a coaxial fiber structure. Adv. Mater., 2013, 25, 6436-6441.

[35] Ren J, Li L, Chen C, et al. Twisting carbon nanotube fibers for both wire-shaped micro-supercapacitor and micro-battery. Adv. Mater., 2013, 25, 1155-1159.

[36] Cai Z, Li L, Ren J, et al. Flexible, weavable and efficient microsupercapacitor wires based on polyaniline composite fibers incorporated with aligned carbon nanotubes. J. Mater. Chem. A, 2013, 1 (2): 258-261.

[37] Sun H, You X, Deng J, et al. Novel graphene/carbon nanotube composite fibers for efficient wire-shaped miniature energy devices. Adv. Mater., 2014, 26 (18): 2868-2873.

[38] Pan S, Deng J, Guan G, et al. A redox-active gel electrolyte for fiber-shaped supercapacitor with high area specific capacitance. J. Mater. Chem. A, 2015, 3 (12): 6286-6290.

[39] Qu G, Cheng J, Li X, et al. A fiber supercapacitor with high energy density based on hollow graphene/conducting polymer fiber electrode. Adv. Mater., 2016, 28 (19): 3646-3652.

[40] Cheng X, Zhang J, Re J, et al. Design of a hierarchical ternary hybrid for a fiber-shaped asymmetric supercapacitor with high volumetric energy density. J. Phys. Chem. C, 2016, 120 (18): 9685-9691.

[41] Huang G, Zhang Y, Wang L, et al. Fiber-based MnO$_2$/carbon nanotube/polyimide asymmetric supercapacitor. Carbon, 2017, 125, 595-604.

[42] Wang B, Wu Q, Sun H, et al. An intercalated graphene/(molybdenum disulfide) hybrid fiber for capacitive energy storage. J. Mater. Chem. A, 2017, 5 (3): 925-930.

[43] Fu X, Li Z, Xu L, et al. Amphiphilic core-sheath structured composite fiber for comprehensively performed supercapacitor. Sci. China Mater., 2019, 62 (7): 955-964.

[44] Wang Z, Cheng J, Guan Q, et al. All-in-one fiber for stretchable fiber-shaped tandem supercapacitors. Nano Energy, 2018, 45: 210-219.

[45] Chen X, Lin H, Deng J, et al. Electrochromic fiber-shaped supercapacitors. Adv. Mater., 2014, 26 (48): 8126-8132.

[46] Sun H, You X, Jiang Y, et al. Self-healable electrically conducting wires for wearable microelectronics. Angew. Chem. Int. Ed., 2014, 53 (36): 9526-9531.

[47] Chen T, Hao R, Peng H, et al. High-performance, stretchable, wire-shaped supercapacitors. Angew. Chem. Int. Ed., 2015, 54 (2): 618-622.

[48] Deng J, Zhang Y, Zhao Y, et al. A shape-memory supercapacitor fiber. Angew. Chem. Int. Ed., 2015, 54 (51): 15419-15423.

[49] He S, Hu Y, Wan J, et al. Biocompatible carbon nanotube fibers for implantable supercapacitors. Carbon, 2017, 122: 162-167.

[50] Liao M, Sun H, Zhang J, et al. Multicolor, fluorescent supercapacitor fiber. Small, 2017, 14 (43): 1702052.

[51] Zhang Z, Deng J, Li X, et al. Superelastic supercapacitors with high performances during stretching. Adv. Mater., 2015, 27 (2): 356-362.

[52] Pan S, Lin H, Deng J, et al. Novel wearable energy devices based on aligned carbon nanotube fiber textiles. Adv. Energy Mater., 2014, 5 (4): 1401438.

[53] Cheng X, Fang X, Chen P, et al. Designing one-dimensional supercapacitors in a strip shape for high performance energy storage fabrics. J. Mater. Chem. A, 2015, 3 (38): 19304-19309.

[54] Sun H, Xie S, Li Y, et al. Large-area supercapacitor textiles with novel hierarchical conducting structures. Adv. Mater., 2016, 28 (38): 8431-8438.

[55] Sun H, Fu X, Xie S, et al. A novel slicing method for thin supercapacitors. Adv. Mater., 2016, 28 (30): 6429-6435.

[56] Luo Y, Zhang Y, Zhao Y, et al. Aligned carbon nanotube/molybdenum disulfide hybrids for effective fibrous supercapacitors and lithium ion batteries. J. Mater. Chem. A, 2015, 3 (34): 17553-17557.

第8章 纤维电化学电池

随着全球经济和技术革新，大量的新兴科学技术正逐渐通过工业化走进我们的日常生活。然而随着技术探索的不断深入，瓶颈问题也日益凸显。在电子器件领域，能源供给问题已经成为限制技术应用和突破的一个重要因素。如在智能手机行业，核心元器件依然符合摩尔定律，但智能手机电池的比容量每年只能提升5%左右，所以能源器件的发展不能有效匹配其他技术发展的需求。传统化石能源的枯竭，激发了人们对新兴能源的探索，而电能作为一种可再生、来源广、污染小的清洁能源，已经成为生活中重要的能量来源之一。如今，作为电能储存器件的电池，已广泛应用于生产生活的各个方面。

8.1 电化学电池概述

把物质的化学变化所释放的能量直接转变成电能的装置叫作电池，电池的发展至今已经有200多年的历史。在电化学电池中，必须发生物质的氧化还原反应，才有能量释放出来。释放出来的能量转变成电能，然后通过外电路输出电流做功。电池的种类有很多，每种电池的反应原理是不同的。一般来说，电池性能最重要的指标包括比容量、功率密度、能量密度和循环稳定性。

8.1.1 电池的组成

通常电池由正极、负极、电解质、隔膜和封装材料构成。每一部分都有重要的作用。电池中发生氧化还原反应放出能量的物质，称为活性物质。在正极上使用的活性物质叫作正极活性物质，在负极上使用的活性物质叫作负极活性物质。

1. 正极

正极是电池中的氧化电极，它的电势高于负极。在放电过程中，正极从外部电路接收电子并发生还原反应；在充电过程中，正极失去电子并发生氧化反应。目前大多数正极材料都是金属氧化物或金属盐[1, 2]。此外，还有金属卤化物、硫化物等作为其他电池系统的专属材料[3]。正极材料的选择要求包括：①稳定性好。②比容量高。③与负极良好匹配，形成合适的电压窗口[4]。一般情况下，需要根据负极的类型，选择合适的正极材料组装成全电池。

2. 负极

负极是电池的还原电极，电极电势比正极低。在放电时，负极失去电子，发生氧化反应；在充电时，负极从外电路接收电子，发生还原反应。负极应具有较低的电极电势，所以通常选用金属作为负极材料。最先使用的负极材料是锌，因为锌的储量大并且性质比较稳定[5]，早期就使用锌作为负极材料制备出了锌锰干电池[6]。锂是最轻的活泼金属，具有很高的理论比容量[7]。但在实际应用中，锂金属在沉积时很容易生成枝晶，这些枝晶会引起巨大的安全问题。近些年来，科学家们付出了巨大努力抑制锂枝晶的生长，并取得了很大成效。在未来，锂金属可能成为最实用的负极材料。当然，可用的负极材料还包括钠、镁、铝、钾、钙等。以这些金属作为负极的新型电池也得到了广泛的研究[8]。

3. 电解质

电解质是存在于正极和负极材料之间的一种物质。它具有以下两个特点：①电解质是电子绝缘体，避免正极和负极直接连接而导致的短路。②电解质是良好的离子导体，它在正负极之间实现离子的迁移，因此电解质必须拥有较高的离子电导率。电解质多数为液态，这样可以保证较高的离子电导率，如有机溶液、水溶液以及离子液体[9, 10]。但也存在少数的固态电解质，通常只能在较高温度下才能正常工作，如无机物、聚合物和复合固态电解质[11]。这些固态电解质由于具有极佳的柔性和不可燃性，有时能为电化学电池提供更好的选择。

根据不同的分类方式，电解质可以被分为很多种。如果以酸碱度作为分类标准。通常可以将电解质分为三种。①酸性电解质：以硫酸溶液为主，如铅酸电池[12]。②碱性电解质：以氢氧化钾溶液和氢氧化钠溶液为主，如碱性锌锰电池[13]。③中性电解质：电解质为盐溶液，如锂金属电池、锂离子电池等[14]。

4. 隔膜

在电池中，正极和负极应是分隔开的，以避免电池内部短路。把正极和负极隔开的物质叫作隔膜。隔膜应是电子绝缘体又能保证离子能在其内部快速迁移。通常电池体系中电解质和隔膜是两种不同的材料。但使用固态或是准固态电解质时，电解质同时可以起到隔膜的作用，无须使用其他隔膜材料。通常使用的电池隔膜材料有聚乙烯、聚丙烯、聚酰亚胺、尼龙等[15]。这些隔膜材料具有强度高、透气性好、耐氧化能力强、耐高低温的特点，从而保证电池能有效稳定的工作。

8.1.2　电池的分类

根据不同的标准，电池可以被分为很多种类。以电池能否循环使用作为标准，可以将电池分为以下三种：①活性物质仅能使用一次的电池叫作一次电池。②放电后通过充电可继续使用的电池叫作二次电池。③活性物质从外部连续不断地提供给电极的电池叫作燃料电池[16]。

1. 一次电池

一次电池又称原电池，即不能再次充电的电池，如锌锰电池、碱性锌锰电池。因此，一次电池在完全放电后只能通过回收进行安全处理。一次电池具有体积小、能量密度较高、使用方便的优势。但由于不能二次充电、不环保等缺点，极大地限制了它的应用领域。目前，一次电池一般使用在非连续工作的小型日用电器当中，如遥控器、儿童玩具等。

2. 二次电池

二次电池具有可多次循环充放电、容量大、免拆卸等优势，在很多领域正逐渐替代一次电池。目前技术成熟并广泛投入使用的二次电池主要包括铅酸电池、镍镉电池、锂离子电池[17]（图 8.1）。铅酸电池和镍镉电池会导致重金属污染，主要使用在较大型用电设备当中，如电动力车、工业厂区的备用电源等。锂离子电池具有循环稳定性高、无记忆效应等突出优势，很多场合已逐渐代替其他种类的电池。由于锂离子电池体积可以控制到很小，所以在很多电子器件如智能手机、可穿戴设备中得到了广泛应用。除此之外，还有很多新型、具有发展潜力的电池体系，包括锂金属电池、钠金属电池、金属空气电池等[18]。

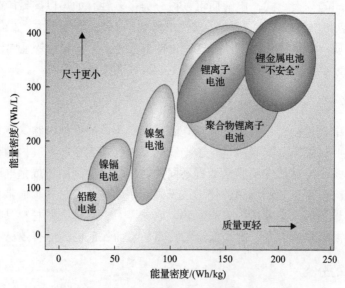

图 8.1　各种可充电电池的能量密度[4]

3. 燃料电池

燃料电池的工作原理与其他电池相同，只是电池并不是一个封闭体系。活性材料并不储存在电池内部，而是根据需求不断地从外部输入到电池内部。输入的活性物质可以是液态，也可是气态。通常，氧气作为氧化剂输入到电池的正极，如果负极不断输入氢气，这就构成了我们熟悉的氢氧燃料电池。由于输入的这些活性材料与普通热机使用的燃料种类相同，所以习惯上把这类电池称为燃料电池。相较于其他电池，燃料电池只要有活性物质不断输入，电池就可以一直进行工作。燃料电池中正负极材料本身并不发生电化学反应，但是通常它们具有催化功能，可以增强活性材料的氧化性或是还原性。

8.1.3　电池的工作原理

电池的放电机理如图 8.2 所示。对于二次电池来说，电池的充电过程和放电过程是完全可逆的。当电池放电时，电子经过外电路从负极流向正极。负极失去电子发生氧化反应，正极接收电子发生还原反应。在电池内部，通过阴阳离子在电解质中的迁移形成闭合的回路并维持整个体系的电中性。充电时的反应与放电时的完全相反。

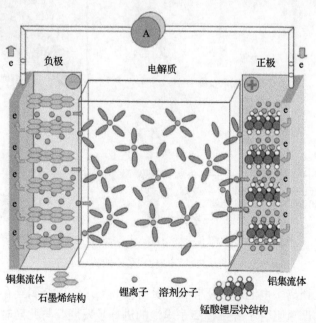

图 8.2　电池的放电机理[9]

8.2　纤维锂离子电池

由于独特的一维结构和性能优势，纤维锂离子电池在学术界和工业界备受关注。纤维电极是构建纤维锂离子电池的关键，通常由集流体和活性材料两部分组成。理想的柔性纤维电极需要同时满足以下基本要求：①纤维集流体与活性材料间具有较强的界面相互作用。②活性材料在导电集流体上具有较高的负载量。③纤维集流体具有良好的柔性和导电性能。

在真正意义上的纤维锂离子电池出现之前，人们曾经尝试把锂离子电池做成电缆状。钴酸锂（$LiCoO_2$）是商用锂离子电池中常用的正极活性材料。参考商用锂离子电池正极的制备方式，将 $LiCoO_2$ 正极浆料通过蘸涂的方式负载到铝丝上得到 $Al/LiCoO_2$ 纤维正极，将 Ni-Sn 合金通过电沉积负载在铜丝上作为负极纤维（如图 8.3 所示），然后将两根纤维电极缠绕到棒状基底上，使用 1 mol/L $LiPF_6$ 的电解液组装得到锂离子电池。该电池表现出 1 mAh/cm 的比容量和 20.4 mWh/cm 的能量密度[19]。

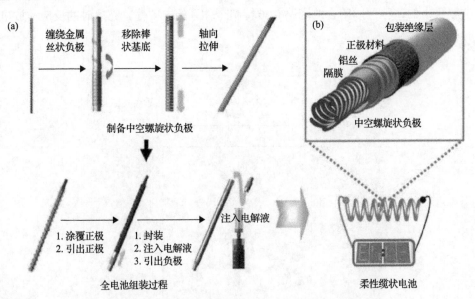

图 8.3　锂离子电池制成电缆形态的构建示意图[19]

由于纤维锂离子电池对轻质和柔性具有较高要求，而金属丝存在密度大、柔性差等问题，严重阻碍了纤维锂离子电池的进一步发展。与此同时，我们开启了碳纳米管纤维电极的研究工作，提出并发展了一系列基于碳纳米管导电纤维的高性能纤维锂离子电池。

8.2.1　纤维碳纳米管/二氧化锰正极

1. 材料合成

　　纤维锂离子电池在 2012 年正式诞生,我们将碳纳米管纤维和二氧化锰电极活性材料复合作为纤维锂离子电池的正极。取向碳纳米管纤维的制备方法如第 2 章中所述,纤维的直径为 20~30 μm。通过电沉积将二氧化锰负载到碳纳米管纤维集流体上,得到的复合纤维电极保持了良好的柔性以及较高的力学强度和电导率。使用锂金属丝作为负极纤维,与碳纳米管/二氧化锰复合纤维组装成纤维锂离子电池。电解质为 1 mol/L 的 $LiPF_6$ 有机电解液,其溶剂为碳酸亚乙酯、碳酸二乙酯和二甲基碳酸酯的混合物(也称为 LB303)。纤维锂离子电池的示意图如图 8.4 所示。碳纳米管纤维具有良好的导电性和较大的比表面积,电沉积的二氧化锰纳米颗粒可以稳定地负载在碳纳米管纤维表面,因此该纤维电池无须使用金属集流体和聚合物黏结剂[20]。

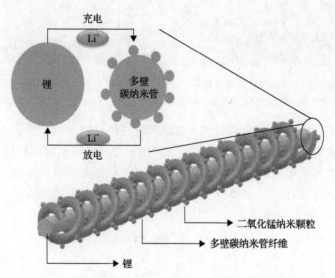

图 8.4　锂丝作为负极和碳纳米管/二氧化锰复合纤维为正极的纤维锂离子电池[20]

2. 结构表征

　　通过控制电沉积过程的循环次数,可以有效控制碳纳米管纤维电极上二氧化锰的沉积量,其质量分数为 0.5%~8.6%,纳米颗粒的直径为 110~340 nm,其扫描电子显微镜照片如图 8.5 所示,二氧化锰纳米颗粒在碳纳米管纤维表面均匀分布,碳纳米管纤维的柔性、力学强度和导电性在负载二氧化锰后没有显著变化。碳纳米管/二氧化锰复合纤维电极具有良好的柔性,在经过 100 次弯曲后,纤维电极依然保持完整的结构和较高的电导率。

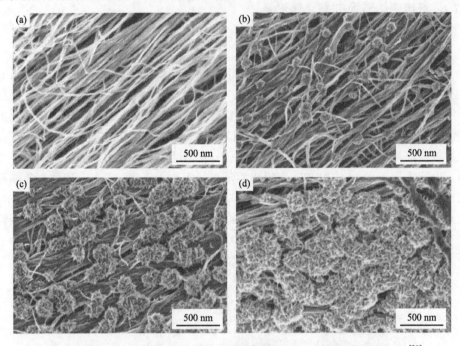

图 8.5　取向碳纳米管纤维在沉积二氧化锰纳米粒子前后的扫描电镜照片[20]

(a)纯碳纳米管纤维；二氧化锰质量分数分别为 0.5%(b)、4.1%(c)和 8.6%(d)时的复合纤维

将碳纳米管/二氧化锰复合纤维、碳纳米管纤维分别与锂丝组装成纤维锂离子电池，其充放电曲线如图 8.6 所示。由于碳纳米管纤维嵌锂电位较低(∼0.4 V)，故无法作为锂离子电池的正极。而碳纳米管/二氧化锰复合纤维放电平台为 1.5 V，在 5×10^{-4} mA 的电流下表现出 109.62 mAh/cm^3(218.32 mAh/g)的比容量和 92.84 mWh/cm^3 的能量密度。

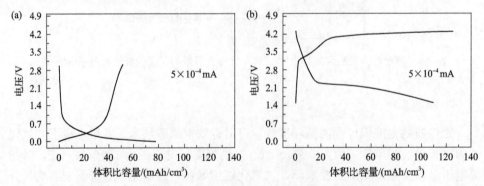

图 8.6　纤维锂离子电池在 5×10^{-4} mA 电流下的充放电曲线[20]

(a)纯碳纳米管纤维；(b)二氧化锰质量分数为 4.1%的复合纤维。两种纤维锂离子电池均使用锂丝作为负极

3. 结论

通过电沉积得到取向碳纳米管/二氧化锰复合纤维电极具有优异的力学和电学性能，组装得到的纤维锂离子电池显现出良好的电化学性能，柔性的一维结构还使得其在可穿戴器件中具有一定的应用前景。然而，目前还缺乏相应纤维负极与之相匹配，金属锂负极具有极大的安全隐患，制约了此类纤维电池的实际应用。

8.2.2　碳纳米管/硅复合纤维负极

在上一节中，我们成功地制备了碳纳米管/二氧化锰复合纤维正极，并使用金属锂丝作为负极组装得到了纤维锂离子电池。柔性是纤维器件的主要优势，但是金属锂丝柔性相对较差且存在安全性问题，不利于纤维锂离子电池的进一步发展。为了满足纤维锂离子电池对柔性和安全性的要求，我们需要制备一种柔性和轻质的纤维电极代替锂丝作为负极，应用于纤维锂离子电池中。

硅是一种受到广泛关注的锂离子电池理想负极材料，其理论容量高达 4200 mAh/g，嵌锂电位为 $0.2 \sim 0.4 \, \mathrm{V}$（$vs. \, \mathrm{Li/Li^+}$）。然而，硅负极在实际应用中同样面临许多挑战，其主要原因是硅负极材料在充电过程中因为合金化反应会发生明显体积膨胀（400%），进一步导致硅负极粉化和电极表面的固态电解质膜（SEI）破裂，从而使得电池失效。为了解决上述难题，我们基于取向碳纳米管纤维，进一步发展了高能量密度的碳纳米管/硅复合纤维负极，下面详细介绍[21]。

1. 材料的合成

与碳纳米管/二氧化锰复合纤维的制备过程不同，硅并非直接沉积在碳纳米管纤维表面，而是利用电子束蒸发将硅纳米颗粒沉积到取向碳纳米管薄膜上，然后在 180r/min 的转速下加捻得到碳纳米管/硅复合纤维负极，其制备过程如图 8.7 所示。

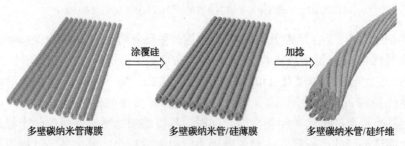

图 8.7　碳纳米管/硅复合纤维的制备过程[21]

2. 结 构

在取向碳纳米管薄膜表面沉积硅后，其加捻得到的复合纤维与纯取向碳纳米管纤维相比，直径发生明显变化，从 30 μm 增加到 60 μm（图 8.8）。沉积过程并不影响碳纳米管的取向性，复合纤维中的碳纳米管仍然保持良好的取向。硅均匀地包覆在每一根碳纳米管上，形成典型的核壳结构。沉积的硅含量由溅射时间决定，利用沉积参数和能谱仪计算得出，复合纤维中硅的质量分数为 38.1%，从扫描电镜中估计出碳纳米管表面的硅沉积层厚度约为 20 nm。拉曼光谱在 470 cm^{-1} 处的宽峰说明沉积上去的硅主要是非晶硅。

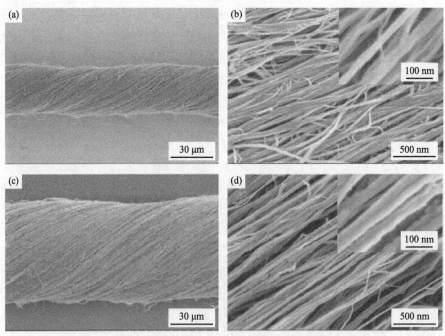

图 8.8　碳纳米管纤维负载硅前后的扫描电镜照片[21]
纯碳纳米管纤维低倍(a)和高倍(b)扫描电镜照片；
硅含量为 38.1%的碳纳米管/硅复合纤维低倍(c)和高倍(d)扫描电镜照片

碳纳米管/硅复合纤维具有良好的柔性，在反复弯曲后其结构保持稳定。将该复合纤维电极应用于纤维锂离子电池，在 LB303 电解质中与金属锂丝配对（图 8.9）进行电化学测试（LB303 的组分参考 8.2.1 节）。复合纤维中碳纳米管和硅的核壳结构带来的协同效应，可以充分发挥硅负极的储锂能力，因此该锂离子电池具有较高的电化学储能性能。同时，独特的加捻结构使得碳纳米管之间的空隙能够适应硅的体积膨胀，避免硅因为应力发生粉化，减小循环过程中的容量衰减。

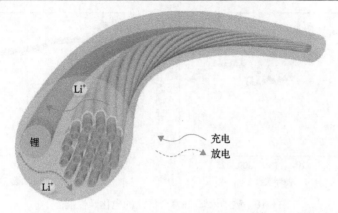

图 8.9　基于碳纳米管/硅复合纤维的纤维锂离子电池[21]

3. 电化学性能

使用金属锂丝同时作为对电极和参比电极，在 0.02～1.20 V 的电压窗口内测试碳纳米管/硅复合纤维的电化学性能。其放电曲线在约 0.4 V 处有一个电压平台，与硅的嵌锂电位对应。与碳纳米管纤维相比，碳纳米管/硅复合纤维具有更高的比容量，并且随硅含量的增加线性增长，如图 8.10 所示。然而如前所述，纯硅负极的循环稳定性较差，100 次充放电循环后容量保持率只有初始值的 32%，主要是因为硅在合金化反应过程中的体积变化。将沉积了硅的铜箔作为对照组，镀硅铜箔第一圈表现出 3537 mAh/g 的高容量，但是 30 次循环后只有初始容量的 46.6%。而碳纳米管/硅复合纤维电极在循环过程中，比容量相对稳定，在经过 50 次充放电循环后仍然能保持 58%。碳纳米管/硅复合纤维同时表现出良好的柔韧性，它能够在连续弯曲 100 次后保持其原有的电化学性能，在 20 次形变后，依然保持了 94% 的容量。

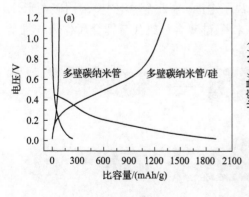
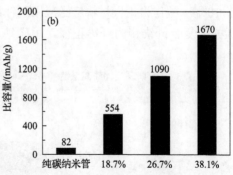

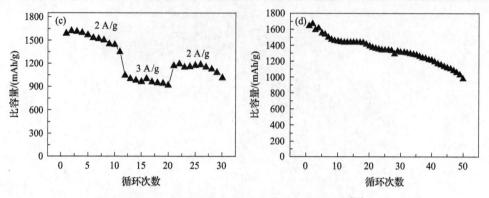

图 8.10　碳纳米管/硅复合纤维的电化学性能[21]

(a)纯碳纳米管纤维和碳纳米管/硅复合纤维的充放电曲线；(b)不同硅含量的复合纤维的比容量；
(c)、(d)分别为碳纳米管/硅复合纤维的倍率性能和循环性能。上述测试中，碳纳米管/硅复合纤维中硅的
质量分数为 38.1%，循环性能测试的电流密度为 1 A/g

4. 结论

由于碳纳米管与硅之间的协同效应以及独特的加捻结构，碳纳米管/硅复合纤维表现出良好的柔性和电化学性能，可以取代锂丝作为纤维锂离子电池的负极。但是依然需要进一步地提高复合纤维的电化学稳定性，以满足实际应用的要求。

8.2.3　纤维锰酸锂/硅电池

在上述工作中，我们通过制备碳纳米管/硅复合纤维，成功解决了金属锂的安全性问题。下面我们将其与碳纳米管基的纤维正极进行配对，构建纤维全电池。

1. 材料的合成

锰酸锂具有较高的工作电压(约 4 V)和结构稳定性(充放电过程中体积变化小于 10%)，被作为正极材料广泛应用于锂离子电池。在此全电池中，使用碳纳米管/锰酸锂复合纤维作为纤维正极，用碳纳米管/硅复合纤维代替锂金属作为纤维负

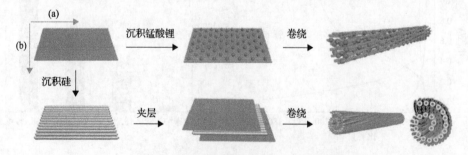

图 8.11　碳纳米管复合纤维的制备过程[22]

(a)碳纳米管/锰酸锂复合纤维；(b)碳纳米管/锰酸锂复合纤维

极。将水热法合成的锰酸锂颗粒通过溶液加工法直接负载到取向碳纳米管薄膜上，进一步加捻得到复合纤维。为了提高 8.2.2 中制备的碳纳米管/硅复合纤维的循环稳定性，设计了一种三明治结构的多层复合纤维，将使用电子束蒸发法沉积有硅负极的碳纳米管薄膜夹在两层碳纳米管薄膜之间，然后加捻成具有多层结构的复合纤维，可以有效地改善由于硅负极体积膨胀造成的容量衰减[22]。

2. 形貌结构

在碳纳米管/硅复合纤维中，硅均匀附着在碳纳米管的表面，形成了具有同轴结构的碳纳米管/硅复合纳米管，碳纳米管和碳纳米管/硅复合纳米管均保持高度取向结构[图 8.12(a)，(b)]。通过将碳纳米管/硅复合膜与另外两层取向碳纳米管薄

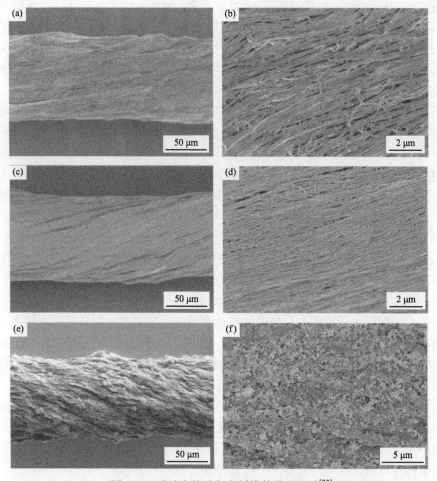

图 8.12　碳纳米管基复合纤维的微观形貌[22]

碳纳米管/硅复合纤维分别在低倍(a)和高倍(b)下的扫描电镜照片；碳纳米管/硅多层结构复合纤维分别在低倍(c)和高倍(d)下的扫描电镜照片；碳纳米管/锰酸锂复合纤维分别在低倍(e)和高倍(f)下的扫描电镜照片

膜进一步复合,得到碳纳米管/硅/碳纳米管多层结构的复合纤维,其中的碳纳米管同样具有良好的取向结构[图 8.12(c),(d)]。碳纳米管/硅复合纤维的直径大约为 100 μm。通过热重分析可知,复合纤维中硅的质量分数为 62%。如图 8.12(e),(f)所示,通过溶剂法负载了锰酸锂颗粒的碳纳米管/锰酸锂复合纤维中,碳纳米管也保持了明显的取向结构,复合纤维的直径约为 100 μm。锰酸锂的平均粒径为 400 nm,质量分数约为 75%。

3. 电化学性能

首先,以金属锂丝作为参比电极和对电极,分别与两种复合纤维电极组装成半电池进行电化学性能测试。在 0.1 mV/s 的扫速下,碳纳米管/硅复合纤维的循环伏安线性扫描特性曲线(CV)如图 8.13(a),第一圈中出现了介于 0.5~1.0 V 的反应峰,说明在硅负极表面形成了固态电解质界面。非晶 Li_xSi 的相转变和晶态 $Li_{15}Si_4$ 的形成对应的电极电势分别为 0.17 V 和 0.04 V,在 0.6 V 的阳极峰对应着非晶 Li_xSi 与非晶硅之间的相转变过程。在 0.4 C 电流下,初始脱锂容量(充电容量)为 2240 mAh/g,其容量在 100 次充放电循环后依然保持初始充电容量的 88%。碳纳米管骨架为硅负极提供了有效的导电通路和良好的力学支撑,使得电池能够在大电流下稳定工作。在 2 C(8400 mA/g)的大电流下,碳纳米管/硅复合纤维依然能够提供 1523 mAh/g 的脱锂容量,在 400 圈循环后保持了超过 85%的容量[图 8.13(b)]。多层复合结构大幅提升了复合纤维电极的电化学稳定性,包覆碳纳米管/硅复合薄膜的外层碳纳米管薄膜可以有效缓冲硅负极在充电过程中的体积膨胀并防止硅的脱落。图 8.13(c)是碳纳米管/锰酸锂复合纤维在 0.5 C 倍率下的恒流充放电曲线,其中在充电和放电曲线上都能观察到两个电压平台,分别表示从欠锂态的 $\lambda\text{-}MnO_2$、$Li_{0.5}Mn_2O_4$ 到满锂态的 $LiMn_2O_4$ 的可逆相转变过程。在 1 C 的电流下,进行充放电循环测试,表现出非常稳定的电化学性能,其初始放电容量为 101 mAh/g,库仑效率为 92%,在 100 次循环后其容量保持率高达 94%[图 8.13(d)]。

因为锰酸锂处于满锂态,全电池不需要预锂化的过程。新装配出的锂离子电池处在放电状态,需要先进行充电。在充电过程中,锂离子从正极锰酸锂中脱出,在负极与硅发生合金化反应,放电过程则与之相反。负极和正极的容量匹配性是关系全电池性能的关键因素。理想情况下,正负极的容量应当保持相等,以确保从正极脱出的锂能完全嵌入负极。在实际使用中,锂离子电池的充放电过程总是涉及电极与电解质的副反应,通过消耗电解质形成固态电解质界面,从而导致较大的不可逆容量。因此,纤维全电池中负极和正极的质量配比需要进行精细调控,使负极的容量稍过量以填补形成 SEI 过程中导致的容量损失。纤维的全电池长度密度为 27 mg/cm,其中包括 0.18 mg/cm 的 Si 和 2.1 mg/cm 的锰酸锂。根据长度密度和循环几圈之后的稳定容量,将负极和正极的容量比控制为 1.5∶1。

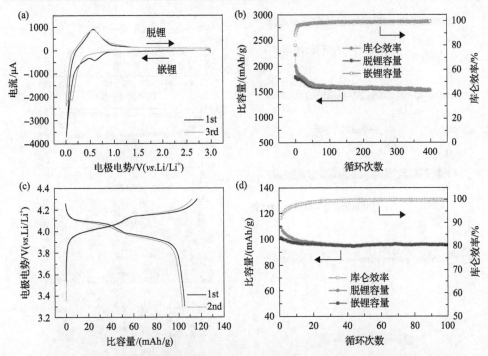

图 8.13　碳纳米管/硅和碳纳米管/锰酸锂复合纤维的电化学性能[22]
电流为 2 C 时碳纳米管/硅多级复合纤维的循环伏安曲线(a)和长效循环性能(b);
碳纳米管/锰酸锂复合纤维在 0.5 C 的充放电曲线(c)和 1 C 时的长效循环性能(d)

　　如图 8.14(a),将碳纳米管/锰酸锂纤维正极、碳纳米管/硅纤维负极依次缠绕到棉纤维上,并涂布凝胶电解质,经过封装得到纤维全电池。该纤维锂离子电池在凝胶电解质中的输出电压为 3.4 V,与锰酸锂(4 V)和硅(0.6 V)充放电平台的电势差一致。初始的比容量为 106.5 mAh/g(相对于碳纳米管/锰酸锂正极),在 100 圈后容量保持率为 87%[图 8.14(b),(c)]。得益于两电极较好的容量匹配性,纤维全电池在数百圈循环后依然稳定工作。该纤维电池具有巨大的应用前景,一根 2 cm 的纤维锂离子电池即可点亮一个 LED 灯[图 8.14(d)]。此外,纤维锂离子电池还具有良好的柔性和较小的直径,可以很容易被编入衣物以满足可穿戴设备的应用需求[图 8.14(e)]。

4. 结论

　　基于碳纳米管/锰酸锂和碳纳米管/硅复合纤维的纤维锂离子电池表现出了优异的电化学性能。它不需要使用金属锂,具有质轻、柔性等优势,可以被编成织物。然而,全电池不能充分利用硅电极的高容量,全电池的容量仅为 106.5 mAh/g。此外,负极和正极之间的容量匹配使得制备过程复杂。因此,需要进一步发展纤维锂离子电池。

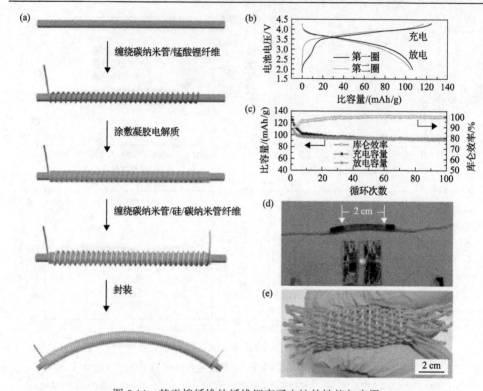

图 8.14　基于棉纤维的纤维锂离子电池的性能与应用

(a)基于棉纤维的纤维锂离子全电池的构建过程；(b)在 1 C 倍率下的充放电曲线；(c)在 1 C 时的循环稳定性能；
(d)纤维锂离子电池点亮 LED 灯的照片；(e)纤维锂离子电池与织物集成的光学照片[22]

8.2.4　纤维锰酸锂/钛酸锂电池

在上述研究中，使用碳纳米管/硅复合纤维代替金属锂丝作为负极应用于纤维锂离子电池，具有较高的容量和安全性。这标志着一个巨大的进步，因为这意味着纤维锂离子电池避免了锂金属的安全风险，且更加符合可穿戴的需求。然而，其性能不够稳定且制备过程复杂，因此电池器件的可靠性差，于是我们将目光转向一种已经成熟商业化应用的负极材料——钛酸锂。

钛酸锂得益于其独特的尖晶石固溶体晶体结构，作为一种零应变材料受到了广泛的关注，其在嵌锂和脱锂过程中晶格常数和体积变化很小，因此在充放电过程中非常稳定。且其相转变过程不会阻碍锂离子迁移，因此可以进行大电流的充放电，具有非常好的倍率性能。钛酸锂的工作电压为 1.5 V (vs. Li/Li$^+$)，高于大多数常用电解质的分解电压，不会因为固态电解质界面的形成造成不可逆容量损失，具有更好的循环性能。以锰酸锂为正极、钛酸锂为负极的锂离子电池已经实现了商业化，其电压平台为 2.5 V。下面我们将讨论以碳纳米管/锰酸锂和碳纳米管/钛酸锂复合纤维分别作为正负电极的纤维锂离子电池[23]。

1. 材料的合成

锰酸锂纳米粒子通过水热法合成,而钛酸锂纳米粒子是通过固相球磨法合成。X 射线衍射图样显示,制备得到的锰酸锂和钛酸锂都呈尖晶石结构,扫描电镜照片显示这些金属氧化纳米颗粒的直径都在百纳米级别。纤维电极是纤维锂离子电池的关键,在上述讨论的工作中可纺碳纳米管阵列制备的碳纳米管纤维显现出了巨大的优势,活性材料可以在干法纺丝过程中负载在取向碳纳米管薄膜上,通过加捻得到复合纤维电极。使用 N,N-二甲基甲酰胺作为溶剂,分别将钛酸锂和锰酸锂纳米粒子分散形成均一稳定的悬浮液,将取向碳纳米管薄膜分别浸没在两种悬浮液中,通过加捻将活性材料包裹在碳纳米管纤维内部。由于亲疏水作用和表面张力,取向碳纳米管薄膜遇到溶剂时容易收缩。N,N-二甲基甲酰胺是一种良好的溶剂,它可以在分散纳米粒子的同时保持碳纳米管薄膜的结构稳定。将一定量的碳纳米管加入到锰酸锂悬浮液中有利于辅助锰酸锂纳米粒子固定在复合纤维上,通过在碳纳米管/钛酸锂复合纤维表面蘸涂一层氧化石墨烯,也有利于改善复合纤维的结构稳定性。

2. 结构

图 8.15 所示为碳纳米管/钛酸锂和碳纳米管/锰酸锂复合纤维的扫描电镜照片。

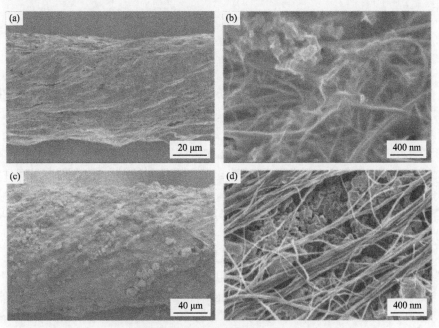

图 8.15　碳纳米管负载活性材料的扫描电镜照片[23]

(a)、(b)碳纳米管/钛酸锂复合纤维;　(c)、(d)碳纳米管/锰酸锂复合纤维两种纤维的直径分别约为 130 μm 和 70 μm，电极材料纳米粒子被均匀负载在碳纳米管纤维上。在两种复合纤维电极的表面可以明显观察到分别用于固定钛酸锂和锰酸锂纳米粒子的氧化石墨烯片层和碳纳米管。它们可以搭接形成网状结构，防止电极材料在充放电过程中脱离，有利于提高纤维电极的循环稳定性。碳纳米管/钛酸锂和碳纳米管/锰酸锂复合纤维的线密度分别为 2 mg/m 和 10 mg/m。热重分析说明两种复合纤维中锰酸锂和钛酸锂的质量分数分别为 90% 和 78%。这两种纤维都具有良好的柔性和强度，在各种形变之后都能保持结构稳定。将两种纤维电极平行放置在热缩管中组装成纤维电池，使用聚偏二氟乙烯膜作为隔膜防止其短路（图 8.16）。最后，在手套箱中完成注液封装，使用的电解液为 LB303。

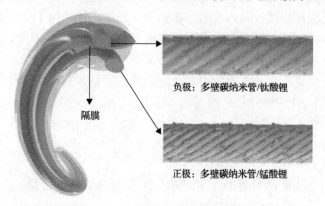

负极：多壁碳纳米管/钛酸锂

隔膜

正极：多壁碳纳米管/锰酸锂

图 8.16　纤维锂离子全电池示意图[23]

3. 电化学性能

以金属锂作为对电极和参比电极，分别对负极纤维和正极纤维的电化学性能进行表征。图 8.17(a) 和 (c) 显示了两个复合纤维电池的充放电曲线。碳纳米管/钛酸锂和碳纳米管/锰酸锂复合纤维的比容量分别计算为 60 mAh/g 和 150 mAh/g。碳纳米管/钛酸锂复合纤维的放电平台是 1.5 V，碳纳米管/锰酸锂复合纤维的充电平台是 4.0 V。在循环 200 圈以后，两个半电池的容量保持在 80% 以上，容量保持率比纤维硅负极高很多[图 8.17(b)，(d)]。对照组实验表明，对于碳纳米管/钛酸锂复合纤维，无氧化石墨烯时循环 200 圈的容量保持率为 60%。电极浆料中加入碳纳米管可以提高碳纳米管/锰酸锂纤维的倍率性能。

碳纳米管/钛酸锂和碳纳米管/锰酸锂复合纤维都表现出稳定的电化学性能，将其匹配成全电池，具有理想的比容量和电压平台（图 8.17）。0.01 mA 的电流下，纤维钛酸锂/锰酸锂电池的比容量高达 138 mAh/g（相对负极纤维而言），体积能量密度为 17.7 Wh/L，体积功率密度为 560 W/L（相对正负极体积之和）。以 0.05 mA 的电流进行全电池的循环稳定性测试，循环 100 圈后容量保持率为 85%，库仑效率超过 80%。

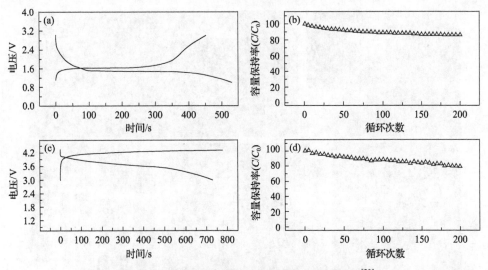

图 8.17　碳纳米管负载活性材料后的电化学性能[23]

碳纳米管/钛酸锂复合纤维电极半电池的充放电曲线(a)和长效循环性能(b)；碳纳米管/锰酸锂复合纤维电极半电池的充放电曲线(c)和长效循环性能(d)，充放电曲线的测试电流为 0.02 mA，长效循环性能的测试电流为 0.05 mA，半电池中两种复合纤维的长度均为 1 cm

4. 柔性和可拉伸性能

得益于碳纳米管复合纤维良好的柔性和力学强度，纤维锂离子全电池具有良好的柔性，可以被弯曲成不同的形状，依然可以保持结构和性能的稳定[图 8.18(a)，(b)]。此外，该电池的长度可达 200 cm，如图 8.18(d)所示，有望满足实际应用的需求。一根长度为 10 cm 的纤维锂离子电池可以同时点亮 9 个红色 LED 一分钟以上[图 8.18(c)]。纤维锂离子全电池在可穿戴设备中具有良好的应用前景，通过编织可以得到与衣物集成的柔性储能织物[图 8.18(e)～(g)]。

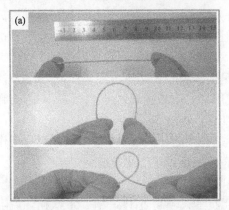
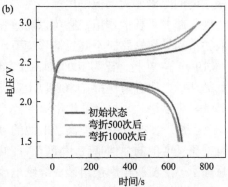

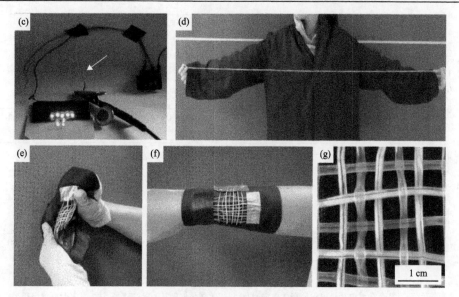

图 8.18　纤维锂离子电池的柔性表征[23]

(a)不同弯曲形状的纤维锂离子电池的光学照片；(b)在 0.05 mA 电流下，纤维锂离子电池在反复弯曲 500 次和
1000 次后的充放电曲线；(c)一根 10 cm 长的纤维锂离子电池点亮 9 个 LED 灯；(d)长度为 200 cm 的纤维锂离子
电池；(e)~(g)由纤维电池编织成的储能织物

　　为了满足可穿戴设备在实际应用过程中的拉伸形变需求，纤维锂离子电池需
要具备可拉伸性。然而这是一个充满挑战性的课题，因为碳纳米管电极和液态电
解质构建的纤维全电池无法适应拉伸形变，但是通过将正、负极复合纤维平行地
缠绕在弹性纤维基体上，并使用凝胶电解质代替液态电解质，然后密封在热缩管
内，可以有效构建具有高弹性的纤维锂离子电池，如图 8.19(a)所示。全电池器件
的可拉伸性源于弹性基体，纤维电极螺旋状缠绕结构巧妙地解决了碳纳米管/钛酸
锂和碳纳米管/锰酸锂复合纤维无弹性的问题。纤维锂离子电池被拉伸时，虽然正
负极之间的距离变大，但是电池仍然保持完整的结构。凝胶电解质在可拉伸锂离
子电池中起着重要的作用，它可以随着弹性基底一起形变，并且能够防止纤维电
极发生滑动导致短路。不同拉伸形变下，可拉伸纤维电池具有良好的容量保持率
[图 8.19(b)]，在拉伸比为 100%时，比容量仍然保持在 90%以上，在经过了 200 次
拉伸循环后，比容量保持在 80%以上。使用聚二甲基硅氧烷代替橡胶纤维作为弹
性基体，可以进一步提高纤维电池的拉伸比至 600%[23]。

　　为了进一步提高纤维锂离子电池的可拉伸性能，聚二甲基硅氧烷纤维被用作
纤维锂离子电池的弹性基底。将匹配好的正负极纤维平行螺旋缠绕在弹性基底上，
然后涂上一层凝胶电解质组装成纤维电池。在形变过程中，复合纤维电极显示出
优异的稳定性，当应变达到 200%，电池阻抗变化不超过 1%，在 100 次循环后阻
抗变化不超过 5%(图 8.20)。因此拉伸状态的纤维电池表现出稳定的电化学性能，

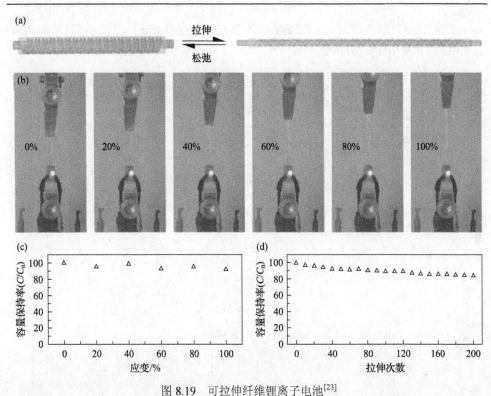

图 8.19　可拉伸纤维锂离子电池[23]

(a) 纤维锂离子电池在拉伸过程中的结构变化示意图；(b) 不同拉伸状态下的纤维锂离子电池为 LED 灯供电；
(c) 不同应变下的容量变化；(d) 拉伸比为 100% 时，容量随拉伸次数的变化，C_0 和 C 对应于拉伸前后的比容量

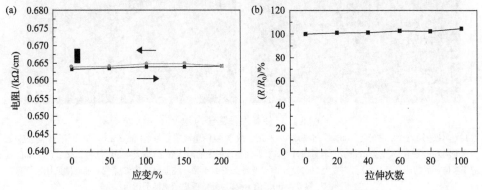

图 8.20　拉伸状态下，复合纤维电极的电阻稳定性[24]

(a) 负极纤维在拉伸回复过程中的阻抗变化(最大可拉伸比为 200%)；
(b) 阻抗随着拉伸次数的变化(拉伸比为 200%)，R_0 和 R 对应于拉伸前后的阻抗

在 200% 的应变下，其容量保持率在 93% 以上；在 100 次拉伸循环后，容量保持率超过 90%。在 100% 的应变下，对拉伸状态的纤维电池进行循环性能测试，在 50 次充放电循环后，容量保持率超过 90%(图 8.21)。可拉伸纤维电池在可穿戴设

备中表现出巨大的应用前景，在应变高达 200%的拉伸状态下，电池可以持续为红色 LED 灯供电(图 8.21)[24]。

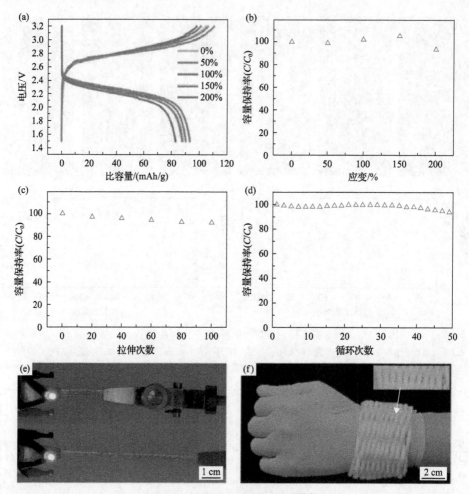

图 8.21　超弹性锂离子电池*[24]

(a)拉伸比分别为 0%、50%、100%、150%和 200%的充放电曲线(电流密度为 0.1 mA/cm)；(b)、(c)不同的应变和应变循环次数下(应变为 100%)的容量保持率，拉伸回复过程中的阻抗变化(最大可拉伸比为 200%)，C_0 和 C 对应于拉伸前后的比容量；(d)当应变为 100%时，纤维电池的充放电循环性能，C_0 和 C 分别对应首圈的比容量和其后每圈的比容量；(e)、(f)超弹性纤维锂离子电池的应用

*扫描封底二维码见本图彩图

5. 结论

　　通过组装碳纳米管复合纤维正负极可以得到纤维锂离子全电池。无须使用锂金属作为负极，因此该全电池避免了此前存在的安全性问题。其具有良好的循环稳定性和倍率性能，它的体积能量密度和功率密度远高于薄膜锂离子电池。此外，

纤维锂离子全电池还具有良好的柔性和力学强度，可以被编成织物。通过与弹性纤维基底相结合，可以得到可拉伸纤维锂离子电池，通过引入超弹性纤维基底可以进一步提高纤维电池的可拉伸性能。

8.3　纤维金属-空气电池

柔性可穿戴电子设备的发展和进步，对柔性供能体系的能量密度，即续航能力提出了更高的要求。相较于基于离子嵌入-脱出机制的离子电池，金属-空气电池具有更高的理论能量密度[25-28]。例如锂-空气的理论能量密度为 3673 Wh/kg，锌-空气电池为 1094 Wh/kg，铝-空气电池为 2817 Wh/kg，有望推进柔性可穿戴电子设备的发展和进步 (图 8.22)[29-31]。半开放式的金属-空气电池，以空气中的氧气作为电极活性材料，利于减小电池的成本和质量。且纤维状电池独特的结构，提供了 360° 全方位的氧气和离子的传输界面，使得纤维状金属-空气电池具有良好的电化学性能[32]。

与具有多种电池结构 (如平行结构和缠绕结构) 的纤维锂离子电池及超级电容器不同，纤维金属-空气电池主要采用同轴结构[29]。具体为：①负极金属丝作为中心轴。②涂覆凝胶电解质。③缠绕柔性空气正极。④封装纤维电池。与平行和缠绕结构相比，同轴结构可最大化空气正极的活性面积。基于有机电解质的金属-空气电池，放电反应如下 ($M = Li/Na/K$)：

金属负极：$M \longleftrightarrow M^{n+} + ne^-$

空气正极：$O_2 + xM^{n+} + xne^- \longleftrightarrow M_xO_2$ ($x = 1$ 或 2)

放电/充电过程依赖于负极金属的可逆剥离/沉积，以及正极放电产物如过氧化物或超氧化物的可逆生成和分解[33]。基于水系电解质的金属-空气电池，放电反应机理如下 ($M = Zn/Al/Mg/Fe$)：

金属负极：$M + nOH^- \longrightarrow M(OH)_n + ne^-$

空气正极：$O_2 + 2H_2O + 4e^- \longrightarrow 4OH^-$

放电过程中，金属负极释放出金属离子，与水系电解质中的 OH^- 反应形成难溶物 $M(OH)_n$，同时氧气在正极还原为 OH^-，补充电解液中消耗的 OH^-[34]。

8.3.1　纤维锂-空气电池

2015 年，我们实现了纤维锂-空气电池。该纤维锂-空气电池由金属锂丝、凝胶电解质、缠绕的取向碳纳米管薄膜空气正极构成 (图 8.23)[35]。原位合成的凝胶电解质有效地阻碍了空气中水和二氧化碳向金属负极的扩散，有效保护了金属锂不受腐蚀。因而，该纤维锂-空气电池具有优异的电化学性能，可在 500 mA/g 和 1400 mA/g 的测试条件下，在环境空气中稳定循环 100 圈。进一步，我们开发了

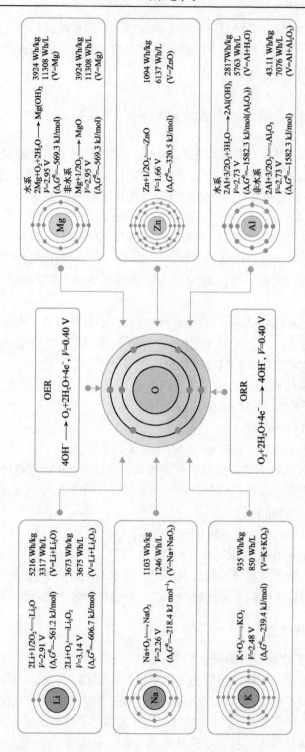

图8.22 金属-空气电池反应机理与理论能量密度[30]

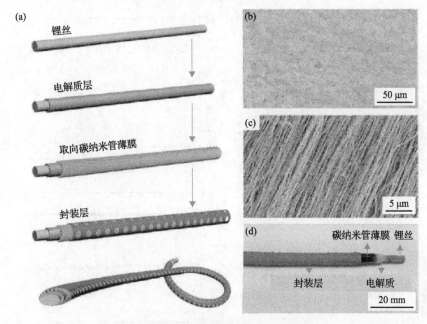

图 8.23　纤维锂含量-空气电池[35]

(a)纤维锂-空气电池的制备过程示意图；凝胶电解质(b)和取向碳纳米管(c)的扫描电镜照片；
(d)纤维锂-空气电池的光学照片

一种基于离子液体的凝胶电解质，可使纤维锂-空气电池在高达 140℃的温度下保持稳定的电化学性能[图 8.24(a)][36]。室温离子液体具有宽电化学窗口，低可燃性和高热稳定性，使得凝胶电解质在高温下表现出良好的热稳定性。此外，当温度从 25℃升至 100℃时，其离子电导率从 10^{-4} S/cm 提高到 10^{-3} S/cm，赋予了电池在高温下更好的倍率性能。基于此凝胶电解质的纤维锂-空气电池表现出超过 350 次的高循环稳定性和良好的倍率性能，并在 140℃时可承受高达 10 A/g 的电流[图 8.24(b)]。

　　尽管凝胶电解质可在一定程度上保护金属锂，但性质活泼、易燃的金属锂仍然是纤维锂-空气电池的主要安全隐患。提高金属锂负极的稳定性和安全性，一直是纤维锂-空气电池的研究重点。一个可行策略是用高容量的非金属负极代替金属负极，例如合金型化合物 $M_x Li$(M=Si、Ge、Sn、Al 等)[37,38]。我们设计了一种锂硅合金/碳纳米管复合纤维电极，实现了高安全性和高柔性的纤维锂-空气电池[39]。通过干纺法将硅纳米粒子引入取向碳纳米管纤维中，再进行电化学锂化得到锂硅合金/碳纳米管复合纤维电极[图 8.24(c)]。该复合纤维负极避免了金属锂的过量使用，避免了锂金属的安全问题和枝晶形成，并且具有很高的柔韧性。基于该纤维负极的锂-空气电池，在 20000 次弯曲循环后仍表现出稳定的性能[图 8.24(d)]。采用类似的策略，铝-碳和锡-碳合金等也可用来代替纤维锂-空气电池的金属负极[40,41]。

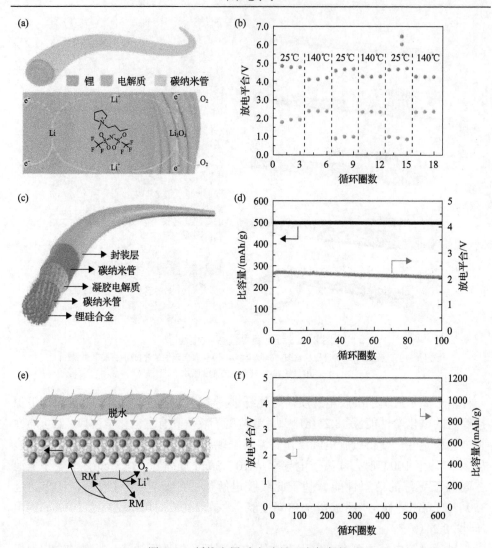

图 8.24　纤维金属-空气电池正负极保护

(a)高温纤维锂-空气电池结构示意图；(b)纤维锂-空气电池在不同温度下的充放电平台[36]；锂硅合金空气电池的结构示意图(c)和电化学性能(d)[39]；LDPE 保护的锂-空气电池反应机理示意图(e)和电化学性能(f)[43]

　　对负极金属锂进行保护可有效提升纤维锂-空气电池的安全性，但要进一步提高电池的电化学性能，还需对空气正极进行保护。空气正极放电产物，如过氧化锂，易与空气中的水和二氧化碳发生副反应，生成无电化学活性的惰性物质，堵塞空气正极，造成电化学性能迅速衰退[42]。为此，我们利用低密度聚乙烯作为隔水层，制备得到了在环境空气中具有超长循环寿命的纤维锂-空气电池[43]。具有非极性结构低密度聚乙烯膜对非极性 O_2 分子表现出了高选择性，并能有效阻隔极性的 H_2O 分子[图 8.24(e)]。借助于低密度聚乙烯的保护，所制备的纤维锂-空气电池可以在相对湿度约为 50%的空气环境中工作，并具有超过 600 次的长循环寿命[图 8.24(f)]。然而，引入隔水透氧层将不可避免地降低锂-空气电池的能量密度。因而，一种具有疏水性的空气正极被提出，可有效防止空气中水分的侵蚀，提高电池的电化学性能[44]。该疏水空气正极由在不锈钢网上原位生长氮掺杂的碳纳米管构成，与水的接触角为 150°，表明其具有良好的疏水性质。基于该疏水正极的纤维锂-空气电池，在空气中表现出良好的电化学性能，可稳定循环 232 圈。

8.3.2　纤维锌-空气电池

纤维锌-空气电池不仅具有高能量密度，且安全性高、地壳储量丰富，因而被认为是最接近实际应用的金属-空气电池体系[26]。一方面，锌离子的双电荷性质、水系电解质为锌-空气电池带来了高达 1094 Wh/kg 的能量密度、高倍率性能和功率密度。另一方面，金属锌在空气中良好的稳定性和水系电解质，赋予了锌-空气电池无毒、不易燃的特性，且能在空气中进行组装，相较于只能在惰性气体环境中组装的锂-空气电池具有极大的优势[45]。

2014 年，同轴结构的纤维锌-空气电池被率先报道。该纤维锌-空气电池由螺旋状锌丝负极、基于明胶的凝胶电解质和铁/氮/碳(Fe/N/C)复合空气正极构成[46]。该 Fe/N/C 复合正极具有良好的氧还原反应催化性能，使得纤维锌-空气电池能稳定工作 9 小时。然而，该纤维锌-空气电池为一次电池，不可反复充放电，且无法承受弯曲或拉伸形变，难以满足柔性可穿戴电子设备的使用需求。对此，人们发明了一种可充放电的柔性纤维锌-空气电池。其空气正极为负载 RuO_2 催化剂的取向碳纳米管薄膜，相互垂直交叠的取向碳纳米管薄膜为催化剂的负载提供了较大的比表面积，且能促进氧气的快速传输[47]。使用的凝胶电解质具有高的离子电导率 0.3 S/cm 和高达 300%的拉伸形变能力。所得的纤维锌-空气电池在 1000 mA/g 的电流密度下能稳定循环 30 圈。且电化学性能在经过 100 次弯曲、拉伸形变后仍保持稳定，显示出该纤维电池的良好柔性。

为实现纤维金属-空气电池的实际应用，还需要满足大规模制备的要求。目前，纤维离子电池和纤维超级电容器已经初步实现连续化制备，而纤维金属-空气电池的连续化制备还未完全实现。最近，人们发展了一种连续化制备纤维锌-空气电池的方法(图 8.25)[48]。首先在金属锌丝表面缠绕纱线，然后浸入凝胶电解质前驱体溶液，电解质浸润纱线后凝胶化，再缠绕柔性碳材料负极。纱线既作为电池的隔膜，同时也作为吸附凝胶电解质的基底。

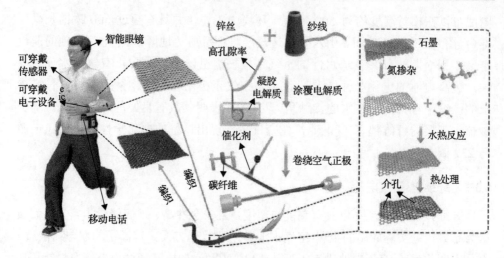

图 8.25　连续化制备纤维锌-空气电池的示意图[48]

8.3.3　纤维铝-空气电池

1. 传统铝-空气电池的瓶颈问题

人类对高性能储能器件的需求逐日增长[49-53]。其中，由于具有环保、低成本、高储能容量等优点，金属-空气电池作为新一代的能源系统被广泛研究[54]。如前所述，金属-空气电池利用空气中的氧气作为正极活性材料，这导致它们具有比传统电池(如锂离子电池)更高的理论能量密度[55]。在金属-空气电池中，铝-空气电池具有高达 2796 Wh/kg 的理论能量密度，是商业锂离子电池能量密度的十几倍[56]。然而，当前的铝-空气电池的能量密度远低于其理论值。

铝-空气电池的电化学性能主要受空气阴极的限制[57-60]。在放电过程中，氧气在空气阴极与电解质和空气接触的三相边界处被还原。空气电极性能较差的主要原因是氧气的扩散缓慢和无催化剂时较差的氧还原催化活性。因此，人们付出了大量的努力来设计具有三维多孔框架的空气电极，以求促进氧气的气相扩散并增强其氧还原催化活性[47, 61-64]。此外，由于现有空气电极的限制，传统的铝-空气电池通常都是刚性、块状的结构，这无法满足人们对柔性和可拉伸性的要求[65, 66]。

2. 纤维铝-空气电池的结构和性能

2016 年，一种柔性可拉伸纤维铝-空气电池被发展出来，该电池由取向碳纳米管薄膜/银纳米颗粒作为空气电极制备得到［图 8.26(a)］[67]。通过在一根弹簧状的铝丝上涂覆凝胶电解质，并将交错取向的碳纳米管/银纳米颗粒薄膜包裹在凝胶电解质上，制备得到纤维铝-空气电池。如图 8.24(b)～(d)所示，交错取向的碳纳米管薄膜形成了一个多孔框架，从而可以有效地吸附氧气；碳纳米管薄膜上沉积的银纳米颗粒用作高效催化剂增强该电池的储能性能。这里使用的改性后的水凝胶电解质能够减轻铝的腐蚀，从而增加纤维电池的稳定性和安全性。

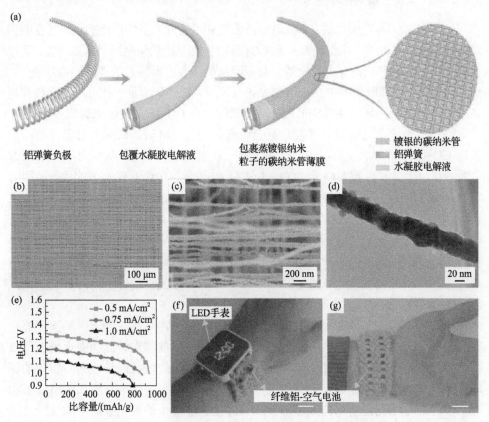

图 8.26　纤维铝-空气电池的结构和电化学性能[67]

(a)纤维铝-空气电池的制备示意图；交错取向的碳纳米管/银纳米颗粒薄膜电极分别在低倍(b)和高倍(c)下的扫描电镜照片；(d)取向碳纳米管/银纳米颗粒薄膜空气电极的透射电镜照片；(e)纤维铝-空气电池分别在电流密度为 0.5 mA/cm²、0.75 mA/cm² 和 1.0 mA/cm² 时的放电曲线。(f)、(g)两个串联的纤维铝-空气电池被编织到织物中，为一个商业发光二极管手表供电的照片，其中(f)和(g)中的标尺为 2 厘米

　　在 0.5 mA/cm² 的电流密度下，该纤维铝-空气电池在 1.3 V 表现出稳定的放电电压平台，其能量密度高达 1168 Wh/kg[图 8.26(e)]。得益于碳纳米管薄膜、凝胶电解质和铝丝弹簧的柔性和可拉伸性，该纤维铝-空气电池具有良好的柔性和可拉伸性。重复弯曲 1000 次后，该电池的性能可以得到很好地保持。此外，该器件在最大伸长率为 30%时不会发生断裂，其良好的柔性对于实际应用是至关重要的。作为可穿戴应用的实际展示，两根串联的纤维铝-空气电池被编到柔性织物中，为一只手表供电[图 8.26(f)、(g)]。纤维形状也为该铝-空气电池提供了独特的优势，例如，可以将它们进一步编到各种织物中从而实现规模应用。

8.3.4　纤维锂-二氧化碳电池

1. 锂-二氧化碳电池概述

近年来，金属-二氧化碳(CO_2)电池已经受到了研究人员的广泛关注，其性能也取得了明显的提升[68]。由于同时具有 CO_2 固定利用与能量储存两个重要功能，其被视为一种可同时解决地球上温室效应与能源危机两个重要问题的理想能源系统[69]。更进一步，由于利用环境中的 CO_2 作为正极原料，它被认为是一种可应用于具有超高 CO_2 浓度的极端环境条件中的理想储能器件，如 CO_2 浓度高达96%的火星[70]。

到目前为止，通过设计开发新型正极催化剂与电解液，研究人员已成功开发了锂-CO_2(Li-CO_2)[71]、钠-CO_2[72]、钾-CO_2[73]、铝-CO_2[74]、锌-CO_2 电池[75]等能源体系。在以上各种金属-CO_2 电池中，Li-CO_2 电池是其中最有吸引力的代表。因为它拥有最高的工作电压($\sim$2.8 V)、能量密度(1875 Wh/kg)，并且可以借鉴相对成熟的锂-空气(氧气)电池。它的工作机理主要是基于以下化学反应：$4Li+3CO_2 \rightleftharpoons 2Li_2CO_3+C$($E^{\ominus}$=2.80 V $vs.$ Li/Li$^+$)。在放电过程中，CO_2 在正极被还原并与锂离子结合生成碳酸锂与碳，而这些固态放电产物在充电时被重新氧化分解为 CO_2 与锂离子。一些研究也发现，草酸锂是一种比绝缘、不溶的碳酸锂更易降解的放电产物中间体[76]。

这一具有超高能量密度与安全性的新型能源系统，可能适用于火星探测等特殊应用领域。然而，由于放电产物碳酸锂是一种仅仅能够在较高的充电电压下氧化分解的不溶性宽带隙绝缘体，因而导致电池具有比较低的能量效率与较短的循环寿命。现阶段该领域的研究兴趣主要集中在开发新型催化剂与引入电解液添加剂，以提高电池能量效率与循环寿命[77-81]。仅有非常少的工作报道了柔性纤维电池的设计[82-84]。这可能是因为实现具有高性能的纤维电池面临着比传统平面电池更多的挑战。其中可能存在的问题包括以下几个方面：

纤维催化正极需要同时具备较高的催化活性和力学性能。然而，大多数现有的正极催化剂为粉末形式，需要被涂覆在坚硬的碳纸上作为气体催化正极。显而易见，传统刚性和脆性正极并不适用于柔性纤维电池。

在实际应用中，开放式纤维 Li-CO_2 电池更有可能发生电解液泄漏与挥发的问题，从而导致电池性能明显下降，甚至引发安全问题。因此，迫切需要更稳定的凝胶电解质和/或更好的选择性封装层。然而，大多数现有的电池基于易燃的传统有机电解质。

未来的纤维 Li-CO_2 电池极有可能在平均温度仅为-60℃的超低温环境(如火星)中使用。然而，大多数现有电池被设计为在室温和更高的温度下工作，因此现有的电池将根本无法在低温环境下工作。

　　因此，为了设计面向未来实际应用的纤维 Li-CO$_2$ 电池，人员需要设计新颖的柔性纤维正极和稳定凝胶电解质，以满足较高的电化学性能、安全性和柔性的实际要求。

2. 纤维锂-二氧化碳电池的研究进展

　　近年来，研究人员已经做出了初步尝试去解决上述问题。比如，利用浮动催化化学气相沉积法，在钛丝表面原位生长高度褶皱的氮掺杂碳纳米管，并以其作为纤维空气正极构筑纤维 Li-CO$_2$ 电池。该纤维电池呈现了 9292.3 mAh/g 的放电容量[图 8.27(a)～(d)][15]。理论计算证明吡啶氮原子具有更高的催化 CO$_2$ 还原与析出的活性，而石墨型氮原子有助于提高催化正极的导电性。随后，为了实现具有更高容量与循环稳定性的纤维 Li-CO$_2$ 电池，人们通过优化氮掺杂碳纳米管的生长条件，如提高反应温度与增大含氮反应物的用量，制备得到具有更多吡啶氮原子、丰富缺陷与活性位点的竹子状氮掺杂碳纳米管[图 8.27(e)～(g)][16]。利用浸润电解液的玻璃纤维隔膜缠绕在正极外侧，再包裹一层锂带即得到同轴结构纤维 Li-CO$_2$ 电池。该电池具有高达 23328 mAh/g 的放电容量，良好的倍率性能与超过 360 圈的循环寿命。随后，为了有效降低充电过电势以提高能量效率，人们又通过水热法在碳纳米管膜上原位生长碳化钼纳米颗粒，得到一种自支撑且无黏结剂的柔性正极。以锂丝作负极，在其表面通过原位紫外光固化制备凝胶电解质，将柔性薄膜正极缠绕在电解质外层，并以热缩管进行封装即得到同轴纤维 Li-CO$_2$

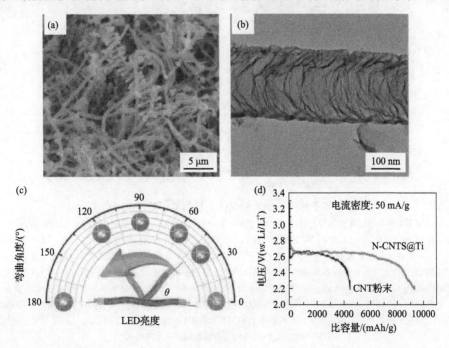

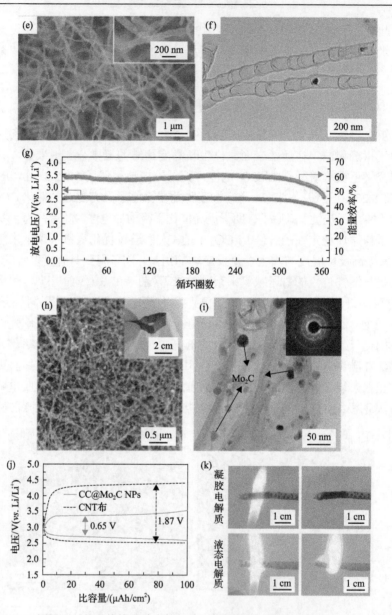

图 8.27　基于修饰碳纳米管气体正极的柔性纤维 Li-CO₂ 电池

(a)～(d)基于氮掺杂碳纳米管正极的纤维 Li-CO₂ 电池。原位生长在钛丝表面的氮掺杂碳纳米管的扫描电镜(a)和透射电镜(b)照片；(c)由一个在不同弯曲角度下的 5 cm 纤维 Li-CO₂ 电池点亮的红色发光二极管；(d)基于氮掺杂碳纳米管与碳纳米管的正极在 50 mA/g 电流密度下的放电曲线[82]；(e)～(g)基于竹子状氮掺杂碳纳米管正极的纤维 Li-CO₂ 电池。生长在钛丝表面的竹子状氮掺杂碳纳米管的扫描电镜(e)和透射电镜(f)照片；(g)纤维电池在 1000 mAh/g 的容量与 1000 mA/g 的电流密度下的循环性能[83]；碳纳米管布@碳化钼纳米颗粒的扫描电镜(h)和透射电镜(i)照片；(h)与(i)中的小图分别是柔性正极的光学照片与碳化钼的选区电子衍射图谱；(j)分别基于碳纳米管布@碳化钼纳米颗粒与碳纳米管正极的纤维 Li-CO₂ 电池在 100 μAh/cm² 的充放电曲线；(k)基于凝胶电解质(GPE)与液态电解质(LE)的纤维电池的阻燃性测试[84]

电池。理论计算与原位实验表明，碳化钼能够通过配位电子效应有效稳定放电产物中间体草酸锂。因此，该电池呈现了低于 3.4 V 的充电电压，80%左右的能量效率与 40 圈的循环寿命。除此之外，同传统液态电解质相比，凝胶电解质赋予电池更高的安全性[图 8.27(h)～(k)][17]。

事实上，纤维 Li-CO_2 电池未来极有可能在极端低温环境中获得应用。例如，作为火星探测时宇航员智能衣物的微型储能单元。然而，现阶段的 Li-CO_2 电池仅能在室温及更高温度下工作。在低温环境下，由于电解质的凝固与电极反应动力学过程的减慢，电池面临着严重的性能下降乃至完全失效，因此有必要开发面向低温甚至超低温环境应用的 Li-CO_2 电池。基于上述问题，我们通过采用耐低温的 1,3-二氧环戊烷作为电解液，负载金属铱催化剂的气体扩散电极作为气体催化正极，可允许 CO_2 透过的 Parafilm 石蜡膜作为封装层，实现了在−60℃稳定循环超过 150 圈的超低温 Li-CO_2 电池(图 8.28)[85]。相应地，在锂丝负极外侧依次缠绕包含低温电解液的隔膜与负载铱的柔性气体扩散层，可以实现超低温使用的纤维 Li-CO_2 电池。最外侧封装层避免了电池实际使用时电解液的挥发与泄漏，提高了纤维电池的安全性。

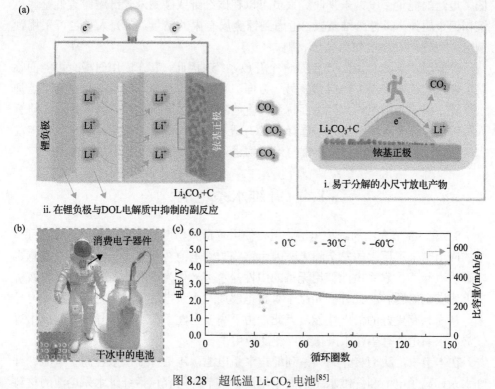

图 8.28　超低温 Li-CO_2 电池[85]

(a)超低温 Li-CO_2 电池工作过程示意图；(b)一个处于由干冰提供的超低温环境中的 Li-CO_2 电池点亮红色发光二极管；(c) Li-CO_2 电池在不同温度下的循环性能

3. 纤维锂-二氧化碳电池的未来发展

尽管目前研究人员已通过设计新型纤维电极与电解质，成功构筑了纤维 $Li-CO_2$ 电池，但该电池的性能仍有很大的提升空间。考虑到未来应用，研究人员仍需要在以下方面做出更多努力。

纤维气体正极 目前的研究工作仅报道了极少数的纤维正极设计策略，纤维电池仍面临着能量效率低、循环寿命短等严重问题。因此，研究人员需要通过进一步开发高性能催化剂、优化正极结构、引入新的工作机理等策略，以得到具有较高催化活性与柔性的纤维正极。

凝胶电解质 目前的研究工作主要是基于液态电解质，研究人员仍需开发准固态或全固态电解质，以满足柔性纤维电池实际应用时的安全要求。考虑到未来超低温环境使用的实际需求，研究人员也应着力研究能面向超低温环境使用的液态、准固态甚至全固态电解质。

纤维负极 目前的纤维 $Li-CO_2$ 电池通常采用较粗的锂丝作为负极，这一设计大大限制了纤维电池的柔性与力学稳定性，并且内部的锂金属无法直接利用也降低了电池的能量密度，未来研究人员可以在碳纤维或碳纳米管纤维等柔性基底上沉积锂金属作为柔性纤维负极。考虑到锂金属有限的储量，研究人员也可采用锂钠合金、锂硅合金等作为负极材料。

封装层 纤维 $Li-CO_2$ 电池是一个开放系统。因此，其在应用时极有可能面临着电解液的挥发与泄漏等问题。另一方面，环境中的水分等污染物也很有可能通过多孔正极进入电池内部，进而诱发严重的副反应以降低电池寿命。因此，研究人员可以考虑引入新型高分子选择性 CO_2 透过膜作为电池封装层，以避免在电池真实使用过程中电解液挥发泄漏与污染物进入，提高电池的循环稳定性。

8.4　纤维水系电池

8.2 和 8.3 节介绍的纤维电池，主要使用有毒且易燃的有机电解质，这对可穿戴的应用带来了巨大的安全隐患，因为这些柔性电池在反复弯折时可能导致有毒电解质泄漏[86]。水系电池使用无毒的中性盐水溶液作为电解质，因此可以有效解决上述安全问题[87]。此外，相比于有机电解质，水系电解质具有更高的离子电导率，从而具有更好的倍率性能。因此，由于高安全性、高离子电导率、低成本等优势，水系电池有望在未来得到广泛的应用[88]。

在本节中，我们将介绍一系列纤维水系电池，包括纤维水系锂离子电池、纤维水系锌离子电池和纤维水系钠离子电池。本节的内容包括纤维水系电池的材料制备和器件结构扩展以及其电化学性能。

8.4.1　纤维水系锂离子电池

水系锂离子电池具有与传统锂离子电池相似的工作原理，即锂离子在电极材料中的嵌入/脱出并在电解质中迁移，从而实现能量的存储和释放[89, 90]。水系锂离子电池的研究主要集中在对新型电极材料和电解质的开发[91]。

2016 年，一种具有优异电化学性能的纤维水系锂离子电池被开发[92]。该电池采用聚酰亚胺/碳纳米管杂化纤维作为负极，锰酸锂/碳纳米管杂化纤维作为正极，并使用硫酸锂水溶液作为其电解质[图 8.29 (a)]。负极杂化纤维上的聚酰亚胺纳米片的宽度约为 300 nm，厚度约为 25 nm，聚酰亚胺纳米片被均匀地包覆在碳纳米管纤维上[图 8.29 (b)，(c)]；锰酸锂纳米颗粒被很好地包裹在正极碳纳米管杂化纤维中[图 8.29 (d)，(e)]。通过原位聚合将聚酰亚胺纳米片涂覆到碳纳米管纤维上。尽管聚酰亚胺本身是绝缘的，但由于碳纳米管纤维确保了有效的电荷传输，因此聚酰亚胺/碳纳米管杂化纤维显现出了良好的倍率性能和高的比容量。即使在 600 C 的高放电倍率下，负极杂化纤维的放电比容量也能保持在 86 mAh/g。

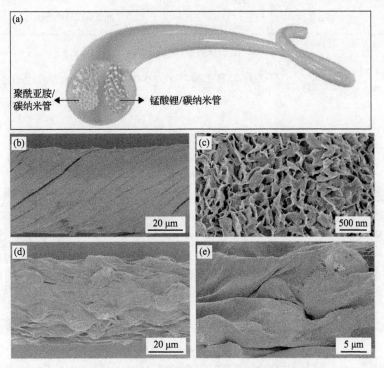

图 8.29　纤维水系锂离子电池的结构表征[92]

(a) 纤维水系锂离子电池的简化结构示意图；聚酰亚胺/碳纳米管杂化纤维电极在低倍 (b) 和高倍 (c) 下的
扫描电镜照片；锰酸锂/碳纳米管杂化纤维电极在低倍 (d) 和高倍 (e) 放大下的扫描电镜照片

制备得到的纤维水系锂离子电池显现出 123 mAh/g 的比放电容量(基于聚酰亚胺的质量计算);在 10 C 的放电倍率下,其放电电压平台为 1.4 V。随着放电倍率的不断增大,该纤维水系锂离子的充、放电曲线能够得到良好的保持。即使在高达 100 C 的放电倍率下,其放电比容量仍能保持在 101 mAh/g[图 8.30(a)]。该纤维水系锂离子电池的功率密度为 10217 W/kg,高于大多数超级电容器。能量密度为 49 Wh/kg,与薄膜锂离子电池相当[图 8.30(b)]。此外,该纤维水系锂离子电池还显示出优异的循环性能,在 1000 次循环的过程中,其比容量能够得到很好

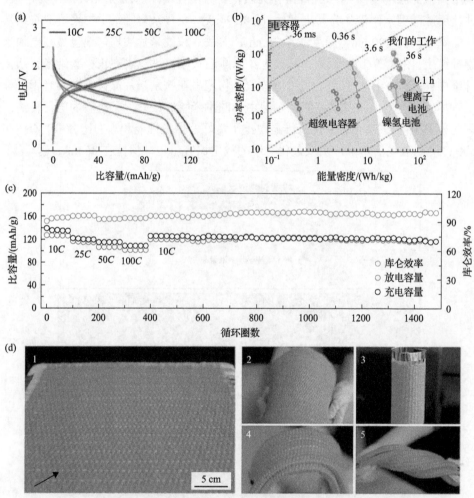

图 8.30 纤维水系锂离子电池的电化学性能*[74]

(a)纤维水系锂离子电池在不断增加的电流倍率下的充、放电曲线(1 C=183 mA/g);(b)纤维水系锂离子电池与其他储能系统的能量和功率密度对比图;(c)电流倍率从 10 C 升高到 100 C 时,纤维水系锂离子电池的倍率性能;在 10 C 的电流倍率下,纤维水系锂离子电池的长期循环稳定性;(d)纤维水系锂离子电池织物在弯曲、折叠和扭曲下的照片,数字 1~5 对应于不同变形前后的照片,1 中的箭头表示电池织物中的一根纤维水系锂离子电池

*扫描封底二维码见本图彩图

的保持, 库仑效率约为 98%[图 8.30(c)]。得益于其独特的纤维形状, 该水系锂离子电池可以实现在所有方向上的变形。作为潜在大规模应用的展示, 这些纤维水系锂离子电池被编成织物[图 8.30(d)], 以满足各种新兴应用(如电子皮肤)的发展要求。

8.4.2　纤维水系锌离子电池

1. 水系锌离子电池

尽管水系锂离子电池已经在柔性可穿戴电子设备中发挥了重要作用, 但其较低的理论能量密度、锂在地壳中较低的储量、高成本等不利因素, 限制了进一步的实际应用[93, 94]。相较之下, 水系锌离子电池在柔性可穿戴电子设备领域存在着较大优势。一方面, 锌离子电池以金属锌作为负极, 金属锌具有高理论比容量 (820 mAh/g 或 5854 mAh/cm^3)、低电极电势(–0.76 V)和双电子转移的电化学机制, 使得锌离子电池具有高理论能量密度。另一方面, 金属锌性质稳定, 可在水系电解液和空气中稳定存在, 且锌在地壳中储量丰富, 成本低, 有利于纤维锌离子电池的产业化与规模化发展[95, 96]。

与锂离子电池类似, 锌离子电池的储能机制同样基于"摇椅"电池机理, 即锌离子在正负极之间来回迁移实现电荷储存[图 8.31(a)][97]。对金属锌负极而言, 放电时金属锌被氧化失去电子, 同时向电解液释放锌离子, 锌离子在电场作用下向正极迁移。充电时, 电解液中的锌离子被还原并沉积在金属锌负极表面。对于正极而言, 锌离子的"嵌入-脱出"的机制随电极材料的不同可分为三类。

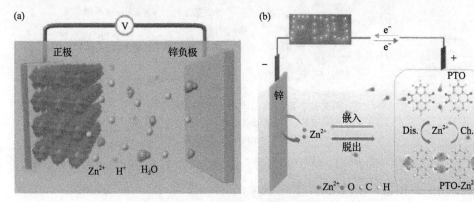

图 8.31　锌离子电池的储能机制

(a)锌离子在隧道状结构材料(α-MnO$_2$)中的嵌入-脱出机制示意图[97];
(b)锌离子与有机化合物正极材料的离子-配位机制示意图[102]

①可逆充放电的锌离子电池, 正极为 α-MnO$_2$, 锌离子按照以下反应机理嵌入/脱出 α-MnO$_2$[98]。

$$Zn^{2+}+2e^-+2\alpha\text{-}MnO_2 \longleftrightarrow ZnMn_2O_4$$

通常，具有层状、隧道状结构的晶体材料，如 V_2O_5、$Zn_3V_2O_7(OH)_2\cdot2H_2O$、$Na_2V_6O_{16}\cdot3H_2O$ 等，也具有此种储能机制[99-101]。

②对于具有丰富氧原子的有机化合物，如醌类大分子等，锌离子通过与高电负性的含氧基团的吸附作用实现储能[图 8.31(b)][102, 103]。

③对于 $Zn/Co(\text{III})\text{-}Co_3O_4$ 等材料，可通过相转换机制实现储能[104]。

2. 纤维锌离子电池

纤维锌离子电池早期以锌丝为负极，以涂覆 MnO_2 的碳纤维为正极，曲率半径可达 0.7～3 cm[图 8.32(a)][105]。然而，该电池所用的液态电解质在形变过程中易泄漏，导致电池性能迅速下降。并且，该纤维电池为不可逆的一次电池，容量仅为 158 mAh/g，仅能工作几小时。后来，人们发现了具有良好电化学性能和柔性的半固态锌离子电池纤维[106]。如图 8.32(b)所示，该电池的纤维电极分别为涂覆了 $\alpha\text{-}MnO_2$ 和锌的螺旋状碳纳米管纤维，凝胶电解质为溶解了 $ZnSO_4$ 和 $MnSO_4$ 的聚丙烯酰胺凝胶电解质。得到的纤维锌离子电池具有良好的电化学性能、302 mAh/g 的比容量，并且循环 500 圈后仍能保持 98.5%的初始容量[图 8.33(a)、(b)]。此外，该电池纤维柔性良好，可承受高达 300%的拉伸形变，且可被纺成柔性储能织物，为 LED 屏幕供能。

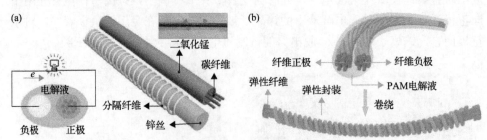

图 8.32　纤维锌离子电池结构示意图

(a)基于 $\alpha\text{-}MnO_2$/碳纤维正极和锌丝负极的纤维锌离子电池示意图[105];
(b)可逆纤维锌离子电池的制备和结构示意图[106]

尽管人们对柔性纤维锌离子电池做了许多努力，但大多数纤维电池在严重变形后，仍然存在着电池形状破坏和性能降低的问题[106]。为了进一步提高纤维锌离子电池的柔性和结构稳定性，人们设计了具有形状记忆功能的纤维锌离子电池，可同时实现在形变下的电化学储能和形状记忆功能[107]。该电池正极具同轴结构（包覆聚吡咯的 MnO_2 不锈钢丝），负极为沉积金属锌的镍钛记忆合金，电解质为基于明胶的凝胶电解质。作为储能器件，该纤维电池具有 135 mAh/g 的比容量，且能稳定循环超过 1000 圈[图 8.33(c)]。得益于该纤维电池的形状记忆功能和镍钛记忆合金的高弹性，电池纤维在发生形变后可回复其初始状态。具体地，形变后的电池在 45℃ 的水中可发生相转变，从而回复原始状态。在发生多次形变-回复循环后，该纤维电池仍能保持较好的电化学性能[图 8.33(d)]。

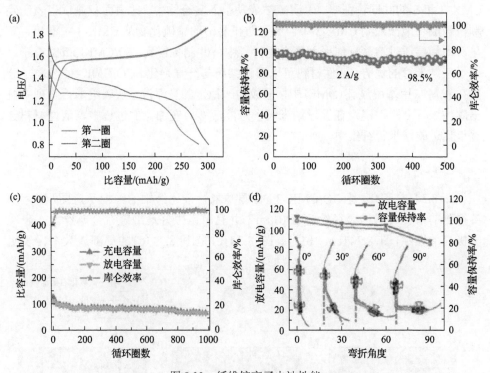

图 8.33　纤维锌离子电池性能

(a)纤维锌离子电池最初两圈的充放电电压曲线；(b)相应长效循环性能和库仑效率[106]；
(c)形状记忆纤维锌离子电池的循环性能；(d)纤维锌离子电池形变下的性能保持情况[107]

8.5　其他纤维电化学电池

8.5.1　纤维锂硫电池

纤维锂离子电池具有低质量比容量(<150 mAh/g)等缺点，很难满足器件对能量的实际需要。锂硫电池以硫为正极活性物质，金属锂为负极。当单位质量的单质硫完全转变为 S^{2-} 时所产生的理论比容量高达 1575 mAh/g，质量比能量可达 2500 Wh/kg，这有利于匹配金属锂负极的容量以提高电池的总容量。并且硫具有对环境污染小、在自然界储量大、成本低等优点。因此，这里将介绍以氧化石墨烯/中孔碳/硫(GO/CMK-3@S)为正极活性材料和金属锂丝为负极的新型纤维电池。

1. 材料的合成

CMK-3@S 粒子通过传统的熔融扩散法合成。X 射线衍射(XRD)图中体现出 CMK-3 和 S 的共同特征峰,表明硫被成功引入复合物中。比表面积测试也表明硫颗粒被成功地嵌入到 CMK-3 中。为了防止易溶的聚硫化物从 CMK-3 中漏出,氧化石墨烯层通过溶液反应引入到上述材料中,并制备得到 GO/CMK-3@S 粒子。由于碳纳米管的优势,活性材料可以通过共纺与纤维杂化。GO/CMK-3@S 粒子分散在 N,N-二甲基甲酰胺(DMF)中,形成均一稳定的悬浮液,从碳纳米管阵列中拉出碳纳米管薄膜,浸没在上述纳米粒子悬浮液中。在加捻的过程中,活性材料会被包裹进碳纳米管纤维中。

2. 结构

图 8.34(a)和(b)是 GO/CMK-3@S/碳纳米管杂化纤维的结构示意图。实际制备得到的杂化纤维的直径约为 200 μm,并且可以很好地缠绕在金属丝上,表现出极高的柔性[图 8.34(c),(d)]。图 8.34(e)是图 8.34(d)的局部放大图,表明

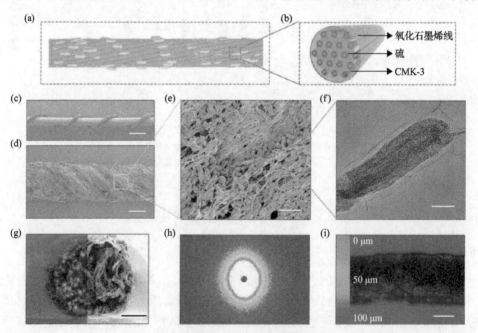

图 8.34　碳纳米管杂化纤维的微观形貌[108]

碳纳米管杂化纤维(a)和 GO/CMK-3@S 粒子(b)的示意图;(c)缠绕在钛丝(Φ=254 μm)周围的杂化纤维的扫描电镜照片;(d)杂化纤维的侧视图;(e)、(d)放大图像;(f)GO/CMK-3@S 粒子的透射电镜照片;(g)杂化纤维截面的扫描电镜照片和硫元素分布图;(h)杂化纤维的二维小角 X 射线散射图;(i)渗入电解质的杂化纤维的 3D 共聚焦激光扫描显微镜照片。扫描深度为 100 μm,加入 1%罗丹明作为指示剂。比例尺:(c)300 μm;(d)、(g)、(i)100 μm;(e)3 μm;(f)200 nm

GO/CMK-3@S 粒子很容易被导电碳纳米管缠结,由于薄片中碳纳米管的超高数量密度($\sim 10^{11}/cm^2$)。透射电镜照片[图 8.34(f)]清晰地显现出杂化纤维外层的氧化石墨烯的薄膜结构,表明纤维表面成功地被氧化石墨烯包覆。元素分布图表明硫颗粒可以广泛地分布在纤维的内部和外部[图 8.34(g)]。图 8.34(h)表明杂化纤维中碳纳米管具有较高的取向结构,这一方面可以提高杂化纤维的力学强度,另一方面可以给电解质的有效渗透提供微通道。图 8.34(i)显现了渗入电解质的杂化纤维的 3D 共聚焦激光扫描显微镜照片,在不同深度的荧光信号表明杂化纤维可以被电解质完全渗透。

3. 电化学性能

为了表征杂化纤维的电化学性能,以金属锂为对电极构建出半电池。图 8.35(a)是杂化纤维的充放电曲线,具有两个明显的放电平台。图 8.35(b)显示出在 0.1 C 的电流倍率下,杂化纤维的长期循环稳定性。基于硫的质量计算得到电极的初始容量为 1051 mAh/g(若基于阳极质量计算,电极的初始容量为 715 mAh/g),在循环 100 圈后容量为 500 mAh/g。值得注意的是,容量的衰减主要发生在前 10 圈,大约衰减了 30%;在接下来的 90 圈里,只有 10%的容量衰减。最初的容量衰减可能由于 CMK-3 粒子表面游离的硫生成的多硫化物的不可逆扩散导致的。如图 8.35(c)所示,低平台容量指的就是多硫化物转变为硫化锂的反应,循环 20 圈后,其容量从 591 mAh/g 持续衰减到 473 mAh/g;而高平台容量指的是多硫化物的形成,在第 2 圈其容量就开始保持稳定。当电解质饱和后,多硫化物的扩散就被杂化纤维的纳米结构所抑制。为了表征纤维电极的倍率性能,我们在不同电流密度下测试其充放电曲线。当电流密度增大至 10 倍后,充电和放电平台之间的电压差只有轻微地增大,并且电压差在循环 100 圈后仍然保持稳定[图 8.35(d)]。当电流倍率高达 0.5 C 的情况下,电池容量高达 400 mAh/g,但是当电流倍率下降至 0.1 C 时,电池容量即恢复至 800 mAh/g[图 8.35(e)]。图 8.35(f)显示了杂化纤维的欧姆电阻和电荷转移电阻,其中欧姆电阻对放电过程并不敏感,但是电荷转移电阻的大小

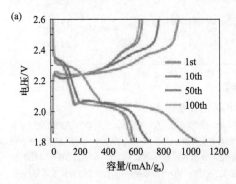
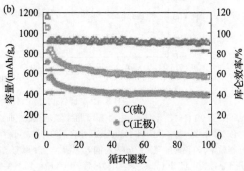

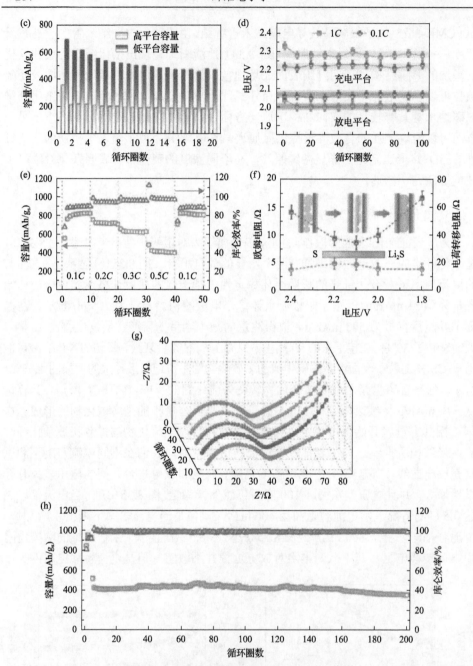

图 8.35　碳纳米管杂化纤维的电化学性能*[108]

(a)电流为 0.1 C 时，纤维锂硫电池在不同圈数下的充放电曲线；(b)在 0.1 C 的电流密度下，循环 100 圈的放电容量和库仑效率变化；(c)高电压平台和低电压平台下的容量；(d)当电流密度为 0.1 C 和 1 C 时，充电平台电压和放电平台电压在循环 100 圈时的变化；(e)在不同电流密度下，纤维锂硫电池的放电容量和库仑效率；(f)放电过程的不同截止电压下的欧姆电阻和电荷转移电阻；(g)锂硫电池循环 50 圈的电化学阻抗；(h)纤维锂硫电池在 1 C 时的长效循环性能

*扫描封底二维码见本图彩图

与硫元素、易溶的多硫化物和绝缘的硫化锂的分布有较大的关系。循环 50 圈后，电池的欧姆电阻和电荷转移电阻只有轻微变化，表明在电化学的过程中，杂化纤维的形貌变化具有较高的可逆性[图 8.35(g)]。在 1 C 的电流密度下，杂化纤维可以稳定地储存电量 200 圈，并且库仑效率约为 99%[图 8.35(h)]。

4. 柔性和可拉伸性能

我们将杂化纤维和金属锂丝密封在塑料管中制备得到纤维锂硫电池[图 8.36(a)]，其开路电压为 3.2 V，且电压空间分布与其结构相一致[图 8.36(b)]。且该纤维锂硫电池表现出了良好的柔性，它能够被弯曲成不同的形状并保持结构的稳定，电缆上受力均匀，显现出很好的可穿戴性能[图 8.36(c)，(d)]。为展示其实际应用，一个纤维锂硫电池能够点亮 1 个红色 LED 灯[图 8.36(e)]，并在不同的弯曲情况下保持开路电压不变[图 8.36(f)]。一个 10 cm 的纤维锂硫全电池能够点亮 1 个红色 LED 灯并维持 30 min[图 8.36(g)]。纤维锂离子电池还能编成能源织物并集成到衣物中[图 8.36(h)，(i)]。

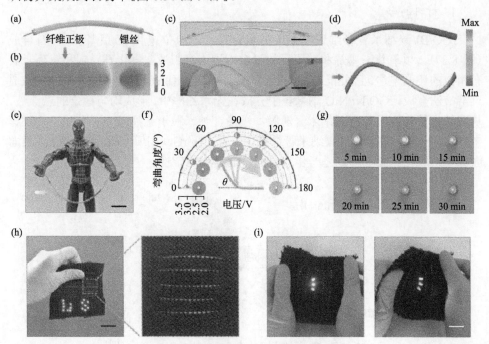

图 8.36　纤维锂硫电池的应用案例[108]

(a)纤维锂硫电池的光学照片；(b)开路电压为 3 V 的纤维电池的电压分布图；在不同弯曲状态下的电池的光学照片(c)和压力分布图(d)；(e)一根弯曲的纤维电池可以点亮一个 LED 灯；(f)弯曲度从 0°到 180°的纤维电池的开路电压；(g)一根 10 cm 的纤维电池将 LED 灯点亮 30 min；(h)由 5 根纤维电池编织成的能源织物；(i)拉伸或弯曲状态的能源织物点亮 3 个白色 LED 灯。比例尺：(c)、(e)1 cm；(h)、(i)2 cm

5. 结论

基于取向碳纳米管纤维制备得到的富含硫的杂化纤维，使其具备良好的电化学性能，特别是高硫含量导致的高能量密度，远远超过其他柔性能源存储器件。此外，纤维锂硫电池具有质量轻、柔性强、可编织性等优点。这些杂化纤维在能量密度要求较高的可穿戴器件方面具有较高的应用潜力。

8.5.2　纤维镍铋电池

镍铋电池以氢氧化钾水溶液为电解质，在充放电的过程中，发生可逆的氧化还原反应。其中，铋是一种廉价易得、环境友好的材料，且在氧化还原过程中发生三电子得失反应，因此具有较高的单位质量比容。并且，在水溶液中，活性离子具有较快的迁移速率，有利于实现更好的倍率性能。这里讨论以还原氧化石墨烯/铋/碳纳米管纤维(rGO/Bi/碳纳米管)和还原氧化石墨烯/镍/氧化镍/碳纳米管(rGO/Ni/NiO/碳纳米管)杂化纤维为电极的纤维水系电池。

1. 材料的合成

rGO/Bi/碳纳米管纤维通过在碳纳米管纤维上原位电化学沉积活性材料合成(图 8.37)，以氧化石墨烯和铋离子的混合溶液为沉积液。氧化石墨烯和铋离子具有相似的还原电位，因此能够被同时沉积到纤维上。而 rGO/Ni/NiO 纳米粒子是通过溶液法合成，rGO/Ni/NiO 纳米粒子分散在无水乙醇中，形成均匀稳定的悬浮液，从碳纳米管阵列中拉出碳纳米管薄膜，浸没在纳米粒子悬浮液中。在加捻的过程中，活性材料会被包裹进碳纳米管纤维中。通过在 rGO/Bi/碳纳米管杂化纤维表面蘸涂一层氧化石墨烯，以进一步改善纤维的结构稳定性。

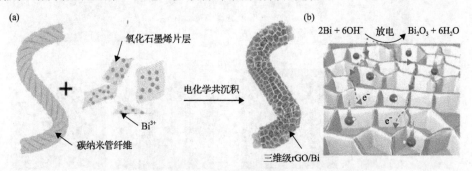

图 8.37　rGO/Bi/碳纳米管杂化纤维的制备与工作原理[109]
(a)rGO/Bi/碳纳米管杂化纤维的制备过程；(b)离子扩散和电子传递示意图

2. 结构

图 8.38(a)和(b)所示为 rGO/Bi/碳纳米管杂化纤维的扫描电镜照片。照片显示

纤维的直径约为 100 μm，且复合纤维表面有一层薄薄的氧化石墨烯包裹。为了更清楚地观察复合材料内部的形貌结构，我们通过聚焦离子束对纤维进行切割得到纤维截面。图 8.38(c)～(e) 是石墨烯/铋/碳纳米管纤维的截面在不同放大倍数下的扫描电镜图。从图中可以看出石墨烯/铋复合材料均匀沉积在碳纳米管纤维表面，并形成核壳结构。铋在石墨烯片层上均匀分布，并且该复合材料形成有序的三维网络结构，有利于提高离子扩散和电子传递效率。热重分析表明杂化纤维中铋元素的含量为 50.82%。

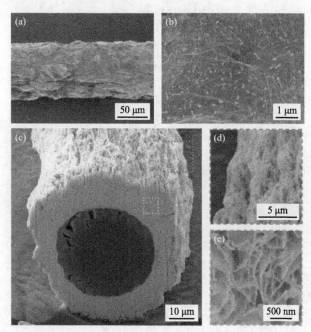

图 8.38 rGO/Bi/碳纳米管杂化纤维的微观形貌[109]

(a)、(b) rGO/Bi/碳纳米管杂化纤维的扫描电镜照片；(c)～(e) rGO/Bi/碳纳米管杂化纤维截面的扫描电镜照片

纤维电池的负极和正极被平行地放于热缩管中，两根纤维被聚偏二氟乙烯膜隔开。最后，将加有氢氧化钾的凝胶电解液注入管中。全电池工作原理如图 8.39 所示。

3. 电化学性能

首先，将两根纤维电极分别与碳棒组成半电池来测试其电化学性能。纤维在不同电流密度下的充放电曲线如图 8.40(a) 和 (c) 所示。在 2 A/g 的电流密度下，rGO/Bi/碳纳米管杂化纤维电极的质量比容为 145.9 mAh/g，还原氧化石墨烯的三维网络结构为离子扩散和电子传递提供了有效的通道，使得电极具有较高的倍率性能。当电流密度从 2 A/g 增大至 20 A/g 时，rGO/Bi/碳纳米管杂化纤维电极的容

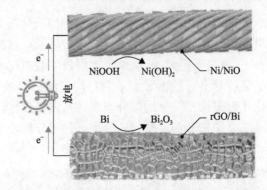

图 8.39　纤维镍铋全电池[109]

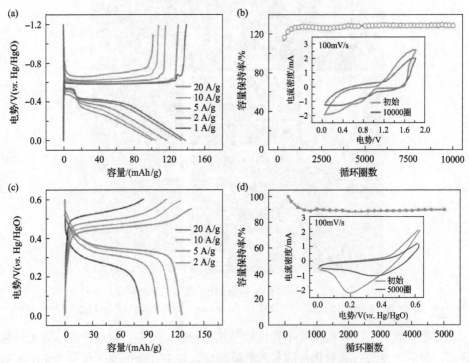

图 8.40　rGO/Bi/碳纳米管杂化纤维的电化学性能*[109]

(a)、(b) rGO/Bi/碳纳米管杂化纤维；(c)、(d) rGO/Ni/NiO/碳纳米管杂化纤维半电池的充放电曲线和长效循环性能，长效循环性能是在 100 mV/s 下测试的，半电池中两种杂化纤维的长度为 1 cm

*扫描封底二维码见本图彩图

量保持率约为 75%。活性材料铋均匀地嵌入还原氧化石墨烯的三维网络结构中，能够有效防止其在充放电过程中的脱落；复合材料表面包覆的一层氧化石墨烯薄膜也有利于增强复合材料结构的稳定性。图 8.40(b) 表明 rGO/Bi/碳纳米管杂化纤维在 100 mV/s 的电压扫速下循环 10000 圈后容量几乎没有衰减，循环前后的循环伏安曲线具有较强的一致性。图 8.40(c) 是 rGO/Ni/NiO/碳纳米管纤维在不同倍率

下的充放电曲线，在充电和放电曲线上都能观察到一个平台，对应于 NiOOH 和
Ni(OH)$_2$ 之间的物质转变。在 2 A/g 的电流密度下，该电极的容量约为 125 mAh/g；
当电流密度扩大至 20 A/g 时，电极容量仍高达 85 mAh/g。在 5000 圈循环后，比
容量保持率为 90%[如图 8.40(d)]。

　　rGO/Bi/碳纳米管和 rGO/Ni/NiO/碳纳米管纤维都表现出稳定的电化学行为，
它们配对得到的全电池的比容量和电压平台都比较好。图 8.41(a)是纤维镍铋电池
在不同电流密度下的充放电曲线图。在 5 A/g 的电流密度下，全电池的质量比容
为 153.7 mAh/g，并且有一个稳定的充电平台，表明其有效的还原反应过程。全电
池的库仑效率比较稳定且接近 100%，表明反应具有良好的可逆性。当电流密度增
大至 25 A/g 时，全电池的质量比容为 98.2 mAh/g，大约有 50%的容量保持，且充/
放电的时间仅需 15 s，表明纤维镍铋电池具有较高的倍率性能。此外，在 100 mV/s
的电压下循环 10000 圈后容量保持率为 95.2%[图 8.41(b)]。

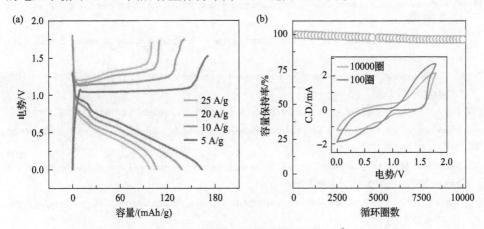

图 8.41　纤维镍铋全电池的电化学性能*
(a)纤维镍铋全电池的充放电曲线；(b)在 100 mV/s 下测试的长效循环性能[109]
*扫描封底二维码见本图彩图

4. 结论

　　基于 rGO/Bi/碳纳米管和 rGO/Ni/NiO/碳纳米管杂化纤维的纤维镍铋电池，显
示了优异的电化学性能。它以水系溶液为电解质，具有较高的安全性能。在纤维
表面搭建三维网络结构，既可以提高活性材料在纤维表面的负载量，也可以提高
复合电极的离子扩散效率和电子传递效率，从而提高纤维电池的能量密度和功率
密度。此外，三维网络结构还可以降低由纤维高曲率表面导致的活性材料容易表
面脱落的问题，从而提高纤维电极的循环稳定性，为构建安全且高性能的纤维电
池提供了新的方向。

参 考 文 献

[1] Ohzuku T, Brodd R J. An overview of positive-electrode materials for advanced lithium-ion batteries. J. Power Sources, 2007, 174(2): 449-456.

[2] Shen C, Wen Z, Wang F, et al. Cobalt-metal-based cathode for lithium−oxygen battery with improved electrochemical performance. ACS Catal., 2016, 6(7): 4149-4153.

[3] Nitta N, Wu F, Lee J T, et al. Li-ion battery materials: Present and future. Mater. Today, 2015, 18(5): 252-264.

[4] Tarascon J M, Armand M. Issues and challenges facing rechargeable lithium batteries. Nature, 2001, 414(6861): 359-367.

[5] Wang F, Boridin O, Gao T, et al. Highly reversible zinc metal anode for aqueous batteries. Nat. Mater., 2018, 17(6): 543-549.

[6] Pan H L, Shao Y Y, Yan P F, et al. Reversible aqueous zinc/manganese oxide energy storage from conversion reactions. Nat. Energy, 2016, 1: 16039.

[7] Wu F X, Yushin G. Conversion cathodes for rechargeable lithium and lithium-ion batteries. Energy Environ. Sci., 2017, 10(2): 435-459.

[8] Dunn B, Kamath H, Tarascon J M. Electrical energy storage for the grid: A battery of choices. Science, 2011, 334(6058): 928-935.

[9] Xu K. Nonaqueous liquid electrolytes for lithium-based rechargeable batteries. Chem. Rev., 2004, 104(10): 4303-4417.

[10] Dey A. Electrochemical alloying of lithium in organic electrolytes. J. Electrochem. Soc., 1971, 118(10): 1547-1549.

[11] Manthiram A, Yu X W, Wang S F. Lithium battery chemistries enabled by solid-state electrolytes. Nat. Rev. Mater., 2017, 2(4): 16103.

[12] Kumar S M, Mayavan S, Ganesan M, et al. Effect of using sonicated sulphuric acid as an electrolyte in a lead acid battery. RSC Adv., 2015, 5(93): 76065-76067.

[13] Wruck W J, Reichman B, Bullock K R, et al. Rechargeable Zn-MnO$_2$ alkaline batteries. J. Electrochem. Soc., 1991, 138(12): 3560-3567.

[14] Sumboja A, Ge X M, Zheng G Y, et al. Durable rechargeable zinc-air batteries with neutral electrolyte and manganese oxide catalyst. J. Power Sources, 2016, 332: 330-336.

[15] Miao Y F, Zhu G N, Hou H Q, et al. Electrospun polyimide nanofiber-based nonwoven separators for lithium-ion batteries. J. Power Sources, 2013, 226: 82-86.

[16] Steele B C H, Heinzel A. Materials for fuel-cell technologies. Nature, 2001, 414(6861): 345-352.

[17] Cheng F Y, Liang J, Tao Z L, et al. Functional materials for rechargeable batteries. Adv. Mater., 2011, 23(15): 1695-1715.

[18] Lee J S, Kim S T, Cao R, et al. Metal-air batteries with high energy density: Li-air versus Zn-air. Adv. Energy. Mater., 2011, 1(1): 34-50.

[19] Kwon Y H, Woo S W, Jung H R, et al. Cable-type flexible lithium ion battery based on hollow multi-helix electrodes. Adv. Mater., 2012, 24(38): 5192-5197.

[20] Ren J, Li L, Chen C, et al. Twisting carbon nanotube fibers for both wire-shaped micro-supercapacitor and micro-battery. Adv. Mater., 2013, 25(8): 1155-1159.

[21] Lin H J, Weng W, Ren J, et al. Twisted aligned carbon nanotube/silicon composite fiber anode for flexible wire-shaped lithium-ion battery. Adv. Mater., 2014, 26(8): 1217-1222.

[22] Weng W, Sun Q, Zhang Y, et al. Winding aligned carbon nanotube composite yarns into coaxial fiber full batteries with high performances. Nano Lett., 2014, 14(6): 3432-3438.

[23] Ren J, Zhang Y, Bai W Y, et al. Elastic and wearable wire-shaped lithium-ion battery with high electrochemical performance. Angew. Chem. Int. Ed., 2014, 53(30): 7864-7869.

[24] Zhang Y, Bai W Y, Ren J, et al. Super-stretchy lithium-ion battery based on carbon nanotube Fiber. J. Mater. Chem. A, 2014, 2(29): 11054-11059.

[25] Sun H, Zhang Y, Zhang J, et al. Energy harvesting and storage in 1D devices. Nat. Rev. Mater., 2017, 2(6): 17023.

[26] Mo F, Liang G, Huang Z, et al. An overview of fiber-shaped batteries with a focus on multifunctionality, scalability, and technical difficulties. Adv. Mater., 2019, 32(5): 1902151.

[27] Liao M, Ye L, Zhang Y, et al. The recent advance in fiber-shaped energy storage devices. Adv. Electron. Mater., 2019, 5(1): 1800456.

[28] Yan W, Dong C, Xiang Y, et al. Thermally drawn advanced functional fibers: New frontier of flexible electronics. Mater. Today, 2020, 3: 168-194.

[29] Ye L, Hong Y, Liao M, et al. Recent advances in flexible fiber-shaped metal-air batteries. Energy Storage Mater., 2020, 28: 364-374.

[30] Mei J, Liao T, Liang J, et al. Toward promising cathode catalysts for nonlithium metal-oxygen batteries. Adv. Energy. Mater., 2020, 10(11): 1901997.

[31] Tan P, Chen B, Xu H, et al. Flexible Zn- and Li-air batteries: Recent advances, challenges, and future perspectives. Energy Environ. Sci., 2017, 10(10): 2056-2080.

[32] Xu X, Xie S, Zhang Y, et al. The rise of fiber electronics. Angew. Chem. Int. Ed., 2019, 131(39): 13778-13788.

[33] Wang H, Xu Q. Materials design for rechargeable metal-air batteries. Matter, 2019, 1(3): 565-595.

[34] Liu Q, Pan Z, Wang E, et al. Aqueous metal-air batteries: Fundamentals and applications. Energy Storage Mater., 2020, 27: 478-505.

[35] Zhang Y, Wang L, Guo Z, et al. High-performance lithium-air battery with a coaxial-fiber architecture. Angew. Chem. Int. Ed., 2016, 55(14): 4487-4491.

[36] Pan J, Li H, Sun H, et al. A lithium-air battery stably working at high temperature with high rate performance. Small, 2018, 14(6): 1703454.

[37] Chang Z, Xu J, Zhang X. Recent progress in electrocatalyst for Li-O_2 batteries. Adv. Energy. Mater., 2017, 7(23): 1700875.

[38] Wu S, Zhu K, Tang J, et al. A long-life lithium ion oxygen battery based on commercial silicon particles as the anode. Energy Environ. Sci., 2016, 9(10): 3262-3271.

[39] Zhang Y, Jiao Y, Lu L, et al. An ultraflexible silicon-oxygen battery fiber with high energy density. Angew. Chem. Int. Ed., 2017, 56(44): 13741-13746.

[40] Guo Z, Dong X, Wang Y, et al. A lithium air battery with a lithiated Al-carbon anode. ACS Applied Materials Interfaces, 2015, 51(4): 676-678.

[41] Elia G A, Bresser D, Reiter J, et al. Interphase evolution of a lithium-ion/oxygen battery. ACS Applied Materials Interfaces, 2015, 7(40): 22638-22643.

[42] Zhao Z, Huang J, Peng Z. Achilles' Heel of lithium-air batteries: Lithium Carbonate. Angew. Chem. Int. Ed., 2018, 57(15): 3874-3886.

[43] Wang L, Pan J, Zhang Y, et al. A Li-air battery with ultralong cycle life in ambient air. Adv. Mater., 2018, 30(3): 1704378.

[44] Yang X, Xu J, Chang Z, et al. Blood-capillary-inspired, free-standing, flexible, and low-cost super-hydrophobic N-CNTs@SS cathodes for high-capacity, high-rate, and stable Li-air batteries. Adv. Energy. Mater., 2018, 8(12): 1702242.

[45] Pan J, Xu Y Y, Yang H, et al. Advanced architectures and relatives of air electrodes in Zn-air batteries. Adv. Sci., 2018, 5(4): 1700691.

[46] Park J, Park M, Nam G, et al. All-solid-state cable-type flexible zinc-air battery. Adv. Mater., 2015, 27(8): 1396-1401.

[47] Xu Y, Zhang Y, Guo Z, et al. Flexible, stretchable, and rechargeable fiber-shaped zinc-air battery based on cross-stacked carbon nanotube sheets. Angew. Chem. Int. Ed., 2015, 54(51): 15390-15394.

[48] Li Y, Zhong C, Liu J, et al. Atomically thin mesoporous Co_3O_4 layers strongly coupled with N-rGo nanosheets as high-performance bifunctional catalysts for 1D knittable zinc-air batteries. Adv. Mater., 2018, 30(4): 1703657.

[49] Armand M, Tarascon J M. Building better batteries. Nature, 2008, 451: 652-657.

[50] Bruce P G, Freunberger S A, Hardwick L J, et al. $Li-O_2$ and Li-S batteries with high energy storage. Nat. Mater., 2012, 11: 19-29.

[51] Meng Y N, Zhao Y, Hu C G, et al. All-graphene core-sheath microfibers for all-solid-state, stretchable fibriform supercapacitors and wearable electronic textiles. Adv. Mater., 2013, 25: 2326-2331.

[52] Ding X T, Zhao Y, Hu C G, et al. Spinning fabrication of graphene/polypyrrole composite fibers for all-solid-state, flexible fibriform supercapacitors. J. Mater. Chem. A, 2014, 2: 12355-12360.

[53] Chen T, Hao R, Peng H S, et al. High-Performance, stretchable, wire-shaped supercapacitor. Angew. Chem. Int. Ed., 2015, 54: 618-622.

[54] Wang Z L, Xu D, Xu J J, et al. Oxygen electrocatalysts in metal-air batteries: From aqueous to nonaqueous electrolytes. Chem. Soc. Rev., 2014, 43: 7746-7786.

[55] Cheng F Y, Chen J. Metal-air batteries: From oxygen reduction electrochemistry to cathode catalysts. Chem. Soc. Rev., 2012, 41: 2172-2192.

[56] Li Y G, Dai H J. Recent advances in zinc-air batteries. Chem. Soc. Rev., 2014, 43: 5257-5275.

[57] Lu Y C, Gallant B M, Kwabi D G, et al. Lithium-oxygen batteries: Bridging mechanistic understanding and battery performance. Energy Environ. Sci., 2013, 6: 750-768.

[58] Li F J, Zhang T, Zhou H S. Challenges of non-aqueous $Li-O_2$ batteries: Electrolytes, catalysts, and anodes. Energy Environ. Sci., 2013, 6: 1125-1141.

[59] Lee D U, Choi J Y, Feng K, et al. Advanced extremely durable 3D bifunctional air electrodes for rechargeable zinc-air batteries. Adv. Energy. Mater., 2014, 4: 1301389.

[60] Zhang J T, Zhao Z H, Xia Z H, et al. A metal-free bifunctional electrocatalyst for oxygen reduction and oxygen evolution reactions. Nature, 2015, Nanotechnology 10: 444-452.

[61] Lim H D, Park K Y, Song H, et al. Enhanced power and rechargeability of a $Li-O_2$ battery based on a hierarchical-fibril CNT electrode. Adv. Mater., 2013, 25: 1348-1352.

[62] Lim H D, Song H, Gwon H, et al. A new catalyst-embedded hierarchical air electrode for high-performance $Li-O_2$ batteries. Energy Environ. Sci., 2013, 6: 3570-3575.

[63] Lim H D, Song H, Kim J, et al. Superior rechargeability and efficiency of lithium-oxygen batteries: Hierarchical air electrode architecture combined with a soluble catalyst. Angew. Chem. Int. Ed., 2014, 53: 3926-3931.

[64] Ma T Y, Ran J R, Dai S, et al. Phosphorus-doped graphitic carbon nitrides grown in situ on carbon-fiber paper: Flexible and reversible oxygen electrodes. Angew. Chem. Int. Ed., 2015, 54: 4646-4650.

[65] Gelman D, Shvartsev B, Ein-Eli Y, et al. Aluminum-air battery based on an ionic liquid electrolyte. J. Mater. Chem. A, 2014, 2: 20237-20242.

[66] Wang L, Liu F, Wang W T, et al. A high-capacity dual-electrolyte aluminum/air electrochemical cell. RSC Adv., 2014, 4: 30857-30863.

[67] Xu Y, Zhao Y, Zhang Y, et al. An all-solid-state fiber-shaped aluminum-air battery with flexibility, stretchability and high electrochemical performance. Angew. Chem. Int. Ed., 2016, 55: 7979-7982.

[68] Xu S, Das S K, Archer L A, et al. The Li-CO$_2$ battery: A novel method for CO$_2$ capture and utilization. RSC Adv., 2013, 3: 6656-6660.

[69] Liu B, Sun Y, Liu L, et al. Recent advances in understanding Li-CO$_2$ electrochemistry. Energy Environ. Sci., 2019, 12: 887-922.

[70] Li X, Wang H, Chen Z, et al. Covalent-organic-framework-based Li-CO$_2$ batteries. Adv. Mater., 2019, 31: 1905879.

[71] Li S, Dong Y, Zhou J, et al. Carbon dioxide in the cage: Manganese metal-organic frameworks for high performance CO$_2$ electrodes in Li-CO$_2$ batteries. Energy Environ. Sci., 2018, 11: 1318-1325.

[72] Fang C, Luo J, Jin C, et al. Enhancing catalyzed decomposition of Na$_2$CO$_3$ with Co$_2$MnO$_x$ nanowire-decorated carbon fibers for advanced Na-CO$_2$ batteries. ACS ACS Appl. Mater. Interfaces., 2018, 10: 17240-17248.

[73] Zhang W, Hu C, Guo Z, et al. High-performance K-CO$_2$ batteries based on metal-free carbon electrocatalysts. Angew. Chem. Int. Ed., 2020, 59: 3470-3474.

[74] Ma W, Liu X, Li C, et al. Rechargeable Al-CO$_2$ batteries for reversible utilization of CO$_2$. Adv. Mater., 2018, 30: 1801152.

[75] Wang X, Xie J, Ghausi M A, et al. Rechargeable Zn-CO$_2$ electrochemical cells mimicking two-step photosynthesis. Adv. Mater., 2019, 31: 1807807.

[76] Xing Y, Yang Y, Li D, et al. Crumpled Ir nanosheets fully covered on porous carbon nanofibers for long-Life rechargeable lithium-CO$_2$ batteries. Adv. Mater., 2018, 30: 1803124.

[77] Chen J, Zou K, Ding P, et al. Conjugated cobalt polyphthalocyanine as the elastic and reprocessable catalyst for flexible Li-CO$_2$ batteries. Adv. Mater., 2018, 31: 1805484.

[78] Hu C, Gong L, Xiao Y, et al. High-performance, long-life, rechargeable Li-CO$_2$ batteries based on a 3D holey graphene cathode implanted with single iron atoms. Adv. Mater., 2020, 32: 1907436.

[79] Qie L, Lin Y, Connell J W, et al. Highly rechargeable lithium-CO$_2$ batteries with a boron- and nitrogen-co doped holey-graphene cathode. Angew. Chem. Int. Ed., 2017, 56: 6970-6974.

[80] Wang H, Xie K, You Y, et al. Realizing interfacial electronic interaction within ZnS quantum dots/N-rGO heterostructures for efficient Li-CO$_2$ batteries. Adv. Energy. Mater., 2019, 9: 1901806.

[81] Ahmadiparidari A, Warburton R E, Majidi L, et al. A long-cycle-life lithium-CO$_2$ battery with carbon neutrality. Adv. Mater., 2019, 31: 1902518.

[82] Li Y, Zhou J, Zhang T, et al. Highly surface-wrinkled and N-doped CNTs anchored on metal wire: A novel fiber-shaped cathode toward high-performance flexible Li-CO$_2$ batteries. Adv. Funct. Mater., 2019, 29: 1808117.

[83] Li X, Zhou J, Zhang J, et al. Bamboo-like nitrogen-doped carbon nanotube forests as durable metal-free catalysts for self-powered flexible Li-CO$_2$ batteries. Adv. Mater., 2019, 31: 1903852.

[84] Zhou J, Li X, Yang C, et al. A quasi-solid-state flexible fiber-shaped Li-CO$_2$ battery with low overpotential and high energy efficiency. Adv. Mater., 2018, 31: 1804439.

[85] Li J, Wang L, Zhao Y, et al. Li-CO₂ batteries efficiently working at ultra-low temperatures. Adv. Funct. Mater., 2019, 30: 200161987.

[86] Wang Y, Richards W D, Ong S P, et al. Design principles for solid-state lithium superionic conductors. Nat. Mater., 2015, 14 (10): 1026-1031.

[87] Huang J, Guo Z, Ma Y, et al. Recent progress of rechargeable batteries using mild aqueous electrolytes. Small Methods, 2019, 3 (1): 1800272.

[88] Guduru R K, Icaza J C. A brief review on multivalent intercalation batteries with aqueous electrolytes. Nanomaterials, 2016, 6 (3): 41.

[89] Luo J, Xia Y. Aqueous lithium-ion battery LiTi₂ (PO₄) ₃/LiMn₂O₄ with high power and energy densities as well as superior cycling stability. Adv. Funct. Mater., 2007, 17 (18): 3877-3884.

[90] Zeng X, Liu Q, Chen M, et al. Electrochemical behavior of spherical LiFePO₄/C nanomaterial in aqueous electrolyte, and novel aqueous rechargeable lithium battery with LiFePO₄/C anode. Electrochimica Acta, 2015, 177: 277-282.

[91] Wang Y, Yi J, Xia Y, et al. Recent progress in aqueous lithium-ion batteries. Adv. Energy. Mater., 2012, 2 (7): 830-840.

[92] Zhang Y, Wang Y, Wang L, et al. A fiber-shaped aqueous lithium ion battery with high power density. J. Mater. Chem. A, 2016, 4 (23): 9002-9008.

[93] Tang B, Shan L, Liang S, et al. Issues and opportunities facing aqueous zinc-ion batteries. Energy Environ. Sci., 2019, 12 (11): 3288-3304.

[94] Wan F, Niu Z. Design strategies for vanadium-based aqueous zinc-ion batteries. Angew. Chem. Int. Ed., 2019, 58 (46): 16358-16367.

[95] Pan H, Shao Y, Yan P, et al. Reversible aqueous zinc/manganese oxide energy storage from conversion reactions. Nat. Energy, 2016, 1 (5): 16039.

[96] Mo F, Liang G, Huang Z, et al. An overview of fiber-shaped batteries with a focus on multifunctionality, scalability, and technical difficulties. Adv. Mater., 2020, 32 (5): 1902151.

[97] Yu P, Zeng Y, Zhang H, et al. Flexible Zn-ion batteries: Recent progresses and challenges. Small, 2019, 15 (7): 1804760.

[98] Xu C, Li B, Du H, Kang F. Energetic zinc ion chemistry: The rechargeable zinc ion battery. Angew. Chem. Int. Ed., 2012, 51 (4): 933-935.

[99] Zhang N, Dong Y, Jia M, et al. Rechargeable aqueous Zn-V₂O₅ battery with high energy density and long cycle life. ACS Energy Lett., 2018, 3 (6): 1366-1372.

[100] Xia C, Guo J, Lei Y, et al. Rechargeable aqueous zinc-ion battery based on porous framework zinc pyrovanadate intercalation cathode. Adv. Mater., 2018, 30 (5): 1705580.

[101] Sambandam B, Soundharrajan V, Kim S, et al. Aqueous rechargeable Zn-ion batteries: An imperishable and high-energy Zn₂V₂O₇ nanowire cathode through intercalation regulation. J. Mater. Chem. A, 2018, 6 (9): 3850-3856.

[102] Guo Z, Ma Y, Dong X, et al. An environmentally friendly and flexible aqueous zinc battery using an organic cathode. Angew. Chem. Int. Ed., 2018, 130 (36): 11911-11915.

[103] Qing Z, Wei H, Zhi L, et al. High-capacity aqueous zinc batteries using sustainable quinone electrodes. Sci. Adv., 2018, 4: 1761.

[104] Ma L, Chen S, Li H, et al. Initiating a mild aqueous electrolyte Co₃O₄/Zn battery with 2.2 V-high voltage and 5000-cycle lifespan by a Co (III) rich-electrode. Energy Environ. Sci., 2018, 11 (9): 2521-2530.

[105] Yu X, Fu Y, Cai X, et al. Flexible fiber-type zinc-carbon battery based on carbon fiber electrodes. Nano Energy, 2013, 2(6): 1242-1248.

[106] Li H, Liu Z, Liang G, et al. Waterproof and tailorable elastic rechargeable yarn zinc ion batteries by a cross-linked polyacrylamide electrolyte. ACS Nano, 2018, 12(4): 3140-3148.

[107] Wang Z, Ruan Z, Liu Z, et al. A flexible rechargeable zinc-ion wire-shaped battery with shape memory function. J. Mater. Chem. A, 2018, 6(18): 8549-8557.

[108] Fang X, Weng W, Ren J, et al. A cable-shaped lithium sulfur battery. Adv. Mater., 2016, 28(3): 491-496.

[109] Wang M Y, Xie S L, Tang C Q, et al. Making fiber-shaped Ni//Bi battery simultaneously with high energy density, power density, and safety. Adv. Funct. Mater., 2020, 30(31): 905971.

第9章 纤维发光器件

9.1 发光机理概述

对光能的利用贯穿着人类的发展历史，在自然界中，材料将其他形式的能量通过热辐射、发光这两种主要的形式转换为光能。不同于热辐射，发光这一过程不依赖于材料的温度，并且可以通过对材料的设计更容易地实现发光光谱的改变，因此基于发光这一物理现象的材料和器件得到了相当广泛的研究。

对发光现象早期的研究可以追溯到1852年由G. G. 斯托克斯根据对光谱的研究提出的斯托克斯规则，之后到1888年由G.H.魏德曼正式提出"发光"这一概念，区别了热辐射现象和发光现象。1936年，瓦维洛夫为发光现象引入了余辉的概念，基于以上判据，发光得到了明确的定义，即物质受到某种能量激发后，物质通过热辐射之外，以光的形式发射出额外的能量，并且这个能量释放过程会持续一定时间。

目前人们已经发现了种类丰富的能量来源，可用于激发材料发光，比如光致发光、电致发光、力致发光、磁致发光、化学发光等(图9.1)。其中电致发光由于高度可控、发光效率高、响应速率快，成为照明、显示领域不可缺少的部分。1927年，Losev在对ZnO-SiC二极管施加直流电时观察到了发光现象，首次报道了电致发光。1936年，Destriau报道了铜掺杂的ZnS在液体电介质中，受交流电场激发而发光[1]。以上两个重要的工作将电致发光器件分为直流发光器件和交流发光器件两类[2]，在人们后续的一系列研究中，发现直流发光器件普遍有着驱动电压低、发光效率高、亮度高的优势，被广泛用于显示屏、高亮度照明等场景；交流发光器件则由于器件制备工艺简单、稳定性高以及柔性好，可用于构建可弯曲甚至弹性可拉伸的面光源、线光源等。不同于电致发光，作为自然界中常见的一种发光现象，力致发光由于其可以将更加清洁、安全的能源，诸如人类运动中的振动能、风能、潮汐能等转换为光能，近年来在自供能发光、可视化传感器、特殊装饰等应用领域受到了研究者的关注[3, 4]。

可穿戴领域的发展为发光器件带来了新的方向。发光器件在满足发光、显示要求的同时，还需要兼顾器件柔性、稳定性、穿戴集成方式等问题。纤维发光器件由于独特的一维形态，相比传统的平面形态，具有更好的柔性，可以与织物直接编织集成等特点，是一个具有巨大发展潜力的新方向[5]。本章将着重介绍基于有机发光二极管、聚合物发光电化学池、无机材料的纤维电致发光器件在材料、器件结构、制备、性能以及应用方面的内容，以及介绍将力致发光与纤维、织物发光相结合的新尝试。

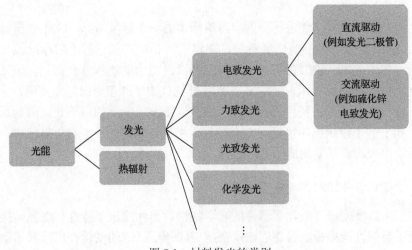

图 9.1　材料发光的类别

9.2　发光器件的性能参数

　　根据发光的定义，我们可以将发光现象分解为两个部分：外界能量的输入和光能的发射。因此，对发光现象的表征可以围绕以上两个方面，即利用发光亮度、发光光谱和色坐标来表征发射的光的性能，利用电流密度-电压-亮度曲线、电致发光效率、应变-亮度曲线来表征输入能量和光能之间的转换。

9.2.1　发光亮度

　　发光亮度是衡量发光物质表面明亮程度的光技术量，是指在垂直于光束传播方向上单位面积的发光强度，单位为 cd/m^2。这里的 cd(坎德拉)是表示发光强度的单位，属于国际制七个基本单位之一。1979 年 10 月第十六届国际计量大会将坎德拉定义为：给定一个频率为 540.0154×10^{12} 赫兹的单色辐射光源和一个指定的方向，且该辐射源在该方向的辐射强度为 1/683 W/sr，则该辐射源在该方向的发光强度为 1 cd。

9.2.2　发光光谱

　　发光光谱是材料在受到激发情况下发光强度的相对值按照波长的分布。发光光谱的来源是处于激发态的发光材料向基态跃迁时产生辐射的退激发过程，通过发光光谱可以粗略反映发光材料能带隙大小以及器件的能量转移状况。光谱所反应的不同波长分布情况决定了物体发光的颜色。

9.2.3　色度

色度是对发光体颜色进行测量和客观描述的一个定量指标。1931 年国际照明委员会(CIE)建立了标准的色度系统,规定了红、绿、蓝三基色的标准波长,人眼所能观察到的每一种颜色都能由三种基色经过适当的比例混合得到。该系统通过色度坐标(x, y, z)标示,其中 x、y 和 z 分别代表了红色、绿色和蓝色,坐标值 x、y 和 z 分别反映了三基色的相对比例并且满足 $x+y+z=1$ 的恒等式。因此只需要使用 x 和 y 两个色坐标即可标定一个颜色,将所有颜色在 x–y 直角坐标中一一对应,描绘出来的图形即构成了 CIE 色度图。

9.2.4　伏安特性曲线和亮度电压曲线

对于电致发光器件,除了器件的光学特性,器件的电学特性与电光转换特性同样是重要的性能指标。器件的电流密度(J)随电压(V)的变化直接反映了器件的电学特性。例如直流发光二极管在施加正向偏压的情况下,当电压低于开启电压时,电流密度随电压遵循线性关系增大;当电压高于开启电压后,电流密度随电压遵循指数关系快速增大。

亮度电压曲线直观地反映了在不同驱动条件下的发光情况,器件的开启电压以及能达到的最高亮度。当器件的发光亮度达到 1 cd/m^2 时对应的电压,称为开启电压,并且当器件在低的电压下达到更高亮度,通常认为该器件具有更优的电致发光性能。

9.2.5　电致发光效率

电致发光器件转换电能的效率,通常根据光度效率、电流效率和量子效率来衡量。光度效率(η_l)定义为器件发射的光通量(Φ)与输入的电功率(P_E)之比,即

$$\eta_l = \frac{\Phi}{P_E} = \frac{\pi SB}{IV}$$

式中,S 表示发光面积;B 表示发光亮度;I、V 分别表示测量时所加电流和电压的大小。光度效率的单位是 1 m/W。

电流效率(η_J)定义为器件亮度(L)与电流密度(J)的比值,即

$$\eta_J = \frac{L}{J}$$

电流效率的单位是 cd/A。电流效率和光度效率与人眼对不同波长光的视觉灵

敏度相关，它们没有阐述真正的发光机制，而是从实用的角度表征器件的发光效率，是显示与照明设备的常用参数。

基于直流电致发光器件载流子注入发光的机制，定义了器件向外发射的光子数与注入的电子空穴对数量之比为量子效率(η_q)。量子效率又可分为内量子效率和外量子效率。内量子效率是指在器件内部产生的光子数与注入的电子空穴对数量之比。内量子效率反映了载流子在器件内部复合发光的效率，是器件内部物理机制的体现。外量子效率是指在器件外部的观测方向上射出器件的光子数与注入的电子空穴对数量之比。由于器件发光层产生的光辐射在射出的过程中不可避免地发生被材料自身吸收，界面处发生反射、折射等。因此，对于发光二极管而言，外量子效率总是小于内量子效率。

9.2.6　应变亮度和频率亮度曲线

对于力致发光器件，衡量力光转换性能则通常参考施加外力时材料在不同应变量时的亮度变化，以及改变外力施加频率时的亮度变化。一般情况下，力致发光器件的亮度与器件应变和变形频率正相关。除此之外，还会表征器件发光在循环变形条件下的稳定性、器件外形对发光性能的影响、施力时发光的持续时间等。

9.3　纤维有机发光二极管

9.3.1　概述

有机发光二极管(OLED)的电致发光是基于正向偏压下共轭有机半导体的电荷发射。Pope 和他的团队在 1963 年报道了蒽晶体的电致发光性能。这是人们第一次尝试制备基于有机材料的光电设备[6]。然而，驱动电压过高(>300 V)使其不适合商用。柯达团队在 1987 年最早发明了 OLED，它是由氧化锡铟(ITO)/联胺/八羟基喹啉铝/镁银合金依次真空蒸镀而成[7]。从那时起，人们对 OLED 技术展开了大量的研究，并且获得了惊人的发展。在 1998 年，磷光材料被用作有机发光二极管，提供了一个新方法来获得 100%的内量子效率[8]。热激活延迟荧光(TADF)OLED 于 2012 年被成功制备[9]。在这个工作中，通过一类无金属有机电致发光分子、最小化单线态和三线态的能级间隙之后，实现了内荧光效率高于90%，并且外电致发光效率为 19%[10]。OLED 有着柔性、轻薄、高能量效率、低操作电压、宽观察角等优点，是固态发光和显示设备的一种可行选择。

9.3.2　工作机理

如图 9.2 所示，OLED 的工作机理简要叙述如下：①通过对相应电极施加电势，使负(正)电荷注入电子(空穴)传输层。②电荷穿过电子(空穴)传输层。③发光材料内部电子和空穴的库仑俘获。④发光分子中激子的形成，重组过程中过剩的能量促使了分子的激发。⑤由分子返回基态产生的电磁辐射。

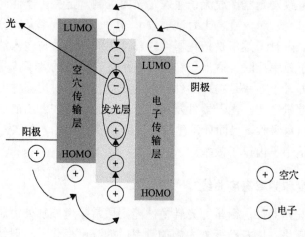

图 9.2　OLED 的工作机理

　　荧光和磷光的产生是辐射跃迁的结果，并且它们的终态是基态。两者的不同为：荧光的初态是单线态，而磷光的初态是三线态。荧光和磷光的产生如图 9.3 所示。在理想状态下，注入电子后得到单线态激子的概率为 25%，产生三线态激子的概率为 75%。因此，由荧光材料制备的 OLED 理论上最大内量子效率为 25%。对于由磷光材料制备的 OLED，如重金属有机络合物，单线态和三线态激子都在发光分子中形成。理论上，磷光 OLED 的最大内量子效率为 100%。

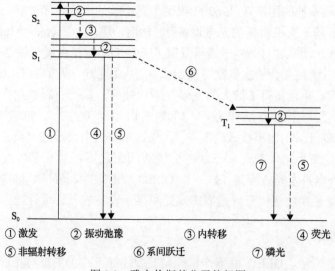

①激发　　②振动弛豫　　③内转移　　④荧光
⑤非辐射转移　　⑥系间跃迁　　⑦磷光

图 9.3　雅布伦斯基分子能级图

9.3.3 结构

根据器件的层数，OLED 可以分为单层和多层结构。在单层结构中，阴极和阳极中仅有一个有机发光层。这种简单的结构可以减少制造成本。然而，它也会引起电子和空穴传输的不平衡，器件效率较低，从而导致发光效率低。

在多层结构中，发光层和电极中增加了载流子传输层、载流子注入层和载流子阻挡层。通过把发光层和载流子传输层分开，载流子注入层可减少电极和载流子传输层的势垒。载流子阻挡层的作用是限制有机发光层中的电子和空穴，来有效地阻止载流子泄漏，从而提高 OLED 的发光效率。

9.3.4 材料

1. 小分子发光材料

小分子发光材料通常是有机染料，荧光量子效率很高，并且易于净化和通过化学修饰来产生高纯的红光、绿光和蓝光[11-14]。然而，有机染料有明显的固态荧光淬灭效应。因此，小分子染料通常掺杂在有载流子传输特征的主体材料中来形成主客体掺杂发光系统[15-18]。

2. 聚合物发光材料

聚合物发光材料通常在主链上有一个共轭结构。导电的前提是主链上有离域的 π 电子。通过优化共轭发光聚合物的侧链可以提升其溶解性，并且可以调整载流子的传输能力。通过分子设计来调整聚合物的带宽，从而实现全色发光。此外，聚合物的发光性能可通过掺杂来控制。聚合物材料除了用作 OLED 的发光层，也被用作电子传输层和空穴传输层，例如广泛使用的空穴传输材料 PEDOT:PSS。一些聚合物材料可以起发光和载流子传输双重作用。通常使用的聚合物发光材料包括苯乙烯、聚芴、聚噻吩和聚咔唑。

3. 电子传输层

除了匹配邻近功能层的能级，电子传输层需要满足下列要求：①电子亲和性大，这会有益于电子注入。然而，过高的亲和性会导致激子分离。②电离势高（>6.0eV），这有益于阻挡空穴。③电子迁移率高，使载流子再结合的区域远离电极，增加激子产生速率。④电子传输层有可逆的电化学还原特性，以及还原势高，因为有机材料中的电子传输可以被认为是一系列的氧化还原过程。⑤有很好的成膜能力、良好的稳定性、高玻璃化转变温度，避免光散射和结晶诱导的降解[19]。

通常，电子传输材料有共轭结构，并且属于平面芳香族化合物。目前，电子传输材料仅有很少的几种，主要包括 8-羟基喹啉铝、噁二唑类、吡啶、喹喔啉和其他含氮杂环化合物，如表 9.1 所示。电子传输材料也可以用作发光材料。

表 9.1 常用的电子传输材料

电子传输材料	结构	LUMO/eV	HOMO/eV	T_g/℃	文献
Alq₃		3.1	5.8	172	[20, 21]
PBD		2.16	6.06	60	[19, 22]
TPBi		2.7	6.2	124	[23, 24]
TAZ		2.7	6.3	70	[25, 26]
BPhen		3.2	6.4	—	[27]
BmPyPB		2.62	6.67	106	[28, 29]

4. 空穴传输材料

空穴传输材料对 OLED 的性能有重要的影响。空穴传输材料必须有以下特征：①材料的 HOMO 能级与阳极和发光材料匹配，并且空穴注入势小。②给电子能力强，这样带正电的离子可以稳定存在。③空穴迁移率高，并且空穴传输能力强。④玻璃化转变温度高，并且有很好的热稳定性。⑤由真空蒸镀可制备致密且无针孔的薄膜。大多数满足上述条件的材料是三芳胺化合物，例如 TPD、NPD、*m*-三苯基胺(*m*-MTDATA)、TAPC 等，如表 9.2 所示。

表 9.2　常用的空穴传输材料

空穴传输材料	结构	LUMO/eV	HOMO/eV	T_g/℃	文献
TPD		2.3	5.5	65	[30]
NPD		2.6	5.7	95	[30]
m-MTDATA		1.9	5.1	—	[31]
TAPC		2.0	5.5	82	[32, 33]

通常使用的空穴传输材料的玻璃化转变温度很低，并且热稳定性很差，这是OLED 中的一个极端不稳定的因素。提升空穴传输材料的热稳定性的主要策略是引入大分子量的基团、使用刚性基团、设计非平面结构和修改几何构型[34]。

5. 阴极

在 OLED 中，需要将电子从阴极注入有机材料的 LUMO 能级。因此，通常用低功函数的金属电极来降低电子注入势垒以及提升电子注入效率，以此来提升OLED 的性能。低功函数的金属，如锂、镁、钙和铝，目前已被用作阴极。低功函数金属中有两个主要的问题。第一，低功函数金属在空气中不稳定，并且易于与氧和水反应。此外，低功函数金属有高的反应活性，可能会在金属电极/有机层界面引起激子淬灭。尽管铝的功函数高，但由于稳定性好且价格低廉，它是使用最广泛的阴极材料之一。人们发现通过在铝电极和有机材料中插入一层超薄的 LiF层，器件的电子注入效率可以显著提升[35]，并且器件性能优于使用标准镁铝合金作为电极的器件。

6. 阳极

相比于阴极材料，OLED 的阳极材料不仅需要导电性好、稳定性高、匹配有机材料的 HOMO 能级，还需要透光率好，这样 OLED 产生的光可以顺利地照射。目前，适合 OLED 的阳极材料主要包括金属和金属氧化物。对于金属电极，为了保证透光率，厚度往往小于 15 nm。主要的金属氧化物电极是氧化锡铟(ITO)。ITO的功函数通常是 4.5～4.8 eV，与有机材料的 HOMO 能级(5～6 eV)匹配得很好，这能保证有效的空穴注入。同时 ITO 导电性和透光率好。厚度为 150 nm 的 ITO的面电阻为 10～15 Ω/sq，并且可见光范围内的透光率超过 90%。金属氧化物的功函数与表面的静电状态密切相关。因此，为了提高 ITO 的功函数和加强空穴注入能力，可以对 ITO 表面进行酸处理、等离子体处理和单分子层自组装。

9.3.5 OLED 加工技术

OLED 每层的厚度通常小于 100 nm，并且需要无针孔的均匀表面。因此，薄层必须很好地沉积。共轭小分子蒸气压高，真空蒸镀加热过程中不分解。聚合物在转化为气相前会分解。因此，聚合物必须溶解在标准溶剂中，并且以溶液加工的方式沉积。

对于目前商用 OLED 来说，真空蒸镀是使用最多的加工方法，因为真空沉积过程通过控制加热温度和时间，不仅保证了薄膜厚度精确到纳米，还通过掩膜设计保证了器件尺寸和形状的精度。然而，真空蒸镀也有缺点，如价格高、浪费材料、生产面积有限。溶液加工原则上能大面积、廉价制备。然而，逐层加工中存在容易混合的问题，并且在操纵液滴时加工精度很难提升[36]。

9.3.6　纤维 OLED

　　纤维 OLED 可用于便携设备，尤其是运行电压低、柔性和轻质的可穿戴电子产品。为了制备纤维 OLED，主要的挑战是在高度弯曲的纤维表面构筑均匀无缺陷的功能层。早期人们报道了在聚酰亚胺涂覆的硅纤维上制备纤维 OLED[37]。如图 9.4 所示，通过旋转纤维基底，功能层在真空蒸镀室内按顺序沉积在纤维表面。纤维 OLED 的电学性能和发光特征能比得上平面器件。与平面器件不同的是，它的发光光谱与观察角度无关。旋转真空沉积过程很昂贵，并且不适合连续生产。

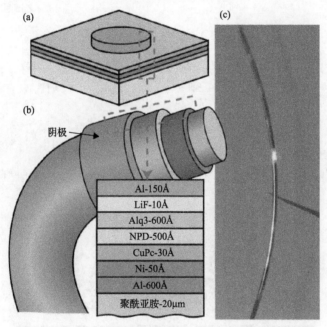

图 9.4　用真空蒸镀制备纤维的示意图(a、b)和实物图(c)[37]

　　最近出现了一个溶液加工的纤维 OLED，它是通过依次浸涂 PEDOT:PSS 电极、氧化锌传输层、聚乙烯亚胺阻挡层和 Super Yellow 发光层实现[38]。随后，MoO_3 层和顶电极 Al 用真空沉积在圆柱状纤维的一端，让另一端暴露来发光(图 9.5)。

　　由多次浸涂制备的 PEDOT:PSS 可以起到电极和平面化层及有效降低纤维表面粗糙度的双重作用。此外，在聚乙烯亚胺中的 ZnO 纳米粒子，可以有效降低电极的功函数。这个器件不仅亮度高($10000\ cd/m^2$)，而且在 10 V 的电压下效率高(11 cd/A)，这是纤维发光器件的纪录。这也实现了一个特殊模式的角分辨电致发光发射强度。纤维 OLED 的直径可以在 90～300 μm 之间调整。纤维 OLED 的柔性会随着纤维变小而增加。这些器件可以承受 3.5 mm 的弯曲半径，并且能手动编入织物(图 9.6)。最后,由 50 nm 厚的 Al_2O_3 薄膜封装的纤维 OLED 在持续恒电流下的寿命达 80 小时。

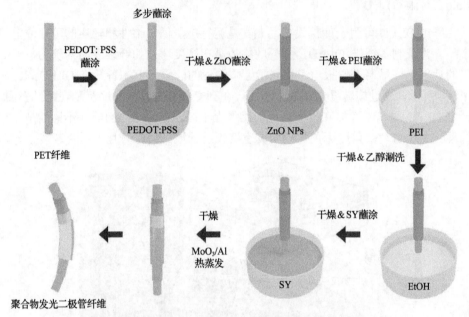

图 9.5 基于浸涂和真空沉积顶电极结合的制备方法的示意图[38]

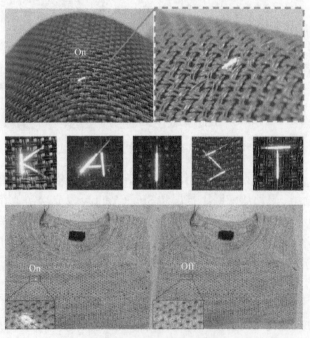

图 9.6 手编纤维的图解[38]

9.4 纤维聚合物发光电化学池

9.4.1 概述

虽然有机发光二极管具有较高的发光亮度以及良好的柔性，但是器件电极的功函数必须与有机材料的能级相匹配，通常阴极需要采用低功函数的活泼金属（如Al、Ca 等），导致器件的稳定性受到影响。早期人们在聚合物发光二极管的基础上，通过在发光层中引入聚合物电解质，制备出聚合物发光电化学池(PLEC)[39]。其结构为两个电极中间夹杂着聚合物发光层，其中聚合物发光层由共轭发光聚合物、聚合物电解质和离子盐混合而成。

PLEC 使用的聚合物发光材料主要包括聚对苯撑乙烯(PPV)、聚芴(PF)和聚噻吩(PT)三类。其中研究最为广泛的是 PPV 衍生物 Supper Yellow 以及橙光MEH-PPV。最常用的电解质是由聚氧化乙烯(PEO)和锂盐(如 LiCF$_3$SO$_3$)组成的固态电解质。在 PEO/锂盐体系中，PEO 扮演聚合物基体的角色，PEO 主链中的氧与锂离子形成络合物，可以看作锂盐溶解于 PEO 基体形成了固态物质，具有良好的离子传输性能。

PLEC 在通电的情况下，电极处通过氧化还原反应产生载流子。因此，PLEC对金属电极的功函数不敏感，而且聚合物发光材料经过掺杂之后导电性能大幅度提升，从而降低了器件的启亮电压。PLEC 的启亮电压可以约等于聚合物发光材料的能带隙宽度(E_g/e)，通常小于 4 V。此外，由于聚合物发光层中包含聚合物发光材料和聚合物电解质，因此器件具有良好的柔性和可拉伸性。

然而，PLEC 特殊的工作机理也带来了一些不可忽略的问题。首先，PLEC 响应时间长。由于 PLEC 在发光前必须经过电化学掺杂和离子传输来建立 p-i-n 结，这个过程需要较长的时间，导致器件响应速率慢。撤去电压后，p-i-n 结可能会消失，这意味着如果器件重新启动，需要再经历一次 p-i-n 结的建立过程。除了响应时间长之外，器件寿命短也是 PLEC 存在的严重问题之一，其原因主要在于 PLEC的工作过程中存在降解反应和相分离现象。

9.4.2 工作原理

PLEC 的工作原理如图 9.7 所示[40]。当外界施加的偏压大于共轭聚合物的能带隙(E_g/e)时，阳极附近的共轭聚合物被氧化，电子流出，为了保持电中性，阴离子向阳极移动，形成 p 型掺杂；另一方面，阴极附近的共轭聚合物被还原，电子流入，为了保持电中性，阳离子向阴极移动，形成 n 型掺杂。随着反应的不断进行，两个掺杂区不断增长，而发光层的中间部分由于离子的流出形成共轭聚合物的本征 i 区域，最终构成 p-i-n 结。当 p-i-n 结形成之后，电子和空穴不断注入，在聚合物本征区域复合发光。在恒定温度下，电压越大，p-i-n 结形成的速率越快。

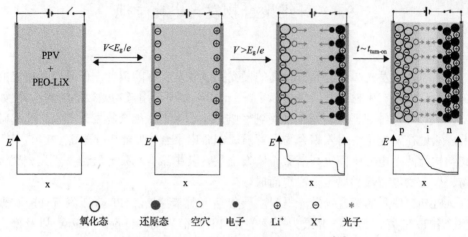

图 9.7　PLEC 中电化学掺杂与发光原理图[40]

9.4.3　器件结构

薄膜夹心结构　薄膜夹心结构是 PLEC 最为传统且经典的结构，如图 9.8(a) 所示，聚合物发光材料和固态电解质被夹在两个电极之间(其中一个电极是透明电极，通常为 ITO)。由于结构简单，夹心结构的器件易于制备。

平面结构　聚合物发光材料经过电化学掺杂后，导电性能大幅提升，可以与电极形成欧姆接触，这是 PLEC 可以设计成对称电极平面结构的基础。平面结构的 PLEC 如图 9.8(b) 所示。这种结构的一个重要特点是电极间的距离可以增大到毫米级甚至厘米级，从而制备出超大空间平面 PLEC。这种超大空间平面结构，可以用来研究电化学掺杂和 p-i-n 结的动态形成过程以及器件的老化过程。此类结构存在的主要问题是室温下器件的开启电压通常较高，这是由于电极/聚合物界面存在较高的极化电势所致。

双层结构　双层结构的 PLEC 可以分为两类，第一类结构中两层均为共轭聚合物和电解质的共混物，两层均可以发光；第二类结构的一层为共轭聚合物，另一层为电解质，只有一层发光。

第一类双层结构如图 9.8(c)，当器件通正向偏压时(底电极为阳极)，p-i-n 结位于发光聚合物 A 所在的发光层，器件发射聚合物 A 的光色；反之，当器件通反向偏压时(顶电极为阳极)，p-i-n 结位于发光聚合物 B 所在的发光层，器件发射聚合物 B 的光色。这种双层结构器件通过电压方向的转换实现发光颜色的切换。

第二类双层结构如图 9.8(d)，这类器件在双层结构的基础上，引入平面结构的特点，以减少甚至避免聚合物和电解质共混物相分离对器件性能的影响。器件的两个电极都与共轭聚合物层直接接触，共轭聚合物层上方是电解质层。此类结构的 PLEC 中共轭聚合物层和电解质层发生最大程度的相分离，在 PLEC 工作过程中，这种相分离状态是稳定的，并使得大部分电解质组分(过量的离子等)实现与共轭聚合物的分离，解决了薄膜夹心结构器件中存在的不均匀的相分离问题。研究表明，双层结构 PLEC 中离子传输与电子传输在空间上的隔离，可以缩短器件响应时间和增强发光强度。

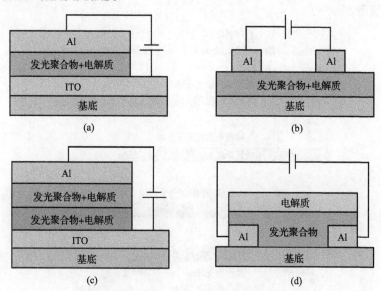

图 9.8　PLEC 的器件结构示意图
(a)薄膜夹心结构；(b)平面结构；(c)双层结构1；(d)双层结构2

9.4.4　纤维 PLEC

相比于 OLED，PLEC 对电极的能级匹配及对基底的平整度要求较低，更加有利于在高曲率的纤维上构建高性能的发光器件。纤维 PLEC 自 2015 年被发现后，引起了学术界和工业界的极大热情和广泛关注，因此在这里进行较为系统的介绍。这类新型纤维 PLEC 主要基于取向碳纳米管薄膜材料作为电极来构建。取向碳纳米管薄膜兼具轻型、透明、柔性、导电(电导率为 $10^2 \sim 10^3$ S /cm)、高强度(断裂强度为 10^2 MPa)和高电催化活性，已经被广泛应用在能源和电子领域，也是构建 PLEC 的理想电极材料。

根据前面的介绍，PLEC 的特殊发光机理决定了它不需要特殊功函数的电极材料去提高电子和空穴的注入，两极可以是相同的材料。因此，以取向碳纳米管薄膜作为两个电极的材料，可以构建高性能的同轴结构纤维 PLEC[41]。

　　首先，通过同轴缠绕的方法，把取向碳纳米管薄膜均匀地缠绕在绝缘的纤维基底上(图9.9)。具体实验过程如下：①通过两个旋转电机把基底纤维固定，将可纺碳纳米管阵列放在可水平运动的平移台上。②把取向碳纳米管薄膜从可纺碳纳米管阵列中拉出并以一定角度(α)缠绕在纤维基底上，通过控制电机的旋转速度以及平移台的水平移动速度，可以使取向碳纳米管薄膜保持角度(α)进行均匀缠绕。取向碳纳米管薄膜的厚度通过调节取向碳纳米管薄膜的宽度以及缠绕角度(α)来精确控制。

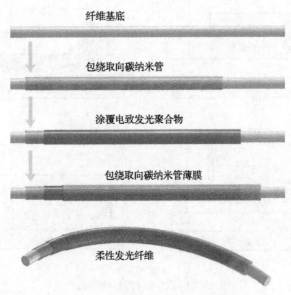

纤维基底

包绕取向碳纳米管

涂覆电致发光聚合物

包绕取向碳纳米管薄膜

柔性发光纤维

图 9.9　纤维 PLEC 构建过程示意图[41]

　　然后，通过溶液蘸涂，在缠绕取向碳纳米管的纤维上均匀涂覆一层发光聚合物。这里聚合物发光层采用的是传统的组分，主要包括共轭发光聚合物、离子导体和离子盐。最后，在发光层外表面按照同样的方法缠绕一层取向碳纳米管薄膜，得到纤维 PLEC。纤维 PLEC 的扫描电镜照片如图 9.10 所示。

　　纤维 PLEC 的工作原理与平面 PLEC 相同，在器件的两极施加一定电压后，电子和空穴不断从两极注入，在聚合物发光层的两端进行 p 型和 n 型掺杂，形成 p-i-n 结。纤维 PLEC 具有优异的电化学发光性能，当电压在 8.8 V 附近时，发光亮度达到 1 cd/m^2，并随着电压的升高而不断增加，在电压 30 V 时亮度达到最高值 505 cd/m^2[图 9.11(a)]。同时，器件的电流效率最高可达 0.51 cd/A[图 9.11(b)]。

　　有趣的是，纤维 PLEC 的发光强度与角度无关，如发光强度在不同角度下变化值不超过 6%[图 9.12(a)]。此外，纤维 PLEC 显示较好的柔性，即使当纤维 PLEC 经历 100 次弯曲循环，器件的亮度依然能够保持在原有亮度的 91.2%[图 9.12(b)]。

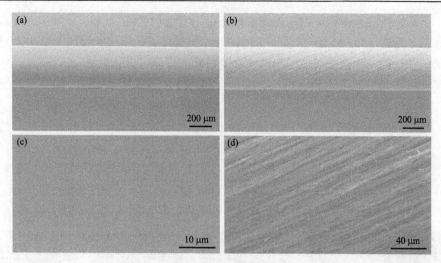

图 9.10　纤维 PLEC 的扫描电镜照片[41]

(a)绝缘纤维基底的扫描电镜照片；(b)均匀缠绕取向碳纳米管薄膜后的扫描电镜照片；(c)表面蘸涂发光
聚合物层后的扫描电镜照片；(d)在发光聚合物层表面缠绕取向碳纳米管薄膜后的扫描电镜照片

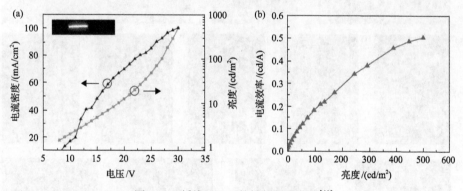

图 9.11　纤维 PLEC 的性能测试曲线[41]

(a)纤维 PLEC 的电流密度-亮度-电压测试曲线；(b)纤维 PLEC 的电流效率-亮度测试曲线

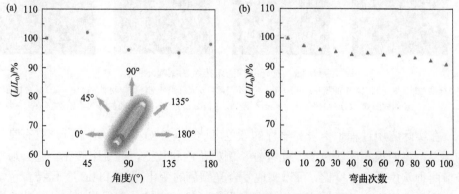

图 9.12　纤维 PLEC 在不同角度下的发光亮度[41]

上面介绍的是一类典型的纤维 PLEC。由于这类纤维 PLEC 采用取向碳纳米管薄膜作为两个电极，表面平整度和导电性都需要提高。在后续的实验中，通过优化器件结构，可以进一步提高器件性能，最高亮度可以达到 950 cd/m$^{2[42]}$。通过将聚合物发光层替换为其他颜色的聚合物发光材料，就可以实现其他颜色的发光器件，如黄光。

此外，这些纤维 PLEC 凭借独特的一维结构与较高的柔性，显示了良好的可编织性能，如图 9.13(a)所示，我们将器件与普通纤维进行混编形成各种图案。如图 9.13(b)～(d)所示，将蓝色和黄色发光纤维简单交叉编织在一起，并对它们分别进行控制。通过设计，可以将这些发光纤维编织成更加复杂的图案，例如 "FUDAN"（图 9.13），然后通过外部电路设计实现图案的可控发光显示。

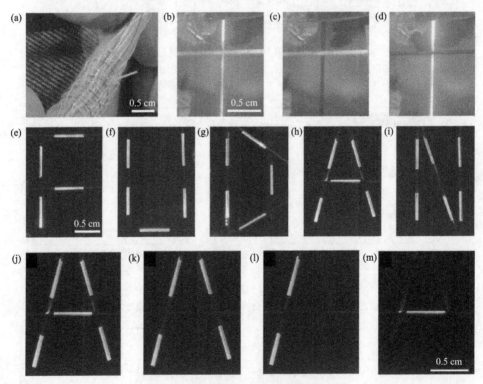

图 9.13　发光纤维的编织及图案显示[42]

(a)纤维 PLEC 编织到织物中的照片；(b)～(d)两个不同颜色发光纤维分别进行控制照片；(e)～(i)纤维 PLEC 编织成图案 "FUDAN"；(j)～(m)纤维 PLEC 被编成字母 "A" 实现各部分可控发光

在实际应用过程中，发光器件的颜色可调性也十分重要。由于纤维具有良好的柔性，将两根不同颜色的发光纤维，例如蓝色和黄色，缠绕组装在一起。通过调节两种颜色纤维亮度比，可以实现复合光颜色的变化[图 9.14(a)]。保持黄色发光纤维的亮度不变，通过不断提高蓝色发光纤维的亮度，使得蓝光与黄光的亮度比从 0 逐渐上升到 7.13，从而可使两根纤维产生的复合光实现从黄色到蓝色的逐渐转变。复合光的色度坐标从 (0.46, 0.52) 逐渐变为 (0.22, 0.36)[图 9.14 (b)]。基于相似的策略，通过改变上述复合纤维的观察角度，也可以改变两种发光纤维的亮度比。因为在改变观察角度的同时，两种发光纤维的面积比也会随之发生变化。保持两根发光纤维的亮度不变，两者的亮度比会逐渐发生变化。随着观察角度从 0 到 180°，色度坐标从 (0.46, 0.52) 逐渐变为 (0.22, 0.36)[图 9.14 (c), (d)]。

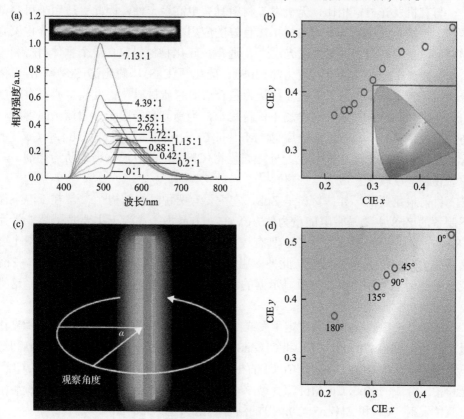

图 9.14 力致发光纤维的颜色与测试方法*[42]

(a)复合纤维的电致发光光谱，图中右侧为蓝光与黄光的亮度比变化(插图：黄色与蓝色发光纤维缠绕
示意图)；(b)图(a)中对应的 CIE 色度坐标变化；(c)复合纤维不同角度颜色测试方法示意图；
(d)图(c)中对应的 CIE 色度坐标变化

*扫描封底二维码见本图彩图

9.5　无机发光器件

根据磷光体的种类、工作机理和驱动电压(直流和交流)，发光器件可以分为不同的类型。随着材料科学的迅速发展，无机发光器件已成为一种最重要的发光器件，并在商业上应用了数年，其性能优异(高亮度、长寿命)、成本低、颜色多样和使用寿命长。因此，无机荧光粉被认为是开发柔性发光纤维的理想材料。在本节中我们将集中讨论基于 ZnS 荧光粉的压电发光纤维和交流电致发光纤维，并重点讨论这些器件的结构、工作原理和性能。

9.5.1　基于 ZnS 的发光材料

与有机发光材料相比，无机发光材料具有更高稳定性，因此更适用于可穿戴器件，特别是硫化物基荧光粉显示出良好的应用前景。将荧光粉分散在介电聚合物中可以获得高稳定性柔性发光层[43]。通常，硫化物材料包含一个主体材料和一个作为发光中心的激活剂。硫化锌(ZnS)、硫化钙(CaS)、硫化锶(SrS)等 II-VI 化合物禁带较宽，能发射可见光，被认为是合适的基质材料[44]。发光中心具有适当的离子半径和价态，以在高电场下保持稳定，当受到高能电子有效撞击时得到较高的激发效率。通常将过渡金属(如 Mn^{2+} 和 Cu^{2+})或稀土金属(如 Tb^{3+} 和 Ce^{3+})加入发光材料中充当活化剂[45]。此外，卤化物(Cl、Br 和 I)通常用作助活化剂，其中氯化物亮度较高，成为首选材料[46]。

目前最重要的半导体材料是 ZnS，它主要有两种晶格结构[47, 48]。在低温条件下制备的 ZnS 主要是带隙能量为 3.7 eV 的立方晶型，高温下主要是带隙能量为 3.8 eV 的六角纤锌矿。由于 ZnS 具有较大的带隙能，ZnS 掺杂过渡金属或稀土金属后成为理想的荧光材料[49]。此外，由于其制造工艺简单，可大面积印刷，ZnS 荧光粉适用于液晶面板或平板显示器的背光照明。从实际应用的角度来看，这类发光材料具有重要的应用价值。

ZnS 晶格中的掺杂元素决定了发光颜色(表 9.3)[50-53]。例如，ZnS: Cu 磷光体显示红色发射(~670 nm)。Cu 和 Cl(ZnS: Cu，Cl)的结合产生蓝色(~460 nm)和绿色发光带，其相对强度取决于 Cu/Cl 的相对含量。将 Mn^{2+} 离子引入 ZnS: Cu, Cl 荧光粉中，合成的 ZnS: Cu, Mn, Cl 呈现黄色发光(~580 nm)。ZnS: Cu, I 荧光粉显示出蓝色发射，Cu 和 Al(ZnS: Cu, Al)的结合产生绿色(~550 nm)。

表 9.3　各种 ZnS 磷光体

磷光体	颜色
ZnS: Cu	红色
ZnS: Cu, Cl (Br, I)	蓝色
ZnS: Mn, Cl	黄色
ZnS: Cu, Al	绿色

ZnS 荧光粉的制备过程分为以下三个过程：

①在酸性条件下制备高纯度锌或锌化合物，用这种技术制成的荧光粉只含有

少量重金属杂质[54]。首先在氮气中烧结干燥沉淀物，将非金属杂质水平降低至约 500 ppm，同时使颗粒尺寸增加和晶格结晶度改善。

②加入掺杂剂。纯 ZnS 不能发光，只有引入晶格缺陷，以及向系统中添加某些原子才能引起发光。杂质原子的掺入是通过浆液形式添加掺杂剂或通过研磨(干或湿)来实现的，并在混合料中加入增稠剂。来自ⅠB族或ⅤB族(活化剂)的元素通常与ⅡB族或ⅦB族杂质(共活化剂)一起加入。

③高温煅烧法引入缺陷[55]。通常，当引入杂质原子时，会产生缺陷，要么是晶格的重排，要么是杂质加入的物理和化学处理引起。以 ZnS: Cu 荧光粉为例，它往往通过在高温(1100～1200℃)下烧结制备，其中六角纤锌矿相占主导地位。当粉末冷却时，存在向立方锌混合结构的相变。随着铜在 ZnS 中溶解度的降低，铜优先析出在六方-立方转变的缺陷上。铜在晶体中形成嵌入的 $Cu_{2-x}S$ 针状体。$Cu_{2-x}S$ 是一种具有高导电性的 p 型半导体，其沉淀物与 ZnS 粉末之间形成异质结。

水分会对 ZnS 荧光粉的亮度和寿命产生不利影响。因此，ZnS 颗粒通常被具有抗湿性能的透明薄膜覆盖。另一种方法是使用防湿薄膜(例如氟碳薄膜)来包覆整个器件。

9.5.2 力致发光纤维

1. 工作原理

对于 ZnS 发光粉的力致发光机理，普遍认为是压电光电子效应(压电效应与光激励耦合效应)导致的。ZnS 具有不对称的晶体结构，一旦受到外力作用，由于压电作用产生的电场会使 ZnS 的导带和价带发生倾斜，处于较高电子缺陷态的被俘电子容易释放到 ZnS 的导带上，与空穴发生非辐射复合，将能量转移给 Mn^{2+} 并激发其外壳电子发生跃迁，再以辐射发光的形式回到基态，从而观察到橙光(图 9.15)[56]。对于其他离子掺杂 ZnS 发光粉，其机理类似。基于 ZnS 发光粉的力致发光材料，不仅具有优异的可逆性、重复性、长期稳定性等优点，而且能够与柔性的聚合物复合，构建柔性的力致发光器件。

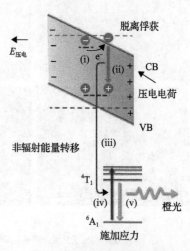

图 9.15 ZnS: Mn 弹性力致发光原理示意图[56]

2. 器件结构

在早期的力致发光研究中，主要通过对发光材料直接施加刮擦、摩擦或碰撞来实现发光，但是这类形式的发光是短暂和不连续的。如果需要获得持久连续的发光，则需要往复地施加应力，这个过程容易导致脆性的发光材料受损甚至失去发光特性。为了实现持续的发光，Jeong 等人将 ZnS 发光粉复合到聚二甲基硅氧烷（PDMS）中，制备得到了柔性且可拉伸的力致发光器件[57]。此后，基于 ZnS 发光粉的柔性力致发光器件受到广大研究者的关注。

以弹性体 PDMS 为基底，再将 ZnS 发光粉/弹性体 PDMS 前驱体混合浆料均匀地浸涂在其表面，干燥后在浸涂好的纤维表面涂覆一层 PDMS 作为保护层，便可得到力致发光纤维（图 9.16）[58]。力致发光纤维的扫描电镜照片以及纤维的元素分布图如图 9.17 所示。

ZnS: Cu颗粒＋PDMS前驱体＋PDMS纤维　　　　　　　　　　力致发光纤维

图 9.16　力致发光纤维制备示意图[58]

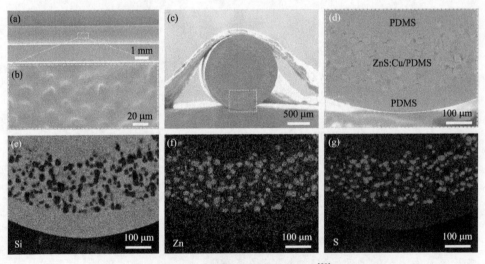

图 9.17　力致发光纤维微观形貌[58]

(a)、(b)力致发光纤维表面的扫描电镜图；(c)、(d)纤维截面的扫描电镜图；
(e)～(g)纤维截面的 Si、Zn、S 元素分布图

3. 性能

力致发光纤维可以在拉伸作用下实现发光，其发光亮度与复合纤维的组成、结构有直接的关系。随着发光粉含量从 20% 逐渐增加到 70%，纤维的发光亮度呈直线上升，从 0.9 cd/m² 增加到 9 cd/m²[图 9.18(a)]。另外，纤维的发光亮度随着发光层厚度的增长呈现线性上升。当厚度为 680 μm 时，纤维发光亮度可以达 15 cd/m²[图 9.18(b)]。除了纤维本身的结构外，纤维在拉伸过程中的拉伸应变与拉伸频率也会影响纤维的发光亮度。如图 9.18(c) 所示，随着拉伸应变的不断增大，纤维的发光亮度逐渐提高。当拉伸应变提高到 70% 时，发光亮度升至 7.5 cd/m²，继续提高拉伸应变，其发光亮度增长缓慢。此外，在相同的拉伸应变情况下，随着拉伸频率的提高，纤维的发光亮度呈直线上升。

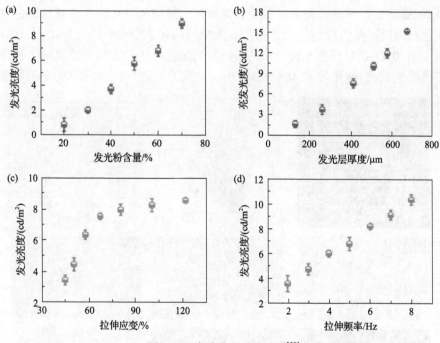

图 9.18　力致发光纤维性能[58]

力致发光强度与发光粉含量(a)、发光层厚度(b)、拉伸应变(c)以及拉伸频率(d)的关系

力致发光纤维具备良好的可逆性，在循环拉伸过程中，只在最开始拉伸时，由于纤维本身的应力松弛，发光亮度有所下降。在后续的拉伸过程中，纤维受到的应力维持在 4.35 MPa 左右，发光亮度也基本保持不变(图 9.19)。

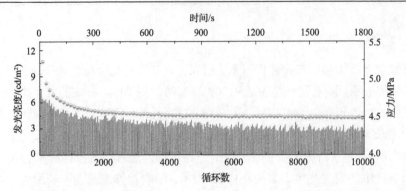

图 9.19　力致发光纤维的发光亮度(散点图)及力学强度(柱状图)与循环拉伸次数的关系图[58]

　　为了进一步拓宽发光纤维的应用,以发射橙光和绿光的两种 ZnS 发光粉为原料,通过改变两者的组成比例,可制备一系列发光颜色不同的纤维器件。如图 9.20(a)所示,随着橙光发光粉的含量增加,纤维的发光颜色逐渐从绿色过渡到黄色,最后转变为橙色,相应的 CIE 色坐标从(0.22, 0.56)转变为(0.41, 0.51),最终变为(0.53, 0.44)[图 9.20(b)]。不同发光颜色纤维的发光光谱实际上是纯绿光纤维发光光谱(峰值波长 465 nm)和纯橙光发光光谱(峰值波长 593 nm)的叠加

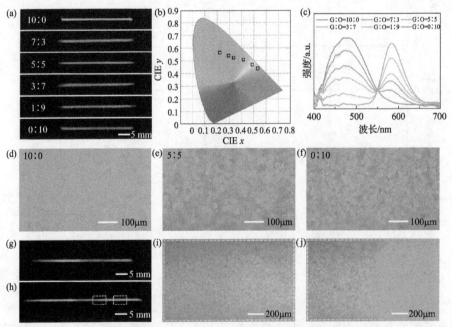

图 9.20　力致发光颜色调节*[58]

(a)~(c)两种 ZnS 发光粉不同比例混合构建的力致发光纤维的照片、CIE 色度图与光谱图；(d)~(f)纤维中绿光发光粉和橙光发光粉质量比分别为 10:0、5:5、0:10 时的荧光显微照片；(g)、(h)同时发射两种颜色和三种颜色的力致发光纤维；(i)、(j)同时发射三种颜色的力致发光纤维不同发光颜色界面处的荧光显微照片

*扫描封底二维码见本图彩图

[图 9.20(c)]。[图 9.20(d)～(f)]所示为不同比例的绿光与橙光发光粉的力致发光纤维的光学照片，也证实了颜色的变化为两种颜色的混合色。此外，通过同时浸涂多种颜色的发光粉的 PDMS 混合浆料，可以构建具有两种甚至多种发光颜色的力致发光纤维[图 9.20(g)～(j)]。

力致发光纤维具有独特的一维结构和良好的力学与发光性能，可以编成智能织物[图 9.21(a)]。此外，可在商用的弹性织物涂覆一层图案化的力致发光浆料构建发光织物[图 9.21(b)]，通过对 PDMS 弹性织物的交织点进行设计，可实现多颜色、多样式的图案显示[图 9.21(c)]。构建的这些织物在变形情况下(如拉伸)能在相应的图案处发射出光，在智能显示、安全警示等领域具有潜在的应用价值。

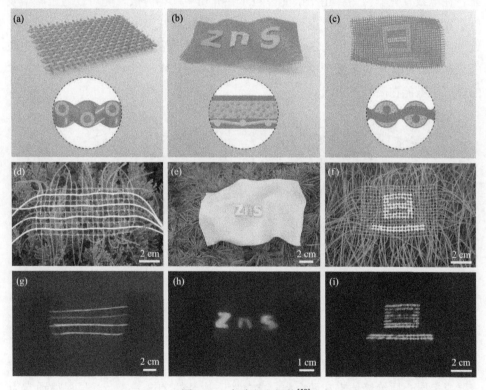

图 9.21　力致发光织物[58]

(a)～(c)基于力致发光纤维、商用弹性织物、PDMS 织物构建的三类力致发光织物示意图；
(d)～(f)三类力致发光织物的实物照片；(g)～(i)三类力致发光织物在拉伸状态下的发光实物照片

9.5.3　交流电致发光纤维

1. 工作机理

近年来，过渡金属掺杂硫化锌(ZnS: Cu)电致发光器件的交流电致发光机理，得到了广泛的研究。其中，费舍尔的双极场发射模型是最被接受的理论之一[59,60]。

　　纯 ZnS 粒子不发光，但通过掺杂过渡金属或稀土金属成为施体-受体型荧光粉。以 ZnS: Cu, Cl 荧光粉为例，Cu 激活剂作为受体，负责发射颜色，而 Cl 作为电子供体，负责向磷光体层注入电荷[61]。在加入 ZnS 粉末的过程中，产生的晶格缺陷有利于在 ZnS 晶体基质中形成导电的 $Cu_{2-x}S$ 针状体。当向磷光体粒子施加电场时，高电场将集中在导电的 $Cu_{2-x}S$ 针尖上。当电场足够高时，在针的两端诱导空穴和电子隧穿，从而产生电子-空穴对 (图 9.22)。电子被捕获在 Cl 施体位置，空穴被 Cu 接受位点捕获。当电场反转时，电子被辐射，并与空穴重新结合以发光。在电致发光器件中，由于磷光体粒子在介质中均匀分散，光可以通过整个发射层发射。电压需足够高，以使发射层内的电子加速并产生光。交流 ZnS 粉末电致发光器件的典型亮度值为 3～10 cd/m²，工作电压通常在 100 V 以上，输入电源的频率对发光亮度有重要影响。然而，频率不应超过电子的寿命，因为发射层中的载流子不能在高频下重组。

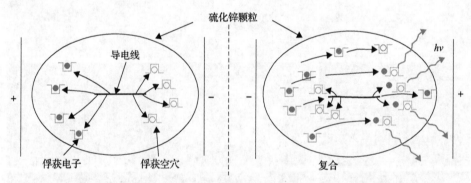

图 9.22　在 ZnS: Cu, Cl 发光器件中，电子和空穴分别从 $Cu_{2-x}S$ 针状体的相反方向注入

2. 结构

　　电致发光器件的典型结构是三明治结构，如图 9.23 (a) 所示，ZnS 磷光体层与一层或多层介质绝缘体夹在两个电极之间[62]。掺杂的 ZnS 粉末荧光层厚度通常为 50～100 μm，并且分散在聚合物电介质中，聚合物电介质同时也用作黏合剂。当在电极之间施加交流电压时，可以观察到电致发光。为了提高器件的亮度，通常需要一个透明电极，如金属纳米线、碳纳米管和 ITO[63]。

　　最近，研究人员设计了一种新型几何结构的柔性电致发光器件，称为极性电极桥连接电致发光光源[64]。如图 9.23 (b) 所示，该器件包括四个部分：平行共面的一对电极、发光层、介电层和由极性液体或固体制成的可调电极层。发光现象发生在液体和底层金属电极之间的重叠区域，而不是两个金属电极之间[图 9.23(c)]。

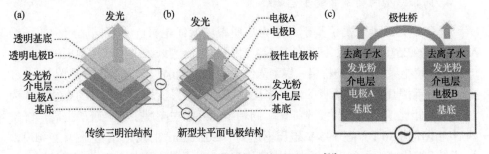

图 9.23　交流电致发光器件的结构[64]

(a)传统三明治结构；(b)新型平行电极结构；(c)两个电极通过电极桥连接，柔性电极桥由水凝胶制成

电致发光纤维是在平面夹层结构的基础上发展起来的一维发光器件。其主要是用柔性纤维电极代替平面电极，通过浸渍或挤压工艺在纤维电极上涂覆 ZnS 荧光粉层。在这里，根据组装的几何结构，电致发光纤维分为扭曲结构、同轴结构、平行结构和交错结构。

3. 缠绕结构的交流电致发光纤维

最早报道的交流电致发光(ACEL)纤维是通过将导电纤维缠绕在涂覆有发光活性层的基础纤维表面制备得到的[65](图 9.24)。基础纤维从内到外是由镀银尼龙丝、钛酸钡与聚合物混合涂敷的介电绝缘层、ZnS 发光粉与聚合物混合涂敷的发光层以及用于隔绝水分和防止发光层破损的透明封装层构成。外部缠绕的导电纤维则使用细铜丝或者镀银尼龙丝。驱动基于缠绕结构的 ACEL 纤维需要超过 300 V_{rms} 的高电压，在 370 V_{rms} 驱动电压下仅能达到 0.065 Lux 的照度。基于缠绕结构的 ACEL 纤维发光性能大大低于实际应用的需求，一方面，因为外部缠绕的导电纤维不透明，器件大部分发光被导电纤维遮挡，仅有少部分光从导电纤维的两侧发射；另一方面，缠绕结构使得发光层中的电场无法实现均匀完整的覆盖，发光材料的利用不完全，降低了发光效率。

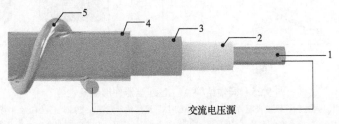

图 9.24　缠绕结构的 ACEL 纤维结构示意图

1. 镀银尼龙复丝；2. 介电绝缘层；3. 发光层；4. 透明封装层；5. 导电丝

4. 同轴结构的交流电致发光纤维

研究者进一步开发了基于外层为透明银纳米线电极、具有同轴结构的纤维 ACEL[图 9.25(a), (b)]。同轴结构的器件是在聚合物纤维上依次涂敷银纳米线内电极、硅胶绝缘层、发光粉层、银纳米线外电极和封装层得到的[66]。从图 9.25(c) 电子显微镜照片中看出清晰的同轴多层结构，涂层厚度均匀，器件的直径大约为 500 μm。相比缠绕结构的发光纤维，同轴结构纤维在亮度上有显著的提高，纤维的启亮电压为 30 V，在 195 V 电压下达到了 202 cd/m^2 的发光亮度[图 9.25(d)]，并且在纤维的轴线方向和圆周方向实现均匀的发光。作为可穿戴器件，所使用的硅胶和银纳米线电极具有很好的柔性，通过对器件进行 500 次、弯曲直径 2 mm、弯曲频率为 1 Hz 的循环测试，结果显示测试后器件仅有 9.1%的亮度损失[图 9.25(e)]。除此之外，最外封装层的设计有效抵挡空气中水、氧对发光材料的侵蚀，有封装层的发光器件在持续工作 6 小时后亮度下降 13.3%，而没有封装的器件同样条件下亮度下降 30.5%。

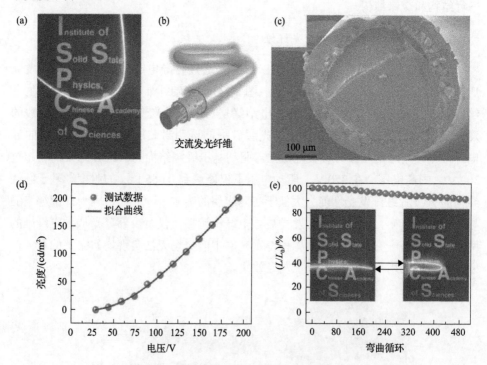

图 9.25　同轴结构 ACEL 纤维器件形貌及性能

(a)同轴 ACEL 纤维发光照片；(b)同轴 ACEL 纤维结构示意图；(c)同轴 ACEL 纤维界面
扫描电子显微镜照片；(d)亮度-电压特征曲线；(e)器件亮度随弯曲次数的变化

考虑到可穿戴器件在实际应用中会经历拉伸、扭曲等复杂外力，当器件具有可拉伸性时,可以更好地在变形过程中保持稳定。我们基于取向碳纳米管膜设计了可拉伸电极,制备了可拉伸的同轴结构 ACEL 纤维[67](图 9.26)。首先将取向碳纳米管膜以一定倾斜角缠绕在预拉伸后的弹性纤维基底上,卸去预拉伸后在表面涂覆一层硅胶保护层,得到可拉伸的纤维内电极。之后通过倒模法制备混合有 ZnS 发光粉的硅胶弹性发光管,将取向碳纳米管膜贴附在预拉伸的发光管外层,得到具有褶皱结构的透明弹性外电极。最终将内电极插入发光管中,得到可拉伸的同轴结构 ACEL 纤维。

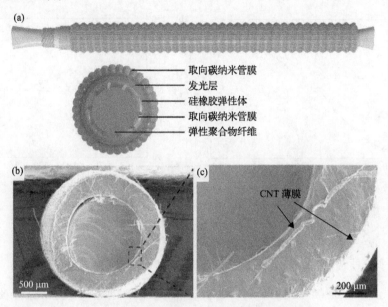

图 9.26　可拉伸 ACEL 纤维器件结构[67]

(a)可拉伸 ACEL 纤维结构示意图;(b)、(c)纤维器件截面扫描电子显微镜照片和局部放大图

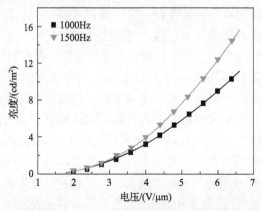

图 9.27　可拉伸同轴 ACEL 纤维的亮度-电压特征曲线[67]

　　该纤维在 6.4 V/μm 电场强度、频率 1500 Hz 的驱动条件下，达到 14.48 cd/m^2 的发光亮度(图 9.27)。在拉伸发光性能测试中，器件在 0%～200%拉伸过程中均能稳定工作，并且随着拉伸量的增加，200%应变下的亮度逐渐为初始状态的 3.8 倍[图 9.28(a)]。这一亮度变化是由于发光层的厚度在拉伸过程中变薄。在输入电压不变的情况下，发光层的电场强度增加，导致了器件亮度的增加。器件在循环拉伸过程中显示了稳定的性能，经过 200 次 200%的循环拉伸，亮度值仅下降至初始亮度的 97.5%[图 9.28(b)]。

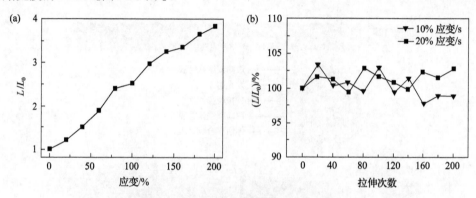

图 9.28　拉伸对纤维发光亮度的影响[67]

(a)纤维发光亮度随拉伸量的变化；(b)不同拉伸速率下，纤维亮度随拉伸次数的变化

5. 平行结构的交流电致发光纤维

　　发光纤维的连续化制备是后续编织应用的关键。前述制备方法操作难度大，步骤繁多，导致纤维在直径上难以进一步缩小，以及无法在长度上实现连续化的构建。借鉴纺丝工艺中的挤出工艺，我们通过将发光层和凝胶电极材料共同挤出，实现了一步法连续构建可拉伸发光纤维[68]。通过对挤出头的设计，两根凝胶电极的形貌为两个长轴平行的椭圆形，这一设计用于增加电极正对面积，提高发光亮度。通过挤出形成的发光层一部分间隔在两电极之间，厚度约为 350 μm，另一部分作为封装层包裹在纤维外部[图 9.29(a)，(b)]。平行结构的 ACEL 纤维的直径可以通过更换不同尺寸的挤出头，来实现从毫米级到微米级的调控。

　　与取向碳纳米管膜相比，水凝胶具有更高的透光率。进一步优化发光层中发光粉含量后，器件在 7.7 V/μm 电场强度下亮度超过 200 cd/m^2[图 9.30(a)]。平行结构使得发光纤维在圆周方向上发光不是完全均匀，对于不同的观察角度，在凝胶电极正好相互重叠的方向上观察到最大的发光亮度，在偏离重叠方向 90°的位置观察到最低的发光亮度[图 9.30(b)]。这是不同方向上外层包裹的发光层厚度不同导致的。水凝胶电极良好的弹性使得 ACEL 纤维最高在 800%拉伸量下依然能保持发光[图 9.30(c)]，以及在 300%拉伸量下实现稳定的循环。随着拉伸量的增

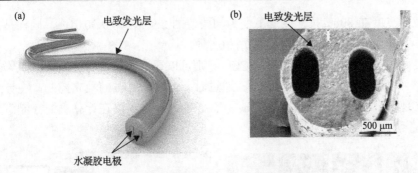

图 9.29　平行结构 ACEL 纤维结构[68]

(a)平行结构纤维 ACEL 的结构示意图；(b)纤维的截面扫描电镜照片

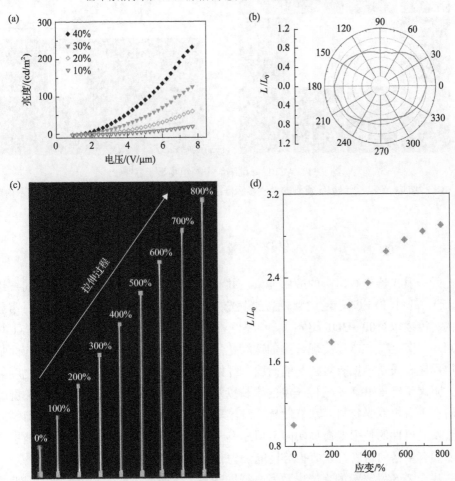

图 9.30　ACEL 纤维的发光性能[68]

(a)发光亮度与电压、发光粉含量的关系；(b)圆周方向不同观察角度的发光亮度分布；
(c)纤维在发光情况下从 0%拉伸至 800%的照片；(d)不同拉伸量下的发光亮度变化

加，发光亮度在 800%拉伸应变下变为初始值的 2.9 倍［图 9.30(d)］，同样是拉伸过程中发光层厚度减小，电场强度增加所致。

　　良好的柔性和拉伸性能，使 ACEL 纤维可以通过编织机与毛线共编织。改变工艺，可以编织出不同的发光图案。通过对多节发光纤维的独立控制，在针织织物上实现了七段数字显示［图 9.31(a)］。该织物显示器可以在计算机的控制下显示 0～9 的数字［图 9.31(b)］。

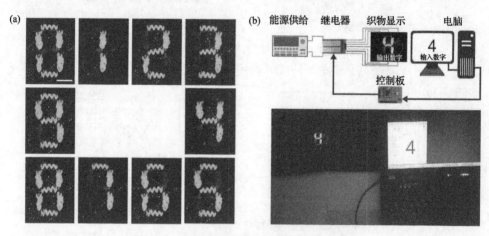

图 9.31　ACEL 纤维编织得到织物显示器[68]

(a)由平行结构 ACEL 纤维编织得到的七段显示器；(b)织物七段显示器通过计算机输入显示内容

9.6　展　　望

　　纤维发光器件有广阔的应用前景，并且正在迅速发展。基于直流驱动的纤维 OLED、纤维 PLEC 已经达到较高的发光效率，并且在低驱动电压下达到日常显示的亮度要求（100～300 cd/m^2）。但是纤维 OLED 的多层结构导致制备工艺上较为烦琐，蒸镀工艺难以实现纤维的连续化生产且成本高昂，溶液法加工则还面临膜层厚度和质量难以有效控制的问题。纤维 PLEC 电极材料的电导率和透光度欠佳，阻碍了纤维 PLEC 器件长度的增长以及器件性能进一步提升。另一个关键的问题在于有机发光材料对水氧敏感，纤维器件封装技术依然处于空白，目前纤维直流发光器件的使用寿命离实际应用还有一段距离。纳米级厚度的发光功能层是否能拥有合格的耐磨、耐弯折等性能，均有待进一步评估和优化。

　　基于 ZnS 发光粉的交流电致发光纤维制备工艺简单，精度要求较低，器件柔性和稳定性均明显高于现有的直流电致发光纤维，并且已经初步实现连续化的制备以及动态信息的显示，以上优势使其成为一个很有竞争力的研究方向。交流电致发光纤维的短板在于器件的驱动电压高，亮度低，并且目前的材料无法满足显示系统中需要的红、蓝、绿发光。改进封装工艺，提高器件寿命同样是交流电致发光纤维需要面对的问题。基于 ZnS 发光粉的力致发光纤维不需要电源供电，利用可穿戴器件需要经历反复变形的特点来实现发光，是一个新颖的应用思路。但是由于发光亮度极低和发光持续时间很短，目前仍处于概念性研究的阶段。

参 考 文 献

[1] Destriau G. Experimental studies on the action of an electric field on phosphorescent sulfides. J. Chem. Phys., 1936, 33: 587.

[2] Zheludev N. The life and times of the LED a 100-year history. Nat. Photonics, 2007, 1(4): 189-192.

[3] Liang G, Ruan Z, Liu Z, et al. Toward multifunctional and wearable smart skins with energy-harvesting, touch-sensing, and exteroception-visualizing capabilities by an all-polymer design. Adv. Electron. Mater., 2019, 5(10): 1900553.

[4] Park H, Kim S, Lee J, et al. Self-powered motion-driven triboelectric electroluminescence textile system. ACS Appl. Mater. Interfaces., 2019, 11(5): 5200-5207.

[5] Weng W, Chen P, He S, et al. Smart electronic textiles. Angew. Chem. Int. Ed., 2016, 55(21): 6140-6169.

[6] Pope M, Kallmann H, Magnante P. Electroluminescence in organic crystals. J. Chem. Phys., 1963, 38(8): 2042-2043.

[7] Tang C, VanSlyke S. Organic electroluminescent diodes. Appl. Phys. Lett., 1987, 51(12): 913-915.

[8] Baldo M, O'Brien D, You Y, et al. Highly efficient phosphorescent emission from organic electroluminescent devices. Nature, 1998, 395(6698): 151-154.

[9] Uoyama H, Goushi K, Shizu K, et al. Highly efficient organic light-emitting diodes from delayed fluorescence. Nature, 2012, 492(7428): 234-238.

[10] Endo A, Sato K, Yoshimura K, et al. Efficient up-conversion of triplet excitons into a singlet state and its application for organic light emitting diodes. Appl. Phys. Lett., 2011, 98(8): 083302-083303.

[11] Chao T, Lin Y, Yang C, et al. Highly efficient UV organic light-emitting devices based on bi(9,9-diarylfluorene)s. Adv. Mater., 2005, 17(8): 992-996.

[12] Guan M, Qiang Z, Feng Y, et al. High-performance blue electroluminescent devices based on 2-(4-biphenylyl)-5-(4-carbazole-9-yl)phenyl-1,3,4-oxadiazole. Chem. Commun., 2003, (21): 2708-2709.

[13] Tonzola C, Kulkarni A, Gifford P, et al. Blue-light-emitting oligoquinolines: Synthesis, properties, and high-efficiency blue-light-emitting diodes. Adv. Funct. Mater., 2007, 17(6): 863-874.

[14] Wong K, Chien Y, Chen R, et al. Ter(9, 9-diarylfluorene)s: Highly efficient blue emitter with promising electrochemical and thermal stability. J. Am. Chem. Soc., 2002, 124(39): 11576-11577.

[15] Chen C, Tang C, Shi J, Klubek K. Recent developments in the synthesis of red dopants for Alq 3 hosted electroluminescence. Thin Solid Films, 2000, 363(1): 327-331.

[16] Mi B, Gao Z, Liu M, et al. New polycyclic aromatic hydrocarbon dopants for red organic electroluminescent devices. J. Mater. Chem., 2002, 12(5): 1307-1310.

[17] Tang C, VanSlyke S, Chen C. Electroluminescence of doped organic thin films. J. Appl. Phys., 1989, 65(9): 3610-3616.

[18] Zhu L, Wang J, Reng T, et al. Effect of substituent groups of porphyrins on the electroluminescent properties of porphyrin-doped OLED devices. J. Phys. Org. Chem., 2009, 23 (3) : 190-194.

[19] Kulkarni A, Tonzola C, Babel A, et al. Electron transport materials for organic light-emitting diodes. Chem. Mater., 2004, 16 (23) : 4556-4573.

[20] Baldo M, Forrest S. Transient analysis of organic electrophosphorescence: I. Transient analysis of triplet energy transfer. Phys. Rev. B., 2000, 62 (16) : 10958.

[21] Higginson K, Zhang X, Papadimitrakopoulos F. Thermal and morphological effects on the hydrolytic stability of aluminum tris (8-hydroxyquinoline) (Alq3). Chem. Mater., 1998, 10 (4) : 1017-1020.

[22] Pommerehne J, Vestweber H, Guss W, et al. Efficient two layer LEDs on a polymer blend basis. Adv. Mater., 1995, 7 (6) : 551-554.

[23] Gao Z, Lee C, Bello I, et al. Bright-blue electroluminescence from a silyl-substituted ter-(phenylene–vinylene) derivative. Appl. Phys. Lett., 1999, 74 (6) : 865-867.

[24] Kim H, Byun Y, Das R, et al. Small molecule based and solution processed highly efficient red electrophosphorescent organic light emitting devices. Appl. Phys. Lett., 2007, 91 (9) : 093512.

[25] Wang Q, Ding J, Ma D, et al. Harvesting excitons via two parallel channels for efficient white organic LEDs with nearly 100% internal quantum efficiency: Fabrication and emission-mechanism analysis. Adv. Funct. Mater., 2009, 19 (1) : 84-95.

[26] Wu C, Chen C, Cho T. Three-color reconfigurable organic light-emitting devices. Appl. Phys. Lett., 2003, 83 (4) : 611-613.

[27] Lei G, Wang L D, Duan L, et al. Highly efficient blue electrophosphorescent devices with a novel host material. Synth. Met., 2004, 144 (3) : 249-252.

[28] Sasabe H, Gonmori E, Chiba T, et al. Wide-energy-gap electron-transport materials containing 3, 5-dipyridylphenyl moieties for an ultra high efficiency blue organic light-emitting device. Chem. Mater., 2008, 20 (19) : 5951-5953.

[29] Xu F, Lim J, Kim H, et al. High color rendering white organic light-emitting diodes fabricated using a broad-bandwidth red phosphorescent emitter for lighting applications. Synth. Met., 2012, 162 (24) : 2414-2420.

[30] O'Brien D F, Burrows P E, Forrest S R, et al. Hole transporting materials with high glass transition temperatures for use in organic light-emitting devices. Adv. Mater., 1998, 10 (14) : 1108-1112.

[31] Shirota Y, Kuwabara Y, Inada H, et al. Multilayered organic electroluminescent device using a novel starburst molecule, 4, 4', 4 '-tris (3-methylphenylphenylamino) triphenylamine, as a hole transport material. Appl. Phys. Lett., 1994, 65 (7) : 807-809.

[32] Vamvounis G, Aziz H, Hu N-X, et al. Temperature dependence of operational stability of organic light emitting diodes based on mixed emitter layers. Synth. Met., 2004, 143 (1) : 69-73.

[33] Lee J, Lee J-I, Lee J-W, et al. Effects of charge balance on device performances in deep blue phosphorescent organic light-emitting diodes. Org. Electron., 2010, 11 (7) : 1159-1164.

[34] Shirota Y, Okumoto K, Inada H. Thermally stable organic light-emitting diodes using new families of hole-transporting amorphous molecular materials. Synth. Met., 2000, 111: 387-391.

[35] Hung L, Tang C, Mason M. Enhanced electron injection in organic electroluminescence devices using an Al/LiF electrode. Appl. Phys. Lett., 1997, 70 (2) : 152-154.

[36] Ho S, Liu S, Ying C, et al. Review of recent progress in multilayer solution-processed organic light-emitting diodes. J. Photonics Energy., 2015, 5 (1) : 057611.

[37] O'Connor B, An K, Zhao Y, et al. Fiber shaped light emitting device. Adv. Mater., 2007, 19 (22) : 3897-3900.

[38] Kwon S, Kim H, Choi S, et al. Weavable and highly efficient organic light-emitting fibers for wearable electronics: A scalable, low-temperature process. Nano Lett., 2018, 18(1): 347-356.

[39] Pei Q, Yu G, Zhang C, et al. Polymer light-emitting electrochemical-cells. Science, 1995, 269(5227): 1086-1088.

[40] Youssef K, O'Keeffe S, Li L, et al. Fundamentals of materials selection for light-emitting electrochemical cells. Adv. Funct. Mater., 2020, 30(33): 1909102.

[41] Zhang Z, Zhang Q, Guo K, et al. Flexible electroluminescent fiber fabricated from coaxially wound carbon nanotube sheets. J. Mater. Chem. C., 2015, 3(22): 5621-5624.

[42] Zhang Z, Guo K, Li Y, et al. A colour-tunable, weavable fibre-shaped polymer light-emitting electrochemical cell. Nat. Photonics., 2015, 9(4): 233-238.

[43] KH. B. Electroluminescence: New light sources, having theoretical as well as practical interest, are created by electroluminescence. Science, 1959, 129(3348): 544-550.

[44] Lukyanchlkova N, Pavelko T, Pekar G, et al. Mechanism of electroluminescence excitation in forward-biased MS and MIS light-emitting diodes based on wide-band-gap II-VI compounds. Phys. Status Solidi., 2006, 64(2): 697-706.

[45] Leskelä M. Rare earths in electroluminescent and field emission display phosphors. J. Alloys Compd., 1998, 275-277: 702-708.

[46] Bryant F, Manning P. The effect of zinc displacement on the luminescence of zinc sulphide. Solid State Commun., 1972, 10(6): 501-504.

[47] Lippens P, Lannoo M. Calculation of the band gap for small CdS and ZnS crystallites. Phys. Rev. B Condens. Matter., 1989, 39(15): 10935-10942.

[48] Lu H, Chu S, Tan S. The characteristics of low-temperature-synthesized ZnS and ZnO nanoparticles. J. Cryst. Growth., 2004, 269(2-4): 385-391.

[49] Boiko L. Simultaneous electro-and photo excitation of zinc sulfide phosphors. Sov. Phys. J., 1969, 12(2): 215-217.

[50] Gobrecht H, Gumlich H. On the enhancement and quenching of the luminescence of Manganese-activated zinc sulphides by alternating electric fields. J. Phys. Radium., 1956, 17(8-9): 754-757.

[51] Park J, Lee S, Kim J, et al. White-electroluminescent device with ZnS: Mn, Cu, Cl phosphor. J. Lumin., 2007, 126(2): 566-570.

[52] Sohn S, Hamakawa Y. Electroluminescence in oxygen co-doped ZnS: TmF_3 and ZnS:Tm, Li thin-film devices. Appl. Phys. Lett., 1993, 62(18): 2242-2244.

[53] Tohda T, Fujita Y, Matsuoka T, et al. New efficient phosphor material ZnS:Sm,P for red electroluminescent devices. Appl. Phys. Lett., 1986, 48(2): 95-96.

[54] Leverenz H. An introduction to luminescence of solids. New York: Dover Publication, 1968: 569.

[55] Withnall R, Silver J, Harris P, et al. AC powder electroluminescent displays. J Soc Inf Disp., 2012, 19(11): 798-810.

[56] Wang X, Zhang H, Yu R, et al. Dynamic pressure mapping of personalized handwriting by a flexible sensor matrix based on the mechanoluminescence process. Adv. Mater., 2015, 27(14): 2324-2331.

[57] Jeong S, Song S, Lee S, et al. Mechanically driven light-generator with high durability. Appl. Phys. Lett., 2013, 102(5): 051110.

[58] Zhang J, Bao L, Lou H, et al. Flexible and stretchable mechanoluminescent fiber and fabric. J. Mater. Chem. C., 2017, 5(32): 8027-8032.

[59] Fischer A. Electroluminescent lines in ZnS powder particles: I. Embedding media and basic observations. J. Electrochem. Soc., 1962, 109(11): 1043.

[60] Fischer A. Electroluminescent lines in ZnS powder particles: II. Models and comparison with experience. J. Electrochem. Soc., 1963, 110(7): 733.

[61] Chen Y, Duh J, Chiou B, et al. Luminescent mechanisms of ZnS:Cu:Cl and ZnS:Cu:Al phosphors. Thin Solid Films, 2001, 392(1): 50-55.

[62] Larson C, Peele B, Li S, et al. Highly stretchable electroluminescent skin for optical signaling and tactile sensing. Science, 2016, 351(6277): 1071-1074.

[63] Zhang Z, Shi X, Lou H, et al. A one-dimensional soft and color-programmable light-emitting device. J. Mater. Chem. C., 2018, 6(6): 1328-1333.

[64] Xu X, Hu D, Yan L, et al. Polar-electrode-bridged electroluminescent displays: 2D sensors remotely communicating optically. Adv. Mater., 2017, 29(41): 1703552.

[65] Dias T, Monaragala R. Development and analysis of novel electroluminescent yarns and fabrics for localized automotive interior illumination. Text. Res. J., 2012, 82(11): 1164-1176.

[66] Liang G, Yi M, Hu H, et al. Coaxial-structured weavable and wearable electroluminescent fibers. Adv. Electron. Mater., 2017, 3(12): 1700401.

[67] Zhang Z, Shi X, Lou H, et al. A one-dimensional soft and color-programmable light-emitting device. J. Mater. Chem. C., 2018, 6(6): 1328-1333.

[68] Zhang Z, Cui L, Shi X, et al. Textile display for electronic and brain-interfaced communications. Adv. Mater., 2018, 30(18): 1800323.

第 10 章 纤维传感器

传感器作为一种感测电子设备,可以将检测到的信号转换为电、光等其他形式的信号,从而实现信号检测、转换和传输的过程。近年来,随着个性化医疗设备的发展,能够实时准确检测生理信号的柔性可穿戴和可植入传感器,引起了学术界和工业界越来越多的关注。但是传统平面传感器往往呈现二维结构且具有较大的体积,难以构建稳定的器件-组织界面,最终无法与不规则、柔软且动态的生物组织实现有效整合。而纤维传感器尺寸小、质量轻、具有良好的生物相容性、与组织匹配的力学性能、安全性高等优点,得到了广泛的研究。本章将重点介绍纤维传感器的最新进展,包括纤维传感器的制备、结构、性能和应用。

10.1 柔性传感器概述

多年来,柔性传感器已用于全面监测生理信息,并有望取代传统的刚性传感器成为下一代医疗设施。在功能上,柔性传感器可分为两大类,分别为监测物理信号(如脉搏和呼吸)的物理传感器和监测化学信号(如离子、葡萄糖和抗原)的化学传感器。本节将依次介绍柔性传感器的发展、结构、性能和工作机理。

10.1.1 柔性传感器的发展历程

检测人体生理信息(包括体温、心率和血糖),对于认识健康问题和进行疾病预测有重要意义。传统平面传感器由于较高的刚性和较大的体积,限制了其捕获待测物的能力,从而导致信号传导质量较差。因此,在过去的十年中,人们开发出了柔性的物理和化学传感器,对心率、血压和生物标志物进行连续实时监测。这些传感器中使用的材料多具有较高的柔性和生物相容性,因此可以与软组织形成更好的界面。

目前已经开发出了许多柔性和可穿戴的传感技术,来进行各种物理和生理信号的测量。具有高度可变形性和顺应性的柔性物理传感器,可以直接贴附在皮肤表面,为人类活动监测提供新的可能[1]。物理传感器由柔性基底和活性传感材料组成。柔性基底在曲面上具有良好的可变形性,而活性传感材料可以通过显示电容或电阻的变化来检测外界刺激。聚对苯二甲酸乙二醇酯(PET)具有化学性能稳定、热稳定性高、透光率高的特点,成为柔性基底的首选材料。例如,由 PET/铟锡氧化物基底制备了柔性压敏阵列[图 10.1(a)][2]。由于电阻率与压力呈负相关,因此该传感器对载荷具有高灵敏度和快速响应。除了柔性外，可拉伸性对柔性传感器同样重要[3]，因为可拉伸的传感器可以完全贴附在复杂且不平坦的表面上。其中，聚二甲基硅氧烷（PDMS）作为一种具有弹性的硅橡胶，普遍用作可拉伸传感器的基底。比如在两层 PDMS 之间加入一层氧化石墨烯，可以制备柔性电阻式触觉传感器[4]。该传感器同时具有柔性和可拉伸性，可以承受压缩和拉伸[图 10.1（b）]。为了进一步满足人体复杂运动的需求，可将传感器设计成特定的结构，增强其可拉伸性和适应性，以满足更复杂的变形（如弯曲和扭转）。图 10.1（c）展示了基于分形设计概念的从线到环和网格的六个代表性拓扑结构[5]。分形结构可提高材料沿选定维度的弹性应变，并支持双轴、径向和其他变形模式，适用于可拉伸器件。这种传感器可以在三个维度上更好地适应变形。

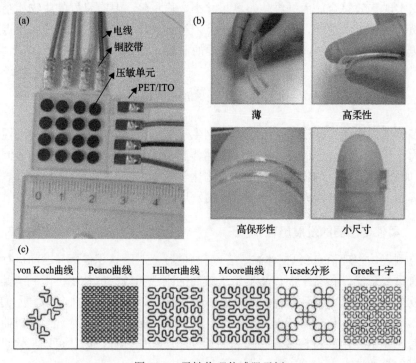

图 10.1　柔性物理传感器示例

(a)在 PET/铟锡氧化物基底上的压敏阵列[2]；(b)高度柔性的具有独特功能的触觉传感器[4]；
(c)六种不同图案的金属线，完全结合到弹性体基底上，这些图案包括线、环和分支状[5]

具有较高临床价值的生物标志物（如离子、神经递质和营养物）的浓度，可以在分子水平上反映有关人类健康的重要信息。与物理信号相比，使用化学传感器对生物标志物的连续检测，可以提供更深入的个体健康信息。此外，物理传感器的功能较为单一，难以实现多功能的集成检测。因此，柔性化学传感器的出现，使瞬时、连续和多信号检测成为可能。汗液、泪液、唾液等生物流体中含有大量分析物，这些分析物与血液中的分析物具有良好的相关性，可用于监测身体健康[6]。作为代表性的生物流体，汗液具有非侵入性、易于收集并且富含生物标志物(如电解质、小分子和蛋白质)等特点，因此汗液的原位定量分析对于健康监测非常重要。电化学汗液传感器将汗液中待分析物浓度转换为电信号。最初，柔性汗液传感器采用织物形式，用于监测汗液中的 pH 和钠离子[7]。然后，发展出了通过在聚合物基底上丝网印刷活性成分制备的柔性化学传感器。这些聚合物材料具有与皮肤相匹配的弹性模量，从而增强了传感器的黏附力。一种"笑脸"形的文身传感器可通过在市售的文身纸上印刷碳、Ag/AgCl 和绝缘墨水制成[8]。在传感器上引入黏附层后，可以实现器件在各种基底上的转移。该电位传感器表现出对 pH 变化的快速响应。然而，先前报道的化学传感器只能检测一种分析物，并且缺少信号处理元件以进行准确的分析。为了及时获取和分析生理信息，需要实时准确的数据处理和传输设备。最近，人们开发了一种集成的汗液传感器，可以同时选择性地测量葡萄糖、乳酸、钠离子和钾离子[9]。通过将传感器与整合在柔性印刷电路板上的硅集成电路进行结合，该柔性系统可以实现信号传导、调节、处理和无线传输，从而实时评估人体的生理状态(图 10.2)。

图 10.2　集成了汗液传感器阵列和无线柔性印刷电路板的可穿戴柔性传感系统[9]

上述发展历史表明，用于监视生理信息的传感器，逐渐朝着柔性且无创的方向发展。由柔性和可拉伸材料组成的可穿戴传感器，可以更好地与人体整合，为实时监测和医学诊断提供了新的应用范式。

10.1.2　柔性物理传感器

物理传感器可以检测在外部刺激下材料物理特性的变化。根据输入信号的不同，物理传感器可分为应力和应变传感器以及光学传感器。

1. 应力和应变传感器

常见的应力和应变传感器基于电阻、电容或压电效应的机理进行检测。近年来，检测动态应力的摩擦电传感器也得到了广泛的研究。

电阻式传感器是将力学信号转换为电学信号，通过电阻的变化来检测外力大小的装置。电阻式传感器信号读取机制较为简单，通常为双层结构，由柔性聚合物基底和导体组成。如图 10.3 所示为一种柔性电阻式传感器,该传感器以具有褶皱结构的碳纳米管薄膜作为导电层,以图案化的聚二甲基硅氧烷(PDMS)作为柔性基底[10]。在弯曲、挤压和 20% 应变下,碳纳米管发生了不同程度的变形,褶皱的复合薄膜产生的电阻响应分别为 0.34%、0.14% 和 9.1%。

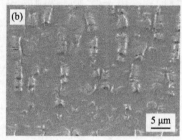

褶皱CNTs@P-PDMS薄膜

5 μm

图 10.3　柔性电阻式传感器[10]

(a)褶皱碳纳米管与 PDMS 复合薄膜的结构示意图;(b)褶皱碳纳米管薄膜的扫描电镜照片

电容是一种衡量平行板保持电荷能力的物理量。将碳纳米管薄膜放于有机硅弹性体的两侧,制备的电容式应变传感器可以实时监测人体运动[图 10.4(a)][11]。在外力作用下,平行板的正对面积和间距发生变化,电容随之发生变化。该传感器的电容对应变具有线性响应,即使经过数千次循环,也可以检测出高达 300% 的应变[12]。将应变传感器与绷带结合,以监测呼吸过程中胸部的运动,图 10.4(b) 展示了该传感器对胸部的每次呼吸膨胀表现出不同的响应。

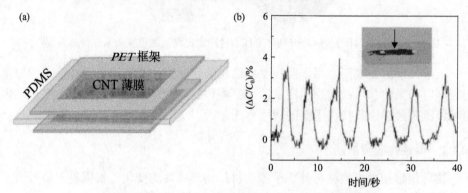

图 10.4　基于碳纳米管的透明电容式应变传感器[11]

(a)应变传感器的示意图;(b)绑在绷带上的应变传感器可响应呼吸过程中胸部的运动

压电传感器基于压电材料在压力作用下产生电荷的机理进行检测。常用的压电材料包括 $BaTiO_3$[13]、ZnO[14]、聚丙烯[15]、聚偏二氟乙烯[16]和聚偏二氟乙烯-三氟乙烯[17]。除此之外,超薄膜或无机压电纳米线材料由于其高柔韧性也获得了广泛的研究。以一种检测弯曲曲率和速度的可穿戴式压电传感器为例[18],当 ZnO 纳米棒-PDMS 的活性层在弯曲下变形时，由极化现象引起的正电荷和负电荷分布在活性层的两个表面，反映为输出电压的变化。压电效应是由高灵敏度、高柔韧性和快速响应的材料中存在的电偶极矩引起的，传感器可将压力转换为电信号[19]。压电敏感材料可以实现机械能和电能的相互转换。当材料在外部压力作用下变形时，正负电荷在材料的两个表面分离，从而在材料内部形成电势差，对其进行检测则可以确定外部压力的大小[20]。压电传感器有望应用于人造皮肤并对人体运动进行检测。

摩擦电纳米发电机的工作原理是基于摩擦时不同极性材料之间的电荷转移。在导电弹性体和导电织物薄膜之间夹入一层 PDMS，可以制备柔性摩擦电纳米发电机[21]。其平均开路电压和短路电流分别为 107.2 V 和 0.32 μA/cm^2。接触带电是两个不同的表面彼此紧密接触的过程。人体皮肤为活性摩擦电层，当皮肤接触PDMS 膜时会产生感应电荷。当皮肤从 PDMS 膜上分离时，基于静电感应效应，感应电荷出现在导电弹性体/导电织物层中，从而在皮肤和导电弹性体/导电织物层之间产生电势差，该电势差可为外部设备提供能量。当皮肤靠近 PDMS 膜时发生类似的过程，其输出的电压/电流信号与负载力呈线性关系。摩擦电纳米发电机在能量收集方面具有很大的潜力。

2. 光学传感器

光电探测器是一种常用的物理传感器。为了预防皮肤疾病，需要开发具有柔性和光谱选择性的紫外线传感器。利用 TiO$_2$ 纳米管阵列和 CuS/ZnS 纳米复合膜，构建了可穿戴的紫外线辐射监测器 [图 10.5 (a)][22]。选择具有大带隙的 TiO$_2$ 纳米管阵列进行紫外线检测，并选择含有导电空穴的 CuS/ZnS 纳米复合透明薄膜来构建p-n 结。这种平面光电探测器的性能可通过电流-电压曲线来表征 [图 10.5 (b)]。该光电探测器在 0 V 时对 300 nm 的紫外光显示出优异的检测性能，灵敏度高达

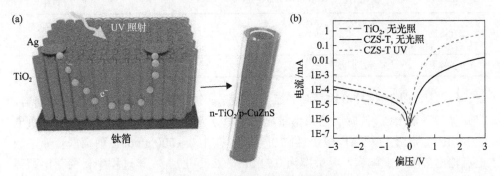

图 10.5　紫外线辐射监测器[22]

(a) 光电探测器构造示意图；(b) 基于 TiO$_2$ 纳米管阵列和 p-CuZnS/n-TiO$_2$ 纳米管阵列的
光电探测器在紫外线照射下的电流-电压曲线

2.54 mA/W。其原理可大致描述为，在紫外线照射下，内置电场的驱动力产生并分离载流子，其中电子从 p 区转移到 n 区，而空穴转移方向相反，从而形成光电动势。

10.1.3　柔性化学传感器

　　化学传感器可以通过化学反应建立化学物质浓度与电信号之间的关系。化学传感器通常为多层结构，该结构由柔性聚合物基底、导体和活性成分组成，并通过逐层加工(例如电化学沉积、原位聚合和浸涂)来制备。如表 10.1 所示，可以根据化学反应的类型(吸附、氧化还原和抗原抗体识别)对化学传感器的工作机理进行分类。

　　在吸附型化学传感器中，通常通过选择透过性和离子交换机制对溶液中的离子进行检测。图 10.6(a)显示了一种同时定量检测人体汗液中钠离子、钾离子、氢离子和葡萄糖的表皮电化学系统[23]。如图 10.6(b)所示，为了检测 Na^+ 和 K^+，在离子选择电极上依次涂覆了还原氧化石墨烯和离子选择透过性膜，分别作为离子-电子换能器和离子识别材料。Na^+ 和 K^+ 传感器表现出快速响应，灵敏度分别为 60.1 mV/dec 和 64.5 mV/dec。在该种传感器中，离子选择性地与离子识别材料结合，使得输出电压发生变化。在 pH 传感中，金纳米颗粒和聚苯胺依次沉积在电极上[图 10.6(c)]，传感器显示出近能斯特行为，灵敏度高达 60.0 mV/dec。聚苯胺具有多种依赖于 pH 值和电位的氧化态。在酸性溶液中，聚苯胺以聚苯胺盐形式存在，使得工作电极和参比电极之间的电势增加。在碱性溶液中，聚苯胺以聚苯胺碱形式存在，其不导电的性质降低了聚合物表面的电荷和电势[24]。

表 10.1　化学传感器的工作机理

反应类型	工作机理	传感物质	目标待测物	参考文献
吸附	选择透过性	选择透过性膜	Na^+, K^+	[23]
	离子交换	聚苯胺	H^+	[23]
氧化还原	酶催化	酶	葡萄糖，乳酸	[23, 25]
	电催化	—	多巴胺	[26]
抗原抗体识别	特异性识别	抗体	抗原(皮质醇)	[27]

　　酶催化和电催化检测均是基于氧化还原反应进行的。对于葡萄糖传感器而言，将介体层普鲁士蓝、传感层葡萄糖氧化酶(GOx)/单壁碳纳米管/壳聚糖以及带负电的 Nafion 层依次沉积在电极上[图 10.6(d)]。在 100~500 μmol/L 葡萄糖溶液中的电流输出呈现阶跃响应，灵敏度为 0.714 nA/(μmol/L)。在该过程中，葡萄糖和葡萄糖氧化酶发生催化反应产生过氧化氢，随后过氧化氢在电极上发生还原反应，产生的电流与葡萄糖浓度成正比。多巴胺是一种具有高电化学活性的神经递质。人们通过在高分子膜上修饰石墨烯和 Au 纳米粒子，制备了一种检测多巴胺的柔

性传感器[26]。多巴胺分子中的羟基在电极表面被氧化成醌,因此可用电催化检测多巴胺的浓度。由于金纳米颗粒的高催化活性和石墨烯的高电导率,该传感器表现出高灵敏度、较短的响应时间和较宽的线性范围。

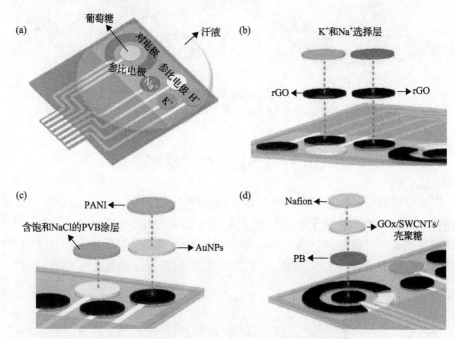

图 10.6　用于原位汗液检测的表皮电化学系统[23]

(a)用于检测 Na+、K+、H+和葡萄糖的四通道电极阵列示意图;(b)～(d)多层器件的分解示意图,分别为 Na+、K+、H+和葡萄糖传感器

标记型免疫传感器利用抗原抗体特异性识别进行物质检测。比如,在石墨烯表面修饰抗皮质醇单克隆抗体制备了柔性石墨烯传感器贴片[图 10.7(a)][27]。汗液中的皮质醇和辣根过氧化物酶标记的皮质醇竞争结合在抗皮质醇单克隆抗体修饰的表面上。在检测底物(对苯二酚/过氧化氢)存在下进行酶催化还原,产生的阴极电流与人体汗液中皮质醇的含量成反比[图 10.7(b)]。

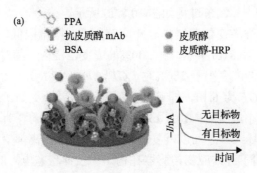

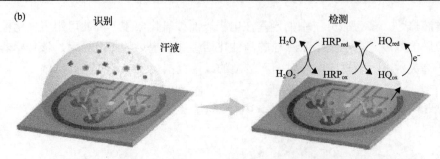

图 10.7　用于皮质醇检测的电化学传感器[26]

(a)皮质醇电化学传感器构建和传感策略的示意图；(b)人体汗液中皮质醇的电化学检测示意图

10.2　纤维物理传感器

物理传感器可将机械、光或热刺激转换为便于读取的电信号。近年来，柔软、轻便和实时监测的柔性电子产品引起了人们的关注，尤其是可以紧密地贴在人体不规则皮肤表面的纤维物理传感器。根据刺激的类型，我们简单地将纤维物理传感器分为纤维应变和压力传感器、纤维紫外线传感器和纤维温度传感器。

10.2.1　纤维应变和压力传感器

根据感应机理，将感知应变或压力的纤维传感器分为电容式、电阻式和自供电式三种类型。感应机理的差异主要是由纤维传感器的结构和组装材料的不同所导致的。

1. 电阻式纤维传感器

电阻式传感器通常由两部分组成：弹性基底和导电材料。弹性基底主要采用高拉伸性聚合物，如热塑性聚氨酯和橡胶等；导电材料则通常采用碳纳米管。举例来说，研究者以高弹性的橡胶纤维为芯，将聚丙烯缠绕在弹性橡胶表面作为壳，并将制成的弹簧纤维浸入碳纳米管导电油墨中，以形成导电网络制备了核壳结构的纤维应变传感器[28]。制备过程如图 10.8(a)所示。

上述制备的纤维应变传感器具有响应范围宽、检出限低、响应速度快、稳定性高等优点。如图 10.8(b)所示，在 200% 的应变范围内，相对电阻随应变的增加而线性增加。当拉伸应变小于 280% 时，$GF[GF=(\Delta R/R_0)/\varepsilon]$ 为 2.12。当应变范围大于 280% 时，其 GF 为 6.14，即其在大应变下的灵敏更高。同时该传感器可以检测到 0.01% 的微小应变[图 10.8(c)]。感传机理可以阐释为，随着应变程度增加，碳纳米管/聚丙烯纤维之间以及复合纤维束之间的距离都变大，导致电阻增加。图 10.8(d)简单说明了纤维应变传感器在初始和拉伸状态电阻的变化机制。

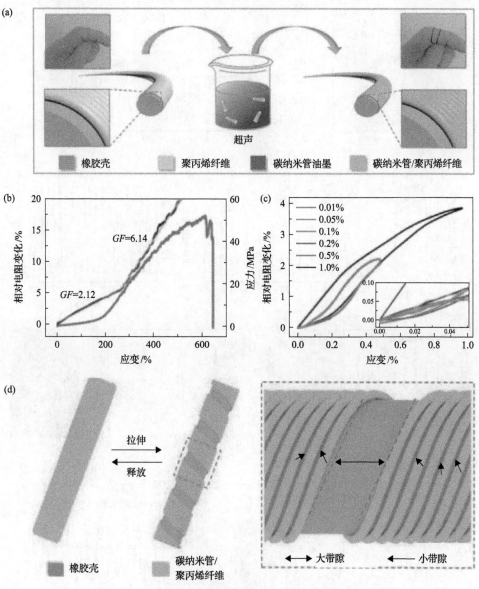

图 10.8　纤维应变传感器的制备流程、性能和传感机理*[28]

(a)纤维应变传感器的制造工艺；(b)典型的相对电阻-应变曲线(黑色)；(c)小应变下相对
电阻曲线；(d)电阻式应变传感器的结构与传感机理
*扫描封底二维码见本图彩图

　　该纤维应变传感器的优异性能，使其可以监测人体不同位置的生理活动。如图 10.9(a),(b)所示，膝盖上的传感器的相对电阻可以反映腿部的运动状态。手指表面传感器的相对电阻随手指弯曲的幅度而变化[图 10.9(c),(d)]。手腕处传感器的相对电阻随运动前后脉搏跳动速率而变化，如图 10.9(e)所示。眼角处的传感

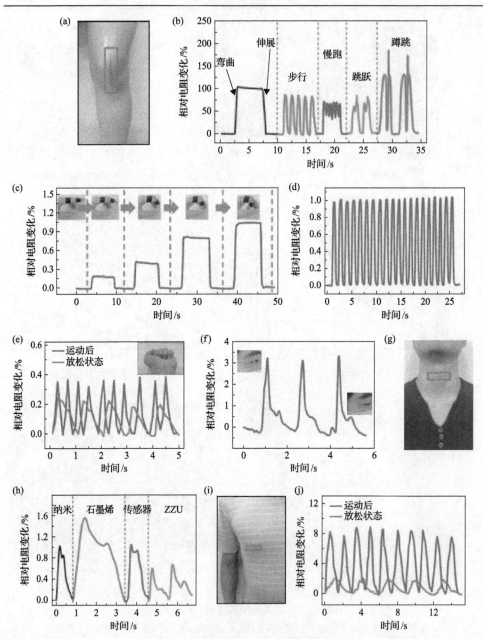

图 10.9　电阻式纤维应变传感器的应用*[28]

(a)传感器贴在膝盖上的照片；(b)弯曲/伸展、步行、慢跑、跳跃、蹲跳等运动时传感器相对电阻的变化；(c)传感器的相对电阻在手指不同弯曲角度下的变化；(d)相对电阻的变化频率与手指弯曲频率的关系；(e)传感器的相对电阻随着运动前后脉搏跳动速率的变化；(f)眨眼时传感器的相对电阻变化；(g)传感器贴在喉咙上的照片；(h)当佩戴者说出不同的话时，传感器的相对电阻变化；(i)传感器贴在胸上的照片；(j)传感器的相对电阻随运动状态引起的呼吸变化而变化

*扫描封底二维码见本图彩图

器可以检测到眨眼的微妙动作[图 10.9(f)]。此外,当将传感器贴在咽喉处时,其相对电阻会随佩戴者话语的变化(包括"纳米"、"石墨烯"、"传感器"和"ZZU")而变化[图 10.9(g),(h)]。可以从贴在胸部传感器的相对电阻的变化中,判断人体所处的运动状态,如图 10.9(i),(j)所示。

由于弯曲和挤压变形都会引起接触面积的变化,进而引起传感器电阻的变化,因此过去的可穿戴传感器很难区分这两种变形。最近有研究工作设计了一种可以排除弯曲变形干扰只感受压力的电阻式纤维传感器[29]。以形状记忆聚合物和铜线为芯,以内表面覆盖碳纳米管层的聚氨酯为壳,组装了具有螺旋膨胀结构的纤维压力传感器[图 10.10(a)]。传感器的电流变化(ΔI)与施加的压力(1~5 N)之间呈线性关系[图 10.10(b)]。同时在压力范围内,传感器的灵敏度(1N 压力下 $\Delta I/I_0$)为 1500 N^{-1},且不受弯曲半径的影响[图 10.10(c)]。该纤维压力传感器的空间分辨率赋予其识别沿轴向的接触点的能力,其机理如图 10.10(d)所示。将整体电路简化为基于单点接触模型的等效电路,并且将等效电路进一步类比为滑动变阻器[图 10.10(e)]。当压力增加时,壳和核的接触面积增大,纤维传感器电阻降低。

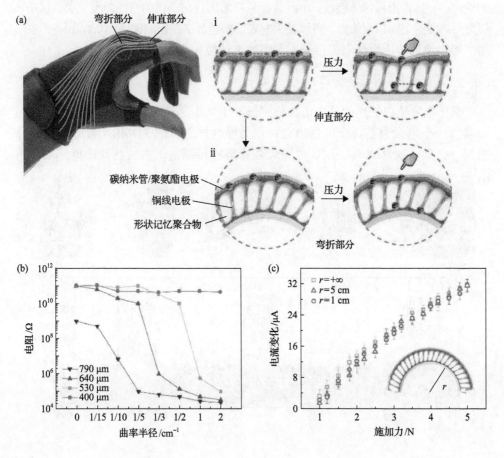

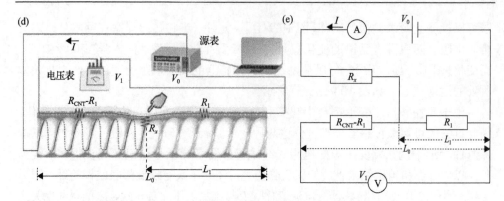

图 10.10　电容式纤维压力传感器的结构和性能[29]

(a)纤维压力传感器的结构和感应机理；(b)螺距不同的传感器的相对电阻随着曲率的变化曲线；(c)在同一触点上，电流变化与弯曲半径的关系；(d)传感器工作原理示意图；(e)传感器工作原理等效电路图

　　该纤维压力传感器可集成在手套中，实现穿戴者手部接触状态的识别。如图 10.11(a)，(b)所示，当没有施加压力时，无论手势是什么，电流都不会显示出明显的变化。一旦手指和物体接触，电流就会急剧增加且与手指的弯曲角度无关。基于该压力传感器的空间识别能力，可以在手套表面搭建数字控制面板[图 10.11(c)～(g)]，用户可以通过按压手套上的相应位置实现电话拨打。

2. 电容式纤维传感器

　　基于电容感应机理的纤维压力传感器，主要由两部分组成：电极和介电层。通常以一个电极为芯，介电层为壳。作为弹性体之一的 PDMS，被广泛用作介电层，金属、碳基材料、高导电性聚合物等材料都是电极的良好选择。通过将

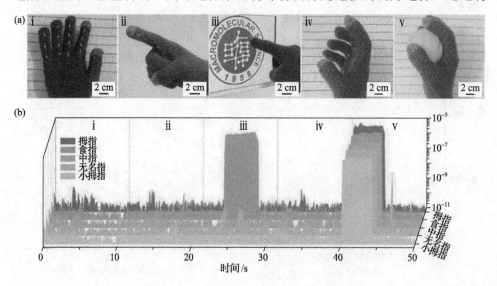

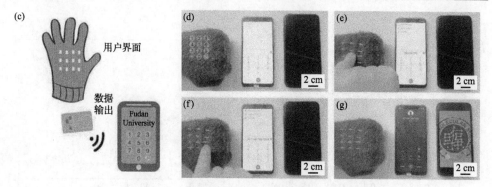

图 10.11　电容式纤维压力传感器的应用[29]

(a)戴着智能手套的不同手势的照片；(b)传感器的电流在不同的手势下的变化；
(c)～(g)可以用来控制手机拨打电话的智能手套的示意图和照片

ZnS:Cu/PDMS 混合溶液涂在弹簧状模板的表面，然后蚀刻模板获得了内表面具有微图案的中空纤维[30]。最终将钢丝插入该中空纤维中作为芯，制成同轴结构的电容式纤维压力传感器[图 10.12(a)，(b)]。

与内部不具备微图案的纤维压力传感器相比，带微图案的纤维压力传感器具有更高的灵敏度($\Delta C/C_0$)。其灵敏度在低压时(<0.05 N)为 16.81 N^{-1}，高压时(>0.05 N)为 0.91 N^{-1}[图 10.12(d)]。该传感器还具有超低的检出限，可以检测到并区分出 0.098 mN 和 0.49 mN 的压力[图 10.12(e)]。在 PDMS 基质引入的 ZnS:Cu 荧光粉将施加力可视化。工作原理如下：皮肤用作该电容式压力传感器的另一个电极，当施加外力时，钢丝和皮肤之间的距离 d 减小，介电常数 ε 增大，导致传感器的电容增大[图 10.12(c)]。

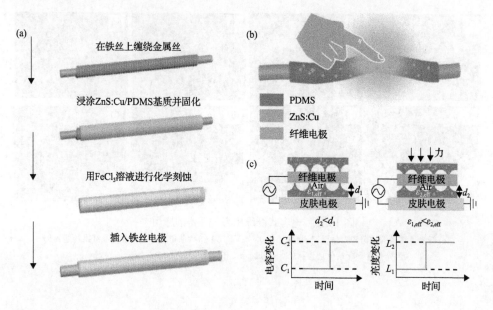

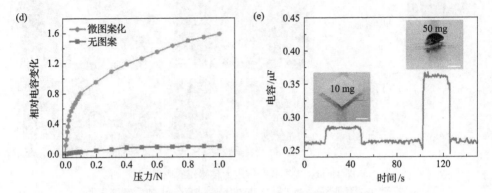

图 10.12　电容式纤维压力传感器的结构和性能[30]

(a)传感器的制备流程；(b)传感器结构示意图；(c)传感器的工作机理；(d)有/无微图案的
纤维传感器的相对电容随压力的变化曲线；(e)传感器的电容在微小的压力下的变化

　　电容式纤维传感器可编织到手套、口罩中来监测手指的弯曲和面部表情的变化，如图 10.13 所示。

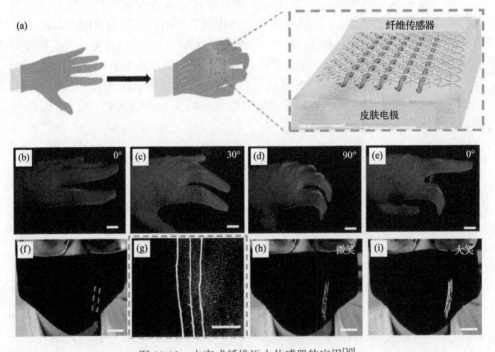

图 10.13　电容式纤维压力传感器的应用[30]

(a)纤维传感器的结构和工作原理示意图；(b)~(i)不同手指弯曲角度和面部表情下纤维传感器的
荧光强度。标尺分别为：(b)~(e)2 cm；(f)4 cm；(g)1 cm；(h)、(i)4 cm

3. 摩擦生电式纤维传感器

由于不需要外部供电,包括摩擦生电式传感器在内的自供电式传感器得到了广泛关注。有报道以 PDMS 和聚甲基丙烯酸甲酯(PMMA)作为摩擦起电的材料,取向的碳纳米管栅作为电极材料,制备了同轴结构的摩擦生电式纤维传感器[31]。其制备过程和结构如图 10.14(a),(b)所示。

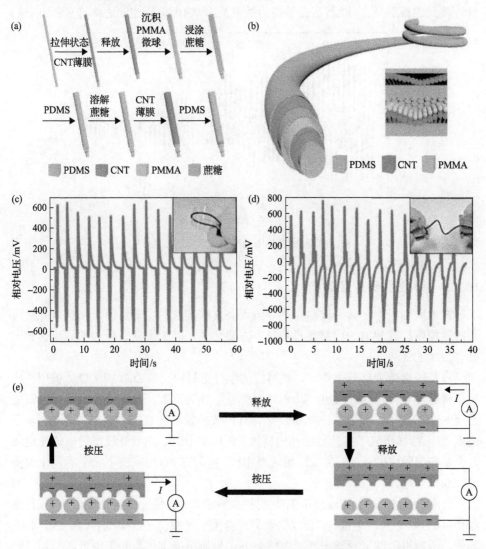

图 10.14　摩擦生电式纤维传感器的结构和性能[31]

(a)纤维传感器的制备流程;(b)纤维传感器的结构;传感器的相对电压随弯曲(c)和扭曲(d)的变化;(e)摩擦生电式纤维传感器的工作机理

摩擦生电式纤维传感器可以感应各种变形。例如，当纤维传感器弯曲或扭曲时，可输出约 600 mV 的电压[图 10.14(c)、(d)]。传感机理可解释为：最初，PMMA 和 PDMS 层的表面没有电荷；在外力作用下，PMMA 和 PDMS 层接触，电子从 PMMA 表面转移到 PDMS 表面，在两者表面分别产生正电荷和负电荷；去除外力后，内外层碳纳米管之间的电势差会导致电流的产生[图 10.14(e)]。摩擦生电式纤维传感器的出色性能，使其可用于监测生理活动。可以将摩擦生电式纤维传感器连接到四根手指上，随着弯曲手指的数量减少，输出电压也随之降低(图 10.15)。

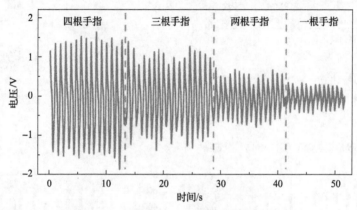

图 10.15　摩擦生电式纤维传感器的应用[31]

10.2.2　紫外线纤维传感器

在太阳辐射中，紫外线辐射是导致人类皮肤疾病的主要原因。因此，开发可实时监控紫外线辐射的可穿戴设备具有重要意义，其中柔软、轻巧的纤维传感器具有很大的优势。

具有较宽带隙且与紫外光谱相对应的半导电材料，如 ZnO 和 TiO_2，被广泛应用于构建 UV 传感器。例如，以 PDMS 弹性体作为支架，在支架上负载导电银胶连接的 ZnO 阵列，得到了三维螺旋结构纤维紫外线传感器[图 10.16(a)][32]。基于电流-电压曲线研究了传感器的光电特性[图 10.16(b)]。在紫外线照射下的光电流几乎是在黑暗中的两倍；且与原始状态相比，电流在 600%应变下几乎不发生改变[图 10.16(c)]。

此外，通过采用 p-CuZnS/n-TiO_2 材料也构建了具有优异性能的纤维紫外线传感器[22]。以 Ti 丝作为内电极，在 Ti 丝的表面修饰用于光载流子收集的 p-CuZnS/n-TiO_2 阵列，最后将碳纳米管纤维紧密缠绕在 p-n 异质结周围作为外部电极，得到了同轴结构的纤维紫外线传感器。该传感器在 2.5 V 电压下的光电流为 13 mA，比平面紫外线传感器大 30 倍。R_λ 用来定义紫外线传感器在 0 V 偏压下的响应性能的参

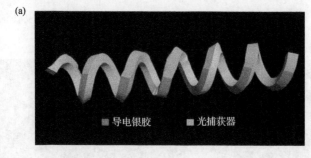

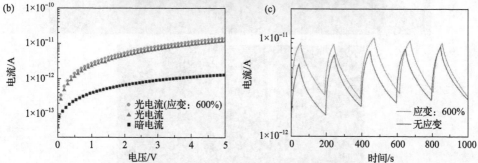

图 10.16　螺旋结构纤维紫外光传感器的结构和性能[32]

(a)螺旋结构纤维紫外线传感器的结构；(b)在黑暗、光照(初始)以及光照(拉伸 600%)下传感器的
电流-电压曲线；(c)有/无拉伸下纤维紫外线传感器的光响应曲线

数。在功率密度为 0.48 mW/cm^2、波长 300 nm 的紫外线照射下，该传感器在 0 V 时的 R_λ 为 2.54 mA/W，高于平面紫外线传感器。同时该传感器还具备响应时间小于 0.2 s、在 50°的弯曲角度下光电流几乎不变等优点。该传感器的传感机理可以阐释为在紫外线照射下，p-CuZnS/n-TiO$_2$ 界面产生的光载流子分别被 Ti 和碳纳米管电极收集并输出为电信号。

10.2.3　温度纤维传感器

便携、高灵敏度的纤维温度传感器，可用于监测人体温度。其中，基于热电材料的温度传感器，由于不需要外部电源，更得到了广泛的研究。

近期，有工作设计了基于热电材料的纤维温度传感器[32]。首先将溶解在 N,N-二甲基甲酰胺中的聚氨酯填充到螺钉的螺距以获取传感器的支架，然后将 Bi$_2$Te$_3$ 和 Bi$_2$Se$_3$ 分别与聚偏二氟乙烯黏结剂混合并涂在基底的不同面，同时通过导电银胶来连接 n 型和 p 型材料，最终得到了三维螺旋结构的纤维温度传感器 [图 10.17(a)、(b)]。

上述温度传感器的输出电压与温度梯度成正比，当 ΔT 为 50 K 时，输出电压可达到 32 mV[图 10.17(c)]。同时，输出电压在 60%应变内保持稳定，在 100%

应变下有微小的下降[图 10.17(d)]。在 0~60%的应变循环下温度传感器输出电压
几乎不变，如图 10.17(e)所示。

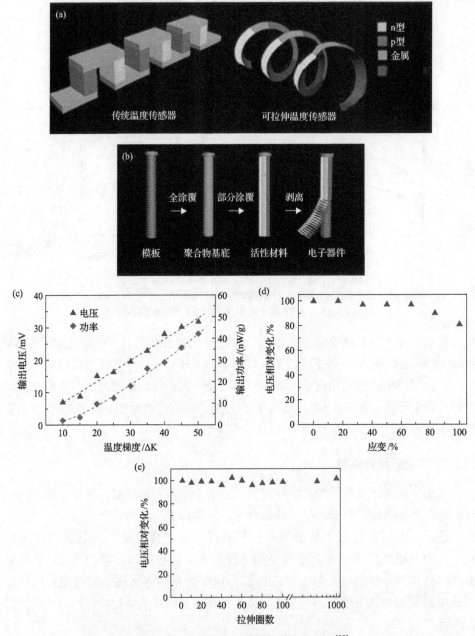

图 10.17 纤维温度传感器的结构和性能[32]

(a)传统平面温度传感器和纤维温度传感器的结构对比；(b)纤维温度传感器的制备流程；(c)温度传感器的输出电
压与温度梯度的关系；(d)拉伸下温度传感器输出电压的变化；(e)拉伸循环下温度传感器的稳定性

将该温度传感器贴在人体皮肤上，可以监测人体温度。由于人体皮肤与空气之间的温度差，该温度传感器会产生 8.9 mV 输出电压(图 10.18)。

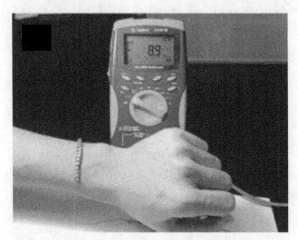

图 10.18　纤维温度传感器的应用[32]

10.2.4　纤维神经电极

纤维神经电极的发展对科研工作者探索大脑的奥秘有极大帮助。硅和钨丝等传统的神经电极质地坚硬，在长期记录过程中和动态、柔软的脑组织之间存在相对运动，难以形成稳定的电极-组织界面。碳纳米管纤维的微小结构和低抗弯刚度使它可用于制备神经电极，但它柔软的特性使其在植入大脑的过程中不可避免地发生弯曲。目前有几种策略可以将柔性电极植入大脑。如采用金属丝辅助柔性电极植入会扩大损伤脑区的面积。在电极表面涂覆可降解的聚合物可以使电极变硬，但聚合物的降解会影响周围组织的渗透压，进而影响记录到的神经信号。因此，设计一种模量可变的神经电极，对于实现纤维神经电极的有效植入十分重要。

我们最近设计了一种模量可变的纤维神经电极，其在植入前模量和金属相当，可以直接植入脑组织，植入后模量与脑组织相匹配。在减小植入过程的免疫反应的同时建立稳定的电极-组织界面。以碳纳米管纤维为导电基底，通过真空气相沉积在其表面修饰聚对二甲苯绝缘层，然后将海藻酸钠溶液注入硅胶管中，在绝缘的碳纳米管纤维表面形成交联的、模量可变的涂层，得到核壳结构的纤维神经电极[图 10.19(a)][33]。干态纤维神经电极的模量为(9.7±0.5)GPa，接近金丝[(10.0±0.3)GPa]；而湿态纤维神经电极的模量为(7.9±3.1)kPa，与脑组织的模量[(3.0±0.3)kPa]相匹配[图 10.19(b)]。

模量可变的纤维神经电极，既可以实现简单快速的植入，又可以建立稳定的电极-组织界面，因此可应用其记录神经信号。由于纤维神经电极的大小与神经元大小基本一致，该神经电极能够记录单个神经元的动作电位。图 10.20(a),(b)中显示了电极记录的动作电位，两个动作电位的主成分分析结果表明这些神经信号来自两个神经元[图 10.20(c)]，两个动作电位的信噪比分别为 5.93 和 8.18。

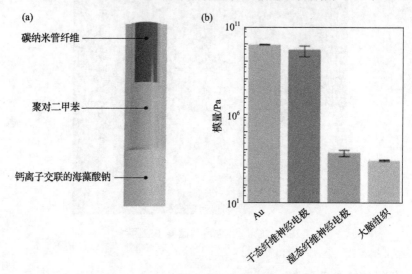

图 10.19　模量可变的纤维神经电极的结构和性能[33]

(a)模量可变的纤维神经电极的结构；(b)金丝、模量可变的纤维神经电极的干/湿态以及脑组织的模量

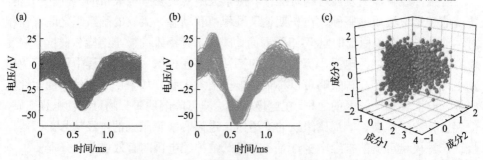

图 10.20　模量可变的纤维神经电极的应用[33]

(a)、(b)模量可变的纤维神经电极记录的两个动作电位；(c)对(a)和(b)中记录的动作电位的主成分分析

10.3　纤维化学传感器

实现体液中化学物质(包括离子、蛋白质和神经递质)的检测，对于推进生物医学领域的发展具有重要意义。柔性、可集成的纤维化学传感器已被广泛应用于实践中。例如，纤维化学传感器可用于实时检测汗液、血液和脑脊液中的分析物。下面将具体介绍可应用于上述领域的纤维化学传感器。

10.3.1　可穿戴纤维化学传感器检测汗液中的分析物

监测体表化学物质的波动可以反映生理信息，进而指导疾病的诊疗。汗液中蕴含多种化学物质，可以作为体表检测的重要媒介。下面将着重介绍可以实现对汗液中物质进行实时检测的纤维化学传感器。

1. 针对汗液的纤维化学传感器的制备、结构与性能

根据识别单元和感应机理的不同，可将化学传感器简单分为离子传感器、酶基传感器和气体传感器。目前，纤维化学传感器主要是以碳纳米管纤维为基底的同轴多层结构，本节简单介绍纤维化学传感器的制备、结构与性能。

（1）纤维离子传感器

离子传感器的识别单元是选择性透过膜，通过改变膜中的离子载体，可以设计四种不同的纤维离子传感器[34]。研究者将聚苯胺电沉积在碳纳米管纤维上得到同轴双层结构的纤维 pH 传感器[图 10.21(a)]，该 pH 传感器在 pH 值为 4～7 的范围内呈线性关系[图 10.22(a)]。由于聚苯胺表面的质子化程度在不同 pH 值下的

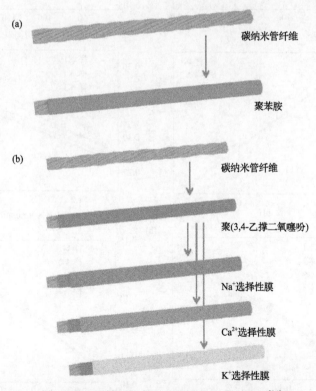

图 10.21　同轴纤维化学传感器的制备示意图[34]

(a)H^+传感器的制备；(b)Na^+、Ca^{2+}和K^+传感器的制备

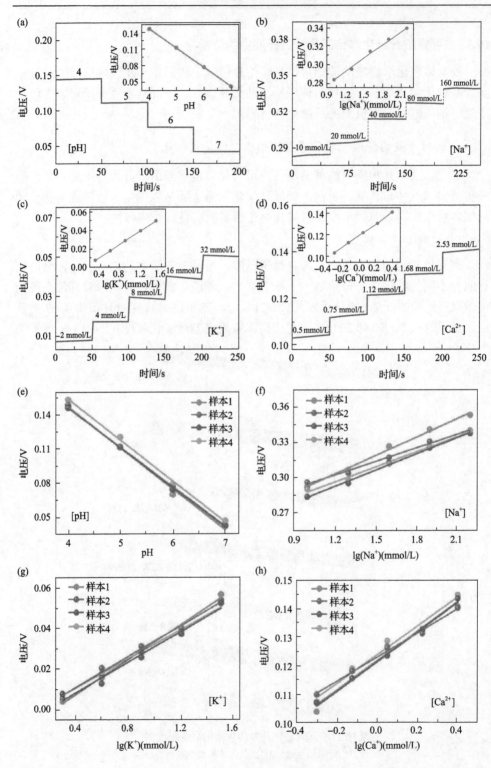

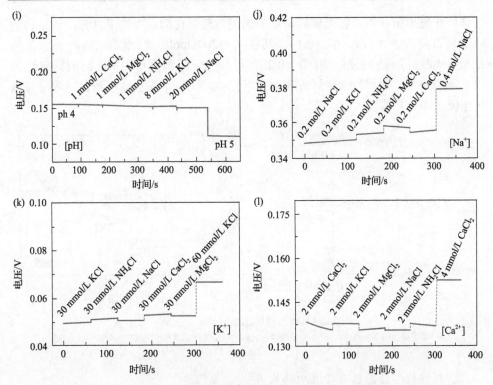

图 10.22 离子传感器的灵敏度、重现性和选择性*[34]

纤维(a)pH、(b)Na⁺、(c)K⁺和(d)Ca²⁺传感器对特定分析物的开路电势响应；纤维(e)pH、(f)Na⁺、
(g)K⁺和(h)Ca²⁺传感器的重现性；纤维(i)pH、(j)Na⁺、(k)K⁺和(l)Ca²⁺传感器的选择性
*扫描封底二维码见本图彩图

差异，传感器的 Zeta 电位随之变化，最终在开路电压和 pH 值之间建立一定的线性关系。

其他纤维离子传感器同样以碳纳米管纤维为基底，在表面分别修饰聚(3,4-乙撑二氧噻吩)和相应的选择性透过膜，从而得到同轴三层结构的纤维离子传感器。纤维 Na⁺、K⁺和 Ca²⁺传感器的结构如图 10.21(b)所示，这些传感器的灵敏度分别为 45.8mV/dec、35.9mV/dec 和 52.3mV/dec，相应的线性范围为 (10～160)×10⁻³mol/L、(2～32)×10⁻³mol/L 和 (0.5～2.53)×10⁻³mol/L，可以满足体内外检测的需求[图 10.22(b)～(d)]。同时上述离子传感器在干扰物质的测试下，显现出高重现性和选择性[图 10.22(e)～(l)]。离子传感器的工作原理是，基于离子载体与目标离子之间的特异性结合引起电极阻抗的改变，进而改变电极的电势，最终在开路电压与离子浓度之间建立线性关系。

(2)纤维酶基传感器

作为识别单元的酶，可以特异性催化对应的底物，因此通常选择在传感器表面修饰葡萄糖氧化酶来设计高选择性的葡萄糖传感器[34]。在碳纳米管纤维表面依次修饰普鲁士蓝和固定在壳聚糖基质中的葡萄糖氧化酶,构建了具有同轴结构的纤维葡萄糖传感器[图 10.23(a)]。其在 0～200μmol/L 的检测范围内显示出约 2.15nA/(μmol/L) 的高灵敏度[图 10.23(b)]。基于酶和检测底物之间的特异性识别,葡萄糖可以在碳纳米管纤维表面被氧化并产生电子,从而在葡萄糖浓度与氧化电流之间建立线性关系。

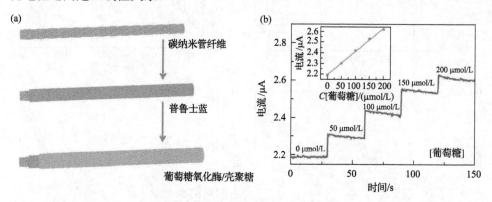

图 10.23　葡萄糖传感器的结构和性能[34]

(a)葡萄糖传感器的结构;　(b)基于葡萄糖氧化酶的葡萄糖传感器在不同浓度葡萄糖下的响应

2. 纤维化学传感器在汗液中的应用

将纤维化学传感器编成织物,可以实现对汗液中物质的实时监测。将 H^+、Ca^{2+}、K^+ 和葡萄糖的传感器集成到可穿戴设备中,并与两个柔性集成芯片相结合,可以实现对汗液中成分的无线监测[图 10.24(a)]。在身着集成了纤维传感器的可穿戴设备的测试者跑步 10 分钟后,汗水被传感织物吸收并检测分析[图 10.24(a),(b)],同时通过比较该可穿戴设备和非原位设备测得的数据,进一步证实了原位分析数据的准确性[图 10.24(c)]。

10.3.2　可植入纤维化学传感器监测肿瘤和血液中的分析物

与监测汗液中化学物质不同的是,血液和肿瘤中化学物质的分布存在空间差异,例如肿瘤中 H_2O_2 的分布,因此需要纤维传感器具有空间分辨率。同时由于体内化学物质之间的反馈机制,对化学传感器的功能多样性也提出了更高的要求。因此,我们组根据检测要求和目的设计了具有多级螺旋结构的纤维传感器。

1. 多级螺旋结构的纤维传感器的制备与结构

仿照组织的分层和多级螺旋结构,将单级纤维传感器(SFS)组装成多级纤维传感器(MFS)可以实现高空间分辨率和多物质同时检测[35]。研究者以 Ag/AgCl 参

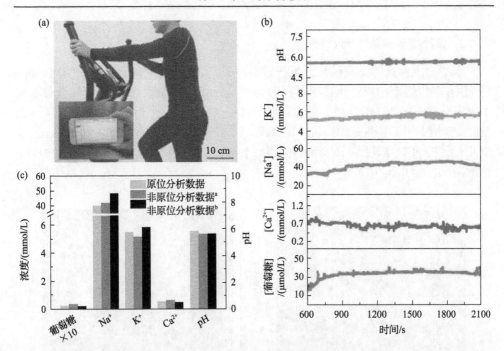

图 10.24　电化学传感织物的应用[34]

(a)用于监测汗液中分析物的传感织物照片；(b)传感织物的原位检测，织物中包含纤维 pH、K[+]、
Na[+]、Ca[2+]和葡萄糖传感器；(c)比较从该可穿戴设备和非原位设备测得的数据：a. 纤维传感器；b. 商业分析仪

比电极为轴，将 5 根单根的 H_2O_2 传感器沿轴向梯度排列，得到了具有可调控空间分辨率的多级螺旋结构的纤维传感器[图 10.25(a)中(i)和(ii)]。此外，研究者通过采用不同功能的纤维传感器设计的具有多级螺旋结构的纤维传感器，可以实现多种物质的同时检测。例如，可将 pH、K[+]、Na[+]、Ca[2+]和葡萄糖传感器在 Ag/AgCl 参比电极周围径向均匀排列得到平行排列的多功能末端[图 10.25(b)中(i)和(ii)]。

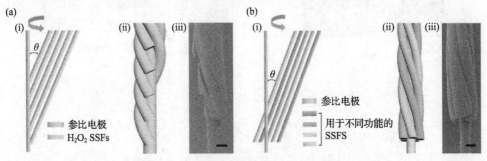

图 10.25　多功能纤维传感器的结构示意图*[35]

(a)可用于空间分析的 MFS，(i)制备过程示意图，(ii)结构示意图，(iii)扫描电子显微镜照片；

(b)用于多重监测诸如 Ca[2+]、Na[+]、K[+]、葡萄糖和 pH 的具有径向末端的 MFS，

(i)制备过程示意图；(ii)结构示意图；(iii)扫描电子显微镜照片

*扫描封底二维码见本图彩图

2. 在肿瘤和血液中的应用

末端梯度排列的螺旋结构纤维传感器，可以实现肿瘤中化学物质的空间分析。将 H_2O_2 多级螺旋结构纤维传感器注射到小鼠肿瘤可以检测 H_2O_2 的空间分布以及浓度变化[图 10.26(a),(b)]。结果表明，H_2O_2 的浓度从肿瘤中心到外围逐渐降低且在 20 小时内基本不变[图 10.26(c)]。随着肿瘤体积从 80 mm^3 增大到 1283 mm^3，中心位置的 H_2O_2 浓度从 16 $\mu mol/L$ 增加到 98 $\mu mol/L$，而 H_2O_2 的浓度仍由内而外逐渐降低[图 10.26(d),(e)]。

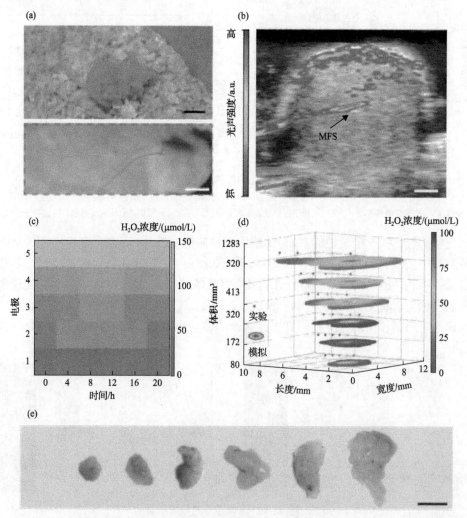

图 10.26　MFS 在检测肿瘤内 H_2O_2 梯度中的应用[35]

(a)注射了 MFS 的小鼠照片(顶部)，顶部图像中虚线表示的矩形区域的放大(底部)，标尺为 1 cm(顶部)和 3 mm(底部)；(b)注射了 MFS 后肿瘤的光声图像，标尺为 1 mm；(c)由 MFS 中的每个 SFS 检测超过 20 小时的肿瘤内 H_2O_2 的浓度梯度；(d)肿瘤生长过程中 H_2O_2 浓度的变化；(e)体积逐渐增大的肿瘤照片，标尺为 1 cm

　　将多功能的螺旋结构与柔性可拉伸芯片集成，可以得到集信号检测、收集和传输功能于一体的无线检测设备。将该设备植入猫的血管中，可以检测血液中葡萄糖和钙离子浓度的波动[图 10.27(a),(b)]。例如，向猫体内注入葡萄糖，可以观测到信号上升[图 10.27(c)]。同时，钙离子传感器可以连续监测血钙的波动[图 10.27(d)]。多功能纤维传感器原位测试的化学物质浓度与商业传感器测试的结果一致，证明了多功能纤维传感器的可靠性。此外，纤维 Ca^{2+} 传感器可以在体内连续工作 28 天，且基本无信号衰减[图 10.27(e)～(h)]。

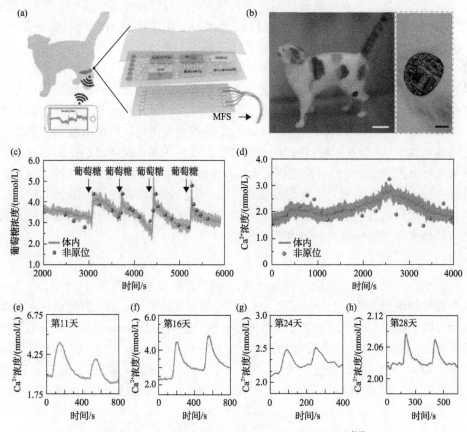

图 10.27　MFS 在体内长期和实时监测中的应用[35]

(a)集成了用于无线传输的柔性芯片的 MFS 的工作原理示意图；(b)佩戴有无线监测设备的猫的照片(左)，
左图中虚线所表示区域的放大(右)，标尺为 6 cm(左)和 6 mm(右)；(c)将葡萄糖注入猫的血液中后，
纤维原位传感器和商业非原位传感器监测到的体内葡萄糖浓度变化；(d)不同设备监测到的血钙变化；
(e)～(h)对血钙进行长达 28 天的体内长期监测

10.3.3　可植入纤维化学传感器监测脑内化学物质

　　分析脑脊液中分析物的实时浓度对研究发病机制、判断治疗效果具有重要意义，因此设计可以实现高灵敏度和高选择性检测脑脊液中化学物质的纤维化学传感器非常重要。

1. 用于脑内的纤维化学传感器的制备、结构与性能

根据检测目标, 我们可以将检测脑脊液中化学物质的纤维化学传感器分为两类, 纤维抗坏血酸传感器以及纤维 pH 和 O_2 传感器。

(1) 纤维抗坏血酸传感器

通过在碳纳米管表面制造缺陷和含氧物质, 可以设计出基于碳纳米管纤维的新型抗坏血酸传感器[36]。具体制备过程如下: 在 Ar 氛围中, 通过调控温度为 $200\sim400$℃, 在碳纳米管表面设计缺陷, 接着通过氧等离子体处理在碳纳米管纤维中制造含氧物质, 并命名上述制备的纤维为 d-碳纳米管纤维。通过将 d-碳纳米管纤维及与其相连的铜线插入到毛细管中并注入环氧树脂进行固定, 得到碳纳米管纤维微电极。最后将从毛细管中露出的 d-碳纳米管纤维切至 4 mm 长并保持干燥。如图 10.28(a) 所示, 在 50 μmol/L 至 1 mmol/L 的浓度范围内, 抗坏血酸传感器的相对峰值电流密度 (J_p/J_p^0) 与抗坏血酸浓度之间呈线性关系, 抗坏血酸传感器的灵敏度为 0.85 mA/(mol·cm²) 且检出限低至 10 μmol/L [图 10.28(b)]。在溶液中加入干扰化合物, 传感器的信号没有明显波动, 显示出良好的选择性[图 10.28(c)]。在碳纳米管表面制造的缺陷和含氧物质可以促进抗坏血酸在–50 mV 的低电位下氧化, 从而提高了传感器的灵敏度和选择性。

(2) 纤维 pH 和 O_2 传感器

最近, 研究者通过合成一种新分子, 即血红素-氨基-二茂铁(Hemin-Fc)并将其负载在碳纳米管纤维上, 可实现 pH 和 O_2 的同时检测[37]。通过酰胺键将血红素基团与两个氨基二茂铁分子连接得到 Hemin-Fc, 然后将 Hemin-Fc 结合在碳纳米管的表面上, 设计了多功能的纤维传感器。在 $1.3\sim200.6$ μmol/L 的浓度, 相对峰值电流密度 (J_p/J_p^0) 与 O_2 的浓度呈线性关系, 且对 pH 响应的灵敏度为–55.6 mV/pH [图 10.29(a), (b)]。同时抗干扰测试显示了该传感器良好的选择性, 如图 10.29(c)

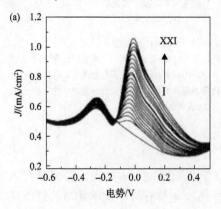

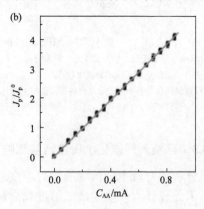

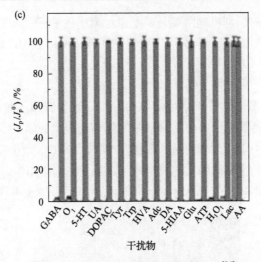

图 10.28　纤维抗坏血酸传感器的性能[36]

(a) J_p 随着 AA 浓度的增加而增大；(b) J_p/J_p^0 对 AA 浓度的相关性；(c) AA 传感器的抗干扰研究

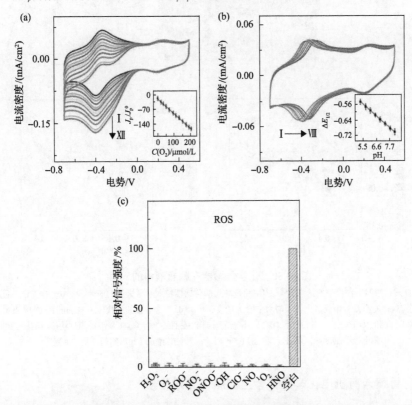

图 10.29　Hemin-Fc/碳纳米管纤维传感器的特征[37]

(a) 在具有不同 O_2 浓度的磷酸缓冲盐溶液中获得的循环伏安曲线；(b) 在不同 pH 的磷酸缓冲盐溶液中获得的循环伏安曲线；(c) Hemin-Fc/碳纳米管纤维传感器在活性氧条件下的抗干扰研究

所示。这种传感器的识别机制主要是基于血红素中的 $Fe^{2+/3+}$，随着 O_2 浓度的增加，$Fe^{2+/3+}$ 的还原峰电流增加，同时随着 pH 值的降低，血红素中 $Fe^{2+/3+}$ 的 $E_{1/2}$ 值正移。

2. 纤维化学传感器在脑内的应用

纤维化学传感器的柔性和微小的结构，可以使其在植入过程中降低对周围组织的伤害，因此可将其用于监测脑脊液中的化学物质。例如，可以将纤维化学传感器植入小鼠的大脑中以检测脑内抗坏血酸水平[图 10.30(a),(b)]。相对于健康小鼠，在患阿尔茨海默症的小鼠脑中抗坏血酸水平明显降低[图 10.30(c)]。同时，可以使用 Hemin-Fc/CNF 微电极研究动物缺血时脑内 pH 和 O_2 的水平[图 10.30(d),(e)]。

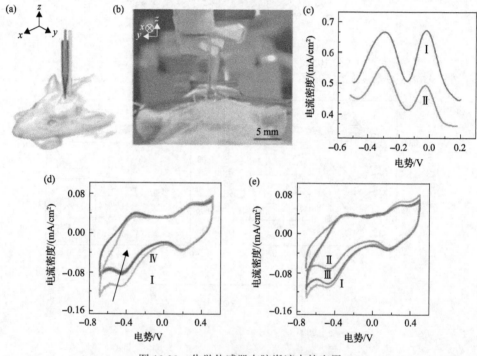

图 10.30　化学传感器在脑脊液中的应用

(a)抗坏血酸传感器工作模型的示意图[36]；(b)将抗坏血酸传感器植入小鼠大脑的照片[36]；(c)(I)正常小鼠和(II)患阿尔茨海默症的小鼠脑中代表抗坏血酸水平的 J_p 的变化[36]；(d)正常小鼠的纹状体中 Hemin-Fc/CNF 微电极在脑动脉闭塞(I)前和(II)0.5 h、(III)1.0 h、(IV)1.5 h 后的循环伏安曲线[37]；(e)正常小鼠的纹状体中 Hemin-Fc/CNF微电极在脑动脉闭塞(I)前和(II)1.5 h 后，以及(III)灌注 1 h 后的循环伏安曲线[37]

10.3.4　可植入有机电化学晶体管监测脑内化学物质

有机电化学晶体管(OECT)可以将栅极微小的电势变化转化为源-漏极较大的电流变化，从而实现对信号的放大，因此在电信号和化学信号检测方面都得到了广泛的应用。研究者通过在尼龙纤维上依次涂覆 Au/聚对二甲苯/PEDOT:PSS 得到了可作为源-漏极的纤维器件，同时通过与制备单级纤维化学传感器相同的工艺得到了 OECT 的栅极，将栅极和源-漏极纤维缠绕在一起，获得了具有高灵敏度的一体化纤维 OECT。同时我们可以通过更改化学传感器的类型来设计不同功能的纤维 OECT[38]。例如，选择 H_2O_2 传感器作为栅极组装 OECT[图 10.31(a)]，该纤维 OECT 的检出限可以低至 5 nmol/L[图 10.31(b)]，同时 OECT 的响应电流与分析物浓度(10~800 nmol/L)之间呈线性关系。

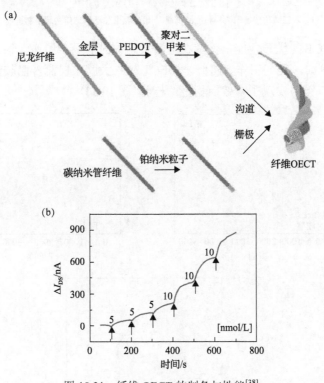

图 10.31　纤维 OECT 的制备与性能[38]

(a)用于 H_2O_2 检测的 OECT 制备过程；(b)在微小的 H_2O_2 浓度变化下，纤维 OECT 中的响应电流变化

改变栅极纤维传感器的类型，可以实现对不同化学物质的检测。将 Nafion 膜涂覆在铂/碳纳米管纤维表面，可以实现对多巴胺(电化学活性神经递质)的选择性检测。多巴胺传感器的同轴结构如图 10.32(a)所示，其中带负电荷的 Nafion 膜能够阻挡负电性的干扰物。在 Nafion/Pt/碳纳米管纤维表面修饰谷氨酸氧化酶，可进一步得到具有同轴多层结构的谷氨酸传感器[图 10.32(b)]。将上述传感器与源-漏极相结合，即得到可高灵敏度检测多巴胺(检出限 5 nmol/L)和谷氨酸(检出限 100 nmol/L)的 OECT。

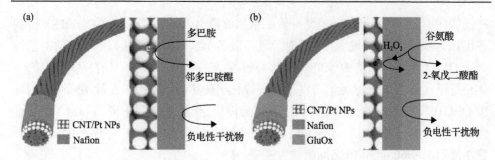

图 10.32 纤维传感器的示意图[38]

(a)多巴胺传感器的结构和检测机理；(b)谷氨酸传感器的结构和检测机理

纤维 OECT 的优异性能，使其在检测大脑中的痕量神经递质领域有着广阔的应用前景。例如，研究工作者将纤维 OECT 植入大脑来检测多巴胺浓度波动。纤维 OECT 在 7 天内实现了有效而稳定的检测(图 10.33)。

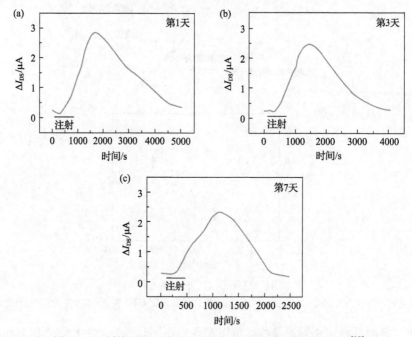

图 10.33 纤维 OECT 连续 7 天用于监测小鼠脑内的多巴胺[38]

10.4 展　望

纤维传感器可以集成在可穿戴和可植入设备中以实时检测生理信息。例如，纤维物理传感器可以检测包括心率、脉搏、心电图和肌电图在内的物理信号，而纤维化学传感器可以与无线传输设备集成，以实现对汗液中化学物质的实时监测。

纤维传感器的柔性和微小的结构，使其可以微创植入目标组织中并建立稳定的器件-组织界面，从而实现对植入部位化学物质的长期检测。探究大脑中枢神经系统的工作机制以及获取实时生理信息的需求，对生物医学设备提出了全新要求，包括具备优异的传感性能和稳定的器件-组织界面。基于碳纳米管纤维的纤维传感器，具有高灵敏度、高选择性、与组织相适应的力学性能和良好的生物相容性，可以满足上述要求，将该类纤维传感器植入脑中可以实现对特定分析物的有效检测。

纤维传感器优异的力学性能和传感性能，使其在生物医学领域具有广泛的应用前景。将来会有更多功能的纤维传感器被设计并组装成多功能的纤维传感器。我们相信这些多功能的纤维传感器可以被广泛应用于生物医学领域，来探究疾病的发病机制乃至实现生理信息监测和疾病预测。

参 考 文 献

[1] Kenry, Yeo J C, Lim C T. Emerging flexible and wearable physical sensing platforms for healthcare and biomedical applications. Microsyst. Nanoeng., 2016, 2: 16043.

[2] Mei H, Wang R, wang Z, et al. A flexible pressure-sensitive array based on soft substrate. Sens. Actuators, A., 2015, 222: 80-86.

[3] Akinwande D, Petrone N, Hone J. Two-dimensional flexible nanoelectronics. Nat. Commun., 2014, 5: 5678.

[4] Kenry, Yeo J C, Yu J, et al. Highly flexible graphene oxide nanosuspension liquid-based microfluidic tactile sensor. Small, 2016, 12(12): 1593-1604.

[5] Fan J A, Yeo W H, Su Y, et al. Fractal design concepts for stretchable electronics. Nat. Commun., 2014, 5: 3266.

[6] Yang Y, Gao W. Wearable and flexible electronics for continuous molecular monitoring. Chem. Soc. Rev., 2019, 48(6): 1465-1491.

[7] Coyle S, Lau K T, Moyna N, et al. Biotex—biosensing textiles for personalised healthcare management. IEEE Trans Inf Technol Biomed, 2010, 14(2): 364-370.

[8] Bandodkar A J, Hung V W, Jia W, et al. Tattoo-based potentiometric ion-selective sensors for epidermal pH monitoring. Analyst, 2013, 138(1): 123-128.

[9] Gao W, Emaminejad S, Nyein H Y Y, et al. Fully integrated wearable sensor arrays for multiplexed in situ perspiration analysis. Nature, 2016, 529(7587): 509-514.

[10] Zhang C, Li H, Huang A, et al. Rational design of a flexible CNTs@PDMS film patterned by bio-inspired templates as a strain sensor and supercapacitor. Small, 2019, 15(18): e1805493.

[11] Cai L, Song L, Luan P, et al. Super-stretchable, transparent carbon nanotube-based capacitive strain sensors for human motion detection. Sci. Rep., 2013, 3: 3048.

[12] Lee H-K, Chung J, Chang S-I, et al. Real-time measurement of the three-axis contact force distribution using a flexible capacitive polymer tactile sensor. J. Micromech. Microeng. 2011, 21(3): 035010.

[13] Tien N T, Trung T Q, Seoul Y G, et al. Physically responsive field-effect transistors with giant electromechanical coupling induced by nanocomposite gate dielectrics. ACS Nano, 2011, 5(9): 7069-7076.

[14] Wu W, Wen X, Wang Z L. Taxel-addressable matrix of vertical-nanowire piezotronic transistors for active and adaptive tactile imaging. Science, 2013, 340 (6135): 952-957.

[15] Buchberger G, Schwödiauer R, Bauer S. Flexible large area ferroelectret sensors for location sensitive touchpads. Appl. Phys. Lett., 2008, 92 (12): 123511-123513.

[16] Lee J S, Shin K Y, Cheong O J, et al. Highly sensitive and multifunctional tactile sensor using free-standing ZnO/PVDF thin film with graphene electrodes for pressure and temperature monitoring. Sci. Rep., 2015, 5: 7887.

[17] Tien N T, Jeon S, Kim D I, et al. A flexible bimodal sensor array for simultaneous sensing of pressure and temperature. Adv. Mater., 2014, 26 (5): 796-804.

[18] Chung S Y, Lee H-J, Lee T I, et al. A wearable piezoelectric bending motion sensor for simultaneous detection of bending curvature and speed. RSC Adv., 2017, 7 (5): 2520-2526.

[19] Qian X, Su M, Li F, et al. Research progress in flexible wearable electronic sensors. Acta Chimica Sinica, 2016, 74 (7): 565-575.

[20] Xu F, Li X, Shi Y, et al. Recent developments for flexible pressure sensors: A review. Micromachines (Basel), 2018, 9 (11): 10.3390/mi9110580.

[21] Das P S, PARK J Y. Human skin based flexible triboelectric nanogenerators using conductive elastomer and fabric films. Electron. Lett., 2016, 52: 1885-1887.

[22] Xu X, Chen J, Cai S, et al. A real-time wearable UV-radiation monitor based on a high-performance p-CuZnS/n-TiO2 photodetector. Adv. Mater., 2018, 30 (43): 1803165.

[23] Xu G, Cheng C, Liu Z, et al. Battery-free and wireless epidermal electrochemical system with all-printed stretchable electrode array for multiplexed in situ sweat analysis. Adv. Mater. Technol., 2019, 4 (7): 1800658.

[24] Alam A U, Qin Y, Nambiar S, et al. Polymers and organic materials-based pH sensors for healthcare applications. Prog. Mater. Sci., 2018, 96: 174-216.

[25] Labroo P, Cui Y. Flexible graphene bio-nanosensor for lactate. Biosens. Bioelectron., 2013, 41: 852-856.

[26] Dong Z J, Zhang P, Li S H, et al. Flexible graphene platform. Based electrochemical sensor for sensitive determination of dopamine. Chin. J. Anal. Chem., 2018, 46 (7): 1039-1046.

[27] Torrente-Rodriguez R M, Tu J, Yang Y, et al. Investigation of cortisol dynamics in human sweat using a graphene-based wireless mhealth system. Matter, 2020, 2 (4): 921-937.

[28] Lu L, Zhou Y, Pan J, et al. Design of helically double-leveled gaps for stretchable fiber strain sensor with ultralow detection limit, broad sensing range, and high repeatability. ACS Appl Mater Interfaces, 2019, 11 (4): 4345-4352.

[29] Deng J, Zhuang W, Bao L, et al. A tactile sensing textile with bending-independent pressure perception and spatial acuity. Carbon, 2019, 149: 63-70.

[30] Zhou X, Xu X, Zuo Y, et al. A fiber-shaped light-emitting pressure sensor for visualized dynamic monitoring. J. Mater. Chem. C., 2020, 8 (3): 935-942.

[31] Yu X, Pan J, Zhang J, et al. A coaxial triboelectric nanogenerator fiber for energy harvesting and sensing under deformation. J. Mater. Chem. A., 2017, 5 (13): 6032-6037.

[32] Xu X, Zuo Y, Cai S, et al. Three-dimensional helical inorganic thermoelectric generators and photodetectors for stretchable and wearable electronic devices. J. Mater. Chem. C., 2018, 6 (18): 4866-4872.

[33] Tang C, Xie S, Wang M, et al. A fiber-shaped neural probe with alterable elastic moduli for direct implantation and stable electronic-brain interfaces. J. Mater. Chem. B., 2020, 8 (20): 4387-4394.

[34] Wang L, Wang L, Zhang Y, et al. Weaving sensing fibers into electrochemical fabric for real-time health monitoring. Adv. Funct.Mater., 2018, 28 (42): 1804456.

[35] Wang L, Xie S, Wang Z, et al. Functionalized helical fibre bundles of carbon nanotubes as electrochemical sensors for long-term in vivo monitoring of multiple disease biomarkers. Nat. Biomed. Eng., 2020, 4 (2): 159-171.

[36] Zhang L, Liu F, Sun X, et al. Engineering carbon nanotube fiber for real-time quantification of ascorbic acid levels in a live rat model of alzheimer's disease. Anal Chem., 2017, 89 (3): 1831-1837.

[37] Liu L, Zhao F, Liu W, et al. An electrochemical biosensor with dual signal outputs: Toward simultaneous quantification of pH and O_2 in the brain upon ischemia and in a tumor during cancer starvation therapy. Angew Chem Int Ed, 2017, 56 (35): 10471-10475.

[38] Wu X, Feng J, Deng J, et al. Fiber-shaped organic electrochemical transistors for biochemical detections with high sensitivity and stability. Sci. China Chem., 2020, 63 (9): 1281-1288.

第11章 纤维忆阻器

本章主要介绍一种新型的纤维忆阻器。首先，本章对忆阻器的发展历程进行概述。然后，系统地阐述忆阻器的器件结构、工作原理和材料体系。接着，我们将重点介绍柔性高性能纤维忆阻器在设计和制备中所面临的关键问题。最后，本章对纤维忆阻器的发展前景进行展望。

11.1 忆阻器概述

当前，以大数据、人工智能和物联网为主导的新型信息技术革命的兴起，促生了爆炸性的数据量增长,这给现代计算机的存储和计算系统都带来了巨大挑战。因此，迫切需要对计算机的信息处理能力进行提高，而这又在很大程度上取决于基础电子器件的发展，特别是基于金属氧化物的场效应晶体管。然而，经过几十年的高速发展，对摩尔定律的追求已几乎接近物理极限[1]。具体而言，计算机性能的提升可以通过缩小器件尺寸、提高电路集成度来达成，但现阶段继续通过缩小晶体管的尺寸实现性能增益变得越来越困难，同时还会导致制备成本、器件功耗和散热要求的迅速提高[2]。此外，尽管现在的计算机系统具有较高的计算能力，但在游戏、创造和情感认知等较复杂的情况下，相比于人类仍表现出明显的劣势。因此，如何使机器或计算机能够像人类一样高效地处理信息，是现代计算机系统的研究热点，并催生了人工智能的迅速发展。

人工智能概念的提出，可以追溯到 20 世纪 40 年代，英国数学家图灵提出了图灵机和图灵测试的概念，这促进现代计算机的基本架构，即冯·诺依曼体系的出现。但是，这种传统架构无法满足日新月异的信息处理需求，比如用于人工智能的神经形态计算[3,4]。其次，用于神经形态计算的深度神经网络和脉冲神经网络，需要大量数据才能根据特定算法以及纠错机制重复训练程序，以达到理想的性能。但随着信息量的增加，处理器和存储器之间需要不断进行数据传输，这大大增加了计算系统的功耗，同时降低了信息处理的速度，因此，基于冯·诺依曼体系的计算机表现出越来越明显的缺陷。人脑是由数亿个神经元构成的复杂神经网络，能够高效并行处理多项复杂任务。例如，人脑在进行图像识别和信息分类时消耗的能量才 20 W 左右，仅相当于一个白炽灯的功耗。然而，一台标准计算机在 1000 种不同对象之间执行识别任务时，大约需要 250 W 的能量，进一步处理更复杂的信息时将会明显耗能更多[5, 6]。

神经网络能够如此高效率地处理信息，在于其采用了存储和计算一体、并行处理程序和实时纠错机制，这与冯·诺依曼架构的信息处理模式不同，同时也是实现高效信息传输、信息存储和信息处理的关键。简而言之，神经元细胞会收集并整合由突触传递的电荷，在总电荷达到阈值后沿轴突发射脉冲信号；突触将产生的脉冲信号传递给其他神经元，并通过其内在的突触权重来增强或抑制信号。突触具有局部实时存储信息的特性，以实现信息的有效处理。因此，随着对突触和神经元工作机制与功能的深入了解，科学家们认为通过模仿天然突触和神经元的功能，有望在未来构建类似于大脑的计算系统，这是实现人工智能或机器学习的最直接和最有效的方法。

因此，现在亟待开发不同于传统的器件结构、工作原理和材料体系的新型电子器件，以满足高效信息处理、低功耗、高集成度等要求[7, 8]。忆阻器是一类金属-电介质-金属堆垛结构且具有记忆效应的电阻，可由外部电压偏置调节电阻状态，最有希望成为下一代计算体系的基本单元。初步研究表明，忆阻器具有理想的电子器件特性，如尺寸小于 10 nm、开关速度小于纳秒、稳定性较长且功耗较低。从计算架构及应用角度考虑，忆阻器可用作芯片、存储器、类脑计算体系以及"储算一体"计算体系的基本构建单元。综上可知，忆阻器具有巨大的潜力，有望推动新型计算系统的产生，进一步突破摩尔定律并实现真正的人工智能。

11.1.1　忆阻器的发展历程

忆阻器就是能够把变化的电阻值储存记忆的器件，其概念的提出，可以追溯到 40 多年前[9, 10]。1971 年，加州大学伯克利分校的蔡少棠教授在研究电流 i、电压 V、电量 q 以及磁通量 φ 这 4 个基本电路变量之间关系时，预测除现已发现的电容、电阻及电导之外，还遗失了一种基本电子器件 (图 11.1)[11-13]。其工作的电学特征应该满足以下的数学关系：

$$d\varphi = Mdq$$

式中，φ 为磁通量；q 为电量；M 为忆阻值 (与电阻同一量纲)。通过进一步推导，忆阻器具有独特的非线性电学性质。其电阻值随流经的电量而发生改变，同时这种电阻状态是可以保持的，满足以下的数学关系：

$$V = \frac{R(w)}{i}$$

$$\frac{dw}{dt} = i$$

式中，w 是器件的状态变量；R 是取决于器件内部状态的广义电阻。

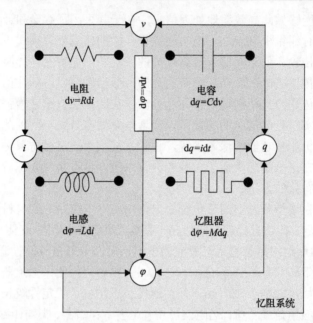

图 11.1　四种基本的两端电路元件：电阻、电容、电感和忆阻器[10]

　　然而，直到 2008 年，惠普实验室的研究小组才首次将这一理论变为现实，在两端电子器件模型上实现忆阻的功能[10]。他们采用堆叠的器件结构，以铂金属为上下电极，将两层不同化学计量比的二氧化钛作为中间活性层，通过外加偏压实现对器件阻值的调控。此后，由于其独特的电学性质，忆阻器受到了广泛的关注。

　　2013 年，基于 Hf/HfO$_x$ 材料的忆阻器得到报道，尺寸达到世界最小，并用于构建阻变式随机存储器（RRAM），单个器件面积小于 10×10 nm^2，开关速度为纳秒级别，电阻转变功耗小于 0.1 pJ，而且具有大的开关比（大于 50）和超过 5×10^7 次的循环稳定性[12]。在信息存储领域，具有优异性能的忆阻器也表现出巨大的优势和广阔的前景。例如，与静态随机存取存储器（SRAM）和动态随机存取存储器（DRAM）相比，基于忆阻器的阻变式随机存储器具有更高的集成度和非易失性；与闪存和固态存储器相比，其具有更快的读写速度。此外，与基于晶体管的存储元件（例如 SRAM 和 DRAM）不同，忆阻器可以直接集成到中央处理单元中，从而降低了能量消耗，并提高了内存和处理器之间的信息传输速度。

　　另外，人们基于忆阻器实现了实质蕴含逻辑，并进一步实现了基本的布尔逻辑运算，这意味忆阻器在逻辑运算方面有巨大的潜力[14]。通过对两个忆阻器与一个定值电阻的分压电路进行设计，实现了 IMP 逻辑运算；通过置位操作可以实现基本的 False 逻辑运算。因此，基于 IMP 和 False 逻辑运算的组合，可以实现所有二值布尔逻辑运算。同时，每个忆阻器单元都可以独立执行存储和计算的功能，这为构建集存储与计算为一体的非冯·诺依曼计算机架构奠定了基础，并表现出其作为高性能计算器件单元的优势[15-17]。2010 年，人们以不同梯度的银掺杂硅基质的忆阻器为模型，从器件层面成功模拟单个神经突触的部分功能[18]。通过调控刺激电压的大小，实现了在一定范围内器件电阻的连续变化，并实现了 LTP/LTD（long-term potentiation/long-term depression）以及 STDP（spike timing dependent plasticity）等基本突触功能。

随着人工智能的发展，忆阻器在神经形态计算中的应用引起了广泛的关注，已经逐步实现了一些更加复杂的功能，如疼痛感受器和视觉感受器[19-21]。以扩散型忆阻器为基本单元可以构建人工伤害感受器，其关键是在单个设备中伤害感受器功能的全部实现，包括"阈值""松弛""敏化""治愈""无适应性"。扩散忆阻器可以进一步与热电模块集成，得到人工热伤害感受器，在机器人领域具有广阔的发展潜力[20]。

11.1.2　器件结构

忆阻器的器件结构比较简单，一般由金属/绝缘层/金属构成（图 11.2）[2]。中间的绝缘层可以由不同理化性质的多种材料构成，并进行缺陷调控、界面修饰以及厚度调整。因此，中间层的性质将直接影响器件的整体性能。此外，通过设计交织结构，可以实现忆阻器的大规模集成。相比于具有三端结构的晶体管，交织结构的设计极大地简化了制造工艺和布线设计，同时显著提升了器件的集成密度。在集成电路中，每个交叉点代表一个独立的忆阻器，从而以电导的形式临时或永久存储计算结果。在每一个交叉点，电流都是输入电压和忆阻器电导的乘积，符合欧姆定律。根据基尔霍夫电流定律，每一列总电流是每个交叉点处的电流之和。

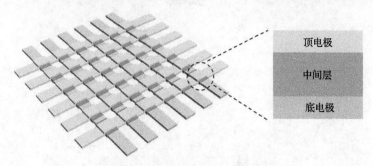

图 11.2　忆阻器阵列的物理架构

每个交叉点代表一个忆阻器单元，可以用于存储和处理信息

11.1.3　工作原理

在外加偏压下，忆阻器的中间材料将发生物理或化学性质的变化，继而表现为器件的电阻变化，这种变化具有可逆性和保持性，其具体的转变机理与电极材

料和中间层材料的性质密切相关，主要分为：价态转变机理、金属导电细丝转变机理、相转变机理以及其他类型的转变机理。

1. 价态转变机理

价态转变机理主要发生在以过渡金属氧化物为代表的阴离子材料中，如二元过渡金属氧化物（TiO_2、HfO_x、VO_x、NbO_x、TaO_x、CrO_x 等）以及更为复杂的钙钛矿型氧化物（$SrTiO_3$ 等）[22]。在这类材料体系中，氧离子或氧空位被认为是在电场条件下较易产生迁移粒子（mobile species），其在电阻转变过程中起主要作用。具体而言，电场能够驱动氧离子发生迁移，氧离子由原来晶格或缺陷位置沿着晶界发生迁移，从而产生大量的氧空位缺陷（图 11.3）。当这些氧空位相互连接达到一定程度时会形成类金属态，使得器件的电阻发生转变。当施加重置电压后，氧空位和氧离了发生复合，导电相消失，器件转变为高阻状态。例如，通过透射电子显微镜观察 $Pt/TiO_2/Pt$ 器件，在外加电压下，氧离子发生迁移产生局部氧空位，原先的 TiO_2 转变形成锥形柱状的 Ti_4O_7 纳米晶（Magnéli 相），研究表明 Ti_4O_7 具有金属特性，因此器件变为低阻状态。当施加重置电压时，局部 Ti_4O_7 转变为 TiO_2，器件又回到高阻状态。此外，在卤素钙钛矿材料中也发现类似的转变机理，溴离子和碘离子发挥着与氧离子类似的作用[23]。

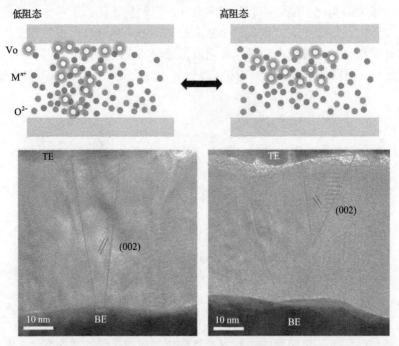

图 11.3　价态变化机制的示意图（上端）和通过高分辨率透射电子显微镜观察在操作电压下形成的 Ti_4O_7 纳米通路、在重置电压下锥形非连续的 Ti_4O_7 结构（底端）[23]

2. 金属导电细丝转变机理

金属导电细丝转变机理适用于具有一个活性电极(例如：Ag 和 Cu 等)和一个惰性电极(Pt、Au 和 TiN 等)的忆阻器[24]。当在活性电极的一侧施加正向电压时，活性电极被氧化为可以自由移动的金属阳离子，同时在电场的作用下迁移至惰性电极一侧，在还原电位下还原为金属原子，并成核生长为金属纳米颗粒，进一步沿着电场堆积形成金属导电细丝，器件因此由高阻状态转变为低阻状态。当施加反向电压，导电细丝发生氧化反应重新以离子的形式回到活性电极一侧，导电细丝断裂，器件因此转变为高阻状态。很多研究工作报道了可以通过原位透射电镜观察到金属导电细丝形成及断裂的整个过程(图 11.4)[25-27]。但值得一提的是，导电细丝的生长过程以及形状等与绝缘材料的性质密切相关，如材料离子迁移率等，因此，中间层绝缘材料的设计对器件性能具有非常重要的影响。

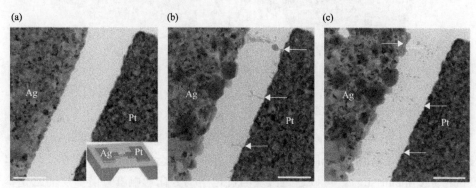

图 11.4　金属导电细丝转变机理透射电子显微镜图[25]

(a)在 SiN$_x$ 膜上制备基于 SiO$_2$ 的平面器件，插图为器件结构示意图；(b)相同器件导电细丝的形成过程，箭头所指为形成的导电细丝；(c)相同器件导电细丝的断裂过程，图示标尺为 200 nm

3. 相转变机理

相转变机理通常发生在具有可逆相转变性的材料体系中，如包含 Ge、Te 和 Sb 的硫族化合物[28]。当材料以亚稳态的非晶相存在时，表现为长程无序性，其电阻相对较高。当材料以晶相存在时，表现为长程有序性，其电阻相对较低(图 11.5)。具体而言，通过调控电压可以引起材料的局部焦耳加热(Joule heating)。当温度高于材料的熔点后，伴随着快速冷却，在亚纳秒时间内材料由晶相转变为非晶相；当温度高于材料的结晶温度，持续 50～1000 ns，材料由非晶相转变为晶相[29, 30]。因此，材料的结晶速度是决定器件操作速度的关键因素。

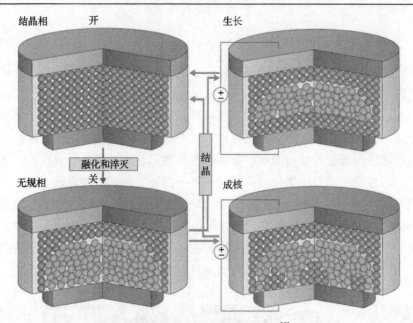

图 11.5　相转变机理的示意图[5]

晶相和非晶相之间的可逆相变是由温度变化引起的

4. 其他类型的转变机理

除了上述的转变机理外,还有一些其他的转变机理。比如,磁诱导的电阻转变机理,在磁场作用下,由两层铁磁材料和中间绝缘层构成的自旋电子忆阻器(spintronic memristor),可以通过改变自旋电子的方向影响器件隧穿层的磁化状态,从而实现器件电阻转变[31];铁电极化诱导的电阻转变机理,铁电材料的自发极化在外场的调控下可以发生翻转,从而改变器件电阻;基于有机材料氧化还原反应的电阻转变机理,有机分子在电场作用下发生氧化还原反应形成不同的器件电阻状态[32]。

同时,值得我们注意是有些器件在实际工作过程中的电阻转变并不是由单一机理所决定,往往可能涉及多个转变机理。此外,很难完全区分哪种机理占主导地位,这也与器件的实际工作环境息息相关,比如温度、湿度。因此,需要根据实际工作过程中的转变机理,分别进行系统的研究[33]。

11.1.4　材料

传统的忆阻器材料主要是一些块体材料(例如过渡金属氧化物),主要优势在于可以通过光刻、蒸镀、原子层沉积等微纳加工方法制备,同时与半导体和集成电路的现有制备技术兼容性好,适合大规模生产[34]。但是,传统的制备方法很难有效地控制材料的均匀性、器件与器件之间较大的差异性以及循环后性能的严重衰减，这些问题影响了忆阻器的广泛应用。

相比而言，正在兴起的低维材料(包括零维、一维和二维材料)有望在一定程度上解决传统材料存在的问题。低维材料在制备过程中能够对材料化学计量比、缺陷动力学以及界面性质进行有效的控制，同时表现出独特的物理化学性质(如光电性能)。

零维材料的研究主要集中在各类具有光电性能的量子点，如在可见光吸收波段的 $CsPbBr_3$ 无机钙钛矿量子点[35]、近红外吸收波段的上转换纳米颗粒[36]、二硫化钼量子点[37]和黑磷量子点等[38]。这些零维材料不仅表现出优异的阻变特性，同时又显现出独特的光电特性[39]。具体而言，其电阻不仅能够通过外加电压来调控，而且还能够通过刺激光的波长和功率来调节，实现零维材料电阻的光电双模式调控。

一维材料的研究主要集中在半导体纳米线，如氧化锌纳米线、二氧化钛纳米线和单壁碳纳米管等。这些一维材料沿轴向具有特殊的电子传输性质，明显提高忆阻器的性能[40]。

相比于零维和一维材料，二维材料主要是通过化学气相沉积等方法制得，其化学性质较易控制，如 MoS_2 等过渡金属硫化物[41]、氮化硼[42, 43]以及二维有机材料等[44, 45]。相比传统材料，二维材料在高温环境下具有较好的稳定性，同时也表现出较低的功耗。尽管二维材料具有广阔的应用前景，但如何制备出高质量、大面积的二维材料，仍是亟待解决的问题。

11.2　纤维忆阻器的结构、性能及应用

前面述及，在未来智能织物的发展将是一个重要方向[46, 47]。能源器件类似于人的心脏，供给各种器件所需的能量；传感器就类似于眼睛和手，感知并接收外界的信息；显示器类似于语言和动作，从而表达内在的想法。但现在智能系统的实现，仍受限于能够有效处理信息并协调各种器件的大脑处理器的缺失。随着大数据时代的到来，基于传统晶体管的计算系统在处理复杂任务时显得越来越无能为力，同时晶体管复杂的三端子结构与织物结构也不兼容。而与晶体管相比，具有两端结构的忆阻器作为下一代计算系统的基本组件，其交织结构可以很好地与织物结构兼容，因此具有广阔的应用前景。

11.2.1　纤维忆阻器的构建方法

纤维忆阻器的构建主要存在的问题是，如何实现电极和电阻转变材料在纤维

或织物上有效的构建。传统的平面忆阻器主要以硅基材料为衬底，采用光刻这种自上而下的方式，在基底上面形成极细线宽的底层金属电极，然后在电极上面沉积或生长电阻转变材料，最后通过光刻形成上层金属电极。在这个过程中存在两个关键性问题，一是金属电极与电阻转变材料之间的界面控制，二是电阻转变材料的性质控制。在平面忆阻器的制备中，这两个问题仍然没有得到很好解决。同时，由于纤维具有特殊的一维结构和高曲率的表面，对不同材料生长质量和界面进行控制变得更加困难。此外，传统光刻、纳米压印等微纳加工手段和电子束蒸镀等材料沉积方法，也并不适用于纤维器件的制备过程。

受到纺织工业的启发，我们将新型的导电纤维电极代替传统的化学纤维，采用物理编织自上而下的方法，大面积生产基础器件单元，其中每一个上下纤维的交叉点就是一个基本的忆阻器单元，并通过纤维之间的内应力保证在弯曲和拉伸过程中器件的界面稳定性。同时，考虑到 DNA 具有优异的生物相容性、良好的离子导通性和稳定的双螺旋一维纳米结构，我们采用 DNA 作为纤维忆阻器的活性材料。此外，我们通过电泳沉积方法控制活性材料的厚度，从而实现在导电纤维表面可控制备电阻转变材料。

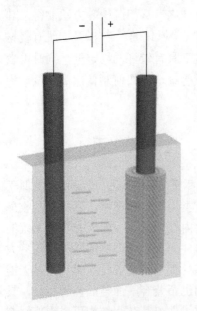

图 11.6 通过电泳沉积的方法在纤维表面制备电阻转变材料示意图[48]

首要问题是，选择或开发适用于稳定和大面积制造纤维器件的工艺。目前构建纤维器件最常用的方法是浸涂，该工艺简单，但是很难有效控制膜层的均匀性。浸涂效果的影响因素很多，主要包括固液界面和气液界面。对于固液界面，需要考虑纤维表面与液体的亲和力和润湿性，如挂珠和咖啡环效应将导致材料的不均匀性。对于气液界面，应考虑溶剂的挥发性，避免过快挥发导致材料的聚集。此外，溶剂还会引起活性物质在涂覆后发生二次溶解。因此，考虑到忆阻器对材料界面均匀性和稳定性的严格要求，我们选择高效的电泳沉积涂覆方法在纤维表面沉积电阻转换材料。简而言之，在外部电场的作用下，包括有机分子和无机纳米粒子在内的各种带负电或带正电的材料，会由于静电吸引而向电极移动。通过调节施加电场的强度和时间，从而调整材料的厚度和均匀性（图 11.6）。因此，与浸涂相比，外界因素的影响会相对较少。

我们将 DNA 作为模型材料，来研究电泳沉积在制备纤维器件过程中的优越性和

可靠性。从扫描电子显微镜图[图 11.7(a)]和能量色散 X 射线光谱图[图 11.7(c)～
(e)]来看，带负电的 DNA 分子均匀地沉积在导电纤维的表面。进一步通过横截面
扫描电子显微镜[图 11.7(f)]和透射电子显微镜[图 11.7(g)]观察，活性材料均匀沉
积在纤维基材周围，厚度约为 50 nm。令人惊讶的是，如图 11.7(b)所示，我们发现
银纳米颗粒以微小凸起的形式均匀分布在 DNA 膜中。换而言之，银纳米颗粒与 DNA
分子同时沉积在薄膜中。同时，透射电子显微镜结果表明银纳米颗粒的平均直径约
为 3 nm[图 11.7(h)]。综上所述，电泳沉积法非常适合于纤维器件的制备过程。在
纤维忆阻器阵列中，顶部和底部纤维的每个交叉点都是一个基本的忆阻器单元，可
以通过纤维之间的内部应力来确保在弯曲或拉伸过程中界面的稳定性(图 11.8)。

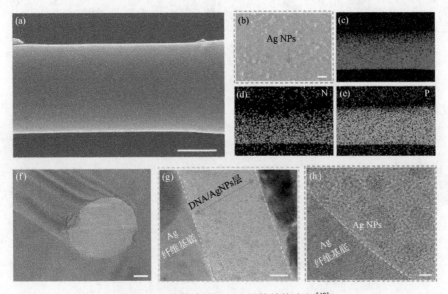

图 11.7 银线表面 DNA 层的结构表征[48]

(a)扫描电子显微镜图表明通过电泳法在银线表面均匀沉积 DNA 层；(b)高分辨扫描电子显微镜图表明在银线表面
成功组装 DNA/银纳米颗粒；(c)～(e)能量色散 X 射线光谱图表明纤维表面元素分布；(f)截面扫描电子显微镜照
片表明纤维表面的 DNA/银纳米颗粒均匀分布；(g)、(h)高分辨透射电子显微镜图表明 DNA 层中掺杂银纳米颗粒

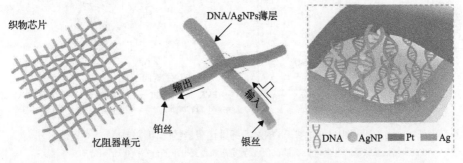

图 11.8 基于 DNA 构建的织物忆阻器，每个交叉点代表一个忆阻器单元[48]

11.2.2　纤维忆阻器的性能

　　基于 DNA 材料构建的纤维忆阻器，通过直流扫描得到的电流-电压曲线表现出标准的双极性电阻转变行为，而且在 50 次循环过程中仍高度重合，因此器件具有优异的电阻性能和高度的稳定性[图 11.9(a)]。此外，纤维忆阻器可以在非常低

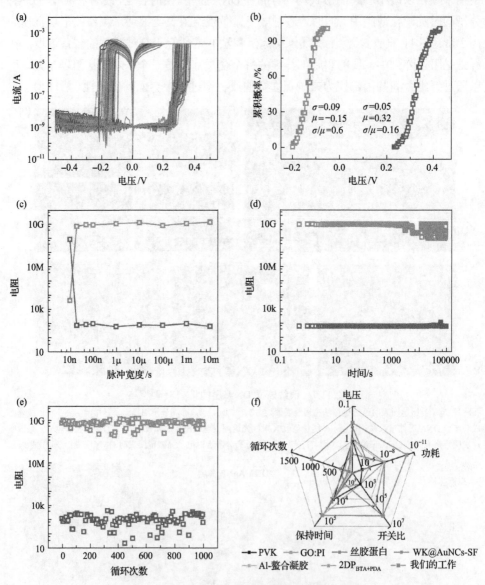

图 11.9　基于 DNA 的纤维忆阻器的忆阻性能[48]

(a)直流扫描忆阻器的电流-电压曲线；(b)设置电压和重置电压的分布；(c)忆阻器的转变速度；
(d)忆阻器的保持时间；(e)忆阻器的循环性能；(f)与其他文献报道的忆阻器相对比

的操作电压(约为 0.3 V)下工作[图 11.9(b)]，大大降低了能量损耗(小于 100 pW)，与目前报道的其他高性能平面忆阻器相当[图 11.9(b)，(e)]。同时，纤维忆阻器具有超快的电阻转变速度(20 ns)[图 11.9(c)]，远高于传统的有机材料体系，甚至与很多高性能的基于无机材料的忆阻器性能相当[图 11.9(f)]。

尽管纤维忆阻器在发展早期就已经显示出其优异的性能，但是仍然存在着诸多的问题。比如，物理交织界面的稳定，规模化制备过程中器件之间差异的减少，高温、高湿等复杂极端条件下的稳定工作，拉伸性和耐洗性的实际应用要求等。

为了更好地理解纤维忆阻器的工作原理，我们首先研究了电泳沉积法对材料结构和化学性能的影响，重点通过掠入射 X 射线小角散射跟踪电泳和浸涂过程中，材料微观结构的变化。可以看出，电泳沉积的材料具有明显的取向结构[图 11.10(b)，(e)]。同时，根据加电压前后的透射电子显微镜照片可知[图 11.10(c)，(d)]，外加电压后两个电极之间形成了具有一定取向结构的银导电细丝。相比之下，浸涂制备的 DNA 层结构无规，所得忆阻器的工作电压也要比具有定向排列结构的器件高得多[图 11.10(f)]。此外，操作速度也要慢两个数量级[图 11.10(g)]。纤维忆阻器的工作机制总结如图 11.10(a)。当向银电极施加正电压时，银电极将发生氧化反应变成银离子。由于 DNA 具有高离子迁移率，银离子倾向于沿着具有定向结构的 DNA 进行迁移。当银离子迁移到对电极时，发生还原反应，银离子被还原成银原子，然后沿着 DNA 链成核，并生长成导电银丝。此外，预先固定的银纳米颗粒有利于银离子的异质成核。纤维忆阻器之所以具有较低的工作电压和

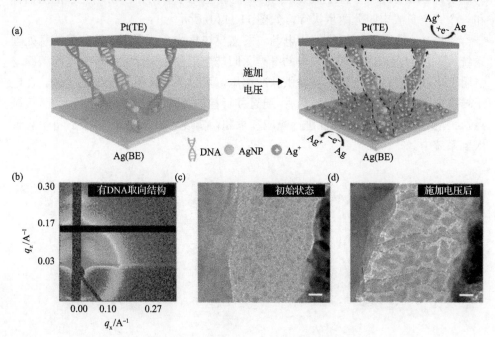

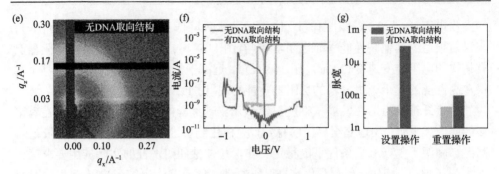

图 11.10 DNA 作用机制的研究[48]

(a) DNA 取向结构对银纳米颗粒迁移的作用机制;(b) 通过电泳法制得取向 DNA 层的掠入射小角 X 射线图;(c) 取向结构 DNA 层(通电前)横截面的透射电子显微镜照片;(d) 通电形成导电细丝后 DNA 层横截面的透射电子显微镜照片;(e) 通过浸涂法制得 DNA 层的掠入射小角 X 射线图;(f)、(g) 无规和取向的 DNA 层的电学曲线对比图

较高的开关速度,是因为定向 DNA 分子可以通过预先固定的银纳米颗粒诱导导电细丝沿着 DNA 链定向生长。

11.2.3 纤维忆阻器的应用

纤维忆阻器作为信息处理模块,可以实现对智能系统中其他器件的高效信息连接和管理[图 11.11(a)]。如图 11.11(b)所示,可以采用纤维忆阻器集成的织物芯片实现基本逻辑门的构建,包括 IMP 和 NAND。进一步,通过集成逻辑和存储功能实现 IMP 操作[图 11.11(c)]。同时,通用逻辑运算 NAND 可由三个忆阻器件和一个固定负载电阻分两步执行,如图 11.11(d)所示。

此外,织物芯片可以与织物电源、发光模块集成,从而实现可穿戴信息处理系统[图 11.11(e)]。将用于发电的纤维太阳能电池和用于储能的纤维电池编织与忆阻器串联,使用电压转换器提供脉冲偏压,可以改变忆阻器的导电状态。在电压转换器施加不同的脉冲和组合后,通过并行控制器传输到每个忆阻器单元(接触点),并由忆阻器对脉冲强度进行响应和求和,实现"信息处理",最后将信息输入到系统中。

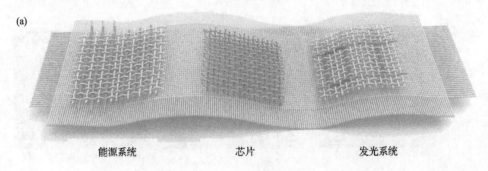

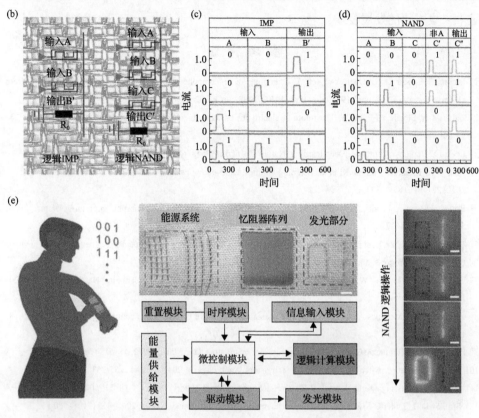

图 11.11 信息处理、能量供给和发光三个功能模块集成形成全织物信息处理系统[48]

(a)全织物集成系统的结构示意图；(b)织物忆阻器阵列的光学照片；基本逻辑电路 IMP(c)和
NAND(d)的工作图；(e)全织物信息处理系统的光学照片和工作机制

纤维忆阻器可以作为织物基的信息存储器件，将收集到的外界信息存储起来，同时也可以作为织物逻辑运算或神经网络运算的基本单元。除了在智能织物体系中扮演重要角色外，纤维忆阻器的物理结构及工作原理和神经突触也非常相似。因此，纤维忆阻器有望构建在结构和功能上都与神经元相类似的人工神经网络，进而可以替补坏死神经元，最终实现人工视觉神经、人工痛觉神经等智能系统。

11.3 小结与展望

作为智能织物的重要组成部分，柔性的纤维忆阻器也随着智能可穿戴时代的来临，逐渐发展成一个新的研究方向。虽然目前纤维忆阻器还处在发展初期阶段，但其各方面性能都已经有了较大的突破。此外，仍需要继续通过对器件结构和材料的设计优化，进一步提高其各方面性能，以满足柔性可穿戴设备在各种环境下的实际应用需求。同时，也亟须设计适合于纤维忆阻器的规模化制备工艺，以满足未来集成化的发展要求。

参 考 文 献

[1] Moore G E, Kar G S, .Chen Y Y, et al. Cramming more components onto integrated circuits (reprinted from electronics, pg 114-117, april 19, 1965). Proc. IEEE, 1998, 86(1): 82-85.

[2] Zidan M A, Strachan J P, Lu W. The future of electronics based on memristive systems. Nat. Electron., 2018, 1(1): 22-29.

[3] LeCun Y, Bengio Y, Hinton G. Deep learning. Nature, 2015, 521(7553): 436-444.

[4] Hasegawa T, Ohno T, Terabe K, et al. Learning abilities achieved by a single solid-state atomic switch. Adv. Mater., 2010, 22(16): 1831-1834.

[5] Roy K, Jaiswal A, Panda P. Towards spike-based machine intelligence with neuromorphic computing. Nature, 2019, 575(7784): 607-617.

[6] Tang J, Yuan F, Shen X, et al. Bridging biological and artificial neural networks with emerging neuromorphic devices: Fundamentals, progress, and challenges. Adv. Mater., 2019, 31(49): 1902761.

[7] Wang Z, Wu H, Burr G W, et al. Resistive switching materials for information processing. Nat. Rev. Mater., 2020, 5(3): 173-195.

[8] van de Burgt Y, Melianas A, Keene S T, et al. Organic electronics for neuromorphic computing. Nat. Electron., 2018, 1(7): 386-397.

[9] Prodromakis T, Toumazou C, Chua L. Two centuries of memristors. Nat. Mater., 2012, 11(6): 478-481.

[10] Chua L. Resistance switching memories are memristors. Appl. Phys. A, 2011, 102(4): 765-783.

[11] Chua L. The missing circuit element. IEEE Transactions on Circuit Theory, 1971, CT-18(5): 507-517.

[12] Strukov D B, Snider G S, Stewart D R, et al. The missing memristor found. Nature, 2008, 453(7191): 80-83.

[13] Chua L, Kang S M. Memristive devices and systems. Proc. IEEE, 1976, 64(2): 209-223.

[14] Govoreanu B. $10\times 10nm^2$ Hf/HfO$_x$ crossbar resistive RAM with excellent performance, reliability and low-energy operation. In 2011 International Electron Devices Meeting, Washington, DC, 2011; pp 31.6.1-31.6.4.

[15] Kim K-H, Jo S H, Gaba S, et al. Nanoscale resistive memory with intrinsic diode characteristics and long endurance. Appl. Phys. Lett., 2010, 96(5): 053106.

[16] Borghetti J, Snider G S, Kuekes P J, et al. 'Memristive' switches enable 'stateful' logic operations via material implication. Nature, 2010, 464(7290): 873-876.

[17] Kim K H, Gaba S, Wheeler D, et al. A functional hybrid memristor crossbar-array/cmos system for data storage and neuromorphic applications. Nano Lett., 2012, 12(1): 389-395.

[18] Chi P, Li S, Xu C, et al., Prime: A novel processing-in-memory architecture for neural network computation in ReRAM-based main memory. In 2016 ACM/IEEE 43rd Annual International Symposium on Computer Architecture (ISCA), 2016: 27-39.

[19] Gaba S, Sheridan P, Zhou J, et al. Stochastic memristive devices for computing and neuromorphic applications. Nanoscale, 2013, 5(13): 5872-5878.

[20] Jo S H, Chang T, Ebong I, et al. Nanoscale memristor device as synapse in neuromorphic systems. Nano Lett., 2010, 10(4): 1297-1301.

[21] Kim Y, Kwon Y J, Kwon D E, et al. Nociceptive memristor. Adv. Mater., 2018, 30(8): 1704320.

[22] Yoon J H, Wang Z, Kim K M, et al. An artificial nociceptor based on a diffusive memristor. Nat. Commun., 2018, 9 (1): 417.

[23] Wang Z, Joshi S, Savel'ev S E, et al. Memristors with diffusive dynamics as synaptic emulators for neuromorphic computing. Nat. Mater., 2017, 16(1): 101-108.

[24] Yang J J, Strukov D B, Stewart D R. Memristive devices for computing. Nat. Nanotechnol., 2013, 8(1): 13-24.

[25] Zhu X, Lu W D. Optogenetics-inspired tunable synaptic functions in memristors. ACS Nano, 2018, 12(2): 1242-1249.

[26] Lee J, Lu W D. On-demand reconfiguration of nanomaterials: When electronics meets ionics. Adv. Mater., 2018, 30 (1): 1702770.

[27] Yang Y, Gao P, Gaba S, et al. Observation of conducting filament growth in nanoscale resistive memories. Nat. Commun., 2012, 3: 732.

[28] Yuan F, Zhang Z, Liu C, et al. Real-time observation of the electrode-size-dependent evolution dynamics of the conducting filaments in a SiO_2 layer. ACS Nano, 2017, 11(4): 4097-4104.

[29] Liu Q, Sun J, Lv H, et al. Real-time observation on dynamic growth/dissolution of conductive filaments in oxide-electrolyte-based reram. Adv. Mater., 2012, 24(14): 1844-1849.

[30] Jeong D S, Hwang C S. Nonvolatile memory materials for neuromorphic intelligent machines. Adv. Mater., 2018, 30 (42): 1704729.

[31] Sebastian A, Le Gallo M, Krebs D. Crystal growth within a phase change memory cell. Nat. Commun., 2014, 5: 4314.

[32] Fukami S, Ohno H. Perspective: Spintronic synapse for artificial neural network. J. Appl. Phys., 2018, 124(15): 151904.

[33] Goswami S, Matula A J, Rath S P, et al. Robust resistive memory devices using solution-processable metal-coordinated azo aromatics. Nat. Mater., 2017, 16(12): 1216-1224.

[34] Yang Y, Huang R. Probing memristive switching in nanoionic devices. Nat. Electron., 2018, 1(5): 274-287.

[35] Sangwan V K, Hersam M C. Neuromorphic nanoelectronic materials. Nat. Nanotechnol., 2020: DOI:10.1038/ s41565-020-0647-z.

[36] Wang Y, Lv Z, Liao Q, et al. Synergies of electrochemical metallization and valance change in all-inorganic perovskite quantum dots for resistive switching. Adv. Mater., 2018, 30(28): 1800327.

[37] Zhai Y, Yang X, Wang F, et al. Infrared-sensitive memory based on direct-grown MoS_2-upconversion-nanoparticle heterostructure. Adv. Mater., 2018, 30(49): 1803563.

[38] He H K, Yang R, Zhou W, et al. Photonic potentiation and electric habituation in ultrathin memristive synapses based on monolayer MoS_2. Small, 2018, 14(15): 1800079.

[39] Hu L, Yuan J, Ren Y, et al. Phosphorene/ZnO nano-heterojunctions for broadband photonic nonvolatile memory applications. Adv. Mater., 2018, 30(30): 1801232.

[40] Li H, Jiang X, Ye W, et al. Fully photon modulated heterostructure for neuromorphic computing. Nano Energy, 2019, 65: 104000.

[41] Wang W, Wang M, Ambrosi E, et al. Surface diffusion-limited lifetime of silver and copper nanofilaments in resistive switching devices. Nat. Commun., 2019, 10(1): 81.

[42] Wang M, Cai S, Pan C, et al. Robust memristors based on layered two-dimensional materials. Nat. Electron., 2018, 1 (2): 130-136.

[43] Wu X, Ge R, Chen P A, et al. Thinnest nonvolatile memory based on monolayer h-bn. Adv. Mater., 2019, 31 (15): 1806790.

[44] Shi Y, Liang X, Yuan B, et al. Electronic synapses made of layered two-dimensional materials. Nat. Electron., 2018, 1 (8): 458-465.

[45] Liu J, Yang F, Cao L, et al. A robust nonvolatile resistive memory device based on a freestanding ultrathin 2d imine polymer film. Adv. Mater., 2019, 31 (28): 1902264.

[46] Xu X, Xie S, Zhang Y, et al. The rise of fiber electronics. Angew. Chem. Int. Ed., 2019, 58 (39): 13643-13653.

[47] Shabahang S, Tao G, Kaufman J J, et al. Controlled fragmentation of multimaterial fibres and films via polymer cold-drawing. Nature, 2016, 534 (7608): 529-533.

[48] Rein M, Favrod V D, Hou C, et al. Diode fibres for fabric-based optical communications. Nature, 2018, 560 (7717): 214-218.

第12章 新型纤维器件

纤维器件由于具有体积小、质量轻、可编织等特点，在能量转换、能量存储、发光、传感、计算等领域的研究与应用受到广泛的关注和重视。同时，研究者们还在不断开发具有其他功能的新型纤维器件，这使得其有望在通信和生物医学等领域发挥重要作用。本章结合最近两年刚刚兴起的研究工作，重点介绍纤维器件在通信和肿瘤治疗领域的发展。

12.1 纤维通信器件

12.1.1 通信器件概述

发展生理信号监视的智能织物系统，是目前多学科交叉领域发展的一个重要方向。为了有效接收和处理大量的检测信号，必须实现不同电子设备之间的数据传输。目前，纤维/织物天线和光纤通信已经在无线信号传输中发挥着重要的作用。尤其是纤维/织物天线，因为与可穿戴设备具有高度的兼容性，近年来引起了人们越来越多的关注。对于纤维/织物天线，微带天线是应用最广泛的，将在此进行详细讨论。

12.1.2 发展历史

按时间顺序，早在 2002 年，人们就已经专门设计用于智能服装的天线，主要面向蓝牙 (2.4GHz) 频率[1]，并达到 2.2 dBi 的增益，但是尚不足以进行能量传输，并且有效传播距离只有理论值的三分之一，难以满足实际应用要求。为了进一步提高其性能，人们聚焦于天线结构的设计与优化[2]，并发现天线的弯曲结构显著影响其辐射方向。随后，人们对天线的弯曲效应进行了系统研究，以突出弯曲效应对谐振频率和辐射方向变化的影响。

而现在，对由纤维天线制成的智能织物已经开展了一些初步应用，包括无线体域网 (wireless body area network，WBAN)、全球移动通信系统 (global system for mobile communications，GSM)、蓝牙、无线局域网 (wireless local area network，WLAN) 和国际通信联盟无线电通信局定义的特殊频道领域 (Industrial Scientific Medical Band，ISM) 如工业、科学和医学领域。尽管近十年来天线的性能已经得到了很大的改善，这个方向还处于起步阶段并且存在许多挑战。例如，基于纺织的纤维天线，仍然难以实现在动态日常环境应用中的微型化、集成化和高性能化。

12.1.3　辐射机理

　　天线作为电磁波的发射器或接收器，可以对电磁波和电流进行互相转换，在射频工程中起着至关重要的作用[3]。天线有很多种。尽管天线的物理构造各不相同，但其电磁辐射的机理是一样的。在无限大的真空中，电磁波的传播是基于麦克斯韦方程[4]：

$$\nabla . \boldsymbol{E} = 0, \qquad \nabla \times \boldsymbol{E} + \partial_t \boldsymbol{B} = 0 \tag{12.1}$$

$$\nabla . \boldsymbol{B} = 0, \qquad \nabla \times \boldsymbol{B} - \varepsilon \mu \partial_t \boldsymbol{E} = 0 \tag{12.2}$$

其中，ε 为介电常数；μ 为磁导率。麦克斯韦方程定义了电场与磁场的关系。以简谐波为例，电场 $\boldsymbol{E}$ 和磁场 $\boldsymbol{B}$ 为正交关系，振幅关系为 $E_m = v * B_m$，其中 v 是传播的速度。这些属性决定了 $\boldsymbol{E}$ 和 $\boldsymbol{B}$ 在传播时的关系，如图 12.1 所示。如偶极子辐射（图 12.2），偶极子中电流元最初的 $\boldsymbol{E}$[图 12.2(a)]诱导出 $\boldsymbol{B}$[图 12.2(b)]且垂直于 $\boldsymbol{E}$。同样，$\boldsymbol{B}$[图 12.2(b)]也会诱导出新的 $\boldsymbol{E}$[图 12.2(c)]。最终，新产生的 $\boldsymbol{E}$ 和 $\boldsymbol{B}$ 交替诱导和激发，使电磁场向外传播[图 12.2(d)]。

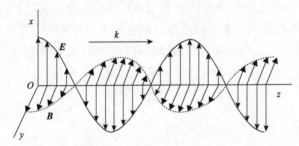

图 12.1　平面电磁波的传播[4]

$\boldsymbol{E}$ 为电场，$\boldsymbol{B}$ 为磁场

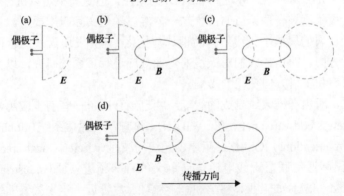

图 12.2　偶极子辐射过程

偶极子中电流元最初的 $\boldsymbol{E}$(a)诱导出 $\boldsymbol{B}$(b)且垂直于 $\boldsymbol{E}$。同样，$\boldsymbol{B}$(b)也会诱导出新的 $\boldsymbol{E}$(c)。

最终，新产生的 $\boldsymbol{E}$ 和 $\boldsymbol{B}$ 交替诱导和激发，使电磁场向外传播(d)

12.1.4　分类

　　根据工作原理，天线可分为辐射天线和接收天线。方向性是天线的关键参数，根据天线的方向性来分类，主要有定向天线和全向天线。全向天线辐射的功率是各向同性的，而定向天线的信号在特定方向上更强。根据不同的工作波长，天线主要可分为长波天线、中波天线和短波天线。此外，根据天线的结构，可将其分为线天线、缝天线和面天线。天线的典型结构如图 12.3 所示。在不同类型的天线中，微带天线体积小、质量轻、成本低，因此，适合于集成到织物中，也是本章讨论的重点。

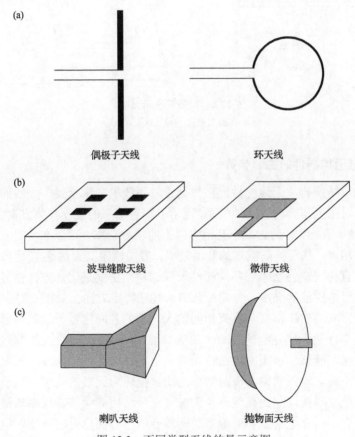

(a)　偶极子天线　　环天线

(b)　波导缝隙天线　　微带天线

(c)　喇叭天线　　抛物面天线

图 12.3　不同类型天线的晕示意图
(a)线天线；(b)缝天线；(c)面天线

12.1.5　结构

　　在此，我们以微带天线为例来阐明天线的结构。总的来说，它由辐射片/贴片、接地板和介电基板组成(图 12.4)。在织物天线中,介电基板通常被织物所取代,其位置介于辐射片和接地板两者之间。辐射片和接地板一般由导电材料构成,彼此平行,并被介电基板隔开。根据特定的天线性能要求,辐射片可设计成不同的大小、形状和结构。

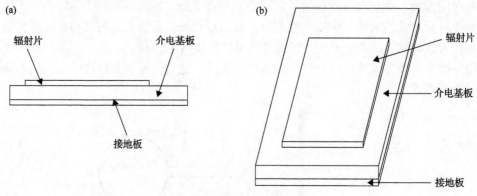

图 12.4　微带天线示意图
(a)侧视图; (b)三维图

12.1.6　纤维通信器件的关键参数

作为能量转换器,天线的性能在数据传输系统中非常重要。天线的辐射方向图描述了辐射强度与方向之间的关系,通常以辐射功率的强度作为方向(以天线为中心)的函数来表示[3]。通过减小其他方向上的辐射功率,可以在特定方向(主瓣)上放大辐射功率,从而提高能量的利用效率。方向性定义为优选/特定方向上的功率密度与具有相同辐射功率的各向同性天线的功率密度之比。方向性显示了在不同方向上辐射电磁波的强度。方向性强的天线在特定方向上效果更好/辐射更强。增益由辐射方向的功率密度与具有相同输入功率的各向同性天线的功率密度之比来定义,这是评估天线性能的另一个关键参数[3]。增益值随着天线方向性的增强而增加。然而,能量仅被集中以在特定方向上增加增益,从而减少辐射的覆盖区域,即减小主瓣。输入功率与辐射功率之比被描述为天线的效率。由于在传输过程中会发生能量损失,因此高效率的天线可充分利用能量并确保高质量传输。当入射波被具有不同介电常数和磁导率的两种介质的界面反射时,反射电磁波和入射电磁波的振幅之比为反射系数(S_{11})/回波损耗(dB)。就电感天线而言,Q 系数是感抗与电阻的比值,它与频率成正比。带宽是指天线性能参数有所保证的频率范围。因此,带宽随天线的电参数而变化。带宽通常用反射系数(S_{11})(阈值极限 $S_{11} < -10\text{dB}$)来描述。在某些特定情况下,还应考虑其他参数,例如精度和输入阻抗。就织物天线而言,柔性、可拉伸性和舒适性对于可穿戴电子产品的结构也很重要。

12.1.7 影响因素

除了基本电学参数，构成天线的纤维的特性和器件的整体结构，对天线的性能有重要的影响。此外，纤维的材质和结构以及物化特性如柔性、机械强度、延展性、吸水性和透气性，都是需要考虑的因素。而且，由于纤维的弹性，在外力作用下会发生一定形变，由此造成的天线性能变化也不能忽略。因此，构造集成到织物器件中的天线应考虑以下主要因素。

1. 介电常数

介电常数是某种介质的一个特性参数，表明电场在介质中传播的容易程度。介电常数越小，说明电场越容易在该介质中传播，或电场经过该介质后的衰减越小。某种介质的介电常数 $\varepsilon = \varepsilon_0 \varepsilon_r$，其中 ε_0 是真空中的介电常数，ε_r 称为相对介电常数。通常情况下，介电常数指的是相对介电常数 ε_r。介电常数越大，谐振频率和带宽反而越低。

纤维的各向异性使得介电常数因电场方向不同而呈现不同值。由于天线传播的是高频的电磁波，频率的大小对介电常数也有重要的影响。此外，纤维的多孔性、空气含量和水分含量也有影响。因此，介电常数的准确测量比较困难。综合考虑，表 12.1 中列出由 Transmission Lines Method 测量的一些典型织物的介电常数。

表 12.1 常见织物的介电常数[5]

绝缘织物	ε'_z	$\tan \delta$
Cordura®	1.90	0.0098
Cotton	1.60	0.0400
100% Polyester	1.90	0.0045
Quartzel® Fabric	1.95	0.0004
Cordura/Lycra®	1.50	0.0093

2. 基底厚度

天线的基板和导电板之间一般由某种基底隔开，而基底的厚度是影响天线带宽和效率的又一个重要因素。但是，厚度的选择不能同时优化带宽和效率，也就是说，基底越厚会使带宽更窄，并使效率更低。此外，厚度还关系到天线的阻抗、谐振频率和品质因素 Q。

3. 电阻

电阻或电阻率也是导电纤维或织物的重要指标，在织物中，通常用 $\sigma (\text{S/m})$ 来

表示其导电性，

$$\sigma = 1/(\rho_s \times t) \tag{12.3}$$

式中，ρ_s 是表面电阻率；t 是基底的厚度。选择导电性好的纤维有利于降低信号损耗和提高天线的效率。然而，与金属导电机制不同，纤维构成织物的不连续性会显著增大其电阻。

4. 水分含量

纤维或者织物会从环境中吸收水分，最终与环境的温度、湿度达到一个动态平衡。吸水量一般用吸水率(regain)来表示，即达到动态平衡后的含水标本质量与干的标本质量之比。为了便于比较，一般把 20℃ 和 65% 相对湿度下测到的吸水率作为标准指标。

水的介电常数比纤维或织物大得多，在 2.45 GHz 和 25℃ 条件下达到 78[6]，因而纤维/织物中含有水分将显著提高总介电常数，降低谐振频率和带宽。同时，吸收水分以后还会使纤维/织物变硬，从而影响其结构稳定性。而且，吸收水分是一个放热过程，放热会进一步导致温度和电磁特性的相应变化。

由于织物天线一般用于可穿戴设备，其与人体皮肤接触较为紧密，人体的汗液也是一个不可忽略的影响因素。一般来说，在构建天线时还应考虑各种气候和天气的变化对天线性能的影响。所以，疏水性的材料更加适合于构建天线。

5. 形变

一方面，织物天线适合于人体穿戴；另一方面，它的柔性和弹性又会使已构建的天线形变，即天线几何形状的改变。几何结构对天线性能影响非常大，而纤维可拉伸性及可压缩性都将对天线保持结构稳定构成严峻挑战。而且，天线形变以后，介电常数和厚度也会相应变化，进而影响天线的电磁特性，如谐振频率、带宽等。

12.1.8 纤维通信器件的构造

通常，在构造天线时，将天线的贴片和接地板集成到织物中的方法主要有黏合和编织。然后，采用封装工艺以满足更多要求。

1. 黏合

可以通过黏合剂将构建的贴片和/或接地平板集成到织物中。但是，当使用这种方法时，应考虑浸泡的效果，使液体黏合剂在织物上的分布不均匀，从而导致电阻的不均匀增加。液体黏合剂还充当纤维之间的绝缘体，这可能会增加介电基板的厚度或改变介电基板的介电常数,并进一步影响谐振频率和带宽。逐点沉积可以避免表面电阻的增加,但是构建天线的力学稳定性比液体黏合法差。此外,它不能确保天线贴片的精确连接,从而难以保持天线的几何形状。与上述方法相比,熨烫可能是最好的方法[7]。通过熨烫,可以在纺织品上形成均匀的薄膜,因此不影响贴片电阻和基材的介电常数。然而,通过黏合来集成天线并不精确,因此使用编织技术来构造天线更有优势。

2. 编织

对于单个贴片微带天线,辐射贴片、微带馈线和接地板都可以直接编织到织物中(图 12.5)[8]。此外,通过编织制造了三维集成微带天线[9]。接地板是三维结构的底层,是使用铜纱编织而成的,以及顶层的辐射贴片也是如此。天线在 1.872 GHz 处具有−13.15 dB 的回波损耗,并具有合适的辐射方向图。通过编织,天线可以完美地集成到纺织品中,成为纺织品的固有部分,并使织物本身具有多功能性。

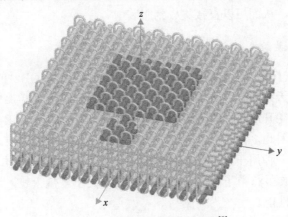

图 12.5　微带天线的典型结构[8]

3. 封装

在某些情况下,天线需要封装以保护其结构或获得更多功能。例如,在编织过程之后将天线嵌入环氧树脂中[8]。此外,天线由柔性泡沫制成,以集成到诸如消防员服装之类的防护服中[10]。它还覆盖有防水织物,以避免水分的渗透并帮助天线在极端条件下工作[11]。通常,封装过程不仅可以保护天线免受外部损害,还可以提高其性能。

12.1.9　纤维通信器件的应用

近年来,基于纤维天线和智能织物的发展主要受人类健康监测需求的推动。为了更好地传输检测到的信号,基于不同机制(如经由蓝牙、移动热点 Wifi、全球定位系统 GPS、卫星信号和移动电话)将数据传输到周围设备是非常重要的。

1. 蓝牙

应用于蓝牙的天线被设计应用在智能服装上[1]。谐振频率可以由天线的几何形状控制。之后,即使在弯曲的情况下,满足蓝牙规范的全织物天线也被构造[12]。此外,还提出了一种具有单馈入矩形环拓扑结构的天线[13],该天线可以集成到消防员的服装中,并在 2.45 GHz ISM 频段上应用于局域网。在不同的配置和弯曲变形下,最大增益约为 4 dB,带宽超过 100 MHz。

2. 移动热点 Wifi

应用于人体区域网络(BAN)的织物矩形环形天线[14]于 2006 年问世。这些天线在 ISM 频段(2.4～2.4835 GHz)下工作,该频段基于 Wifi 等协议。因此,这些天线满足了实际应用的要求,并满足了 Wifi 应用的前景。它为实用的无线链路提供了足够的增益,从而可以直接集成到服装中。

3. 全球定位系统 GPS

2003 年推出了工作在 GPS-L1 频段(1.56342～1.58742 GHz)的 GPS 织物可穿戴贴片天线[15]。天线完全由纺织材料制成,并完全集成到防护服中,其基底由保护性泡沫制成。在开放空间中表现出优异的性能,并且在实际工作环境中仅表现出轻微的下降,因此,该天线能够胜任集成到救援人员的夹克中。

此外,还有一种用于 GPS 应用的灵活轻巧的天线[16]。它的工作频率为 2.5 GHz,可以缝在衣服和帽子上。该天线的增益等同于常规天线。这款可穿戴天线旨在获得更好的性能。

4. 卫星

人们最近制造了一种织物矩形贴片天线,用于双频卫星铱和 GPS[17]。这种天线灵活、轻巧、坚固,并且高度集成。因为天线高度集成,在弯曲作用下具有良好的性能。此外,研究人员开发一种用于双频卫星通信系统的织物微带天线[11],即使在极端环境条件下也可以成功支持卫星电话。

5. 移动电话

近年来,人们制造了在 900 MHz GSM 频段工作的平面倒 F 天线,并将其集成到手机中[18]。天线的贴片和接地板均由单层织物形成,该织物为镀铜尼龙。这种天线的效率为 70%～80%。虽然穿戴在人体上时,效率会下降到大约 50%,但它的性能与传统的手机天线相当。

12.1.10　纤维光通信器件

除了在基于织物的通信领域中占主导地位的天线以外,在光通信设备方面的应用也具有前景,并引起了许多研究人员的关注。这些设备拓宽了在两个或多个织物器件之间数据传输的方式。例如,通过可伸缩的热拉伸工艺,人们制造了两种类型的包含发光二极管和光检测 p-i-n 二极管的光纤[19]。它们在包含接收-发射纤维的两个织物之间建立了 3 MHz 双向光通信链路。具体而言,从距离 5 mm 的两根同时具有光发射和检测功能的纤维中实现了脉冲检测。所记信号受血液循环影响,并对心跳的扩张和收缩非常敏感。

12.2　植入式肿瘤治疗纤维器件

肿瘤是指生物体的某个细胞在致癌因素的作用下失去对其自身生长的调控,导致其克隆性异常生长而形成的新生物。根据其特点的不同,肿瘤可以分为良性肿瘤和恶性肿瘤。其中,良性肿瘤对人体的影响较小,而恶性肿瘤会对人体器官的结构和功能造成较为严重的破坏作用。随着世界人口的增长以及人们生活方式的改变,恶性肿瘤的发病率及死亡率正逐年提高,成为影响人类健康和社会发展的重大疾病之一[20,21]。因此,对恶性肿瘤临床治疗方法的研究,一直以来都是医学领域重要的研究课题。

传统上,恶性肿瘤的临床治疗方法主要有手术治疗、放射治疗[22-24]、化学治疗[25-29]等,然而这些方法都存在自身的局限性[30]。手术治疗只能切除原发肿瘤和孤立的转移瘤,并且手术过程会对人体的免疫力造成一定的伤害,甚至有可能在手术过程中引起恶性肿瘤的转移;放射治疗的局限性在于其治疗过程中难以将放射线的照射范围精确地控制在病灶区域内,因此会不可避免地对肿瘤周围的健康组织和器官造成一定的伤害;化学治疗由于药物的选择性较低,在化疗的过程中往往会对人体的正常组织和器官造成较为严重的杀伤和毒副作用[31]。

为此,我们开发出了一种基于取向碳纳米管的新型柔性纤维器件,该器件不含有毒组分,具有良好的生物相容性,并且可以通过注射方法将其微创地植入到目标病灶区域内。该肿瘤治疗纤维器件由阴极和阳极两部分组成,阴极为纯碳纳米管纤维,阳极则为碳纳米管与锰酸钠 $Na_{0.44}MnO_2$ 的复合纤维。通过注射的方法,可以将器件微创地植入到目标病灶区域的肿瘤组织中。工作时,对器件施加一个微小的电压,电极上会发生如下电化学反应:

$$\text{阴极:} \qquad 0.5O_2 + H_2O + 2e^- \longrightarrow 2OH^- \qquad\qquad (12.4)$$

$$\text{阳极:} \qquad Na_{0.44}MnO_2 \longrightarrow Na_{0.44-x}MnO_2 + xNa^+ + xe^- \qquad (12.5)$$

上述电化学反应会消耗肿瘤组织中的氧气并释放出氢氧根离子，使得肿瘤内的微环境变为碱性，从而对肿瘤组织造成快速、有效的杀伤作用，以达到治疗肿瘤的效果。我们植入器件后对小鼠主要器官(心、肝、脾、肺、肾)的病理学 H&E 染色分析结果表明，与对照组相比，实验组小鼠的主要器官切片没有出现明显病理学变化或组织受损情况，该结果进一步证明器件具有良好的生物相容性。

12.3　小结与展望

本章重点介绍了新兴的纤维器件，这些器件对于纤维器件的闭环及扩展应用是必需的。其中，本章对于用于通信和肿瘤治疗两种典型功能的纤维器件简述如下：

纤维通信器件的性能已经得到了很大的发展，特别是纤维和织物天线。纤维和织物天线已实现的性能促进了其与服装的集成并扩展了其应用范围。然而，在真实环境中，实际应用的性能还需要提高。在织物的使用条件下，必须提高天线的稳定性。因此，高性能、稳定且实用的织物天线值得进一步发展，并且在智能服装蓬勃发展的大环境中很有前景。

另外，我们还开发了一种可以治疗肿瘤的纤维器件。不同于手术、化学治疗、放射治疗等传统肿瘤治疗方法，该新型纤维器件可以通过可控的电化学反应，实现对肿瘤的杀伤效果，从而实现便捷、高效的肿瘤治疗。得益于其微创的注射植入方式、优异的柔性、微小的体积以及可控的电化学反应，该新型纤维器件有望在疾病治疗领域发挥作用。

综上所述，本章重点介绍了近年来出现的新型纤维器件的两个代表性案例，为进一步开发其他新型纤维器件提供了思路。我们相信，随着新材料的不断发展，纤维器件将会实现越来越多的功能。

参 考 文 献

[1] Salonen P, Keskilammi M, Rantanen J, et al., A novel bluetooth antenna on flexible substrate for smart clothing. In 2001 IEEE international conference on systems, man, and cybernetics, vols 1-5: E-systems and e-man for cybernetics in cyberspace, IEEE: New York, 2002; pp 789-794.

[2] Xu F J, Qiu Y P, et al. Simulation and electromagnetic performance of cylindrical two-element microstrip antenna array integrated in 3d woven glass fiber/epoxy composites. Mater. Des., 2016, 89: 1048-1056.

[3] Xie Z, Avila R, Huang Y, et al. Flexible and stretchable antennas for biointegrated electronics. Adv. Mater., 2020, 32 (15): e1902767.

[4] Bécherrawy T, Electromagnetism : Maxwell equations, wave propagation and emission. ISTE: Wiley, 2012.

[5] Salvado R, Loss C, Goncalves R, et al. Textile materials for the design of wearable antennas: A survey. Sensors (Basel), 2012, 12(11): 15841-15857.

[6] Hertleer C, Van Laere A, Rogier H, et al. Influence of relative humidity on textile antenna performance. Text. Res. J., 2010, 80(2): 1-7.

[7] Samal P B, Soh P J, Vandenbosch G A E. UWB all-textile antenna with full ground plane for off-body WBAN communications. IEEE Transactions on Antennas and Propagation, 2014, 62(1): 102-108.

[8] Xu F J, Wei B C, Li W, et al. Cylindrical conformal single-patch microstrip antennas based on three dimensional woven glass fiber/epoxy resin composites. Compos. Pt. B-Eng., 2015, 78: 331-337.

[9] Yao L, Qiu Y Design and fabrication of microstrip antennas integrated in three dimensional orthogonal woven composites. Compos Sci Technol., 2009, 69(7-8): 1004-1008.

[10] Hertleer C, Rogier H, Vallozzi L, et al. A textile antenna for off-body communication integrated into protective clothing for firefighters. IEEE Trans. Antennas Propag. Antennas., 2009, 57(4): 919-925.

[11] Lilja J, Salonen P, Kaija T, et al. Design and manufacturing of robust textile antennas for harsh environments. IEEE Trans. Antennas Propag. Antennas., 2012, 60(9): 4130-4140.

[12] Locher I, Klemm M, Kirstein T, et al. Design and characterization of purely textile patch antennas. IEEE Transactions on Advanced Packaging, 2006, 29(4): 777-788.

[13] Hertleer C, Rogier H, Vallozzi L, et al. In a textile antennas based on high-performance fabrics, Proceedings of 2nd European Conference on Antennas and Propag-ation, Edinburgh, UK, 2007: 1-5.

[14] Tronquo A, Rogier H, Hertleer C, et al. In applying textile materials for the design of antenna for wireless body area networks, Proceedings of EuCap2006: First European Conference on Antennas and Propagation, Nice, France, 2006.

[15] Vallozzi L, Vandendriessche W, Rogier H, et al. In wearable textile GPS antenna for integration in protective garments, European Conference on Antennas & Propagation, 2010.

[16] Tanaka M, Jang J H. In wearable microstrip antenna, Antennas and Propagation Society International Symposium, 2003. IEEE, 2003.

[17] Kaivanto E K, Berg M, Salonen E, et al. Wearable circularly polarized antenna for personal satellite communication and navigation. IEEE Transactions on Antennas and Propagation, 2011, 59(12): 4490-4496.

[18] Massey P J. Mobile phone fabric antennas integrated within clothing. IEE Conf Publ, 2001, (480): 344-347.

[19] Rein M, Favrod V D, Hou C, et al. Diode fibres for fabric-based optical communications. Nature, 2018, 560(7717): 214-218.

[20] Lozano R, Naghavi M, Foreman K, et al. Global and regional mortality from 235 causes of death for 20 age groups in 1990 and 2010: A systematic analysis for the global burden of disease study 2010. The Lancet, 2012, 380(9859): 2095-2128.

[21] Chen H, Gu Z, An H, et al. Precise nanomedicine for intelligent therapy of cancer. Sci. China Chem., 2018, 61(12): 1503-1552.

[22] Hogle W P. The state of the art in radiation therapy. Semin. Oncol. Nurs., 2006, 22(4): 212-220.

[23] Yang Y S, Carney R P, Stellacci F, et al. Enhancing radiotherapy by lipid nanocapsule-mediated delivery of amphiphilic gold nanoparticles to intracellular membranes. ACS Nano, 2014, 8(9): 8992-9002.

[24] Zhang X D, Chen J, Min Y, et al. Metabolizable Bi_2Se_3 nanoplates: Biodistribution, toxicity, and uses for cancer radiation therapy and imaging. Adv. Funct. Mater., 2014, 24(12): 1718-1729.

[25] Li M, Song W, Tang Z, et al. Nanoscaled poly(L-glutamic acid)/doxorubicin-amphiphile complex as pH-responsive drug delivery system for effective treatment of nonsmall cell lung cancer. ACS Appl. Mater. Interfaces., 2013, 5(5): 1781-1792.

[26] Liao L, Liu J, Dreaden E C, et al. A convergent synthetic platform for single-nanoparticle combination cancer therapy: Ratiometric loading and controlled release of cisplatin, doxorubicin, and camptothecin. J. Am. Chem. Soc., 2014, 136(16): 5896-5899.

[27] Stewart M P, Sharei A, Ding X, et al. In vitro and ex vivo strategies for intracellular delivery. Nature, 2016, 538(7624): 183-192.

[28] Ulbrich K, Hola K, Subr V, et al. Targeted drug delivery with polymers and magnetic nanoparticles: Covalent and noncovalent approaches, release control, and clinical studies. Chem. Rev., 2016, 116(9): 5338-5431.

[29] Qin S Y, Zhang A Q, Cheng S X, et al. Drug self-delivery systems for cancer therapy. Biomaterials, 2017, 112: 234-247.

[30] Fan W, Yung B, Huang P, et al. Nanotechnology for multimodal synergistic cancer therapy. Chem. Rev., 2017, 117(22): 13566-13638.

[31] Li L, Tang F, Liu H, et al. In vivo delivery of silica nanorattle encapsulated docetaxel for liver cancer therapy with low toxicity and high efficacy. ACS Nano, 2010, 4(11): 6874-6882.

第 13 章 纤维器件的连续制备

柔性纤维器件作为能够实现人机交互的理想器件受到了广泛的关注。而从科技到产业，纤维器件连续制备技术的发展，对其规模化应用至关重要。本章第一部分简要介绍了电子器件的发展，以便更好地了解纤维器件连续制备技术的进展。第二部分概述了连续制备纤维电极的各种策略。第三部分我们重点关注了纤维器件连续化制备的进展，以及如何将纤维器件规模集成到纺织品中。最后，我们总结并讨论了纤维器件连续制备的瓶颈和前景。

13.1 概   述

自从 1947 年巴丁和布拉顿发明晶体管以来，电子设备已经彻底改变了我们的生活。传感器、致动器、能量收集和存储设备、通信设备的发展创造了新的服务和产品，渗透到现代社会的各个方面。例如，锂离子电池作为一种高效的电源，以其能量密度高、输出电压高、寿命长、运行环境友好等特点，一直主导着便携式设备市场[1]。然而，这些设备由于过于厚重和刚性不易弯曲，特别是传统的能源收集和储存设备，包括硅基太阳能电池、电容器、铅酸电池、锂离子电池等，已经无法满足人机交互电子产品所需的灵活性。

因此，为了提高人机交互性能，一个主要研究方向是开发柔性、便携、舒适的电子器件。为此，发展出了可弯曲、可拉伸或可压缩的薄膜电子设备。与传统的刚性和笨重的设备不同，这些器件可以与人体较好地结合。如苹果手表、谷歌眼镜、运动腕带等便携式电子产品，既可以让我们与他人实现较好的交流，又可以及时监测自己的健康状况。随着材料和技术的不断进步，将纤维器件贴合在皮肤表面并具有机械兼容的人机接口已被广泛应用。此外，这些纤维器件正在逐渐适应商业编织，更符合人体曲线轮廓和适应日常运动。

目前，对纤维器件的研究主要集中在实验室阶段，而实现商业化应用主要受到连续化制备的限制，包括纤维电极的制备、活性材料的引入、电解液的加入、器件的组装和封装，其工艺复杂、耗时较长。虽然平面电子器件商业化制造技术很难直接应用到纤维器件，但可以为连续制备柔性纤维器件提供思路，因此具有较大的借鉴意义，如太阳能电池和锂离子电池。下面我们将简要介绍平面器件的连续制备过程，包括传统的刚性器件和柔性器件。

13.2　平面器件的规模化制备技术

平面电子器件所用的材料主要分为无机材料和有机材料。无机电子材料一般硬而脆，在极端的环境介质如潮湿和腐蚀性试剂中相对稳定，而有机材料相对较为柔软。目前研究方向主要集中在如何大规模沉积和构建薄膜器件。平面器件的制备方法包括直接涂布法、喷涂法，以及其他基于溶液的方法如模板法[2]。

目前商业化生产比较成熟的平面电子器件是基于有机发光装置(OLED)的薄膜显示器，其具有色彩鲜艳、效率高、颜色明亮的特点[3]。薄膜显示器的基本制备工艺是采用冷焊方法将有机薄膜制成电路[4]。如图 13.1 (a) 所示，首先将有机层沉积在基板表面，然后无图案化沉积金属层。基于低成本的技术要求，一般采用卷对卷的方法来构建大面积电子器件。通过涂布印刷，然后金属沉积和图案化可以实现连续、高速地制备电子器件。喷墨印刷、丝网印刷、凹版印刷等其他常见印刷技术常用来制备氧化薄膜[图 13.1 (b)]。不同的印刷技术需要不同的油墨参数、分辨率和图案。印刷参数主要包括分辨率、精确度、均匀性、吞吐率、油墨与印刷元件的相容性和目标基板的润湿性。在印刷过程中，氧化物样品可以在局

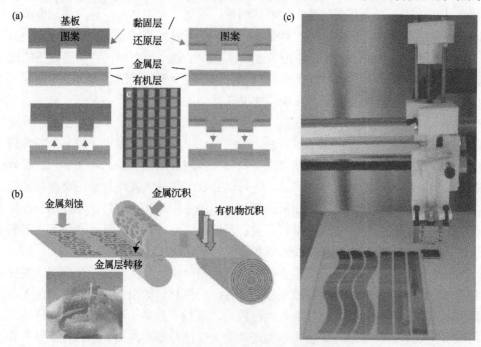

图 13.1　印刷技术制备薄膜显示器
(a)通过冷焊直接对有机电子器件进行微/纳米化处理[4]；
(b)有机电子器件连续化制备示意图[4]；(c)3D 打印技术[5]

部沉积，大大减少了材料浪费。由于图案沉积和油墨干燥需要小心控制，以避免形成不规则的形状和咖啡环。

另外非常重要的一点是如何在轻型和柔性衬底如塑料薄膜、金属箔或薄玻璃上制备高性能器件。为了把电子器件技术应用到工业生产中，往往需要多层沉积工艺。3D 打印技术已经成为低成本、高效的方法。科研人员使用 3D 打印设备，制作了一种异质结太阳能电池，实现了超过 6% 的光电转换效率[图 13.1(c)]。涂布印刷方法制备的钙钛矿太阳能电池，其光电转换效率超过 11%。这一结果证明了涂布方法的多功能性，也体现出这种技术在太阳能电池全自动生产方面的潜力[5]。随后科研人员制备出更复杂的有机-无机金属卤化物钙钛矿太阳能电池，光电转换效率达到了 25.2%[6]。其他可扩展的处理技术也被逐渐开发出来，包括喷墨印刷、槽模涂层、刀片涂层、丝网印刷和超声波喷涂[7,8]。在这些工艺中，超声波喷涂法能够同时满足高通量、定向沉积、可控性好、材料利用率高、薄膜覆盖均匀以及与多种基底相容性好等优点，因此成为经济可行的制备技术。到目前为止，在塑料基板上制造太阳能电池的一个主要挑战是材料在高温环境下的不相容性。通常制备高性能钙钛矿太阳能电池，特别是基于高质量二氧化钛(TiO_2)电子传输层的电池，需要高温(~500℃)烧结过程来增加 TiO_2 的结晶度[9]。

薄膜储能器件的连续化制备也取得了重大进展。科研人员已经制备出具有高能量密度、高功率密度和良好循环稳定性的激光固化石墨烯超级电容器。首先将氧化石墨烯(GO)膜置于可使用激光光刻的光盘顶部，然后在 GO 膜上对计算机图像进行激光辐照。低功率红外激光将堆积的氧化石墨烯片变成了剥离度高、层数少的还原氧化石墨烯(RGO)薄膜，最后将两个相同的石墨烯电极、离子多孔分离器和电解质组装成对称超级电容器[10]。

为了给用电设备提供足够的电压和容量，商用锂离子电池通常由几个串联或并联的电化学电池组成。每个电池由一个正极和一个负极组成，正极和负极被电解质溶液隔开，离子能够在两个电极之间转移。锂离子电池的生产过程主要包括电极搅拌、涂敷阶段、电解液注入阶段和封装阶段等过程。由于基片和活性材料之间的固有界面能，简单的涂层会导致不良接触(特别是当设备发生机械变形时)，从而导致电池性能退化。因此，研究人员正尝试在衬底上生长或原位合成活性材料来代替涂层。此外，针对不同的基片开发了不同的制作工艺，以满足不同的需求。通过两种或两种以上方法的综合使用来制备电极也很常见。例如，化学方法可用于获得活性材料，而物理方法可用于将活性材料附着在衬底上。通过化学反应，可以合成新材料，设计新结构。物理方法提高了整个电极的性能。这些不同的技术赋予了电极的多样性和灵活性，从而可以应用到更多的材料，实现更高的能量密度。

综上所述，研究人员已经开发了各种平面器件制备工艺，包括喷墨/气溶胶印刷法、涂层法(浸涂、喷涂和溅射涂层)、化学气相沉积法、化学蚀刻法等。由于纤维基材尺寸小、曲率大，其中一些方法以及材料不适合用于纤维器件的连续生产，例如喷涂和溅射法就不适合构建纤维器件。此外，在高度弯曲的纤维上涂覆薄而均匀的薄膜仍然是一项挑战，而且薄膜在受到挤压变形时容易断裂。另一方面，如何选择和组装合适的电极、隔板和封装层材料，是开发高性能纤维电子器件的核心问题。在纤维器件的组件中，隔板和封装件通常由软材料制成，电解质一般为液体或凝胶状，也具有柔性。因此，最具挑战性的问题是制备柔性电极。下面将对常用的纤维电极连续制备方法进行详细的介绍，包括其原理、工艺和优缺点。

13.3　纤维电极的连续制备技术

　　纤维电极的制备可以采用导电性能好的纤维，也可以在常规绝缘纤维上涂覆导电材料。纤维电极一般分为金属丝电极、碳纤维电极和聚合物电极。在实际应用中，电导率和力学强度是评价纤维电极的两个最重要参数。此外，质量密度、比表面积和成本也需要综合考虑。

13.3.1　金属基纤维电极

　　金属丝具有较高的导电性和结构稳定性，几乎所有的金属和合金线材都可以采用连续拉丝法制备，这是一种非常成熟的连续制备技术。然而，由于金属裸丝电化学性能低、质量密度大、柔韧性差、易折断等，只有少数金属裸丝可以直接用作纤维电极。金属纳米材料杂化/复合纤维或金属涂层聚合物纤维通常用于制备纤维电子器件或纺织电子器件。

　　为了实现纤维电极的轻量化，人们对碳基纤维(如碳纳米管和还原氧化石墨烯)、氧化还原活性金属氧化物及其复合材料组成的导电纤维进行了广泛的研究。例如，人们采用对绞工艺制备了一种由金属丝和碳纳米管纤维组成的双绞线纤维电极，其制备方法与传统的纤维制备方法具有良好的相容性[11]。但是，需要使用大量碳纳米管阵列才能达到高电导率和千米级长度纤维的能量储存性能，原料的高成本是实现应用的主要障碍。

　　除了双绞线法外，沉积法也适用于制备杂化/复合纤维。棉纤维具有柔韧性好、轻便、经济等特点，经金属沉积后可作为电极使用。在棉纤维上通过化学沉积镍和电化学沉积石墨烯，可以制备出高度可拉伸的石墨烯-金属复合纤维[12]。该纤维具有高度柔软性、高导电性、轻便和耐用性，可作为集流体用电极，而将氧化石墨烯片涂覆在金属纺线纤维的内外两层，可以提供优异的双层电容性能[图 13.2(a)]。将此石墨烯/金属复合电极组装成高性能全固态纤维超级电容器，其体积能量密度和功率密度分别达到 6.1 mW/cm^3 和 1400 mW/cm^3。如果用弹性聚合物取代普通纤维，还可以进一步做成可拉伸纤维电子器件。

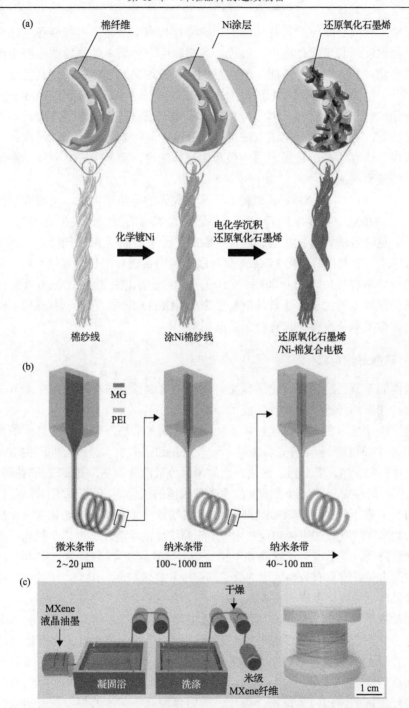

图 13.2　金属纤维电极的连续化制备方法

(a)制备还原氧化石墨烯/镍-棉纤维复合电极的示意图[12]；(b)通过热拉法制备微/纳米尺度的金属玻璃纤维[13]；

(c)Ti$_3$C$_2$Tx MXene 纤维湿法纺丝工艺示意图[14]

　　微纳米尺度金属玻璃具有独特的功能特性和应用潜力，但其制备工艺十分苛刻，从而限制了其工业化应用。最近，科学家用一种简单的热拉法生产出纳米级镁基聚合物，其具有流变性能，然后得到有序且均匀的金属玻璃，其特征尺寸可控制在几十纳米，且宽高比大于 10^{10} [图 13.2 (b)] [13]。由于该金属玻璃拥有较高的电化学稳定性和抗氧化性，因此特别适合作为电极材料集成在纤维探针中，用于神经元探测。更有意思是，该方法可以在理论上同时制备数千个神经探针，每个探针可以一步容纳多个金属玻璃电极和微流体通道，而不需要高分辨率图案、复杂的组装或后期加工。

　　近年来，Ti_3C_2Tx MXene 材料由于具有优异的电热学性能、机械性能而被广泛研究[15]。最近，科学家们开发了一种通过大规模的湿纺组装来合成纯 MXene 纤维[14]。这种方法拥有直接的、连续控制的、无添加剂/无黏合剂特点。通过在湿纺过程中引入铵离了，可将 MXene 薄片成功地制备成一米长的柔性纤维，其具有很高的电导率 (7713 S/cm)。如图 13.2 (c) 所示，湿纺出来的纯 MXene 纤维在电导率和杨氏模量方面优于其他条件制备出来的 MXene 纤维，在下一代柔性、便携和可穿戴的微型电子设备中具有较大的应用潜力。

13.3.2　碳基纤维电极

　　前面的章节已经详细讨论了碳基纤维电极的制备方法和性能。在本节中，我们重点关注碳基纤维的连续制备技术。

　　湿法纺丝技术和干法纺丝技术常用来连续制备碳基纤维，尤其是碳纳米管纤维。如图 13.3 (a) 所示，首先将碳纳米管分散在超强酸中，经过拉伸产生取向一致和紧密排列的碳纳米管纤维。然而，碳纳米管分散液的制备，需要较长时间的机械搅拌，同时最终需要净化以去除非晶态碳和残留的催化剂。另一种连续制备技术是干法纺丝工艺，包括基于碳纳米管阵列的干法纺丝技术和基于浮动化学气相沉积法制备碳纳米管气凝胶的直接纺丝技术[16]。阵列纺丝技术涉及通过化学气相沉积生长碳纳米管阵列，并从碳纳米管阵列中拉伸和加捻碳纳米管阵列 [图 13.3 (b)]，所制备的碳纳米管纤维具有较高的取向性、高强度和高电导率。但是，纺丝速度相对有限，难以满足规模化生产的要求。

　　浮动化学气相沉积法是将碳源、金属催化剂、载气连续注入反应腔体中，在高温下煅烧形成碳纳米管气凝胶，然后通过加捻纺丝或液体致密化来连续地生产碳纳米管纤维。在制备过程中有几个重要的参数，包括碳源的种类、催化剂的加入量和反应温度。然而，与湿法纺丝制备的碳纳米管纤维相比，直接纺丝所得碳纳米管纤维内部结构较为疏松。因此，需要各种后处理技术来提高碳纳米管纤维的力学强度和电学性能，但是这些后处理步骤较为耗时。

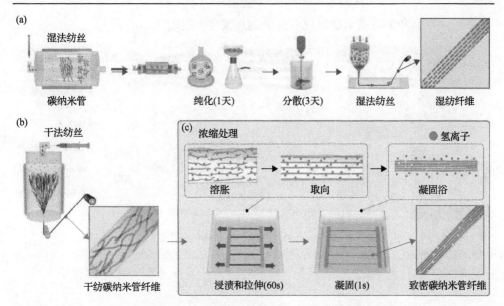

图 13.3　碳纳米管纤维的纺丝方法示意图[17]

(a)湿法纺丝；(b)直接纺丝法；(c)基于湿法纺丝法的快速致密化工艺，可附加在直接纺丝工艺的后续步骤中

结合湿法纺丝和直接纺丝的优点，最近人们报道了一种可快速连续生产高度致密碳纳米管纤维的纺丝方法[17]。首先，通过直接纺丝法制备初级碳纳米管纤维，然后将碳纳米管纤维浸没在氯磺酸中，碳纳米管纤维随着氯磺酸浸润而膨胀，使碳纳米管适当独立分开[图 13.3(c)]。此时对碳纳米管纤维进行适度拉伸，可以促进碳纳米管沿径向重新排列，从而改善其轴向排列。然后进入凝固浴中，由于溶解度差异产生相分离，氯磺酸被挤出，最终形成高度取向的碳纳米管纤维。整个致密化过程耗时较短，仅需 1 分钟，纺出的碳纳米管纤维具有高度的取向性和致密性，电导率达到 2270 S/m。

另一种得到广泛关注的新型碳纳米材料是石墨烯纤维，它被认为是有望用于制造可穿戴器件的理想材料之一。但由于石墨烯的分散性差和组装技术不够成熟，阻碍了宏观石墨烯纤维的批量制备。由于氧化石墨烯中含有大量的亲水基团，其在水性分散体系中可以稳定分散。人们将氧化石墨烯片分散在水溶液中形成液晶，然后采用湿法纺丝法生产出了连续、排列整齐的氧化石墨烯纤维，再进行化学还原得到石墨烯纤维[图 13.4(a)][18]。与复合纤维相比，纯石墨烯纤维的电导率约为 2.5×10^2 S/cm。此外，该石墨烯纤维柔性较好，可以任意弯曲和打结[图 13.4(b)]，并进一步织成导电织物[图 13.4(c)]。这种基于液晶的湿法纺丝技术为利用天然石墨合成高性能、多功能的碳基纤维提供了一种全新的方法。然而，氧化石墨烯的合成方法引入了重金属和有毒气体，增加了生产成本，不利于氧化石墨烯的真正应用。为了解决这一问题，研究人员引入了一种新型绿色的氧化剂 K_2FeO_4，实现了快速、安全和无毒的单层氧化石墨烯的规模生产[图 13.4(d)][19]。

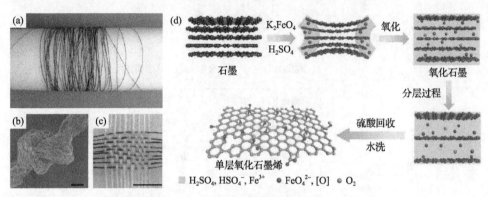

图 13.4   石墨烯纤维的连续化制备方法

(a)用石墨烯液晶湿法纺丝制备的 4 米长的氧化石墨烯纤维[18]；(b)石墨烯纤维打结图[18]；(c)石墨烯纤维(水平方向)和棉线(垂直方向)进行经纬编织[18]；(d)K₂FeO₄氧化剂合成氧化石墨烯的机理，合成过程包括插层-氧化和氧化-剥离两个主要阶段[19]

为了提高纯石墨烯纤维的力学强度，研究人员引入了二价离子交联剂，使石墨烯纤维的强度达到了 0.5 GPa[20]。然而，由于石墨烯固有的结构缺陷和氧化石墨烯前体中残留的含氧基团，化学还原后的石墨烯纤维电导率仅为 $2\times10^1\sim4.1\times10^2$ S/cm。相比之下，化学掺杂石墨烯纤维却有极高的电导率($7.7\times10^4\sim2.2\times10^5$ S/cm)，其电导率与金属相匹配，而在质量比方面优于金属[21]。此外，将石墨烯纤维与具有较高电化学活性的材料(如 MXene 材料)结合也是一种有效的方法。研究人员采用湿法纺丝技术开发了一种连续生产石墨烯/MXene 复合纤维的简单方法。该复合纤维内部结构排列整齐，电导率良好，对于 MXene 含量达 90 wt%的纤维，电导率最高可达 2.9×10^2 S/cm[22]。MXene/还原氧化石墨烯纤维在组装成对称纤维超级电容器方面，表现出优异的电化学性能，其体积电容为 586.4 F/cm³，远远高于纯还原氧化石墨烯纤维(16.4 F/cm³)。

13.3.3   聚合物纤维电极

导电聚合物一般具有良好的导电性，但力学性能和加工性能较差。对此，通常以商用纤维为基材采用涂层、湿法纺丝、溅射等物理方法，对导电聚合物进行改性[23]。为了制备用于可穿戴的纤维电极，一般将碳材料涂覆在聚合物纤维上。例如，碳纳米管或碳纳米管复合材料，可以通过将其分散液直接涂覆在聚合物纤维上连续制备出较长的纤维。同样，研究人员将静电纺丝、超声波处理技术结合在一起，制备碳纳米管/聚合物复合纤维，并将其作为应变传感器使用[24]。

高载荷赝容性材料组成的器件具有较大的储能能力，多孔且导电的纳米结构被认为是理想的载体，可以有效地容纳较多的活性材料。为此，研究人员采用多步浸涂技术，制备了基于新型多孔、中空、导电聚合物复合纤维的高能超稳态纤维超级电容器(图 13.5)。纤维中由缠绕的碳纳米管和聚合物网组成的纳米孔结构，大大提高了比表面积($98.1\ \mathrm{m^2/g}$)和孔体积($0.43\ \mathrm{cm^3/g}$)，同时使纤维保持了良好的力学性能和较高的柔性[25]。

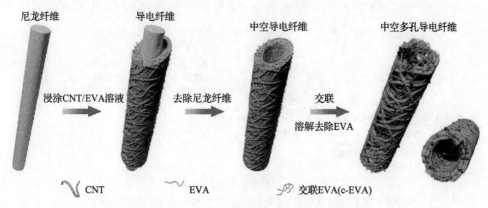

图 13.5　多孔、中空复合导电纤维制备示意图[25]

13.4　纤维器件的连续制备方法

选择合适的材料和制备方法，对于实现高性能纤维器件较为重要。在本节中，我们将集中讨论纤维器件的连续制备技术，主要包括涂覆法、湿法纺丝法、热拉伸法和 3D 打印法。

13.4.1　涂覆法

涂覆法操作简单，对各种材料具有普适性，因此成为最常用的制备方法。涂覆法主要包括浸涂、喷涂和电沉积[26]。传统的平面聚合物太阳能电池制备技术中常见的是旋涂法，而在纤维器件制备工艺中浸涂法应用较为广泛。在该工艺中，活性材料以溶液形式涂覆在纤维电极上，在涂覆过程中不会损伤纤维电极。研究人员采用多次浸涂法，在棉纤维上制备出碳纳米/聚苯胺导电复合纤维材料[图 13.6(a)]，然后通过在线烘干使涂层固定在纤维上，最后将纤维卷绕成轴，该工艺可以连续制备出几米长的导电纤维[27]。在另一项研究中，通过在三种不同类型的可拉伸化学纤维(橡胶、尼龙和羊毛)上层层自组装石墨烯纳米薄片，制备出可拉伸的便携式应变传感器[28]。首先，在化学纤维上通过非共价键相互作用吸附聚乙烯醇。然后，将纤维浸入含有聚(4-苯乙烯磺酸)的石墨烯纳米溶液中，形成导电涂层[图 13.6(b)]。

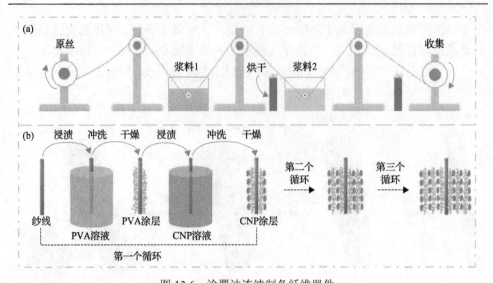

图 13.6　涂覆法连续制备纤维器件

(a)浸涂法连续制备和收集纤维电极示意图[27]；(b)采用层层沉积法在橡胶纤维、
尼龙/橡胶复合纤维和羊毛纤维上涂覆纳米石墨烯溶液。通过多次涂覆过程，
纤维表面纳米石墨烯层的厚度逐步增加[28]

　　溶液涂覆法也适用于制备电致发光器件，其制备流程如下：首先，将含有发光材料、黏合剂和其他助剂的溶液作为活性层涂覆在导电纤维基材上；然后，缠绕另一个导电纤维电极；最后，进行封装，封装材料一般具有透明、防水、耐磨的特性[29]。在纤维锂离子电池的制备过程中，活性材料和电解质同样采用浸涂法负载到纤维电极表面。由于纤维的浸泡时间很短，所以这一过程需要重复多次，以保证柔性电极具有较好的导电性。

　　在连续制备纤维超级电容器过程中，人们将多步制备工艺设计成同步沉积策略，从而使制备工艺得到较大简化[30]。该方法是在碳纳米管纤维上施加恒定电位，建立同步电化学沉积体系。在此过程中，氧化石墨烯片被涂覆在碳纳米管纤维上，并还原为石墨烯，形成石墨烯/碳纳米管复合纤维。随后将两根复合纤维浸入凝胶电解质中，以保证纤维电极与旋转电机紧密缠绕时不会短路。这种同步沉积策略也适用于多种活性材料，如 MnO_2 和聚苯胺。此外，该方法适用于金属丝、碳纤维、金属包覆合成纤维等不同的纤维基底，用以制备各种纤维器件。由于涂层厚度和均匀性难以控制，因此要求浆料分散尽可能均匀，并在较长时间内保持稳定。目前活性材料的负载量主要通过单位面积或单位质量纤维电极的质量差计算得到，活性材料在纤维基材表面是否均匀分布将直接影响计算结果。

　　对于可穿戴设备来说，其应用挑战主要在于如何将供能装置集成到织物中，这将依赖于纤维储能器件如超级电容器和电池的发展。最近，研究人员将具有生物相容性的普鲁士蓝活性涂层应用到聚酯/碳纳米管复合纤维电极上，实现了能量采集和运动传感功能(图 13.7)。在电化学发生器中，插入钾离子可以实现机械发电-电化学耦合。无论在水介质还是聚合物凝胶电解质中，在与人体运动相关的低频率下，发电量可达 3.8 μW/cm²。将这些纤维缝入手套或臂套，对人体运动过程中手指或手臂的运动持续监测[31]。

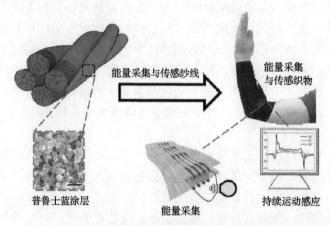

图 13.7　纤维纳米发电机的制备原理图[31]

　　虽然涂覆技术是一种相对可行的方法，但在涂层均匀性、表面平整性、活性材料在纤维上的附着力等方面存在一定的局限性。此外，由于涂层与纤维电极之间缺乏化学键且存在界面自由能差异，可能导致涂层耐久性较差。因此，迫切需要优化材料的结构和制备工艺，使活性材料与纤维电极之间具有更好的界面，提高稳定性。

　　在这种情况下，可以加入表面能较低的添加剂对涂层溶液进行改性。例如，研究人员以十二烷基苯磺酸钠为表面活性剂，将碳纳米管分散到去离子水中，制备了连续、均匀分散的碳纳米管油墨[32]。其他助剂的加入对提高涂层的牢固性同样具有协同作用，如润湿剂、分散剂等。另一种方法是通过修饰官能团来改变纤维的润湿行为。此外，在纤维电极表面引入微纳米尺度的表面粗糙度，也是改变纤维基材润湿行为的有效方法，该方式适用于金属电极。因此，为了得到耐久性的纤维器件，需要寻求更合适、可控的涂层方法。基于此，原位聚合法能够在涂层和纤维基材之间形成共价键，因此涂层结合较为牢固。

　　总体来说，由碳质颗粒组成的碳纳米管和石墨烯等导电聚合物复合材料，一般比金属材料更适合于涂覆法，这是由于金属材料作为涂层本身很脆，容易脱落。此外，由于纤维曲率高，浸涂技术可能比喷涂技术更适合于在纤维表面进行。因此，纤维器件所适用的工艺条件和器件性能，是我们选择涂层材料和方法的重要因素。

13.4.2　湿法纺丝

　　湿法纺丝逐渐发展成为工业可行的连续制备纤维器件的技术,目前可实现批量的"卷对卷"(roll to roll)制备。近年来,已经发展出一系列制备方法,包括同轴纺丝、双通道纺丝和多通道纺丝[33]。湿法纺丝是将聚合物溶于溶剂中,通过喷丝孔喷出细流,进入凝固浴形成纤维,最后经过在线烘干后进行卷绕收集。湿法纺丝的核心是制备纺丝溶液,一般是在溶液中加入混凝剂,使溶液形成凝胶类结构。这种技术成本低,适用材料广泛,特别适合聚合物和碳纳米材料。研究人员通过混凝纺丝的方法,将碳纳米管和氧化石墨烯水溶液挤压到凝固浴中,制备出连续的纤维,经还原后得到了中空、扭曲、带状等多种结构的碳纳米管/石墨烯复合纤维。

　　湿法纺丝被广泛应用于连续制备石墨烯纤维,并用以构建纤维超级电容器。传统工艺是先将氧化石墨烯悬浮液或其复合材料注入一定的凝固浴中形成纤维,然后将氧化石墨烯还原,得到还原氧化石墨烯纤维[34]。研究者分别制备了两种还原氧化石墨烯纤维,并将其缠绕,最后涂覆聚合物电解质形成纤维超级电容器。然而该工艺烦琐,耗时较长,而且容易出现短路风险。最近,人们提出了一种同轴湿纺氧化石墨烯纤维的策略[35]。如图13.8(a)所示,两根同轴的碳基纤维分别作为两根电极,在其表面涂覆电解质后制备成超级电容器,并进一步编成织物。但后续加捻和聚合物电解液镀膜工艺仍是实现完整器件所不可缺少的。近年来,激光直接书写技术被用于将特定区域的氧化石墨烯还原,得到超级电容器。其中还原石墨烯作为纤维电极,氧化石墨烯作为隔膜[36]。这种一体化超级电容器既保

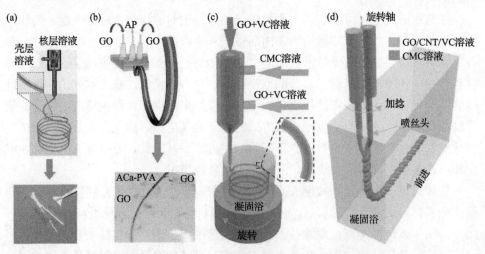

图 13.8　同轴湿法纺丝技术连续制备氧化石墨烯纤维

(a)同轴纺丝过程的示意图[35];(b)通过三毛管喷丝头直接湿纺连续核壳纤维的示意图[37];
(c)同轴扰动纺丝方案[38];(d)一种基于由两根同轴纤维制作超级电容器的装置示意图[39]

留了石墨烯纤维的柔韧性，同时具有高电容性能。然而，该纤维超级电容器的电容受限于电解液的选择和还原工艺。

随后采用直接纺丝的方法，并通过微流体系统可控制备完整的纤维超级电容器，其中包括两个纤维电极和聚合物电解质，无须进一步涂覆和加捻[图 13.8(b)]。得到的纤维超级电容器具有良好的电化学性能、良好的柔性和较高的力学稳定性[37]。这一策略为纤维超级电容器的持续生产奠定了基础。纤维电极的制备是柔性纤维超级电容器的关键因素之一。核壳结构具有界面面积大、离子传输路径短、弯曲稳定性好等优点，被认为是纤维超级电容器的理想结构。研究人员提出了一种直接湿法纺丝组装策略，通过设计同轴三通道结构的喷丝头，制备出核壳结构的石墨烯纤维超级电容器[图 13.8(c)]。通过改变羧甲基纤维素钠的电解质浓度和纤维挤压速度，可以精确地调节凝胶电解质层的厚度和均匀性。值得注意的是，该工艺所得到的纤维超级电容器同时实现了高电容、灵活性、稳定性以及高能量密度和功率密度[38]。

这种多通道纺丝技术可用于构建更复杂的纤维器件。例如，由四个同轴排列的圆柱形喷嘴共挤压，得到了非挥发性离子流体和硅弹性体组成的四层交替纤维传感器。喷嘴和打印参数用于调控每层的相对厚度，从而实现传感器可控性[40]。为简化工艺流程，降低生产成本，采用一步湿法纺丝制备了纤维超级电容器[41]。然而，在电极和电解液层同时实现高离子传输能力是实现高电化学性能的关键，目前仍然具有挑战性。为解决这一问题，研究人员采用定制的多通道喷丝头进行一步湿法纺丝，制备出具有加捻结构的石墨烯/碳纳米管纤维超级电容器[图 13.8(d)]。独特纤维电极结构和较薄的电解质层有利于离子在电极内部和电极与电解质之间快速渗透和传输，从而实现了 187.6 mF/cm^2 的高比电容和 30.2 μWh/cm^2 的能量密度[39]。

13.4.3 热拉伸法

热拉伸工艺逐渐作为一项新技术应用于制备多功能纤维电子器件。在该方法中，首先将所有的功能材料按照设计的结构组装成单一的宏观圆柱形杆，然后直接共拉制成为纤维器件。热拉伸法对材料有特殊要求。第一，材料应该具有玻璃化转变温度，以保持拉伸应力和结构的规律性。第二，承受拉伸应力的材料在拉伸温度以上要出现软化点或熔点。第三，不同组分的材料在黏性和固体状态下应表现出良好的附着力/润湿性，而不会分层。

在最近的一项工作中，人们选择了两种热膨胀系数不同的聚合物材料：高密度聚乙烯和环烯烃共聚物弹性体，应用高通量的迭代纤维绘图技术，创建了跨越三个数量级的可编程应变人工肌肉[42]。这些纤维基致动器是热和光学可控的，可以举起超过纤维自身重量 650 倍的重量，并承受应变＞1000%。将导电纳米线网格集成到这些纤维肌肉中，可以提供压阻式应变反馈，并表现出长期的弹性。这些纤维基致动器的可伸缩尺寸及其强度和响应能力，可能将其应用从工程领域扩展到生物医学领域。此外，在纤维表面制造微米或纳米结构，也有利于扩大纤维器件的应用范围。研究人员提出了一种压印热拉伸技术，在全纤维表面上实现了可任意设计的表面图案，并在各个方向上具有高分辨率。首先，将预成型材料缓慢地放入加热炉中，将其加热到高于玻璃化转变温度，直到变软（图 13.9）；然后，以恒定的速度向下拉伸，当软化预成型材料缩小并伸长到纤维中时，在加热区形成缩口区[43]。由于领口区域的温度仍然很高，足以重塑纤维，可以在拉伸纤维的两侧创建一个精确的反向表面图案。这种方法制备的纤维尺寸可以小到几十纳米，因此成为构建可穿戴触摸传感织物的可行方法。

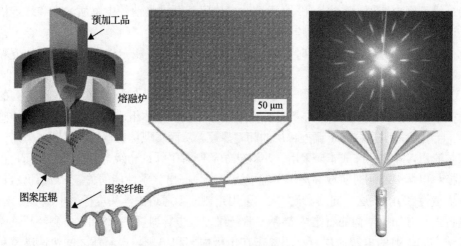

图 13.9　热拉伸技术在纤维表面直接刻印制备各种表面图案[43]

13.4.4　加捻

人体有 600 多块肌肉，可以驱动诸如心跳、面部表情、运动等功能。人工肌肉可以通过电、热、化学能等方式产生运动并实现自动化应用。加捻是制造纤维人造肌肉的有效方法之一[44]。目前研究人员利用扭曲或几何卷曲的力学优势，设计出各种各样的新型纤维驱动器。这些驱动器大部分由轻质材料制成，因此器件的能量密度是骨骼肌的 50 多倍，可以举起达自身重量 1000 多倍的物体。外部刺激可以通过电、热或化学的形式来改变材料的微观结构[45]。

例如，将碳纳米管纤维进行加捻可以制备出电化学驱动器，能够将拉伸或扭转产生的机械能转化为电能而不需要外加偏置电压[46]。一种盘状可拉伸纤维在循环 30 Hz 时产生的峰值能量为 250 W/kg。以重量计算，每个机械循环可产生高达 41.2 J/kg 的电能。这些能量采集装置可用于海洋中收集波浪能量，并与热驱动的人造肌肉结合，将温度波动转换为电能，制造成纺织品后用于自我供电的传感器，并给发光二极管供电和电容器充电。改变主客体材料之间的结构关系，可以大大提高纤维器件的性能，并使用低成本的商业化学纤维取代昂贵的碳纳米管纤维。纤维自发卷曲同样也可以制备核壳状人造肌肉，当受到刺激时，纤维会沿轴向收缩[47]。其中，聚合物一般用作壳材料，以应对各种刺激。高扭转刚度和强重比的商业纤维用作芯材料，如竹子或尼龙 6 纤维。另外，通过对聚合物纤维加捻，也可以制备简单、低成本的纤维发电机。众所周知，聚合物纤维人工肌肉与碳纳米管纤维机理相似。相比之下聚合物更便宜，可以通过在钓鱼线或缝纫线中插入极端扭矩来获得热驱动行为[48]。

在最近的一项研究中，研究人员报道了一种柔性制冷新策略，即"扭热制冷"技术。对纤维加捻可以发热，而退捻可以实现明显的降温。该方案可以适用于多种纤维材料，包括橡胶弹性体和刚性纤维，如鱼线、纺织线以及镍钛合金。初步的实验证实其卡诺效率达到 67%。这意味着通过使用这些普通的材料进行制冷，有望获得更高的卡诺效率，从而节省更多的电能，并节省制冷成本[49]。研究人员基于该"扭热制冷"技术，制作了一个空调模型，其可以对流动的水进行降温。使用三根镍钛合金丝作为制冷材料，解捻时可以获得 7.7℃的降温。虽然上述纤维驱动器的能量密度极高，但其能源效率通常低于 6%。这些新的发现尚处于萌芽阶段，距离真正应用还很远。

13.4.5　3D 打印

3D 打印技术由于其生产效率高、结构集成化等特点，近年来备受关注。该技术广泛应用于电池、电容器、传感器等传统电子器件，也可用于纤维器件的设计和制备。

一种低成本、高效率的 3D 打印技术最近被发明来制造柔性全纤维锂离子电池(LIB)[50]。首先使用含有碳纳米管和磷酸铁锂(LFP)或锂钛氧化物(LTO)的高黏度聚合物油墨，分别打印纤维阴极和阳极，然后将纤维电极与凝胶聚合物电解质进行组装。全纤维器件在 50 mA/g 的电流密度下表现出约 110 mAh/g 的高比容量，并保持了纤维电极良好的柔性，可用于未来的可穿戴电子设备。然而，制备全纤维锂离子电池需要在含有氩气的手套箱内操作，并将纤维电极填充到热缩管中，然后注入液态电解质，这可能难以实现量产。

同时使用不同的材料进行 3D 打印，以实现优异的器件性能和电子元件连接仍然是一个挑战。最近，研究人员通过 3D 功能打印系统，建立了一种快速、多尺度的纤维器件制备方法。该工艺将丝状墨水进行打印，实现了从微米尺度向厘米尺度的过渡[51]。如图 13.10 所示，将多种预拉伸材料进行热拉伸分别得到了零维发光器件[图 13.10(a)]和一维光探测器件[图 13.10(b)]，这些器件具有金属-绝缘体-半导体三维微结构截面。利用激光诱导毛细管在发光灯丝内形成像素点，这些灯丝被送入带有喷嘴的熔丝设备中进行打印[图 13.10(c)]，从而实现可进行光发射[图 13.10(d)]和光探测[图 13.10(e)]的 3D 系统。

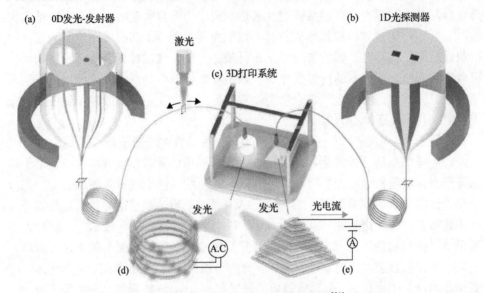

图 13.10　3D 打印技术制备纤维器件[51]

(a)用于三维打印功能系统的长丝墨水，热拉伸多种材料预制成零维发光；(b)一维光探测丝及其相应的金属-绝缘体-半导体三维微结构的横截面；(c)微结构的细丝通过改进的喷嘴进入常规的熔融长丝制造打印机，从而能够定制形成电激活的三维系统；(d)光发射；(e)光探测

13.5　连续编织与纤维器件集成

与商用电子器件相比，纤维器件具有柔性和可变形性，可设计成多种图案，集成度高。然而，目前的加工技术尚不适用于电子纺织品的制造。为此，有必要开发合适的加工方法来制备电子纺织品，主要包括纤维器件的集成以及器件与电路之间的连接。通常，有三种不同的方式将纤维器件集成到纺织品中：①将纤维器件嵌入到织物中。②基于柔性电子织物器件的制造。③将纤维器件集成到织物中[52]。在一定程度上可以借鉴传统的纺织技术，如编织、针织、刺绣等，以进一步提高规模化生产效率。

在早期工作中，纤维器件的集成主要是在实验室手工编织实现的，以作为概念面料的演示。为了提高加工效率，通常采用半自动或全自动的加工技术，将纤维器件集成到纺织品中。主要有两种策略：第一种是制备完整的纤维器件，然后结合传统纺织技术将它们整合到纺织品中。第二种是将阴极和阳极纤维电极进行编织形成交错结构，然后负载活性材料构建织物电子器件。第一种策略相对较简单，适用于各种纤维器件，如太阳能电池、锂离子电池、传感器和发光器件。例如，单根水系锂离子纤维电池工作电压为 2.5 V，将多根电池编到纺织品中并联后，工作电压可分别提高到 5 V、7.5 V 和 10 V[53]。然而，将大量纤维电池有效连接仍然是一个巨大挑战。

　　与第一种方法不同，具有交错结构的第二种方法，主要用于制造太阳能电池织物，其中经纬纤维分别作为阳极和改性阴极。研究人员将传统的镀金技术应用到布料上，成功地将布料转化为优异的集流体[54]。由于强静电相互作用，带正电的金箔可以紧密地叠合在带负电的聚酯布上。在电沉积聚吡啶纳米棒后，该衬底可以很好地作为织物电极[图 13.11(a)]。这种电极具有足够的力学强度，可以承受多次弯曲、切割或穿刺，并可进一步组装成耐磨的超级电容器布，可保持实用性能，如安全性和透气性。这种工艺为设计基于镀金技术的可穿戴电子产品提供了思路。使用工业织布机也可以制造出米级聚合物太阳能电池纺织品。通过对阳极纤维电极厚度、间距等不同织造参数进行研究，发现电极过粗、间距过大都会降低电池织物的光伏性能。此外，聚合物太阳能电池纺织品可以设计成串联或并联的模块，以改变输出电压或电流。然而，封装技术仍然是一个巨大的挑战，如果将织物全部封装，织物的透气性、透湿性等特性将会丧失。

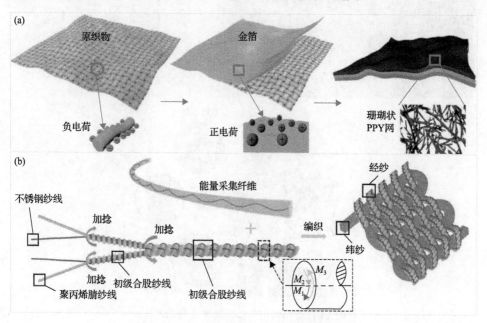

图 13.11　纤维电极经纬编织法构建纤维器件
(a)集成紧凑型织物电极的制备过程[54]；(b)能源纺织品的结构设计和电化学输出性能[55]

　　为了实现基于编织方式的电子织物连续生产，研究人员设计了一种便于规模化制备的能量采集纤维，为可穿戴技术的研究提供了重要的方向[55]。该能量采集织物可以通过弯曲产生不同的电信号，然后通过蓝牙无线传输到手机上[图 13.11(b)]。

同时，能源织物具有为无线监控系统中锂离子电池充电的潜力。

　　将不同种类的纤维器件集成到织物中，实现多功能化具有较大的应用价值。研究人员将光电和压电两类发电纤维有效地集成为一种织物，通过传统的编织方式，实现了可同时收集太阳能和机械能的电子织物[56]，作为可穿戴电源直接给手机充电，也可维持电子表持续工作[图 13.12(a)]。值得注意的是，这种功能集成织物并不局限于可穿戴应用，它也可以从阳光和周围的风中获取能量并进行转化，为电子设备充电或驱动电化学反应分解水。人们还尝试通过热拉伸工艺制备出高性能半导体纤维器件[57]，然后编织分别得到了发光面料和光通信面料。将两块面料间隔 1 米可以实现光电传输，监测人体生理状态[图 13.12(b)]。基于同样的概念，研究人员使用 MXene 涂层纤维，制备了一个全织物电子器件[图 13.12(c)]。由于纤维电极具有较高的电导率，由此制备的织物电子器件有望作为动力器件和传感器件应用[58]。

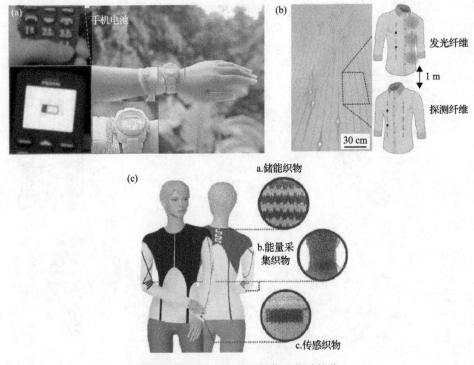

图 13.12　织物电子器件的集成与功能化

(a)织物能源器件直接给手机和手表充电[56]；(b)对纤维进行调制，以传输另一件衣服中彼此相距 1 米的光探测纤维所记录的信息。发射光的纤维连接到一个函数发生器，发送频率为 20 kHz 的方波信号[57]；(c)一种集成了储能和采集装置(带有电容式压力传感器)的服装概念图[58]

　　值得注意的是，许多纤维器件的力学性能低于自动集成的力学强度要求。在织造过程中，一些纤维器件容易受到损伤，甚至某些器件需要通过手工处理实现集成，这可能会增加应用成本。因此，需要进一步研究以实现规模化应用。

13.6　小结与展望

本章总结了纤维电极和纤维器件(如电池、超级电容器、太阳能电池、传感器和光学器件)的连续制备技术，比较了材料的性能和制备工艺的优缺点。虽然目前发展出一系列技术以制备纤维器件，但必须在不牺牲纺织品本身的柔软、舒适、耐洗、轻便等性能基础上展开，同时保证纤维电极具有较高电导率和纤维器件具有良好的电化学性能。基于此，纺丝法更适合碳纤维电极，如碳纳米管纤维、石墨烯纤维。涂层工艺可能更适用于导电聚合物电极。此外，某些涂层技术如浸涂法，可能比化学气相沉积法和喷涂法更可行，因为后者很难在特定的纤维材料上进行。因此，纤维基材所能承受的工艺条件和器件的性能要求，是我们选择材料和制备方法时需要考虑的重要因素。随着材料和技术的进步，最近发展出了一步法连续制备纤维器件的方法，如湿法纺丝法、热拉伸法和 3D 打印技术。同样重要的是，纤维器件的大规模和大面积集成需要合适的工业机器，这些机器最好能用于连续的辊对辊操作，以能够连续地生产纤维器件。虽然纤维器件的连续制备已经取得了很大进展，但仍应考虑以下几个问题。

性能　纤维器件的柔性与性能之间是一个需要重点平衡的问题。以储能的电池为例，为了实现高能量密度，需要在柔性集流体上涂覆或生长高电化学活性材料，这将会降低电极的柔性。为了保持电极的高灵活性，涂层必须非常薄，这将不可避免地导致低能量密度。如何在保持电极良好柔性的同时实现高能量密度，值得进一步研究。与此同时，用柔性纤维器件编成电子织物也带来了新挑战，需要在保证器件性能的前提下，维持织物的透气性。这里关键是纤维器件的封装。因为环境中氧气和水蒸气对器件的使用寿命影响较大。

安全　在实际应用中，纤维器件中的有机电解液可能易燃、发生毒性和渗漏等问题。因此，在材料的选择上，必须更加充分考虑到上述因素。

成本　在实验室中纤维器件的成本不是首要考虑的问题，而在规模化生产和未来的商业化方面，生产成本和器件性能之间需要进行较好的平衡。

集成　到目前为止，电子器件在纺织品中的大规模集成仍然非常有限。一方面，纤维器件之间的电极连接要比平面器件复杂得多；另一方面，执行数据采集、分析和传输的智能系统，要求具有较大的可靠性和高计算效率，这大大影响了其应用。

电子器件的连接　在纺织电子产品中，电子器件的可靠连接是必不可少的。研究人员开发了许多方法，如焊接、机械夹持和化学黏接，但是仍然存在诸多难题。以焊接为例，虽然电子器件的连接可以通过上述方式实现，但对于纺织应用来说，电极接头的脆性和低柔软度，限制了其在柔性器件中的应用。

参 考 文 献

[1] Armand M, Tarascon J M. Building better batteries. Nature, 2008, 451(7179): 652-657.

[2] Wei Z, Chen H, Yan K, et al. Inkjet printing and instant chemical transformation of a $CH_3NH_3PbI_3$/nanocarbon eectrode and interface for planar perovskite solar cells. Angew. Chem. Int. Ed., 2014, 53(48): 13239-13243.

[3] Kim C, Burrows P E, Forrest S R, Micropatterning of organic electronic devices by cold-welding. Science, 2000, 288 (5467): 831-833.

[4] Forrest S R. The path to ubiquitous and low-cost organic electronic appliances on plastic. Nature, 2004, 428(6986): 911-918.

[5] Vak D, Hwang K, Faulks A, et al. 3D printer based slot-die coater as a lab-to-fab translation tool for solution-processed solar cells. Adv. Energy Mater., 2015, 5(4): 1401539.

[6] Gao X X, Luo W, Zhang Y, et al. Stable and high-efficiency methylammonium-free perovskite solar cells. Adv. Mater., 2020, 32(9): 1905502.

[7] Kim J H, Williams S T, Cho N, et al. Enhanced environmental stability of planar heterojunction perovskite solar cells based on blade-coating. Adv. Energy Mater., 2015, 5(4): 1401229.

[8] Sirringhaus H, Kawase T, Friend R H, et al. High-resolution inkjet printing of all-polymer transistor circuits. Science, 2000, 290(5499): 2123-2126.

[9] Jeon N J, Noh J H, Yang W S, et al. Compositional engineering of perovskite materials for high-performance solar cells. Nature, 2015, 517(7535): 476-480.

[10] Lee J A, Shin M K, Kim S H, et al. Ultrafast charge and discharge biscrolled yarn supercapacitors for textiles and microdevices. Nat. Commun., 2013, 4(1): 1970.

[11] Liu L, Yu Y, Yan C, et al. Wearable energy-dense and power-dense supercapacitor yarns enabled by scalable graphene-metallic textile composite electrodes. Nat. Commun 2015, 6(1): 7260.

[12] Yan W, Richard I, Kurtuldu G, et al. Structured nanoscale metallic glass fibres with extreme aspect ratios. Nat. Nanotechnol., 2020, DOI: 10.1038/s41565-020-0747-9.

[13] Eom W, Shin H, Ambade R B, et al. Large-scale wet-spinning of highly electroconductive MXene fibers. Nat. Commun., 2020, 11(1): 2825.

[14] Lukatskaya M R, Kota S, Lin Z, et al. Ultra-high-rate pseudocapacitive energy storage in two-dimensional transition metal carbides. Nat. Energy., 2017, 2(8): 17105.

[15] Li Y L, Kinloch I A, Windle A H. Direct spinning of carbon nanotube fibers from chemical vapor deposition synthesis. Science, 2004, 304(5668): 276-278.

[16] Lee J, Lee D-M, Kim Y-K, et al. Significantly increased solubility of carbon nanotubes in superacid by oxidation and their assembly into high-performance fibers. Small, 2017, 13(38): 1701131.

[17] Lee J, Lee D-M, Jung Y, et al. Direct spinning and densification method for high-performance carbon nanotube fibers. Nat. Commun., 2019, 10(1): 2962.

[18] Xu Z, Gao C. Graphene chiral liquid crystals and macroscopic assembled fibres. Nat. Commun., 2011, 2(1): 571.

[19] Peng L, Xu Z, Liu Z, et al. An iron-based green approach to 1-h production of single-layer graphene oxide. Nat. Commun., 2015, 6(1): 5716.

[20] Xu Z, Sun H, Zhao X, et al. Graphene: Ultrastrong fibers assembled from giant graphene oxide sheets. Adv. Mater., 2013, 25(2): 187.

[21] Liu Y J, Xu Z, Zhan J M, et al. Superb electrically conductive graphene fibers via doping strategy. Adv. Mater., 2016, 28(36): 7941-7947.

[22] Yang Q, Xu Z, Fang B, et al. MXene/graphene hybrid fibers for high performance flexible supercapacitors. J. Mater. Chem. A, 2017, 5(42): 22113-22119.

[23] Zhang Z, Liao M, Lou H, et al. Conjugated polymers for flexible energy harvesting and storage. Adv. Mater., 2018, 30(13): 1704261.

[24] Li Y, Zhou B, Zheng G, et al. Continuously prepared highly conductive and stretchable SWNT/MWNT synergistically composited electrospun thermoplastic polyurethane yarns for wearable sensing. J. Mater. Chem. C, 2018, 6(9): 2258-2269.

[25] Zhang Y, Zhang X, Yang K, et al. Ultrahigh energy fiber-shaped supercapacitors based on porous hollow conductive polymer composite fiber electrodes. J. Mater. Chem. C, 2018, 6(26): 12250-12258.

[26] Chatterjee K, Tabor J, Ghosh T K. Electrically conductive coatings for fiber-based E-textiles. Fibers, 2019, 7(6): 51.

[27] Mostafalu P, Akbari M, Alberti K A, et al. A toolkit of thread-based microfluidics, sensors, and electronics for 3D tissue embedding for medical diagnostics. Microsyst. Nanoeng., 2016, 2(1): 16039.

[28] Park J J, Hyun W J, Mun S C, et al. Highly stretchable and wearable graphene strain sensors with controllable sensitivity for human motion monitoring. ACS Appl. Mater. Interfaces., 2015, 7(11): 6317-6324.

[29] Zhang Z, Shi X, Lou H, et al. A one-dimensional soft and color-programmable light-emitting device. J. Mater. Chem. C, 2018, 6(6): 1328-1333.

[30] Wang B J, Fang X, Sun H, et al. Fabricating continuous supercapacitor fibers with high performances by integrating all building materials and steps into one process. Adv. Mater., 2015, 27(47): 7854-7860.

[31] Zohair M, Moyer K, Eaves-Rathert J, et al. Continuous energy harvesting and motion sensing from flexible electrochemical nanogenerators: toward smart and multifunctional textiles. ACS Nano, 2020, 14(2): 2308-2315.

[32] Han J-W, Kim B, Li J, et al. A carbon nanotube based ammonia sensor on cotton textile. Appl. Phys. Lett., 2013, 102(19): 193104.

[33] Fang B, Chang D, Xu Z, et al. A review on graphene fibers: Expectations, advances, and prospects. Adv. Mater., 2020, 32(5): 1902664.

[34] Zhao X L, Zheng B N, Huang T Q, et al. Graphene-based single fiber supercapacitor with a coaxial structure. Nanoscale, 2015, 7(21): 9399-9404.

[35] Kou L, Huang T, Zheng B, et al. Coaxial wet-spun yarn supercapacitors for high-energy density and safe wearable electronics. Nat. Commun., 2014, 5(1): 3754.

[36] Hu Y, Cheng H H, Zhao F, et al. All-in-one graphene fiber supercapacitor. Nanoscale, 2014, 6(12): 6448-6451.

[37] Xu T, Ding X, Liang Y, et al. Direct spinning of fiber supercapacitor. Nanoscale, 2016, 8(24): 12113-12117.

[38] Yang Z, Zhao W, Niu Y, et al. Direct spinning of high-performance graphene fiber supercapacitor with a three-ply core-sheath structure. Carbon, 2018, 132: 241-248.

[39] Yang Z, Jia Y, Niu Y, et al. One-step wet-spinning assembly of twisting-structured graphene/carbon nanotube fiber supercapacitor. J. Energy Chem., 2020, DOI: 10.1016/j.jechem.2020.02.023.

[40] Frutiger A, Muth J T, Vogt D M, et al. Capacitive soft strain sensors via multicore-shell fiber printing. Adv. Mater., 2015, 27(15): 2440-2446.

[41] Garcia-Torres J, Roberts A J, Slade R C T, et al. One-step wet-spinning process of CB/ /MnO$_2$ nanotubes hybrid flexible fibres as electrodes for wearable supercapacitors. Electrochim. Acta, 2019, 296: 481-490.

[42] Kanik M, Orguc S, Varnavides G, et al. Strain-programmable fiber-based artificial muscle. Science, 2019, 365 (6449): 145-150.

[43] Wang Z, Wu T, Wang Z, et al. Designer patterned functional fibers via direct imprinting in thermal drawing. Nat. Commun., 2020, 11(1): 3842.

[44] Lima M D, Li N, Jung de Andrade M, et al. Electrically, chemically, and photonically powered torsional and tensile actuation of hybrid carbon nanotube yarn muscles. Science, 2012, 338(6109): 928-932.

[45] Tawfick S, Tang Y. Stronger artificial muscles, with a twist. Science, 2019, 365(6449): 125-126.

[46] Kim S H, Haines C S, Li N, et al. Harvesting electrical energy from carbon nanotube yarn twist. Science, 2017, 357 (6353): 773-778.

[47] Mu J, Jung de Andrade M, Fang S, et al. Sheath-run artificial muscles. Science, 2019, 365(6449): 150-155.

[48] Haines C S, Lima M D, Li N, et al. Artificial muscles from fishing line and sewing thread. Science, 2014, 343(6173): 868-872.

[49] Wang R, Fang S, Xiao Y, et al. Torsional refrigeration by twisted, coiled, and supercoiled fibers. Science, 2019, 366 (6462): 216-221.

[50] Wang Y, Chen C, Xie H, et al. 3D-printed all-fiber Li-ion battery toward wearable energy storage. Adv. Funct. Mater. 2017, 27(43): 1703140.

[51] Loke G, Yuan R, Rein M, et al. Structured multimaterial filaments for 3D printing of optoelectronics. Nat. Commun., 2019, 10(1): 4010.

[52] Wang L, Fu X, He J, et al. Application challenges in fiber and textile electronics. Adv. Mater., 2020, 32(5): 1901971.

[53] Zhang Y, Wang Y H, Wang L, et al. A fiber-shaped aqueous lithium ion battery with high power density. J. Mater. Chem. A, 2016, 4(23): 9002-9008.

[54] Wang Y, Pei Z, Zhu M, et al. A wearable supercapacitor engaged with gold leaf gilding cloth toward enhanced practicability. ACS Appl. Mater. Interfaces., 2018, 10(25): 21297-21305.

[55] Gong W, Hou C, Zhou J, et al. Continuous and scalable manufacture of amphibious energy yarns and textiles. Nat. Commun., 2019, 10(1): 868.

[56] Chen J, Huang Y, Zhang N, et al. Micro-cable structured textile for simultaneously harvesting solar and mechanical energy. Nat. Energy., 2016, 1(10): 16138.

[57] Rein M, Favrod V D, Hou C, et al. Diode fibres for fabric-based optical communications. Nature, 2018, 560(7717): 214-218.

[58] Uzun S, Seyedin S, Stoltzfus A L, et al. Knittable and washable multifunctional MXene-coated cellulose yarns. Adv. Funct. Mater., 2019, 29(45): 1905015.

第 14 章　纤维集成器件

前面章节介绍了一系列不同功能的纤维器件，包括纤维太阳能电池、纤维锂离子电池、纤维传感器、纤维发光器件等。如何将这些纤维器件集成为多功能的织物系统，是目前纤维器件领域面临的一个巨大挑战。一方面，由于其尺寸精细，将其直接通过外电路进行连接极其复杂；另一方面，针对纤维器件集成为织物系统的加工方法鲜有报道。

最近，人们在两个层面上进行了一些有效的尝试。在纤维器件层面，通过共用电极的方式，在一根纤维不同区域负载不同活性材料实现多功能集成，从而有效降低外电路的复杂性。例如，纤维太阳能电池可以与纤维超级电容器或纤维锂离子电池集成在一根纤维上，以同时实现能量收集和存储。在电子织物系统层面，传统纺织技术被证实是将众多纤维器件集成的有效策略。通过编织可以集成不同的功能模块，如能量收集、能量存储、传感和显示等。在本章中，将对纤维集成器件的最新进展进行总结。

14.1　集成器件概述

根据器件结构不同，集成器件可分为一体化和组装两大类。顾名思义，一体化器件可以在同一个器件中实现至少两种功能；在组装器件中，不同功能器件单元分别独立，但通过共用电极相连。以同时实现能量转化和储存两种功能的集成器件为例，在一体化器件中，电极同时具有转化太阳能和储存电荷的能力；在组装器件中，能量转化和储存的功能是通过一个共用电极来实现。下面将简要介绍一体化器件和组装器件的工作原理。

14.1.1　一体化器件

一体化器件更加符合集成器件的理念，即把太阳能转化的电能以电化学能的形式进行储存，其电极可以同时实现能量的转化及储存。早在 20 世纪 80 年代，基于光化学太阳能电池的集成器件原型就已经出现[1]，如图 14.1 所示。在光充电过程中，入射光的能量高于 n-型半导体能带隙的能量，诱导半导体的电荷层内电荷和空穴进行分离。这个过程在半导体表面产生了大量可使多硫化物氧化的空穴，并驱动电荷通过外部负载将 SnS 还原为 Sn，即将能量以电化学能的形式储存。在黑暗中，电势下降到 SnS 的还原电位以下而导致 Sn 自发氧化。此时，电子流过外部负载，进行放电过程。当光强为 96.5 mW/cm² 时，光阳极产生 23 mA/cm² 的电流，此时充电电压为 0.495 V。其对电阻为 1500 Ω 的外部负载放电时，放电电压为 0.410 V。集成器件的太阳能电池部分具有 11.8% 的能量转化效率，同时储能效率达到 95%。器件总能量转化效率（太阳能电池能量转化效率和储能效率的乘积）达到 11.2%。如将负载部分计算在内，整体能量转化效率进一步增加到 11.3%。然而，单晶光阳极的制备流程复杂并且成本较高。因此，制备简单、成本低廉的染料敏化太阳能电池，便成为构建集成器件光电转化部分的一个理想选择。

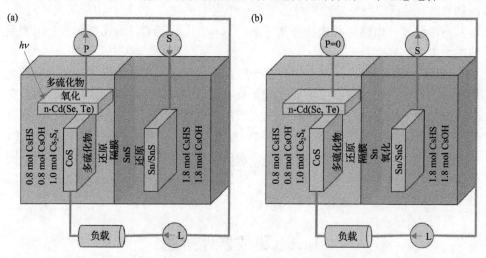

图 14.1　n-Cd(Se, Te)/Cs₂Sₓ/SnS 太阳能电池充电(a)和放电(b)过程示意图[1]
图中 P、S 和 L 分别代表电子通过光阳极、锡电极和外部负载

　　基于染料敏化太阳能电池的一体化集成器件在 2002 年被实现[2]。总体来说，它利用染料敏化太阳能电池把太阳能转化为电能并储存，形成一个自供电电池。该集成器件的结构如图 14.2 所示，其中储锂层 WO₃ 位于光活性层 TiO₂ 的下方。在太阳光照射下，被激发的染料将电子注入 TiO₂ 的导带并扩散至 WO₃ 层。同时，锂离子被吸附至 WO₃ 层以平衡电荷。在开路状态下，WO₃ | LiWO₃ || LiI | LiI₃ 电池进行充电；在两极相连即放电时，电子从 WO₃ 经由外部负载转移到对电极，同时 I₃⁻ 离子得到电子而被还原为 I⁻。与此同时，吸附的锂离子被释放，能量转化和储存可以在一个器件中进行。在 100 mW/cm² 的光强照射下，每小时可以储存 0.45 C/cm² 的电量，并且充电状态下的开路电压为 0.6 V。由于 WO₃ 具有极高的容量，可以吸附电解质中的所有锂离子，因此充电容量由锂离子浓度决定，增大 LiI 的浓度可以提高充电容量并抑制自放电。虽然该结构设计实现了较高的电荷储存容量，然而其需要使用高浓度的 LiI，会降低开路电压。此外，在 TiO₂ 层中电荷的扩散过程增加了内阻，阻碍了集成器件的快速放电。为解决上述问题，研究人员引入了可快速充放电并具有较高循环稳定性的超级电容器，构建出另一类集成器件，即组装器件。

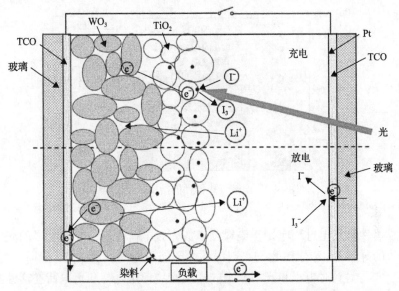

图 14.2　基于染料敏化太阳能电池的一体化集成器件[2]

14.1.2　组装器件

组装器件通过将超级电容器与太阳能电池集成,具有一体化器件不具有的若干优势,从而吸引了广泛的研究兴趣。根据器件电极数量的不同,组装器件可以分为双电极和三电极两类。

1. 双电极系统

在 2004 年,一种基于染料敏化太阳能电池和超级电容器的集成器件被报道,可以将收集的太阳能储存在超级电容器内[3],这类集成器件也被称为"光电容器"(photocapacitor)。双电极系统的典型结构如图 14.3 (a) 所示,组装的集成器件包括染料敏化的半导体纳米颗粒、空穴传输层、活性炭颗粒层和有机电解质层。

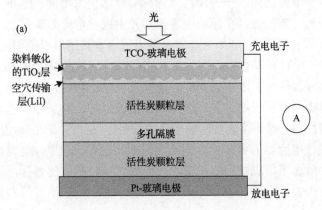

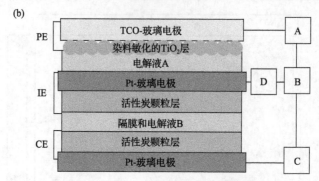

图 14.3　组装集成器件的结构示意图[4]

(a) 双电极系统[3]；(b) 包含一个光阳极一个共用电极以及一个对电极的三电极系统[4]

　　集成器件的充电过程起始于染料分子的光致电荷分离，并将生成的光电子注入半导体的导带中，以上过程与染料敏化太阳能电池的机理相同。电荷分离之后，电子和空穴传输到对电极和光阳极上的活性炭层。正电荷和负电荷在活性炭的多孔表面累积，在有机电解质中形成具有较高离子浓度的双电层。在放电过程中，双电层储存的电荷可以提供电流。所得集成器件具有 0.69 F/cm² 的电容，并可正常进行 10 次充放电循环，放电电容保持在 85%。然而，因为电子到达电极之前要经过 TiO₂ 层，使得器件在放电时会出现停滞现象，且器件内阻较高。为解决这一问题，三电极系统被开发以充分发挥超级电容器的性能优势。

　　2. 三电极系统

　　在 2005 年，研究者通过引入一个双功能的共用电极来对双电极系统进行改进，构建了三电极系统的集成器件[4]。与双电极系统相比，三电极系统的能量转化和储存单元共用一个电极，更有利于电子的转移。如图 14.3(b) 所示，以透明导电玻璃上的染料敏化 TiO₂ 层作为光阳极，涂布在铂片一侧的活性炭层作为共用电极，涂布在镀铂导电玻璃的活性炭层作为对电极，同时含有两种不同电解质。共用电极位于两个单元之间，一方面可以催化染料敏化太阳能电池单元内发生的氧化还原反应，另一方面可以在超级电容器单元中进行电荷的储存。

　　与双电极系统相比，三电极系统的器件内阻由于共用电极的引入而显著下降。在放电过程中，电荷可以直接转移到铂片和外部电路，无须通过 TiO₂ 层。基于三电极系统的集成器件，可以实现 0.8 V 的高充电电压和约为双电极系统 5 倍的能量输出。三电极系统现已成为被广泛采用的主流结构，并且在此基础上人们陆续对器件的储能性能、循环稳定性和组装工艺进行了优化[5-8]。比如，集成聚合物太阳能电池和超级电容器的可印刷全固态集成器件已经出现[5]。全固态的形式在实际使用过程中增加了集成器件的稳定性。此外，层状结构使器件可通过卷轴印刷的方式生产，极大提高了集成器件的可加工性。并且，碳纳米管的使用有利于制备较薄（<0.6 mm）和较轻（<1 g）的集成器件。为了充分利用超级电容器的容量，需要进一步提高聚合物太阳能电池的能量转化效率，并提供足够高的充电电压。这一问题可以通过串联多个太阳能电池单元来解决。

14.2　纤维集成器件概述

尽管对传统集成器件的研究已经超过 30 年，纤维集成器件直到 2011 年才出现[9]。一种集染料敏化太阳能电池、纳米发电机和超级电容器于一体的纤维器件，可以同时实现能量转化和储存被报道，这一概念激发了人们对纤维集成器件的研究兴趣。目前，人们已经在集成器件的材料、结构、性能等方面取得了较大进展。

14.2.1　太阳能电池和超级电容器的集成器件

与传统的三电极系统集成器件类似，纤维太阳能电池和纤维超级电容器通常至少共用一个电极。因此，共用电极材料必须同时适用于太阳能电池和超级电容器。在电极材料方面，各种无机材料如氧化钛、氧化锌、碳纳米管、石墨烯等已经被广泛研究。在器件结构方面，纤维集成器件主要采用同轴结构或缠绕结构两种方式，不同结构对材料和加工技术有不同的需求。下面分别详细介绍。

1. 同轴结构

在同轴结构的纤维集成器件中，太阳能电池和超级电容器共用一个电极作为基底，两个单元的另一个电极分别包裹在共用电极上。这种结构是受平面太阳能电池和超级电容器集成器件的启发，把平面器件卷曲起来，就得到了纤维集成器件。

2011 年，同轴结构的染料敏化太阳能电池、纳米发电机和超级电容器的集成器件被制备[9]。该器件能够同时收集被转化的机械能和太阳能，并以电能的形式储存在超级电容器中（图 14.4）。这类器件使用一根金修饰的 Kevlar 纤维作为共用电极，在纤维表面垂直生长了氧化锌纳米线阵列。石墨烯作为另一个电极缠绕在共用电极上。该器件的光电转化效率为 0.02%；超级电容器的容量为 0.4 mF/cm^2（～0.025 mF/cm）。该集成器件利用了多种电极材料各自的优势，如石墨烯具有透明性、导电性和高比表面积。氧化锌修饰的 Kevlar 纤维对于纳米发电机来说具有匹配的功函数，并且具有较高的比表面积来吸附染料和储存电量。然而，这一最初的尝试也显示出一些亟待解决的问题，包括制备工艺较为复杂，需要严格精确的工艺控制和实验设备；石墨烯通常难以自支撑，因此在对电极上必须有铜箔作为基底，在一定程度上降低了入射光强度。另外，能量转换和储存性能需要进一步提高。

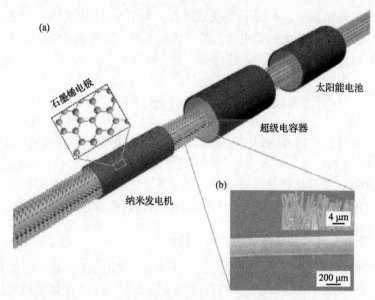

图 14.4　集成纳米发电机、染料敏化太阳能电池和超级电容器的纤维同轴集成器件[9]
(a) 整体结构示意图；(b) 氧化锌纳米线阵列的扫描电镜照片

　　本书第 4～7 章介绍了关于提高纤维太阳能电池和纤维超级电容器性能的许多尝试。基于以上两个领域的诸多进展，基于二氧化钛 (TiO₂) 和碳纳米管薄膜的高效率集成器件被制备 (图 14.5)[10]。以 TiO_2 纳米管阵列修饰的钛丝作为能量转化器件和能量储存器件的共用电极，碳纳米管薄膜分别缠绕在修饰了 TiO_2 纳米管的钛丝上，作为两元件的另一个电极。在光电转化过程中，N719 染料敏化的 TiO_2 纳米管将太阳能转化为电能，并同时储存在超级电容器中。该器件的太阳能电池和超级电容器部分都使用凝胶电解质，与传统的液态电解质相比具有更高的稳定性。其最大光电转化效率为 2.73%，能量储存效率为 75.7%；超级电容器的容量为 0.156 mF/cm (3.32 mF/cm²)，功率密度为 0.013 mW/cm (0.27 mW/cm)，与此前工作相比都有了大幅度的提高。

　　弯曲稳定性和热稳定性，是另外两个衡量集成器件优劣的重要指标。电解质通常是器件中较为脆弱的部分。液态电解质能够充分与两电极浸润和接触，但是需要严格封装，并且易挥发，通常无法在 70℃ 以上使用。基于上述原因，凝胶电解质更适合于实际应用。器件的总效率在弯曲 1000 次循环后仍然能保持 88.2%。此外，器件在放置 1000 小时后，性能保持率为 90.6%，说明凝胶电解质不会因为挥发等原因引起性能明显衰减。相比缠绕结构，同轴结构的器件也具有较好的稳定性。当弯曲或打结时，缠绕结构的器件两电极容易剥离，影响了电极和电解质的接触，而在同轴结构中不存在上述问题。同轴结构中的对电极充分包裹在工作电极上，使其与电解质充分接触，减小了器件的内阻。

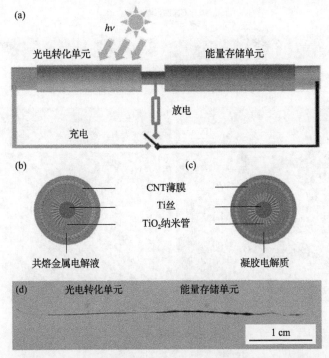

图 14.5　具有同轴结构的染料敏化太阳能电池和超级电容器的纤维集成器件[10]
(a)结构示意图；光电转化单元(b)和能量储存单元(c)的截面示意图；(d)器件的光学照片

2. 缠绕结构

缠绕结构是目前纤维集成器件广泛采用的另一种结构。其制备方法简单，方便引出电极。同时，由于螺距大小及缠绕的紧密程度将影响催化及电荷的传输，因此器件的性能更易受制备工艺的影响，良好的工艺控制是保证器件性能和重复性的重要因素。

该结构的纤维集成器件最初基于碳纳米管纤维和 TiO_2 修饰的钛丝构建而成[11]。光电转化器件和电能储存单元共用一根修饰 TiO_2 纳米管的钛丝。垂直生长的 TiO_2 纳米管不但提高了光电转化部分电荷的分离和传输效率，同时增大了能量储存器件的比表面积。碳纳米管纤维分别以约 1.1 mm 和 0.7 mm 的螺距缠绕在光电转化和能量储存部分的表面。器件的充放电过程如图 14.6 所示。该集成器件的光电转化效率为 2.2%，超级电容器的容量为 0.6 mF/cm^2。当太阳能电池接受光照时，超级电容器能够迅速被充电至太阳能电池的开路电压值。获得的超级电容器能量储存效率约为 68.4%，集成器件总能量转化效率达到了 1.5%。

纤维电极在缠绕结构器件中扮演着至关重要的角色。碳纳米管纤维这样的柔性电极材料，易于缠绕并保证紧密接触，防止应力破坏表面形貌而引起器件失效。

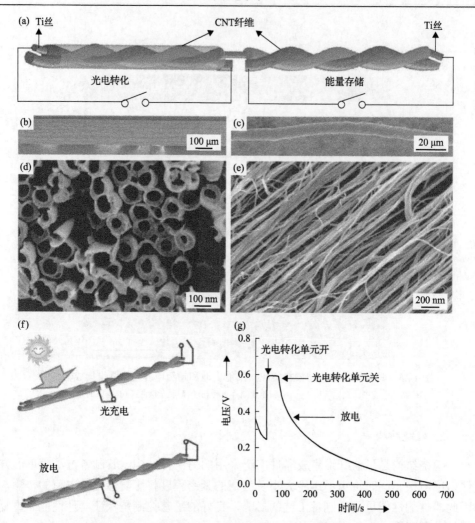

图 14.6　具有缠绕结构的染料敏化太阳能电池和超级电容器的纤维集成器件[11]

(a)结构示意图；(b)、(d)表面垂直生长 TiO$_2$ 纳米管的钛丝的扫描电子显微镜照片；(c)、(e)碳纳米管的扫描
电子显微镜照片；(f)集成器件充放电过程示意图；(g)集成器件的充放电曲线

与其他纤维相比，该电极也体现较大的优势，金属电极如铂丝表面非常光滑，储能性能较差，而表面修饰了导电物质的聚合物纤维由于较低的力学和电学性能，难以获得较高性能。除了碳纳米管纤维，作为另一极的钛丝兼具一定的柔性和强度，并能够支撑起整个器件。因此制得的集成器件能够兼顾柔性和稳定性，可以作为便携式器件或电子织物的能源配件。

　　基于不锈钢丝和钛丝也可以构建集成器件(图 14.7)[12]。钛丝表面沉积了 TiO$_2$ 颗粒，而不锈钢丝表面修饰了聚苯胺薄膜作为超级电容器的电极和太阳能电池的对电极。该结构的集成器件光电转化效率达到了 5.41%，总能量转化效率达到 2.1%。

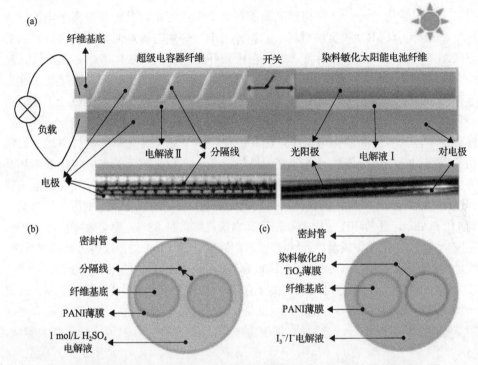

图 14.7 具有缠绕结构的染料敏化太阳能电池和超级电容器的纤维集成器件[12]

(a)集成器件的结构示意图和光学照片；(b)超级电容器截面结构示意图；(c)染料敏化太阳能电池截面结构示意图

除了碳材料，导电高分子如聚苯胺、聚噻吩和聚吡咯作为集成器件的电极材料，也表现出优异的性能。这些导电高分子作为赝电容材料，在超级电容器中是很好的活性材料。同时，作为太阳能电池的对电极材料具有较高的催化活性。因此，光电转化和能量储存部分的性能都得到了极大的提高。

在缠绕结构中，两电极距离较近有利于提高器件的性能。然而两极的直接接触会造成集成器件的短路，特别是当器件受到外力产生形变时，更容易出现短路问题。使用凝胶电解质或引入隔膜是避免短路的有效方法。

14.2.2 太阳能电池和锂离子电池的集成器件

尽管已经有多种报道来构建太阳能电池和超级电容器的集成器件，从而在一个器件中同时实现能量转化和存储，但是由于超级电容器低能量密度的固有特性，使得该类集成器件整体的能量储存能力受到限制。相比于超级电容器，锂离子电池具有更高的能量密度。从第 8 章的介绍可以得知，现有纤维锂离子电池的最高能量密度达到了 27 Wh/kg，这有利于提高集成器件的整体储能性能[13]。此外，锂离子电池的输出电压要高于超级电容器，能够满足更多的实际应用。

图 14.8 为一种具有核壳结构的纤维集成器件，其中核层为锂离子存储单元，

壳层为光电转化单元[14]。在构建锂离子存储单元过程中，首先将锂离子电池正极材料 $LiMn_2O_4$（LMO）和负极材料 $Li_4Ti_5O_{12}$（LTO）分别与碳纳米管薄膜通过共纺的方法制备成复合纤维，然后将其缠绕在橡胶纤维上并插入热缩管中，最后注入凝胶电解质进行封装。在构建光电转化单元过程中，将碳纳米管薄膜直接包裹在上述锂离子存储单元上作为对电极，随后将其整体插入弹簧状的 Ti/TiO₂ 光阳极上，最后注入电解液并封装在热缩管中完成集成器件的制备。与超级电容器不同的是，锂离子电池具有更高的充电电压，因此需要将多个光电转化单元进行串联。最终制备得到的纤维集成器件具有较好的性能，其光电转化单元的光电转化效率和开路电压分别为 6.05% 和 0.68 V，并且当八个光电转化单元串联时，其开路电压能够进一步提高到 5.12 V。其锂离子存储单元具有 2.6 V 的输出开路电压，比容量达到 112 mAh/g，且循环充放电 100 圈后其容量能够维持 88%，库仑效率接近 100%。在完全光充电后，该集成器件能够在电流密度 0.01～0.1 mA 的范围内进行稳定放电，能量密度达到 22 Wh/kg，是基于超级电容器的纤维集成器件的 10～100 倍。

在此基础上，可以通过增加锂离子存储单元中的纤维电极活性物质含量，来进一步提高集成器件的电荷存储能力。此外，也可在该集成器件中使用其他具有更高能量密度的可再充电纤维电池，如锂硫电池和金属空气电池，从而实现更高的容量。

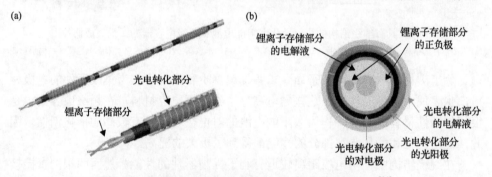

图 14.8　集成太阳能电池和锂离子电池的纤维集成器件[14]
(a)纤维集成器件的结构示意图；(b)纤维集成器件的截面示意图，
其中核层为锂离子存储部分，壳层为光电转化部分

14.2.3　锂离子电池和超级电容器的集成器件

高能量密度和高功率输出对于实际应用都至关重要。然而，这两者往往难以在单一器件中同时实现。例如，锂离子电池具有高能量密度但功率密度低，而超级电容器具有高功率密度但能量密度低。虽然有研究通过合成高性能的电极和电解质材料来提高其能量密度或功率密度，但收效甚微。在本节中，将介绍一种集成纤维锂离子电池和超级电容器从而实现兼具高能量密度和高功率密度的策略。

该锂离子电池和超级电容器的纤维集成器件，通过加捻三根具有不同功能的复合纤维电极与凝胶电解质构建而成，其电极分别为碳纳米管/有序介孔碳 (OMC)，碳纳米管/LTO，碳纳米管/LMO 复合纤维电极[图 14.9(a)][15]。这些复合电极均通过共纺的方法制备得到，其直径约为 100 μm[图 14.9(b)]。在该纤维集成器件中，当碳纳米管/LTO 电极与碳纳米管/LMO 电极配对时，其可充当锂离子电池并表现出高能量密度的特性。当需要高功率密度时，碳纳米管/LTO 电极则和碳纳米管/OMC 电极配对从而用作超级电容器。在该情况下，超级电容器由锂

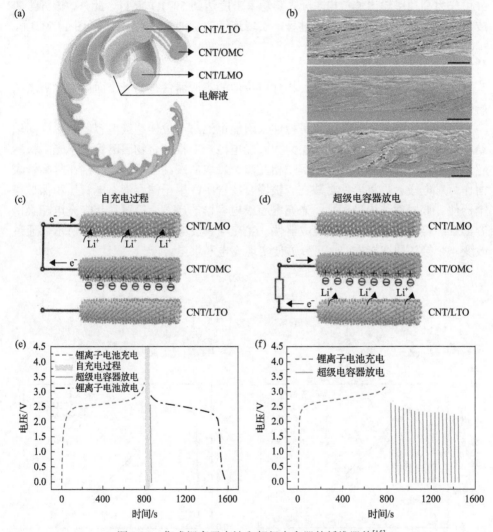

图 14.9 集成锂离子电池和超级电容器的纤维器件[15]

(a)纤维集成器件的结构示意图；(b)碳纳米管/OMC(上)、碳纳米管/Li₄Ti₅O₁₂(LTO)(中)、碳纳米管/LiMn₂O₄(LMO)(下)复合纤维的扫描电子显微镜照片。标尺：50 μm；纤维集成器件的自充电过程(c)和超级电容器的放电过程(d)示意图；(e)纤维集成器件交替作为锂离子电池和超级电容器进行放电的充放电曲线；(f)纤维集成器件的锂离子电池部分和超级电容器部分分别作为能量存储和输出端的充放电曲线

离子电池部分进行充电，该过程可认为是自充电过程。如图 14.9(c)所示，当连接碳纳米管/LMO 电极和碳纳米管/OMC 电极时，由于电势差的存在，电子从碳纳米管/OMC 电极流到碳纳米管/LMO 电极。在此过程中，OMC 表面在电解质中吸收了许多阴离子，因此可以与碳纳米管/LTO 电极耦合形成超级电容器[图 14.9(d)]。该纤维集成器件完整的充放电过程如图 14.9(e)所示。其锂离子电池部分作为能量存储单元时能量密度可达到 85.2 Wh/kg。在随后的自充电过程中，超级电容器部分可作为高功率输出的放电单元，其功率密度达到 5971.1 W/kg。此外，该纤维集成器件可以通过重复的自充电过程，实现连续的脉冲式高功率放电[图 14.9(f)]。

14.2.4　可拉伸纤维集成器件

除了提高集成器件的性能，构件可拉伸的集成器件是另一个面向实际需求的研究方向[16]。

可拉伸纤维集成器件是将可拉伸太阳能电池与可拉伸超级电容器制备成同轴结构，内层是超级电容器，外层为太阳能电池。一根聚合物隔离管置于光阳极和超级电容器中间，防止两种电解质相互渗透。取向碳纳米管薄膜缠绕在隔离管表面作为对电极。再将器件封装在一根聚合物管中，用于储存液态电解质和保护整个器件。该器件结构受到平面光充电超级电容器的启发，简单卷起光充电超级电容器就能得到该结构的纤维集成器件。光充电和放电过程如图 14.10 所示，通过改变 4 个接头的连接方式，可以方便实现充电和供电。

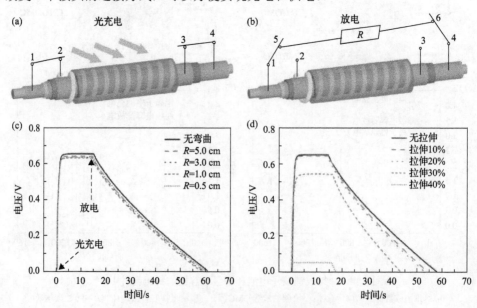

图 14.10　可拉伸的纤维集成器件[16]

(a)、(b)充放电电路连接示意图；(c)集成器件在弯曲不同曲率条件下的充放电曲线；
(d)集成器件在不同拉伸状态下的充放电曲线

在实际应用中，器件不仅需要具有可弯曲性，还需要在受力拉伸过程中维持较高性能。可拉伸纤维集成器件由于具有弹簧状的光阳极和可拉伸的超级电容器，具有优异的拉伸稳定性。总的能量转化储存效率在拉伸条件下仍能保持为 1.83%。此外，传统的纤维集成器件通常将两部分集成在一根纤维的两端，该结构需要较长的导线与外电路相连，并且充放电的转化过程较为复杂。该可拉伸器件将超级电容器插入太阳能电池中的结构，提高了单位面积的光利用率，在实际应用中具有一定的优势。

14.3　小结与展望

纤维集成器件因其新颖的一维结构和质量轻、柔性好、可编织、可穿戴等独特性能，在未来的微型电子器件领域具有较大的应用空间。虽然纤维集成器件的研究才刚刚起步，但是发展非常迅速，集成器件的结构、性能、应用等方面都取得了重要进展。

以能量转换和储存的纤维集成器件为例，总能量转化效率是衡量集成器件总体能量转化和储存性能的最重要指标。截至目前，最高的整体能量转化效率为11.2%，还可以进一步提高。众所周知，提高太阳能电池单元的能量转化效率，是提高整体能量转化效率最有效的方法。因此，制备具有较高能量转化效率的太阳能电池，成为以后优化纤维集成器件的关键。此外，优化器件结构从而减少外电路传导过程中的能量损失，也是另一种提高器件整体性能的策略。

纤维集成器件的大规模生产是限制其实际应用的另一重要问题，而在这一方面仍然缺乏系统深入的研究。目前集成器件长度均为厘米级别，对于实际应用而言太短。然而，当纤维集成器件的长度增加时，一些新的问题会出现。比如，器件的内部电阻可能由于纤维电极的延长而增加，并严重降低整个集成系统的性能。因此，开发电阻更小的纤维电极，同样是纤维集成器件未来的主要发展方向之一。

参 考 文 献

[1] Licht S, Hodes G, Tenne R, et al. A light-variation insensitive high-efficiency solar cell. Nature, 1987, 326(6116): 863-864.

[2] Hauch A, Georg A, Krasovec U O, et al. Photovoltaically self-charging battery. J. Electrochem. Soc., 2002, 149(9): A1208-A1211.

[3] Miyasaka T, Murakami T N. The photocapacitor: An efficient self-charging capacitor for direct storage of solar energy. Appl. Phys. Lett., 2004, 85(17): 3932-3934.

[4] Murakami T N, Kawashima N, Miyasaka T. A high-voltage dye-sensitized photocapacitor of a three-electrode system. Chem. Commun., 2005, (26): 3346-3348.

[5] Wee G, Salim T, Lam Y M, et al. Printable photo-supercapacitor using single-walled carbon nanotubes. Energy Environ. Sci., 2011, 4(2): 413-416.

[6] Hsu C Y, Chen H W, Lee K M, et al. A dye-sensitized photo-supercapacitor based on PProDOT-Et$_2$ thick films. J. Power Sources, 2010, 195(18): 6232-6238.

[7] Chen H W, Hsu C Y, Chen J G, et al. Plastic dye-sensitized photo-supercapacitor using electrophoretic deposition and compression methods. J. Power Sources, 2010, 195(18): 6225-6231.

[8] Xu J, Wu H, Lu L F, et al. Integrated photo-supercapacitor based on Bi-polar TiO$_2$ nanotube arrays with selective one-side plasma-assisted hydrogenation. Adv. Funct. Mater., 2014, 24(13): 1840-1846.

[9] Bae J, Park Y J, Lee M, et al. Single-fiber-based hybridization of energy converters and storage units using graphene as electrodes. Adv. Mater., 2011, 23(30): 3446-3449.

[10] Chen X, Sun H, Yang Z, et al. A novel "energy fiber" by coaxially integrating dye-sensitized solar cell and electrochemical capacitor. J. Mater. Chem. A, 2014, 2(6): 1897-1902.

[11] Chen T, Qiu L, Yang Z, et al. An integrated "energy wire" for both photoelectric conversion and energy storage. Angew. Chem. Int. Ed., 2012, 51(48): 11977-11980.

[12] Fu Y, Wu H, Ye S, et al. Integrated power fiber for energy conversion and storage. Energy Environ. Sci., 2013, 6(3): 805-812.

[13] Ren J, Zhang Y, Bai W, et al. Elastic and wearable wire-shaped lithium-ion battery with high electrochemical performance. Angew. Chem. Int. Ed., 2014, 53(30): 7864-7869.

[14] Sun H, Jiang Y, Xie S, et al. Integrating photovoltaic conversion and lithium ion storage into a flexible fiber. J. Mater. Chem. A, 2016, 4(20): 7601-7065.

[15] Zhang Y, Zhao Y, Cheng X, et al. Realizing both high energy and high power densities by twisting three carbon-nanotube-based hybrid fibers. Angew. Chem. Int. Ed., 2015, 54(38): 11177-11182.

[16] Yang Z, Deng J, Sun H, et al. Self-powered energy fiber: Energy conversion in the sheath and storage in the core. Adv. Mater., 2014, 26(41): 7038-7042.

第15章 纤维器件的封装

本章主要介绍纤维器件的封装，将重点介绍各种封装材料和方法，阐明不同纤维器件对封装的不同要求。本章还将讨论现有的纤维器件的封装技术，这是将来实现纤维器件连续生产和实际应用的关键。

15.1 封装材料概述

封装材料的基础功能是为器件提供物理保护。它保证了电子器件在不同环境条件下使用时都能拥有良好的性能。此外，封装还能将器件中的关键材料或部件与空气中水、氧气隔离，以防止其中的活性材料与之发生化学反应。对电子器件来说，封装材料的另一个重要作用是帮助器件散热。封装材料的发展对现代工业，特别是对微芯片、发光二极管(LED)、锂离子电池等至关重要。

为了满足不同电子器件的使用要求，人们开发了不同封装材料和方法。不同种类的材料如金属、高分子和陶瓷材料具有不同的优势，因此被用于封装不同的电子器件。除材料外，封装方法对电子器件的性能也至关重要。为了使生产过程更可靠、更高效，人们对许多封装方法进行了深入探索。

电子封装通常是指将芯片与辅助元件集成的过程，封装材料主要包括基底、散热器和密封剂。电子封装对机械保护、信号分配、热管理、电源等至关重要。例如，芯片中的硅片十分易碎，封装对保护硅片十分必要。芯片要实现一定的功能，就要与其他元器件连接。这就需要将芯片和引出线集成在基底上，引出线帮助芯片与其他部件交换信号，基底为芯片和引出线提供机械支持。发热对芯片的性能危害极大。由于芯片散热效率低，很大一部分故障是由高温引起的。随着电子设备的功能越来越强大，结构越来越紧凑，对散热的需求将更加迫切。散热管理在芯片的设计和制造中极为重要。基底的主要功能之一是将热量从芯片传导到散热器。因此，基底材料应具有高导热性，并且必须在高温下保持稳定。

封装剂也用来保护芯片免受机械损伤。封装剂通常是高分子材料，如环氧树脂，它具有良好的绝缘性和韧性。封装剂的另一个重要作用是防止空气的污染。空气中的水蒸气、氧气和灰尘都有可能造成芯片的失效。为了保证芯片长期稳定工作，可靠的封装剂是十分必要的。

除芯片外，封装技术也被广泛用于 LED 和太阳能电池。LED 通常使用半导体作为活性材料，加电压后注入电子和空穴，二者复合后产生光。相反，太阳能电池则是吸收光来产生电流。这两类器件中的活性材料对水极为敏感。这就要求封装材料具有很低的水蒸气透过率。与芯片相比，LED 和太阳能电池封装的主要区别在于，需要透明的封装材料或透镜和曲面反射器，以达到最大的光发射和吸收效率。

对于储能器件来说，封装也是一道重要的工序，其中最典型的是锂离子电池。锂离子电池由正负极、隔膜、电解液、封装层及其他辅助材料组成。锂离子电池的封装通常是指将裸电池装进一个外壳并将其密封。封装材料有多种功能。第一，封装材料可以保护电池不受机械损伤；第二，封装层可以将电解液保留在其中，保证电池正常工作；第三，可以防止水分进入电池。电池对水极为敏感，即使是微量的水也会对其性能产生非常严重的不良影响。目前有三种主要的封装材料，分别是不锈钢、铝和铝塑复合材料。

15.1.1　封装材料的功能和要求

对于芯片的封装材料，除机械保护外，还需要提供更多的重要功能。芯片在工作过程中会产生大量的热，积累的热量会导致温度上升，这会严重损害芯片。随着芯片的功率越来越大，集成电路上的结构越来越紧凑，这个问题变得更加严重。所以热管理成为芯片封装材料最关键的功能。图 15.1 是芯片中的基本封装布局，包括基底、散热器、胶黏剂和封装剂[1]。其中，基底与芯片紧密相连，基底的主要功能是提供机械支撑和散热，工作时热量会从芯片传导到基底上。散热效率主要依赖于基底材料及其与芯片的界面。当温度升高时，芯片和基底都会膨胀。芯片与基底的亲密接触是有效传热的关键，而这可能会因为两者膨胀率的不匹配而被破坏。目前仍难以找到合适的材料作为基底，需要我们投入更多精力来解决这一瓶颈问题。

图 15.1　元件与基板之间通过连接材料黏结的侧视示意图[1]

基底材料应满足一定的要求[2,3]。首先应具有较高的导热系数，优异的散热能力是基底的最重要性质。此外，还应该具有与硅片相似的热膨胀系数。如果热膨胀系数不匹配，会造成基底和芯片之间的热应力，从而进一步导致连接点的接触不良和器件的失效。除此之外，基底材料应具有良好的机械性能。基底需要有足够高的强度来为芯片提供机械保护，尤其是在高温下应避免出现脆性。最后，基底材料应易于制造且价格不高。单一材料很难满足基底材料的所有要求，复合材料结合了不同材料的优点，作为基底材料发展迅速，得到了广泛的研究。

图 15.2 为 LED 的封装结构[2]。当施加电压时，会在半导体材料中注入电子和空穴。电子和空穴的结合将产生光。LED 和芯片基底封装有许多相同的要求，但 LED 对封装剂还有特殊要求。第一，为了提高 LED 的发光效率，封装材料应具有较高的折射率，以保证高的光提取率。大多数金属材料由于不透明，不适合做封装剂。高分子是好的候选材料，透明陶瓷由于其良好的整体性能，是很有前途的封装剂。第二，封装剂应具有良好的抗紫外线和耐热性。在紫外线和高温下容易老化的聚合物封装剂需要进行改性。第三，封装剂的热膨胀系数应与 LED 及其他封装材料相匹配。第四，封装剂应具有较好的隔水性。

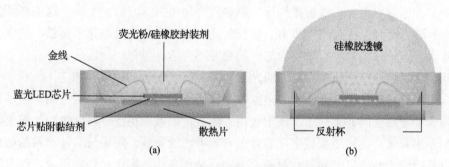

图 15.2 白光 LED 封装的截面示意图[2]
(a) 典型封装结构；(b) 包含透镜型的封装结构

对于锂离子电池来说，封装材料最重要的功能是防潮和提供机械保护。锂离子电池对水分非常敏感。即使是微量的水也会导致性能严重下降。因此，封装材料应足够致密，从而将电池与外界水分隔绝开。无定形聚合物或多孔陶瓷很难阻止水分子进入电池，无法用作电池封装材料。此外，封装材料在电解液中浸泡时，应具有化学稳定性，封装材料与电解液的反应会导致封装失效。封装材料还要有足够高的机械强度，任何破裂都可能导致电池失效。锂离子电池的封装材料将不可避免地降低整个电池的能量密度，所以封装材料应尽可能质轻。

15.1.2 不同封装材料的特性

金属、高分子、陶瓷、碳材料等都可以被用于封装，不同的材料有不同的应用范围。复合材料拥有多种材料的优点，使用复合材料作封装材料是一种很好的思路。

许多金属具有较高的导热系数，约为 100 W/(m·K)，这十分有利于芯片散热。铜等金属具有较大的热容量，常被用作封装中的散热器。金属还具有不错的机械性能，可以有效避免封装破损。此外，与聚合物和陶瓷不同，金属具有致密的结构，可将水分子或其他污染物阻挡在器件之外。在锂离子电池行业，金属基封装材料因其水蒸气透过率低而被广泛使用。金属的另一个优点是易于制造，工业界早已实现了各种金属材料的大规模制造。

然而，金属的许多缺点使其无法成为芯片和 LED 的封装材料。金属的热膨胀系数远大于硅片，在工作中会造成与硅片接触不良，难以有效散热。另外，部分金属化学活性高，很容易被腐蚀。当使用这类金属作为封装材料时，需要对其进行额外的处理和保护。

聚合物具有良好的机械性能，如韧性、弹性和伸缩性。这些特性使聚合物有望成为可靠的封装材料。此外，很多聚合物还具有良好的耐候性，这是在复杂环境中工作的前提条件。像金属一样，很多聚合物也有良好的加工性，这些特性使其在封装方面具有很强的竞争力。尽管如此，由于聚合物的导热系数低，热膨胀系数大，因此单独用聚合物作为芯片基底并不合适。值得一提的是，环氧树脂、硅基复合材料等聚合物具有良好的光学性能，可以作为 LED 的封装剂。

陶瓷具有很好的综合性能，热膨胀系数低，介电常数低，稳定性高。但是很多陶瓷的导热性能并不理想，成本较高。陶瓷可以被应用在特殊领域，如航空航天和军事领域，在这些领域中可靠性是首要考虑的问题。陶瓷与其他材料的结合可以获得综合性能良好的复合材料。例如，金属基体与陶瓷掺杂的组合，既保证了高导热性，又保证了低热膨胀系数，而在高分子基体中填充陶瓷可以获得优良机械性能的复合材料。

复合材料可以克服单一材料的许多缺点。近年来，人们对复合材料进行了深入的研究，并取得了很大的进展。合金具有比其单一成分好得多的性能，这在工业上得到了广泛的应用。人们已制备出了各种封装合金，其性能大为改善。为了提高封装材料的机械性能和抗电化学迁移能力，研究人员采用脉冲激光沉积法制造了 Ag-Cu 合金纳米颗粒薄膜，并在 5～20 MPa 的压力和 250～400℃下进行烧结，如图 15.3(a)～(c) 所示[4]。该烧结薄膜可作为碳化硅芯片与基体之间的中间层，烧结过程保证了 Ag-Cu 合金薄膜与其他部件的良好接触[图 15.3(d)～(f)]。

如图 15.4 所示，合金膜的剪切强度和压缩比随着烧结温度的升高而增加，在烧结温度为 400℃时，剪切强度超过了 70 MPa，在 20 MPa 烧结时机械性能较好。良好的机械性能有助于在高温下更好地保护芯片。

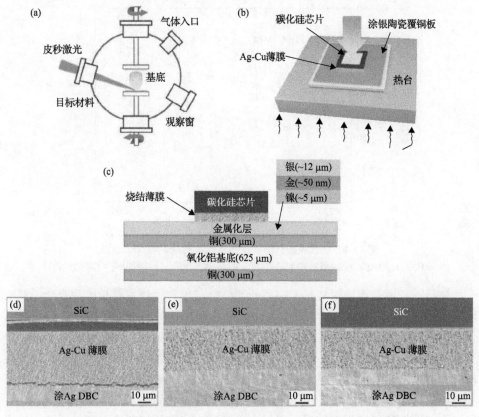

图 15.3 脉冲激光沉积法制备 Ag-Cu 合金纳米颗粒薄膜及焊接点截面图[4]

(a)脉冲激光沉积过程示意图；(b)烧结过程示意图；(c)烧结连接点侧视图；
在 250℃(d)、350℃(e)和 400℃(f)形成的烧结连接点的微结构侧视图

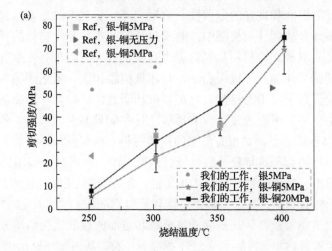

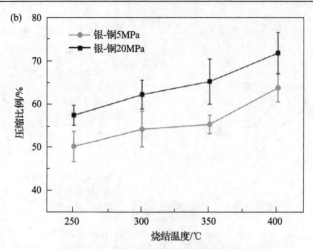

图 15.4   合金膜的剪切强度和压缩比与烧结温度关系[4]

(a)使用 Ag 和 Ag-Cu 纳米颗粒的接头的剪切强度与温度关系图；(b)压缩比与烧结温度关系图

　　焊料的作用是连接封装材料中不同部件，与单一金属焊料相比，合金焊料表现出更高的强度。在封装材料中，Ag-Cu 合金被用作焊料进行连接。与 Cu 相比，合金焊料具有更好的抗氧化性和更低的焊接温度[5]，而且合金比 Ag 便宜得多。研究人员开发了掺有锗的 Sn-Ag-Cu 低 Ag 焊料，证明了其润湿性、剪切力和延展性都有所提高。这是由微量锗元素(0.06 wt%)形成的精细结构所致[6]。

　　环氧树脂在封装中得到了广泛的应用，其最显著的优点是成本低。但其热性能、介电性能和机械强度却远远不能令人满意。将陶瓷填料掺入环氧树脂中组成复合材料，可以大大提高整体性能。将负载量为 50%的微米级球形氧化铝颗粒加入环氧树脂中，可以使复合材料的导热性、稳定性和机械强度大大改善[7]。这归功于颗粒优异的性能和良好的分散性。除陶瓷外，研究人员还采用二维材料作为填料。将石墨烯分散到环氧树脂中，制成封装胶黏剂，复合材料的导热系数提高了 4 倍以上[8]。其他二维材料如氮化硼也有类似效果。将带有羟基官能团的二维六边形氮化硼纳米片加入环氧树脂中。与环氧树脂相比，氮化硼纳米片掺杂复合材料导热系数提高了 2 倍以上[9]。这可以归功于氮化硼纳米片的高热导率和良好的分散性。基于环氧树脂的复合封装材料，具有优异的性能和易制备性，并且环氧/陶瓷复合材料成本低，是很有前景的封装材料。在有机基体中加入无机填料可以将两者优势相结合，这是获得高性能封装材料的一种有效而实用的方法。

　　环氧树脂由于其透明性和良好的加工性，也被用作 LED 的封装材料。以环氧树脂为基础的复合材料，实现了热稳定性和折射率的提高，这对 LED 的长期运行和高光提取效率非常重要。高结晶、单分散和表面改性的氧化锆纳米颗粒很容易分散到环氧树脂基体中，折射率从 1.51 提高到 1.65。从而使光输出增加了 13.2%，同时使其热稳定性也得到提高[10]。改性硅和硅氧烷材料也被用作 LED 的封装剂。

就像环氧树脂一样，将透明的氧化锆纳米颗粒加入硅氧烷中，所得到材料的发光亮度大大增强，蓝光比例降低[11]。因此，氧化锆/硅封装剂使 LED 更高效、更健康。在硅胶中可填充二氧化钛以提高发光性能，光通量得到增强，相关色温偏差降低了 95%以上[12]。硅氧烷是另一种被广泛研究的封装剂，它便于改性，从而获得性能可控的材料。合成的氟硅氧烷由于 F 原子吸电子能力较强，具有较高的稳定性。氟硅氧烷对紫外线透明，在深紫外线下（<300 nm）也很稳定[13]，这使得它适合作耐紫外的 LED 封装剂。在硅氧烷基体中还可使用无机填料。例如，将 CdSe/CdZnS 核/壳量子点封装在硅氧烷基质中。均匀分散的量子点有助于提高基体在 120℃与 5%相对湿度的苛刻条件下和暴露于各种化学品中的稳定性[14]。

复合材料对于锂离子电池的封装也非常重要。锂离子电池主要有圆柱电池和软包电池两种。铝塑膜是软包电池不可缺少的封装材料。封装电池的结构如图 15.5 所示。众所周知，在锂离子电池中，封装材料要满足许多严格的要求，而铝塑膜具有多重优势，可以满足封装的需要。铝塑膜由三层组成，分别是尼龙、铝和聚丙烯。其中尼龙层强度大，使铝塑膜具有较高的机械强度，可以防止开裂。中间的铝层具有非常致密的结构，可以防止水分进入电池。铝具有非常低的水蒸气透过率，这对电池性能至关重要。另外，铝的密度比较低，这对提高整个电池的能量密度是有利的。聚丙烯层可作为胶黏剂对薄膜进行密封。将裸电池放入铝塑膜后，对铝塑膜的边缘热压，聚丙烯层熔化后会把封口粘住密封。此外，聚丙烯具有化学惰性，不会与电池中的电解液发生反应。这三层材料都易于大规模加工。三种不同材料的组合使封装材料具有非常好的整体性能，这对电池的长期稳定性尤为重要。

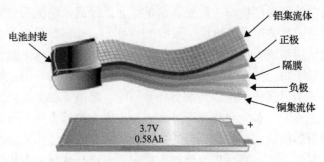

图 15.5　软包电池封装的结构示意图[15]

如图 15.6 所示，圆柱电池使用钢壳进行封装。钢壳封装是一项成熟的技术，成品率非常高，在电动汽车上有非常大的市场份额。但钢壳密度大，且封装结构不致密，降低了整个电池的能量密度。铝塑膜封装使电池的能量密度更高，安全性也有所提高，但成本比钢壳高。这两种封装材料都具有较高的防潮能力，稳定性和加工性好。在研究中，涂有防腐材料的铝箔也被用作锂离子电池的封装材料。

单一的铝层不能作为封装材料,因为它很容易被腐蚀。为了防止腐蚀,研究人员在铝箔上沉积钛(Ti),形成由金属氧化物和金属氟化物组成的涂层[16]。与聚丙烯相比,涂层箔材具有更好的耐腐蚀性和更高的剥离强度。在另一项研究中,将三价铬[Cr(III)]/Ti 溶液涂覆在铝箔上。Ti/Cr(III)转化涂层主要由 Al_2O_3、TiO_2、$Cr(OH)_3$ 和 Cr_2O_3 组成。而涂层箔材的腐蚀电流比铝低一个数量级[17]。

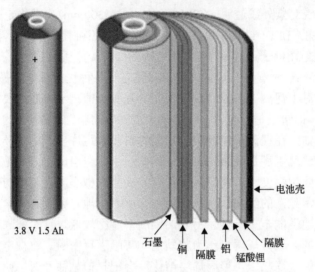

图 15.6　圆柱锂离子电池的外观和内部结构示意图[15]

15.1.3　封装方法

封装方法对器件的性能至关重要。这里主要以锂离子电池的封装为例进行讨论。铝塑膜可用于封装锂离子电池。如图 15.7 所示,该薄膜具有三层结构,由尼龙、铝和聚丙烯层组成。如上所述,即使是微量的水分也会对电池性能产生有害影响,铝塑膜对于防止外界水分进入电池起到了至关重要的作用。结构致密的铝和紧密的聚丙烯密封保证了电池内部与外界隔绝,而尼龙层则提供了良好的机械强度。在封装过程中,首先要将铝塑膜剪成一定大小的长方形,形成一个外有尼龙层,内有聚丙烯层的铝塑膜袋。袋的大小应与设计的电池尺寸相匹配,否则就可能导致电池封装不良。然后将电池放入袋中,并进行热封。在热封过程中,聚丙烯层熔化并将铝塑膜袋的上下两层粘连在一起,从而保证了密封严密。封口温度和时间应遵循标准操作规程。封口温度或时间不足会造成封口不严,过度则会损坏封装材料。封口位置也应精确控制。铝塑膜袋留有一面不封口,用于注入电解液,之后将这一面密封,电池成型后将过多的铝塑膜裁剪掉。至此,电池封装过程完成。

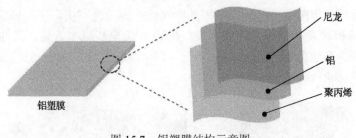

图 15.7　铝塑膜结构示意图
铝塑膜包含尼龙、铝和聚丙烯三层

15.2　纤维器件的封装技术

除对器件常规性能的要求外，"可穿戴"对于纤维器件来说始终是最重要的。所以纤维器件的封装材料应该是柔性的、可弯曲的，有时甚至是可拉伸的。为了满足日常使用，封装材料应该足够耐用，不会在经过数百万次的弯曲或拉伸后出现失效。此外，由于纤维器件要长期暴露在外部环境中，因此封装材料应具有良好的耐候性。防水性对于纤维器件也十分重要，这保证器件在水洗后还能正常使用。

为了实现纤维器件的大规模制造，封装材料应易于加工且价格低廉，制造方法也应简单。将纤维器件的制备融入现有的纺织业是非常好的思路，便于它们自然地集成到纺织品和服装中。下面重点以纤维发光器件和纤维锂离子电池为例，进行详细介绍。

15.2.1　纤维发光器件的封装材料

对于纤维发光器件，由于其内部的活性材料对水非常敏感，所以要求封装材料不仅要透明，还要防水。而且封装材料要有良好的稳定性，以保证能长期工作。

一些研究已经使用 Ecoflex 高分子和聚二甲基硅氧烷作为柔性器件的封装材料。这些高分子材料具有疏水性和透明性，并具有良好的弹性，可用于封装纤维发光器件。此外，许多市售聚合物，如聚乙烯、聚丙烯和聚甲基丙烯酸甲酯，都是封装材料的良好候选者。

15.2.2　纤维锂离子电池的封装材料

对于纤维锂离子电池来说，聚合物有望作为封装材料。许多直链无定形聚合物具有柔性，一些特殊设计的聚合物可以获得良好的机械性能，如拉伸性、弹性和延展性。但聚合物的松散结构不利于防水。例如高密度聚乙烯和聚丙烯，由于其柔性好，非常容易加工，一直被用作封装材料，但其水蒸气透过率太高。用高密度聚乙烯或聚丙烯封装的电池容量下降很快。单纯使用聚合物很难满足锂离子电池的所有要求。用复合材料封装纤维电池是一个很好的解决方案。如图 15.8 所示，前人报道利用薄层金属和聚二甲基硅氧烷作为荧光有机电子二极管的封装材料[18]。金属和聚合物的结合提供了良好的机械保护和防水效果。柔性层压封装使磷光 OLED 有较低水蒸气透过率，低于玻璃封装[图 15.9(a)]，且弯曲稳定性好[图 15.9(b)，(c)]。

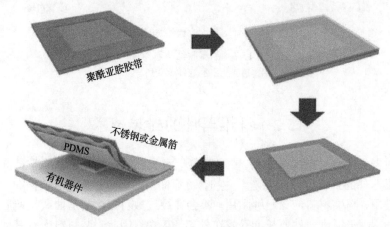

图 15.8　柔性层压封装过程[18]

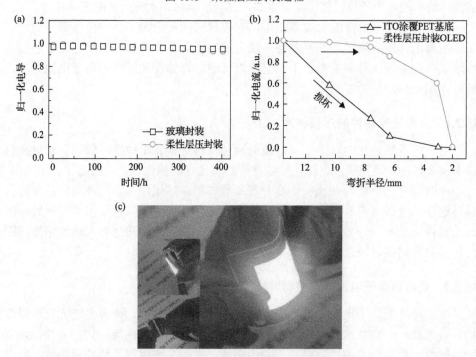

图 15.9　柔性封装器件的耐水性以及耐弯折性[18]

(a)在 25℃、40%相对湿度下，封装器件水蒸气透过率的测量；(b)铟锡氧化物涂覆聚对苯二甲酸乙二醇酯形成的复合基底以及负载在上述复合基底上柔性封装的荧光 OLED 在不同弯曲半径下的稳定性研究
(c)大面积柔性封装磷光 OLED 的演示

15.3　纤维器件的封装方法

为平面器件构建的封装方法不适用于纤维器件。纤维器件的高曲率使得涂层难以形成紧密的封装层。而纤维器件所要求的独特的机械特性，又给封装带来了更严格的要求。另外，传统的手工方法成本高、效率低、不稳定，难以满足大规模制备的需求。为了更进一步迈向商业化，需要革新制备方法，以实现连续、经济地生产纤维器件。产业界中纤维产品的制造，如电缆和纤维的生产，可能为我们发展新的纤维器件封装方法带来启发。

15.3.1　纤维发光器件的封装方法

一种简单的涂覆方法已经被用于平面柔性器件的封装。如图 15.10 所示，用共聚酯(Ecoflex)涂层封装了一个可拉伸的堆叠式平面微型超级电容器阵列[19]。由于有效的封装，该器件具有良好的机械性能，在水下也能工作[图 15.11(a)]。超级电容器在严苛的机械变形下也能充放电，在水中浸泡 4 天后电容与原始值比值(C/C_0)接近 1[图 15.11(b)]。

在蛇形金属线的制造中，也曾采用过两阶段涂覆法[20]。与传统的包覆方法相比，两阶段涂覆是先将线材固定在弹性体基材上并拉伸，然后在线材处于拉伸状态时将硅胶包覆在线材上[图 15.12(a),(b)]。两段式封装法可以保证蛇形金属线具有良好的拉伸性，并使器件的米塞斯应力比传统的涂层法低得多[图 15.12(c)]。采用有限元分析法分析了电子线被拉伸时的应力分布[图 15.12(d)~(f)]。两级涂层器件具有弯曲的三维配置，这导致应力集中在弯曲点，使得该器件更容易被拉伸。

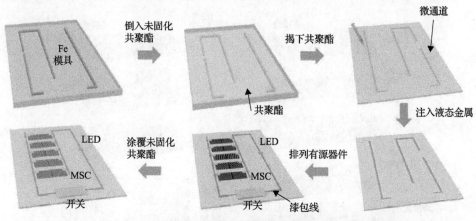

图 15.10　在共聚酯(Ecoflex)基板上制造带有嵌入式液态金属连接的
可拉伸微型超级电容器阵列示意图[19]

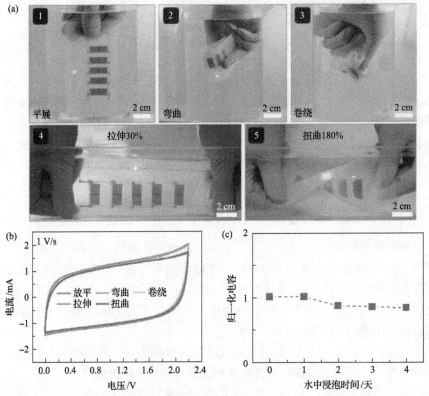

图 15.11　超级电容器阵列机械性能与耐水性展示*[19]

(a)集成了微型 LED 的微型超级电容器阵列封装后的照片，微型 LED 由在水中进行不同形式变形的微型
超级电容器阵列供电；不同形式变形下测得的循环伏安图(b)和在水中浸泡 4 天测得的归一化电容
(C/C_0)(c)。这里，C_0 和 C 分别是浸泡在水中之前和之后的电容

*扫描封底二维码见本图彩图

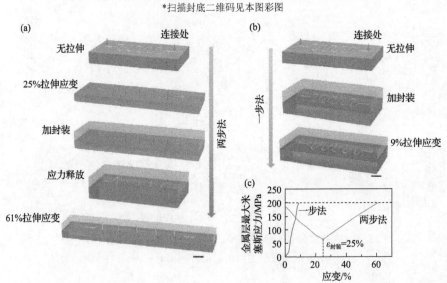

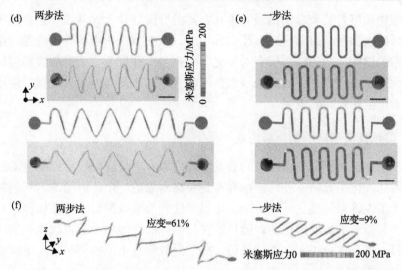

图 15.12 二维蛇形互连的两级封装策略和传统的一级封装策略示意图[20]

(a)、(b)二维蛇形互连的两级和一级软封装过程;(c)二维蛇形互连金属层的最大米塞斯应力与施加应变($\varepsilon_{applied}$)的函数关系;(d)、(e)在两级封装过程(左,应变 $\varepsilon_{封装}$= 26%)(顶部,无负载状态;底部,$\varepsilon_{施加}$ = 61%)和一级封装过程(右)(顶部,无负载状态;底部,$\varepsilon_{施加}$ = 9.0%)条件下,二维蛇形互连的未变形和变形的有限元结果和照片;(f)二维蛇形互连的透视图。标尺:1 mm

　　研究人员开发出一种基于卷对卷生产透明导电柔性电极的连续封装方法[21]。如图 15.13 所示,先将金属纳米线涂覆在乙烯-醋酸乙烯/聚对苯二甲酸乙二醇酯塑料薄膜上,然后在纳米线上热压一层负载石墨烯的铜箔。由于封装严密,所得电极具有良好的抗腐蚀能力和机械性能。

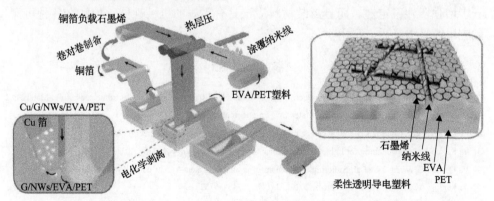

图 15.13 采用连续卷对卷工艺生产的石墨烯与金属纳米线混合薄膜的示意图[21]

制作工艺示意图,包括在聚合物基材上涂覆金属纳米线,用石墨烯/铜箔热压复合,用电化学鼓泡法使石墨烯和铜箔剥离,用连续化学气相沉积系统重复使用铜箔生长石墨烯。右边方框中的混合薄膜的详细结构示意图显示,纳米线部分嵌入乙烯-醋酸乙烯基底,并被单层石墨烯薄膜完全封装

　　对于发光纤维器件来说,高效的封装方法是大规模制造的先决条件之一。在

这个过程中，将封装聚合物溶液涂覆在裸露的纤维器件上，并在一定条件下干燥即可在纤维表面形成封装层。封装过程中的许多参数会影响器件的性能。涂层厚度是非常关键的，厚的镀膜层会对发光效率产生负面影响，而薄的镀膜层则很难支撑和保护纤维器件。因此，应该选择一个合适的平衡点。此外，镀膜温度和速度等因素也会影响封装效果。

15.3.2　纤维锂离子电池的封装方法

受软包电池封装和电缆制造的启发，我们用多层复合材料对纤维电池进行封装。采用标准化的设备，使纤维电池和封装材料通过一个高温通道，封装材料熔化后形成柔性管材包裹住纤维电池。这根柔性管为电池提供了机械保护，并为电解液的注入留下了足够的空间。随后，在封装好的纤维电池上再缠绕一层结构紧密的材料，防止水分进入电池。最后，在已封装纤维电池的两端注入电解液后进行热封。

此过程不需要昂贵的材料或设备，这种高效的方法可以在几个小时内连续封装几十米长的纤维电池。纤维电池之所以表现出良好的电化学性能和稳定性，很大程度上是因为采用了良好的连续封装技术，这体现了连续封装法的优越性。

15.4　总　　结

纤维器件的封装材料和技术取得了很大的进步。已经成功实现了高效的封装。但是，仍然存在许多严峻的挑战。封装需要更好地保护纤维器件免于受潮，以进一步增强器件稳定性。而且封装材料应该具有更好的机械性能，使其在各种可穿戴应用场景中舒适、耐用。

参 考 文 献

[1] Li Y, Wong C P. Recent advances of conductive adhesives as a lead-free alternative in electronic packaging: Materials, processing, reliability and applications. Mater. Sci. Eng. R Rep. , 2006, 51(1-3): 1-35.

[2] Lu D, Wong C P. Materials for advanced packaging. Cham, Switzerland: Springer, 2009.

[3] liu S, Luo X. Led packaging for lighting applications. Singapore: John Wiley & Sons, 2011.

[4] Jia Q, Zou G, Wang W, et al. Sintering mechanism of a supersaturated Ag-Cu nanoalloy film for power electronic packaging. ACS Appl. Mater. Interfaces, 2020, 12(14): 16743-16752.

[5] Yan J, Zhang D, Zou G, et al. Preparation of oxidation-resistant Ag-Cu alloy nanoparticles by polyol method for electronic packaging. J Eelectron Mater, 2018, 48(2): 1286-1293.

[6] Wu J, Xue S, Wang J, et al. Effect of Pr addition on properties and Sn whisker growth of Sn-0.3 Ag-0.7 Cu low-Ag solder for electronic packaging. J. Mater. Sci. Mater. Electron. , 2017, 28(14): 10230-10244.

[7] Chen C, Xue Y, Li X, et al. High-performance epoxy/binary spherical alumina composite as underfill material for electronic packaging. Compos. Part A Appl. Sci. Manuf. , 2019, 118: 67-74.

[8] Aradhana R, Mohanty S, Nayak S K. High performance electrically conductive epoxy/reduced graphene oxide adhesives for electronics packaging applications. J. Mater. Sci. Mater. Electron. , 2019, 30 (4) : 4296-4309.

[9] Lee D, Lee S, Byun S, et al. Novel dielectric BN/epoxy nanocomposites with enhanced heat dissipation performance for electronic packaging. Compos. Part A Appl. Sci. Manuf. , 2018, 107: 217-223.

[10] Tao P, Li Y, Siegel R W, et al. Transparent dispensible high-refractive index ZrO_2/epoxy nanocomposites for led encapsulation. J. Appl. Polym. Sci. , 2013, 130 (5) : 3785-3793.

[11] He X, Tang R, Pu Y, et al. High-gravity-hydrolysis approach to transparent nanozirconia/silicone encapsulation materials of light emitting diodes devices for healthy lighting. Nano Energy, 2019, 62: 1-10.

[12] Huang K C, Huang Y R, Chuang T L, et al. Incorporation of anatase TiO_2 particles into silicone encapsulant for high-performance white led. Materials Letters, 2015, 143: 244-247.

[13] Bae J Y, Kim H Y, Lim Y W, et al. Optically recoverable, deep ultraviolet (UV) stable and transparent sol-gel fluoro siloxane hybrid material for a UV led encapsulant. RSC Adv. , 2016, 6 (32) : 26826-26834.

[14] Jang J, Yoon D E, Kang S M, et al. Exceptionally stable quantum dot/siloxane hybrid encapsulation material for white light-emitting diodes with a wide color gamut. Nanoscale, 2019, 11 (31) : 14887-14895.

[15] Tarascon J M, Armand M. Issues and challenges facing rechargeable lithium. Nature, 2001, 414: 359-367.

[16] Xia X F, Gu Y Y, Xu S A. Titanium conversion coatings on the aluminum foil AA 8021 used for lithium-ion battery package. Appl. Surf. Sci. , 2017, 419: 447-453.

[17] Wang S, Xu S. Ti/Cr(Ⅲ) conversion coating on aluminium foil for lithium-ion battery package. SURF ENG, 2020: 1-8.

[18] Park M H, Kim J Y, Han T H, et al. Flexible lamination encapsulation. Adv. Mater. , 2015, 27 (29) : 4308-4314.

[19] Kim H, Yoon J, Lee G, et al. Encapsulated, high-performance, stretchable array of stacked planar micro-supercapacitors as waterproof wearable energy storage devices. ACS Appl. Mater. Interfaces, 2016, 8 (25) : 16016-16025.

[20] Li K, Cheng X, Zhu F, et al. A generic soft encapsulation strategy for stretchable electronics. Adv. Funct. Mater., 2019, 29 (8) : 1806630.

[21] Deng B, Hsu P C, Chen G, et al. Roll-to-roll encapsulation of metal nanowires between graphene and plastic substrate for high-performance flexible transparent electrodes. Nano Lett., 2015, 15 (6) : 4206-4213.

第16章 智 能 织 物

本章重点介绍了由纤维器件制备的智能织物，包括光伏织物、储能织物和多功能织物。首先讨论并介绍了染料敏化太阳能电池织物、聚合物太阳能电池织物和钙钛矿太阳能电池织物。接着展示了储能织物，包括超级电容器织物和电池织物。最后一部分是集光伏和储能织物于一体的多功能织物。在本章中，将重点介绍具有实际应用价值的智能织物的制备、结构和功能。

16.1　智能织物概述

如前几章所述，纤维器件总体上具有尺寸小、柔性好、易于集成等特点，保证了在实际使用过程中性能的稳定性。值得注意的是，以纤维能源器件为例，由于其小尺寸，单根纤维能源器件提供的能量是相对有限的。借助于成熟的编织技术，以纤维能源器件为基础来构建柔性能源织物，有望确保为各种电子产品提供足够多的电能。因此，在纤维器件被成功开发后，一些典型的能源器件比如光伏和储能器件已经被成功集成到织物中[1,2]。以能源织物为支撑平台，已经开发出具有发光、电致变色、智能响应、自愈合等多种功能的智能织物。

本书的第 4~8 章介绍了纤维能源器件[3,7-13]，这里我们先对能源织物做一个概述。在第 4 章中，我们描述了由纤维 DSC 制成的织物的结构[图 16.1(a)]。在第 5 章中，我们演示了由 PSC 编成的织物[图 16.1(b)]。在第 6 章中，纤维钙钛矿太阳能电池被编到织物中[图 16.1(c)]。第 7 章介绍了纤维超级电容器，它被用于制造储能织物[图 16.1(d)]。在第 8 章中，我们获得了纤维锂离子电池并将其编到织物中[图 16.1(e)]。对于太阳能电池织物，因为 DSC 电池往往用到液态电解质，而纤维钙钛矿太阳能电池稳定，全固态 PSC 织物是首选，因为它们可以有效地避免液态电解质的安全问题和严格封装的难题。对于纤维储能器件，凝胶电解质成为必然选择，可以为实际应用带来极大便利。虽然能源织物已经取得了很大进展，但实现智能织物的大规模生产仍面临一些关键挑战。例如，能源织物的构建需要较长的纤维能源器件，但由于电阻的增加，纤维能源器件的性能通常随着长度的增加而明显衰减。

除了纤维能源器件，本书第 9 章描述了纤维发光器件，它们能够被编成织物（图 16.2）。由于纤维发光器件能够实现 360°无角度限制的均匀发光，近年来引起了学术界和工业界的广泛关注。与纤维能源器件类似，其主要问题之一是发光纤维的发光性能比平面器件低。此外，大规模生产纤维发光器件仍具有挑战性。

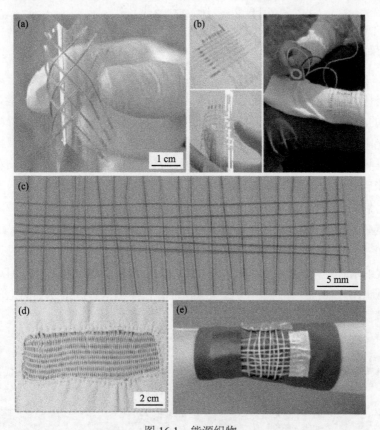

图 16.1　能源织物

(a) 染料敏化太阳能电池 (DSC) 织物[3]；(b) 聚合物太阳能电池 (PSC) 织物[4]；
(c) 钙钛矿太阳能电池织物[5]；(d) 超级电容器织物[6]；(e) 锂离子电池织物[7]

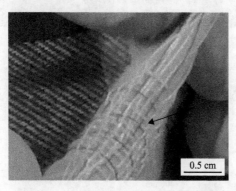

图 16.2　由纤维器件编织成的发光织物[14]

16.2 光 伏 织 物

16.2.1 染料敏化太阳能电池织物

　　DSC 织物的制备方法有两种。第一种方法是首先构建出纤维 DSC，然后编成织物。但是用纤维 DSC 编成的织物，通常具有较低的柔性和较差的性能，因为纤维 DSC 的光电转换效率随长度的增加而降低。第二种方法是先把活性材料涂覆在由纤维光阳极编成的织物上，把纤维对电极也编成织物，然后光阳极织物和对电极织物堆叠成太阳能电池织物。往往以染料敏化的 TiO_2 纳米管作为光阳极，这些 TiO_2 纳米管是在钛金属丝编织的钛网上阳极氧化生长的。图 16.3(a) 显示了阳极氧化 6 小时后的 Ti 网。TiO_2 纳米管的直径为 70～100 nm[图 16.3(b)，(c)]，通过改变阳极氧化时间可以控制 TiO_2 纳米管的长度。另一个纤维电极由具有高电导率 ($10^2 \sim 10^3$ S/cm) 和高力学强度 (~600 MPa) 的碳纳米管纤维制成[图 16.3(d)，(e)]。碳纳米管纤维织物是一种自支撑材料，具有良好的柔性[图 16.3(f)]。按照图 16.4 所示，将表面修饰染料的钛丝织物堆叠在碳纳米管纤维织物的上部，然后注入电解质。

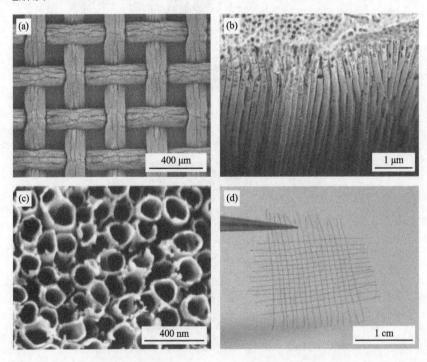

图 16.3 染料敏化太阳能电池织物的表征[12]

(a)涂覆上染料的钛丝织物的扫描电镜照片；TiO$_2$纳米管在低倍(b)和高倍(c)放大时的扫描电镜照片；碳纳米管纤维织物的光学显微镜(d)和扫描电镜照片(e)；(f)碳纳米管纤维织物缠绕在玻璃棒上的光学显微镜照片

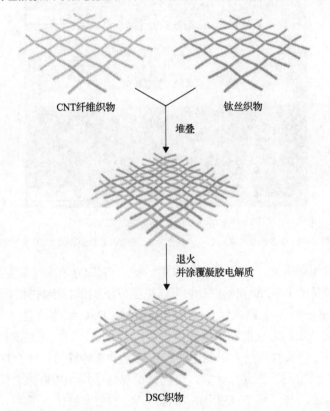

图 16.4 由涂覆染料的光阳极织物和碳纳米管对电极织物堆叠制备 DSC 织物的示意图[12]

通过第一种方法，如图 16.5(a)所示，纤维 DSC 可以与棉纤维进行共编织，获得具有发电功能的织物，可以有效收集太阳能，然后给各种电子设备如 LED 提供能量[图 16.5(b)]。值得注意的是，通过设计 DSC 纤维的编织和连接模式，获得的 DSC 织物的输出电压和电流是可调的，以满足用户的应用要求。虽然制备过程比较复杂，但是通过两个电极的组合来制造 DSC 织物，是一种非常普适和容易调控的方法。

图 16.5　DSC 织物展示[12]

(a)集成到布中的 DSC 织物照片；(b)一个红色发光二极管(LED)由 DSC 织物(五个串联)点亮

　　如本书第 4 章所述，DSC 织物的效率显示出与 TiO$_2$ 纳米管长度的依赖关系。由纤维电极制备的 DSC 织物的性能，可以根据以下测试标准进行表征和评价。如图 16.6(a)所示，当 TiO$_2$ 纳米管长度为 30 μm 时，DSC 织物的最大光电转换效率为 3.10%，这与我们之前的结果一致。值得注意的是，与电流密度相关的光的有效面积，是通过将长度乘以太阳能电池织物的宽度来计算的。对于 DSC 织物，有效区域以整个织物面积来进行计算，也就是说包含了织物中纤维之间不产生光电流的间隙。因此，与纤维 DSC 相比，织物 DSC 的效率被低估了。

　　制备的 DSC 织物，具有较高的柔性和光伏稳定性。图 16.6(b)为太阳能电池在弯曲前后的 J-V 曲线，两个曲线重合。DSC 织物在使用固态电解质代替液态电解质时，表现出了更好的稳定性。图 16.6(c)显示了 DSC 织物在放置 300 小时内的光伏参数，在此期间光电转换效率下降了不到 6%。

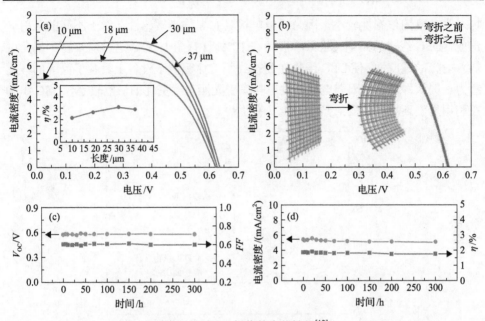

图 16.6　DSC 织物的光伏性能[12]

(a)具有不同长度 TiO₂ 纳米管 DSC 织物的 J-V 曲线(插图显示了光电转换效率 η 与 TiO₂ 纳米管长度的关系);
(b)基于液态电解质的 TiO₂ 纳米管长度为 30 μm 的 DSC 织物弯折前后的 J-V 曲线;(c)、(d)固态电解质
对 DSC 织物光伏参数的时间依赖性

　　与传统的平面太阳能电池一样,太阳能电池织物也是二维结构。对于太阳能电池织物来说,当阳光照射到太阳能电池时,电极的网状结构很难阻挡阳光。相反,对于平面太阳能电池,光会被不透明的电极阻挡。图 16.7 比较了用对电极和光阳极暴露的两种太阳能电池的 J-V 曲线。对于 DSC 织物,两边的电流密度差不超过 10%,而对于平面太阳能电池,相差超过一半。此外,平面 DSC 也高度依赖于入射光的角度。当光垂直照射电池时,DSC 的能量转换效率最高。而 DSC 织

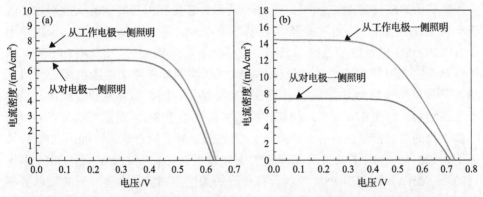

图 16.7　DSC 织物(a)和传统平面 DSC(b)在两个相对面照明下的 J-V 曲线[12]

物对光角度的依赖性较小，因为纤维电极具有三维光敏感性。对于不同的入射光角度，DSC 织物的光电转换效率波动在 10% 以内（图 16.8）。这种对来自不同角度的入射光的适应性，使 DSC 织物在便携式和可穿戴电子设备上具备了巨大的应用潜力。例如，织物太阳能电池的输出功率受光照角度变化的影响较小，DSC 织物在利用周围环境的漫反射光方面也具有优势。

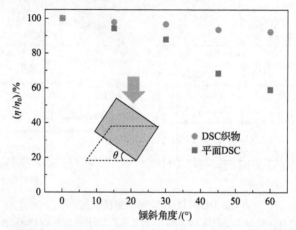

图 16.8 光电转换效率对入射光的依赖性，通过将 DSC 的一侧边缘提升为角度 (θ)[12]
这里 η_0 和 η 分别对应于弯曲角度为 0 和其他角度时的能量转换效率

16.2.2 聚合物太阳能电池织物

对于 PSC 织物，通常有三种构建策略。第一种是通过纤维 PSC 编织而成。第二种是制备织物电极然后组装成 PSC 织物。第三种方法是分别制备正、负纤维电极，然后将两个纤维电极垂直编织形成 PSC 织物。对于第一种方法，与 DSC 织物相同，这里不再赘述，下面重点阐述第二种和第三种方法。

第二种方法构建 PSC 织物如图 16.9 所示。首先在阳极氧化的钛丝织物上沉积一层 TiO_2 纳米粒子。然后将聚(3-己基噻吩-2,5-二基)：[6,6]-苯基-C_{61}-丁酸甲酯 (P3HT:PCBM) 和聚(3,4-乙撑二氧噻吩)：聚(苯乙烯磺酸盐) (PEDOT:PSS) 沉积在钛丝织物表面作为活性层。最后，在钛丝织物两侧覆盖柔性碳纳米管薄膜来制备[15]夹层结构的 PSC 织物。由于采用夹层结构，PSC 织物两面的能量转换效率几乎相同。弯曲 200 次后，能量转换效率损失小于 3%。更重要的是，制得的 PSC 织物的表面密度只有 5.9 mg/cm^2，明显低于基于聚对苯二甲酸乙二醇酯/氧化铟锡 (20 mg/cm^2) 的柔性薄膜聚合物太阳能电池 (31.3 mg/cm^2) 和 DSC 织物 (173 mg/cm^2)。制备的 PSC 织物具有极好的柔性和高能量密度，同时可以提高透气性以增加舒适度。

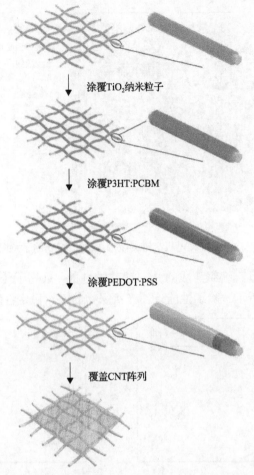

涂覆TiO₂纳米粒子

涂覆P3HT:PCBM

涂覆PEDOT:PSS

覆盖CNT阵列

图 16.9 通过织物电极构建 PSC 织物的制备示意图[15]

通过第三种方法，由纤维正负极垂直编织而成的 PSC 织物如图 16.10 所示。PSC 织物是在无梭织机上采用传统编织工艺生产的平纹织物。棉和镀银尼龙在一定宽度的条件下在经纱方向交替固定。宽度取决于阴极的长度和串联模块的数量。棉线和阴极纤维根据平行模块的数量沿纬纱方向以一定宽度织造。采用该方法制备的 PSC 织物的透气性优于其他两种制备方法。同时，该制备方法可以灵活地调整 PSC 织物的性能以适应不同的用户。

采用纤维正负极垂直编织构建的 PSC 织物，解决了太阳能织物以前无法大面积制备的问题。在保证织物性能的同时，扩大织物面积更具有实用性。用于光伏测试的样品是一种 25 cm×50 cm 的 PSC 织物。能量转换效率的有效面积由光伏织物的投影面积计算。为表征器件性能，将镀银尼龙丝末端与银浆连接，再与外部器件连接来记录 PSC 织物的光伏性能曲线。

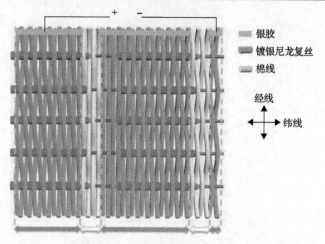

图 16.10　用纤维电极交错编织形成 PSC 织物的示意图[16]

由纤维正负极垂直编织而成的 PSC 织物的性能，远高于传统的纤维太阳能电池，如图 16.11(a)所示。除了性能外，光伏织物的工作稳定性对其应用也至关重

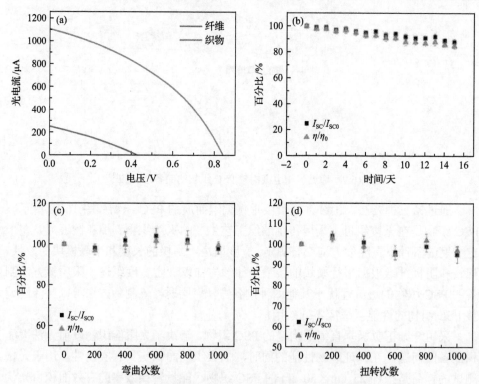

图 16.11　将纤维正负极垂直编织而成的 PSC 织物[16]

(a)在同等条件下与纤维 PSC 的性能比较；(b)空气中光电流和能量转换效率随时间的变化；
(c)光电流和能量转换效率与弯曲次数的关系；(d)光电流和能量转换效率与扭转次数的关系

要。如图 16.11(b)所示，PSC 织物在空气中 15 天后，能量转换效率保持在初始值
的 85%以上。对于在变形条件下的稳定性，弯曲测试数据表明，光伏织物表现出
稳定的性能，即使在 80°弯曲角度下，能量转换效率下降不到 15%。性能下降的
原因可能是阴极与阳极纤维接触疏松，弯曲角度增大，表明在释放后性能能够得
以恢复。如图 16.11(c)所示，光伏织物在经过 1000 次弯曲循环后，几乎保持了
100%的初始性能。如图 16.11(d)所示，在扭转试验中，经过 180°扭转后光伏织物
在 1000 个周期内仍表现出了较高的稳定性。

16.2.3　钙钛矿太阳能电池织物

　　与上述提到的 DSC 和 PSC 相比，钙钛矿太阳能电池是最近才发展起来的，
因此，对柔性钙钛矿太阳能电池织物的制备，目前仍处于探索阶段。通常，在编
成织物［图 16.12(a)］或与其他纤维电池［图 16.12(b)］集成之前，需要先制备纤维
钙钛矿太阳能电池。

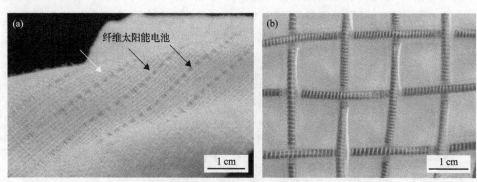

图 16.12　纤维钙钛矿电池展示[17]
(a)纤维钙钛矿太阳能电池织成的布；(b)纤维钙钛矿太阳能电池相互编织在一起

16.3　储　能　织　物

16.3.1　超级电容器织物

　　超级电容器织物主要有两种制备方法。第一种先构建纤维超级电容器，然后
将其编成织物，这里通常有多个并联的纤维超级电容器。由图 16.13 可知，18 个
纤维超级电容器被分成 3 个并联组(每组都由点线构成)并被集成到 T 恤上，点亮
了 57 个红色 LED 灯[6]。这种方法具有良好的普适性。
　　对于第一种方法，纤维电极可以通过多种方式获得。例如，通过在溶液[18]中
沉积碳纳米管或石墨烯层，将棉线转变为导电纤维，构建超级电容器织物。通过
平面印刷，在棉花或聚酯纤维上沉积改性碳也可以作为超级电容器的纤维电极。

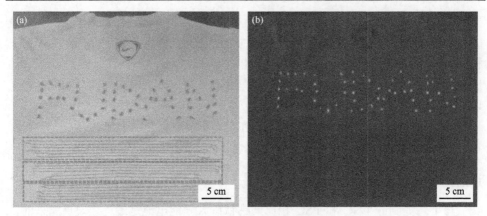

图 16.13　超级电容器织物在 T 恤(a)上为 57 个红色 LED 灯供电(b)[16]

通过将棉纤维碳化作为活性炭纤维，在织物上负载二氧化锰颗粒，构建了赝电容超级电容器[19]。用商业织物制备纤维超级电容器的方法简单可行。

通过上述复合材料或碳化纤维作为电极材料构建的超级电容器，往往是不透明的。而在一些重要应用领域，人们希望使用透明的超级电容器织物。为了提高容量，可以采用电化学沉积的方法将聚苯胺复合到碳纳米管纤维中。通过调节电沉积的时间可以控制聚苯胺的含量。图 16.14 为不同聚苯胺含量的复合纤维，从图中可以看出，纤维的形态随着聚苯胺含量的变化而变化。当含量过高时，聚苯

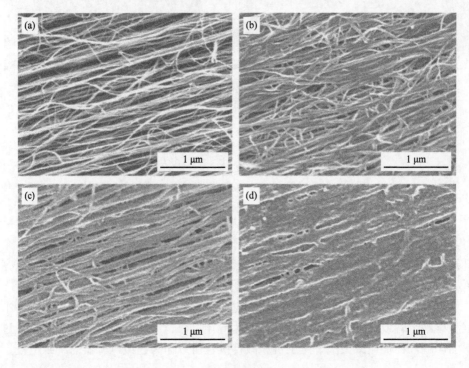

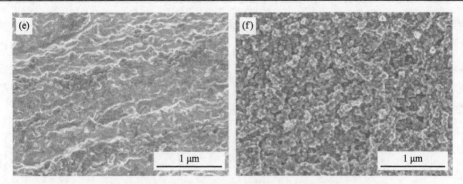

图 16.14　在含有不同质量分数聚苯胺的碳纳米管纤维织物的扫描电镜照片[20]

(a) 原始的取向碳纳米管；(b)～(f) 取向碳纳米管/聚苯胺复合材料，

其中聚苯胺质量分数分别为 15%、30%、40%、50%和 60%

胺会聚集，如图 16.14(f) 所示。通过用凝胶电解质隔离两个相互叠加的碳纳米管/聚苯胺复合纤维，得到了超级电容器织物(图 16.15)[20]。

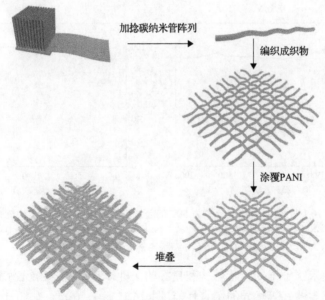

加捻碳纳米管阵列

编织成织物

涂覆PANI

堆叠

图 16.15　基于碳纳米管/聚苯胺复合纤维电极的超级电容器织物的构建示意图[20]

随着聚苯胺质量分数从 0、15%、30%、40%增加到 50%，透明超级电容器织物的比容量也相应地从 7.7 F/g、108.5 F/g、152.8 F/g、201.8 F/g 增加到 272.7 F/g。当聚苯胺的质量分数超过 60%时，电容器的比容量下降到 240.6 F/g，这是由于聚苯胺发生了聚集，并且与取向碳纳米管有效接触面积减小。

图 16.16(a) 显示了在不同扫描速率下的循环伏安曲线，随着扫描速率的增加，循环伏安曲线保持了良好的形状。由于聚苯胺的不同氧化态，曲线上出现了相应

的氧化还原峰，使得碳纳米管/聚苯胺复合纤维电极表现出赝电容行为。不同电流密度下的充放电曲线如图 16.16(b) 所示。所有曲线均为对称三角形，表明超级电容器织物在大电流密度范围内具有稳定的电化学性能。由图 16.16(c) 可知，超级电容器织物具有良好的循环稳定性。经过 2000 次充放电循环后，电容器仍然保持 90%以上的容量，库仑效率接近 100%[图 16.16(d)]。

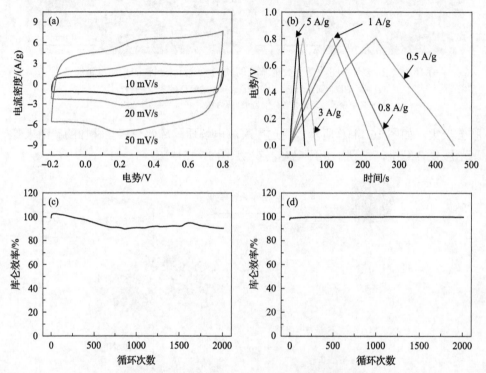

图 16.16　聚苯胺质量分数为 50%的超级电容器织物的电化学性能[20]
(a)在不同的扫描速率下的循环伏安曲线；(b)不同电流密度下的恒电流充放电曲线；
(c)、(d)在 1 A/g 下比电容和库仑效率对循环次数的依赖性

　　由于碳纳米管纤维的网状结构和良好的柔性，超级电容器织物表现出了透明度高、质轻、柔性好等优异的综合性能[图 16.17(a)～(c)]。如图 16.17(d)，(e) 所示，超级电容器织物可以承受一定的变形而不影响电化学性能。经过 200 次弯曲循环后，纤维超级电容器的比容可保持 96.4%[20]。
　　水系电解质限制了单个超级电容器的工作电压，因此串联或并联超级电容器可以提供更高的输出电压或容量。图 16.18(a)比较了在相同电流下 1 个超级电容器与 3 个串联超级电容器的充放电曲线。串联后工作电压从 0.8 V 提高到了 2.4 V。如图 16.18(b)所示，当 3 个纤维超级电容器并联时，整个器件的工作电压与单个器件的工作电压相同，而容量是原来的 3 倍。

图 16.17 纤维超级电容器织物展示与性能[20]

(a)～(c)透明超级电容器织物的照片；(d)超级电容器织物弯曲成不同角度时的循环伏安曲线
（扫描速率为 20 mV/s)；(e)聚苯胺质量分数为 50%（弯曲角为 150°）时，比电容与弯曲循环次数的关系，
C_0 和 C 分别为弯曲前后的比电容值

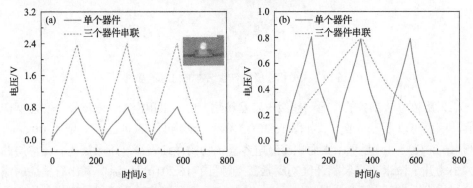

图 16.18 串联(a)和并联(b)3 个超级电容器的恒电流充放电曲线[20]

(a)中的插图为由超级电容器织物供电的红色 LED 灯

　　为了进一步提高超级电容器织物的实用性，增加储能织物的面积，我们设计了一种具有新型分层结构的大面积超级电容器织物。制备方法如图 16.19 所示。第一，将聚酯纤维浸泡在氧化石墨烯(GO)分散液中，通过氢碘酸对氧化石墨烯层进行化学还原，形成还原氧化石墨烯(RGO)/聚酯复合织物。第二，通过原位聚合将聚苯胺进一步引入 RGO/聚酯复合纤维中以形成三元复合纤维。第三，用银浆料在复合纤维的一侧印刷集流体栅格，得到纤维电极。第四，在织物电极的两侧涂覆聚乙烯醇/磷酸盐凝胶电解质，但要避免在涂覆银浆的集流体栅格上涂覆。然后在外表面将两个改性纤维电极与集流体栅格叠加，中间加入隔膜，制备出超级电容器织物[21]。

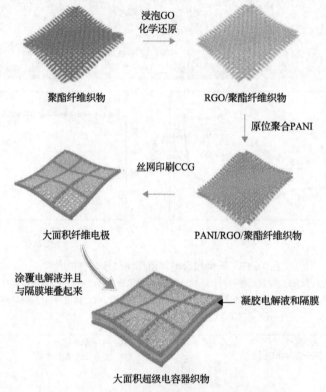

图 16.19　大面积超级电容器织物的构建示意图[21]

　　采用该方法制备的大面积超级电容器织物，由于采用浸涂、原位聚合和丝网印刷，因而可以很容易放大。如图 16.20(a)所示，织物面积从 4 cm^2 扩大到 100 cm^2。图 16.20(b)～(g)显示了大面积超级电容器织物的详细表征。还原氧化石墨烯层的大小为几十微米，与聚酯纤维基底紧密接触[图 16.20(b)]。涂覆氧化石墨烯的涤纶织物表面光滑，仅有少量褶皱，进一步证实了还原氧化石墨烯层的形成是均匀的[图 16.20(c)]。引入聚苯胺后，纤维电极的表面粗糙度得到有效改善[图 16.20(d)]，聚苯胺层呈现出比表面积大的多孔纳米结构[图 16.20(e)]。RGO 和聚苯胺的质量含量分别为 0.98 mg/cm² 和 4.2 mg/cm²。图 16.20(f) 和 (g) 显示了集流体栅格和所制备的织物之间的无缝接触。通过简单地增加集流体栅格，制备了大面积的超级电容器织物，有利于工业化生产。下一步的改进是改变这一大面积超级电容器织物的外观，以促进商业化。

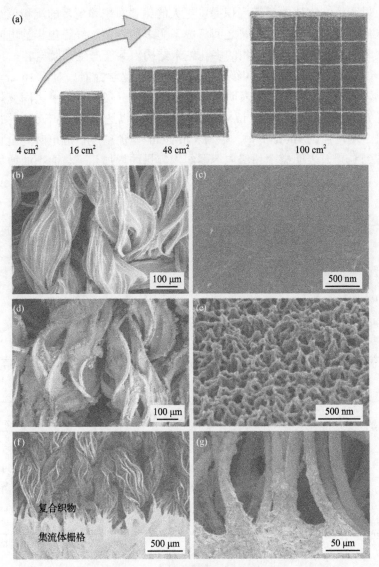

图 16.20　大面积超级电容器表征[21]

(a)面积为 4 cm²、16 cm²、48 cm² 和 100 cm² 的大面积超级电容器织物照片；还原氧化石墨烯/聚酯织物电极分别在低(b)和高(c)放大倍数下的扫描电镜照片；聚苯胺/还原氧化石墨烯/聚酯织物电极在低(d)和高(e)放大倍数下的扫描电镜照片；分别在低(f)和高(g)放大倍数下织物电极与集流体网格界面的扫描电镜照片

对于大面积超级电容器织物，还原氧化石墨烯涂层与相邻的聚酯纤维连接，大大降低了纤维电极的电阻。与其他碳纳米材料相比，还原氧化石墨烯的使用有两个优势。一是氧化石墨烯在水中分布均匀，可以将大尺寸氧化石墨烯片均匀地涂覆在聚酯纤维基底上，形成良好的桥接结构将相邻的涤纶纤维连接起来。它不需要添加高阻值的表面活性剂。第二个优点是还原氧化石墨烯薄片为二维结构，所以它可以为活性物质的后续沉积提供更大的比表面积和更多的沉积位点。引入聚苯胺之后，由于相邻导电通路之间形成了更多的连接，纤维电极的电阻进一步降低。聚苯胺层具有大比表面积的多孔纳米结构，并能产生高赝电容。

图 16.21 显示了不同尺寸超级电容器织物的电化学性能。对于 16 cm² 超级电容器织物，恒电流充放电曲线表明当电流密度在 0.5～3 mA/cm² 之间变化时，这个过程是完全可逆的，且在 0.5 mA/cm² 下比容量可以达到 781 mF/cm²（图 16.21）。当尺寸进一步增加到 100 cm² 时，在 0.5 mA/cm² 电流密度下放电时间没有明显下降[图 16.21(b)]，表明整个超级电容器织物容量的增加几乎与面积的增加成比例[图 16.21(c)]。具有 100 cm² 的超级电容器织物可以在从 50～200 mA/cm² 的高充放电电流下正常运行[图 16.21(d)]，并可在 5 mA/cm² 下达到 69.3 F。

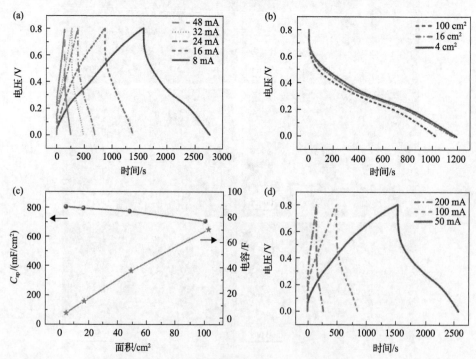

图 16.21　带有集流体网格的超级电容器织物[19]

(a)面积为 16 cm² 的超级电容器织物中不同电流密度下的恒电流充放电曲线；(b)在 0.5 mA/cm² 电流密度下具有不同面积的放电曲线；(c)比容、绝对容量与织物面积之间的关系；(d)面积 100 cm² 超级电容器织物中不同电流密度下的恒电流充放电曲线

大面积超级电容器织物的制备方法具有与普通布料织物方便集成的优势。如图 16.22 所示，400 cm² 的超级电容器织物，可通过商用缝纫机编织成 T 恤[图 16.22(a)]，在复杂变形条件下表现出较高的稳定性[图 16.22(b)]。作为应用演示，将 3 条 100 cm² 的超级电容器织物编织在衣服袖子上，串联起来形成可穿戴储能模型[图 16.22(c)]。当它在 50 mA/cm² 电流下完全充电时，超级电容器织物组可以点亮一个由 44 个红色 LED 灯组成的"FDU"符号[图 16.22(d)]。由于集流体栅

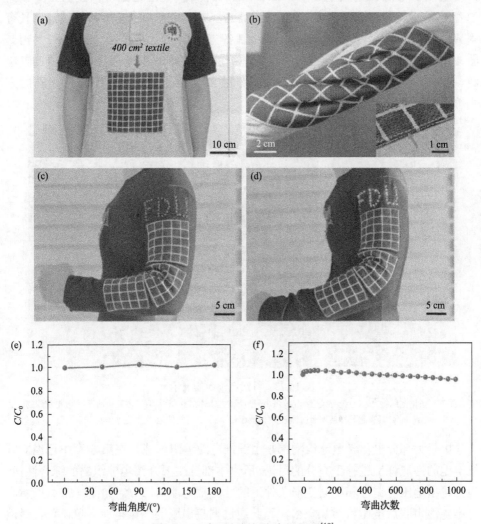

图 16.22　大面积超级电容器展示[19]

(a)一张 400 cm² 的超级电容器织物编进 T 恤上的照片；(b)超级电容器织物编成的衣服在大尺度变形时的状态；(c)三个串联的超级电容器织物(每件 100 cm²)编织在衣服袖子上；(d)"FDU"标志由 44 个红色的 LED 灯成功点亮；(e)在电流密度为 0.5 mA/cm²，弯曲角度从 0 增加到 180° 时，16 cm² 超级电容器织物容量的变化；(f)在电流密度为 0.5 mA/cm²，以 90° 弯曲 1000 次周期时，16 cm² 超级电容器织物的容量变化

格与织物纤维间的紧密接触,织物电极弯曲后仍能保持良好的性能。如图 16.22(e)
所示,随着弯曲角度的增大,以 90°连续弯曲 1000 次后,容量保持良好,可保持初
始值的 95.6%[图 16.22(f)]。

16.3.2　电化学电池织物

　　电化学电池和超级电容器都是常用的储能设备,但电池可以提供相对较高
的容量和能量密度。因此,实现电池织物并进一步提高储能织物的性能,具有
重要的现实意义。电化学电池织物的制备方法主要是将纤维电池编成织物。
图 16.23 显示了由纤维电池制备的各种织物,包括水系锂离子电池、锂-硫电
池、硅-氧气电池和锂-空气电池。虽然织物看起来不同,但它们是用相同的方
式编织的。

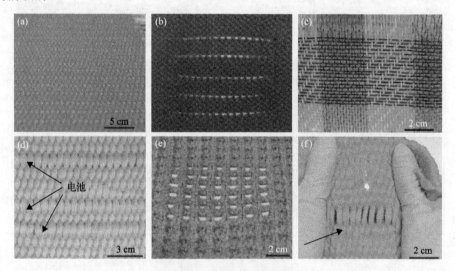

图 16.23　纤维电池织物展示

(a)水系锂离子电池织物[22];(b)锂-硫电池织物[23];(c)硅-氧电池织物[24];(d)具有同轴结构的锂-空气电池织物[25];
(e)具有超长循环寿命的锂-空气电池织物[26];(f)可拉伸锂-空气电池织物[27]

　　由于大部分电化学电池织物都是由纤维电池编织而成,在第 8 章中已经对纤
维电池的性能评价进行了充分的讨论,所以本部分主要介绍电池织物的综合性能,
包括输出电压可调性和不同变形条件下的性能稳定性两部分。如图 16.24 所示,
纤维电池串联后电压可增加一倍,因此通过调整串联的纤维电池数量,可灵活地
改变织物电池的电压和储存能量,以适应不同的应用。如图 16.25 所示,纤维水
系锂离子电池编成的织物,可以弯曲、折叠、扭曲成各种形态,在各种变形条件
下保持电化学性能。

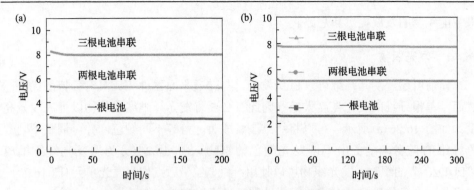

图 16.24 串联纤维电池后电化学电池织物的电压变化[27]

(a)由同轴结构纤维电池构建的锂-空气电池织物[25];(b)可拉伸锂-空气电池织物[27]

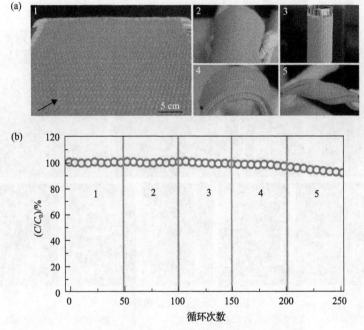

图 16.25 编成织物的纤维水系锂离子电池[22]

(a)织物被弯曲、折叠和扭曲,数字1~5表示在不同变形前后的状态,箭头表示织物中的纤维水系
锂离子电池;(b)图(a)所示织物在不同条件下的容量比,C_0 和 C 分别为变形前后的比容量

16.4 多功能织物

除了能量转换和能量储存,智能织物还具有发光和传感等其他功能。同时,该织物具有较高的可集成性,可将上述各种纤维器件集成到一块织物中来生产多功能智能织物。因此,本部分主要对一些多功能集成的智能织物进行展示,为未

来智能织物的发展提供新思路。

16.4.1　发光织物

　　如前所述，发光纤维可以 360°发光，与普通平面器件相比具有独特的优势。然而，单根纤维的发光亮度太低，因此有必要将发光纤维编成织物以提高发光亮度。如图 16.26(a)所示，可以将纤维制备成黄、蓝等不同颜色，并可调整不同颜色纤维的亮度，制备出不同发光颜色的织物。图 16.26(b)为用发光纤维编成"FUDAN"的织物。发光织物可以使用纤维、丝带、点作为发光单元(图 16.27)，它们各有自己的优势。纤维单元柔性和亮度可以有效平衡，适合面比较广。丝带发光单元亮度最高，但柔性相对较低。点式发光单元更灵活并可用于设计多种图案，但发光亮度是三种类型中最低的。

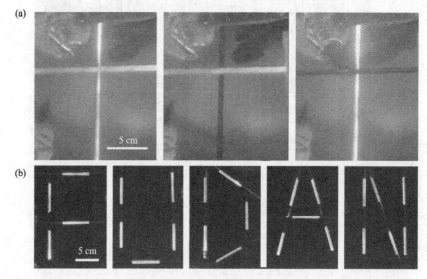

图 16.26　发光纤维织物展示[14]
(a)两种具有不同颜色的发光纤维被选择性地照亮；(b)发光纤维被编成"FUDAN"图案

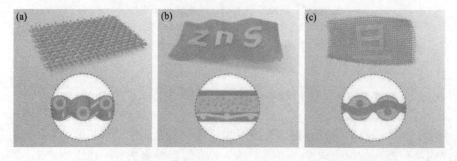

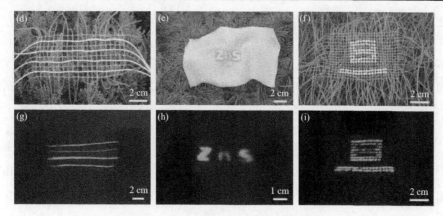

图 16.27 具有不同发光单元的织物展示

基于发光纤维(a)、丝带(b)和点(c)的发光织物的结构示意图;基于发光纤维(d)、丝带(e)和点(f)的发光织物的照片;(g)~(i)为(d)~(f)中所示的发光织物在拉伸和释放过程的照片[28]

因为第 9 章已经详细讨论了发光纤维,所以这里聚焦于发光的可拉伸织物,制备过程如图 16.28(a)所示。首先,通过吡咯单体的氧化聚合,将聚吡咯化学沉

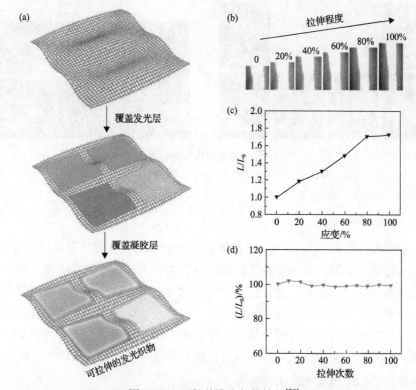

图 16.28 可拉伸发光织物性能[29]

(a)可拉伸发光织物的制备过程示意图;(b)可拉伸发光织物被拉伸至 20%、40%、60%、80% 和
100% 时的照片;(c)亮度与应变的关系;(d)亮度与拉伸次数的关系

积在氨纶织物上。其次，将掺杂 ZnS、磷和硅弹性体组成的发光层和水凝胶层吸附在预先制备好的导电织物上。所制备的发光织物具有可拉伸性，并可在拉伸条件下有效工作[图 16.28(b)]。随着应变由 20%增加到 100%，发光亮度比从 1.19增加到 1.72，这主要得益于电场的增强和发光面积的增大[图 16.28(c)]。此外，在 100%的应变下拉伸 100 次，发光亮度仍然保持在 98.5%[图 16.28(d)]。

　　发光织物不仅具有发光功能，还可以通过计算机编程来制备柔性电子织物显示器。如图 16.29 所示，将发光纤维织成毛衣，通过计算机控制程序可以改变毛衣上的编号。发光织物的亮度可以达到商用电脑屏幕的水平，这为柔性电脑的出现提供了基础。综上所述，可以作为柔性屏幕的发光织物有望颠覆可穿戴领域。

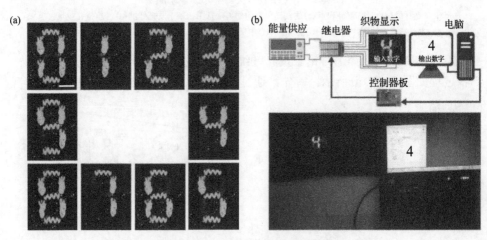

图 16.29　发光织物应用展示[30]

(a)发光织物显示从 0 到 9 的数字；(b)通过电脑控制的发光织物显示器

16.4.2　传感织物

　　除了发光，智能织物还可以具有传感、实时监测人体健康的功能。如第 10章所述，通过将多根传感纤维编成织物，可以制备出能够检测汗液中主要离子含量的传感器织物(图 16.30)。这种生物传感织物可以极大地改善当今可穿戴设备的功能，使得日常的健康探测设备比如手环，不再只能探测心率。传感器织物极大地扩展了智能织物的应用范围，从电子通信到医疗健康领域。具有传感功能的柔性织物，由于其良好的舒适性，可以替代现在一些笨重的检测仪器来长期监测患者的健康状况，提高患者的生活质量。

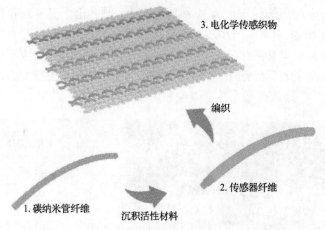

图 16.30　通过传感纤维制备传感织物的示意图[31]

16.4.3　集成织物

1. 集成储能织物

将能量收集与储存结合起来，可以在织物中实现自供电[32]。比如，典型地是将太阳能电池和储能器件首先在纤维上按照串联方式进行集成，然后将集成纤维编成能源织物[33]。为了进一步提高集成度，人们也提出了基于同轴结构[34]的光电转换和锂离子存储的集成纤维，然后将其编成能源织物。利用 $LiMn_2O_4$/碳纳米管和 $Li_4Ti_5O_{12}$/碳纳米管纤维作为核层的储能单元，弹簧状的光阳极和碳纳米管外层作为壳层的能量收集单元。这种集成织物可以提供 2.6 V 的输出电压。

从集成能源织物的角度看，全固态太阳能电池如聚合物太阳能电池在制备和使用时更加方便。通过采用同轴结构设计共用纤维电极[35]，可以实现聚合物太阳能电池与超级电容器的集成。对于聚合物太阳能电池部分，在 Ti 丝左侧制备一层 TiO_2，然后在其表面涂覆聚(3-己基噻吩):苯基-C_{61}-丁酸甲酯(P3HT:PCBM)和聚(3,4-乙撑二氧噻吩):聚(苯乙烯磺酸盐)(PEDOT:PSS)。然后在外层制作一层取向碳纳米管薄膜，作为聚合物太阳能电池部分的另一个电极。对于超级电容器部分，钛丝右侧区域充当集流体，由两层取向碳纳米管包裹，其中间夹有电解液。无须封装过程，集成纤维可以工作数周且效率保持在约 75%，这为其进一步构建智能织物铺平了道路。

除了收集太阳能为可穿戴电子设备提供能量外，摩擦纳米发电机(TENG)还能将人体日常活动中多种形式的机械能转化为电能[36]。由于 TENG 在其输出中通常表现出不可控的波动性，所以大多数电子产品还不能直接使用 TENG 进行驱动[37]。将 TENG 与储能单元集成，是一个有效的解决策略。比如，把 TENG 和超级电容器构建成能源织物(图 16.31)[38]。利用在三股扭曲不锈钢/聚酯纤维混纺纱表面涂覆硅橡胶制备成的集能纱组作为能量收集单元，制备出了具有高拉伸性和形状适应性的 TENG 织物。当一个活动物体(如手套、织物、手或脚)与有机硅介电层接触时，界面就会起电并产生电荷极性，从而产生电能。通过整流器调节，产生的能量储存在超级电容器纱线中。集成的能源纤维可以提供的最大峰值功率密度约为 85 mW/m^2，并且具有高弹性、柔性和可拉伸性。

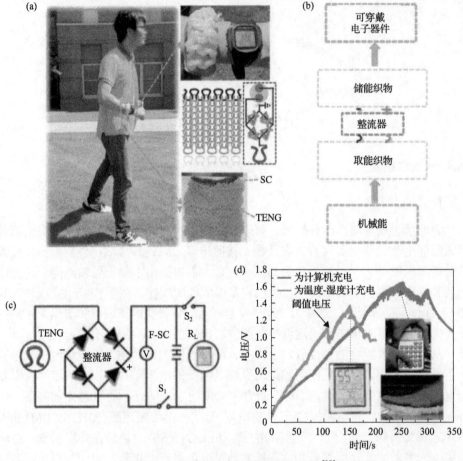

图 16.31　自充电能源织物的应用展示[38]

(a)、(b)用于可穿戴电子设备的自充电能源织物的应用图；(c)集成系统的电路图；
(d)TENG 对超级电容器的充电曲线

2. 高度集成的织物系统

早期的多功能集成织物主要是能源织物，但近年来，随着多功能纤维如发光纤维和传感器甚至纤维忆阻器的发展，越来越多的功能纤维器件被集成到智能织物中，形成一个高度集成的织物系统。第 11 章详细介绍了纤维忆阻器，主要是展示其在"纤维计算机"中的应用。如图 11.11(a)所示,通过将柔性纤维忆阻器编到织物中,作为织物计算机的主要部分。与此同时,电池纤维被编成织物能源,发光纤维被编成织物屏幕。图 11.11(b)显示了这个简单的织物计算机的应用,并说明了这个简单版本的计算机可以做一些基本的逻辑运算。这表明,如果提高织物电路的复杂性,与商用计算机相媲美的织物计算机将可能面世,这可能会改变人们的生活方式。

16.5 展　望

多功能智能织物可以取代市场上的大多数电子产品,比如将笨重的手机和电脑变成具有健康监测功能的可穿戴设备,创造出一个电子织物的世界。然而,这一领域仍然存在诸多挑战,离实际应用仍然有很大距离。首先,电子织物在使用前需要进行封装,这会降低其柔性和性能。其次,日常使用的编织方法,可能破坏智能织物的结构,因此需要进一步研究与智能织物兼容的编织方法。再次,亟须发展连续构建方法,发展规模化生产设备,实现低成本和高效率构建。最后,迫切需要建立有效的安全评估标准,提高智能织物的安全性和舒适性。通过多学科交叉融合,以及材料创新与工艺优化,智能织物有望给我们的未来生活带来一场技术革命。

参 考 文 献

[1] Aricò A S, Bruce P, Scrosati B, et al. Nanostructured materials for advanced energy conversion and storage devices. Nat. Mater., 2005, 4(5): 366-377.

[2] Wang Z L. Progress in piezotronics and piezo-phototronics. Adv. Mater., 2012, 24(34): 4632-4646.

[3] Sun H, You X, Deng J, et al. A twisted wire-shaped dual-function energy device for photoelectric conversion and electrochemical storage. Angew Chem Int Ed 2014, 53(26): 6664-6668.

[4] Zhang Z, Yang Z, Wu Z, et al. Weaving efficient polymer solar cell wires into flexible power textiles. Adv. Energy Mater., 2014, 4(11): 1301750.

[5] Qiu L, Deng J, Lu X, et al. Integrating perovskite solar cells into a flexible fiber. Angew Chem Int Ed, 2014, 53(39): 10425-10428.

[6] Sun H, Fu X, Xie S, et al. Electrochemical capacitors with high output voltages that mimic electric eels. Adv. Mater., 2016, 28(10): 2070-2076.

[7] Ren J, Zhang Y, Bai W, et al. Elastic and wearable wire-shaped lithium‐ion battery with high electrochemical performance. Angew Chem Int Ed, 2014, 53(30): 7864-7869.

[8] Pan S, Yang Z, Li H, et al. Efficient dye-sensitized photovoltaic wires based on an organic redox electrolyte. J. Am. Chem. Soc., 2013, 135(29): 10622-10625.

[9] Chen T, Qiu L, Yang Z, et al. Novel solar cells in a wire format. Chem. Soc. Rev., 2013, 42(12): 5031-5041.

[10] Pan S, Zhang Z, Weng W, et al. Miniature wire-shaped solar cells, electrochemical capacitors and lithium-ion batteries. Mater. Today, 2014, 17(6): 276-284.

[11] Pan S, Yang Z, Chen P, et al. Carbon nanostructured fibers as counter electrodes in wire-shaped dye-sensitized solar cells. J. Phys. Chem. C, 2014, 118(30): 16419-16425.

[12] Pan S, Yang Z, Chen P, et al. Wearable solar cells by stacking textile electrodes. Angew Chem Int Ed Engl, 2014, 53 (24): 6110-6114.

[13] Li J, Wang L, Zhao Y, et al. Li-CO$_2$ batteries efficiently working at ultra-low temperatures. Adv. Funct. Mater., 2019, 30: 200161987.

[14] Zhang Z, Guo K, Li Y, et al. A colour-tunable, weavable fibre-shaped polymer light-emitting electrochemical cell. Nat. Photonics, 2015, 9(4): 233-238.

[15] Zhang Z, Li X, Guan G, et al. A lightweight polymer solar cell textile that functions when illuminated from either side. Angew Chem Int Ed, 2014, 126(43): 11755-11758.

[16] Liu P, Gao Z, Xu L, et al. Polymer solar cell textiles with interlaced cathode and anode fibers. J. Mater. Chem. A, 2018, 6(41): 19947-19953.

[17] Xu L, Fu X, Liu F, et al. A perovskite solar cell textile that works at −40 to 160 ℃. J. Mater. Chem. A, 2020, 8(11): 5476-5483.

[18] Hu L, Pasta M, Mantia F L, et al. Stretchable, porous, and conductive energy textiles. Nano Lett., 2010, 10(2): 708-714.

[19] Bao L, Li X. Towards textile energy storage from cotton t-shirts. Adv. Mater., 2012, 24(24): 3246-3252.

[20] Pan S, Lin H, Deng J, et al. Novel wearable energy devices based on aligned carbon nanotube fiber textiles. Adv. Energy Mater., 2014, 5(4): 1401438.

[21] Sun H, Xie S, Li Y, et al. Large-area supercapacitor textiles with novel hierarchical conducting structures. Adv. Mater., 2016, 28(38): 8431-8438.

[22] Zhang Y, Wang Y, Wang L, et al. A fiber-shaped aqueous lithium ion battery with high power density. J. Mater. Chem. A, 2016, 4(23): 9002-9008.

[23] Fang X, Weng W, Ren J, et al. A cable-shaped lithium sulfur battery. Adv. Mater., 2016, 28(3): 491-496.

[24] Zhang Y, Jiao Y, Lu L, et al. An ultraflexible silicon-oxygen battery fiber with high energy density. Angew Chem Int Ed, 2017, 56(44): 13741-13746.

[25] Zhang Y, Wang L, Guo Z, et al. High-performance lithium-air battery with a coaxial-fiber architecture. Angew Chem Int Ed, 2016, 55(14): 4487-4491.

[26] Wang L, Pan J, Zhang Y, et al. A Li-air battery with ultralong cycle life in ambient air. Adv. Mater., 2018, 30(3): 1704378.

[27] Wang L, Zhang Y, Pan J, et al. Stretchable lithium-air batteries for wearable electronics. J. Mater. Chem. A, 2016, 4 (35): 13419-13424.

[28] Zhang J, Bao L, Lou H, et al. Flexible and stretchable mechanoluminescent fiber and fabric. J. Mater. Chem. C, 2017, 5(32): 8027-8032.

[29] Li Y, Zhang Z, Li X, et al. A smart, stretchable resistive heater textile. J. Mater. Chem. C, 2017, 5(1): 41-46.

[30] Zhang Z, Cui L, Shi X, et al. Textile display for electronic and brain-interfaced communications. Adv. Mater., 2018, 30(18): e1800323.

[31] Wang L, Wang L, Zhang Y, et al. Weaving sensing fibers into electrochemical fabric for real-time health monitoring. Adv. Funct. Mater., 2018, 28(42): 1804456.

[32] Lv T, Yao Y, Li N, et al. Wearable fiber-shaped energy conversion and storage devices based on aligned carbon nanotubes. Nano Today, 2016, 11(5): 644-660.

[33] Chien C T, Hiralal P, Wang D Y, et al. Graphene-based integrated photovoltaic energy harvesting/storage device. Small, 2015, 11 (24): 2929-2937.

[34] Sun H, Jiang Y, Xie S, et al. Integrating photovoltaic conversion and lithium ion storage into a flexible fiber. J. Mater. Chem. A, 2016, 4 (20): 7601-7605.

[35] Zhang Z, Chen X, Chen P, et al. Integrated polymer solar cell and electrochemical supercapacitor in a flexible and stable fiber format. Adv. Mater., 2014, 26 (3): 466-470.

[36] Chen J, Huang Y, Zhang N, et al. Micro-cable structured textile for simultaneously harvesting solar and mechanical energy. Nat. Energy, 2016, 1 (10): 16138.

[37] Wang J, Li X, Zi Y, et al. A flexible fiber-based supercapacitor-triboelectric-nanogenerator power system for wearable electronics. Adv. Mater., 2015, 27 (33): 4830-4836.

[38] Dong K, Wang Y C, Deng J, et al. A highly stretchable and washable all-yarn-based self-charging knitting power textile composed of fiber triboelectric nanogenerators and supercapacitors. ACS Nano, 2017, 11 (9): 9490-9499.

第17章 总结与展望

在前面章节我们介绍了新型纤维器件,包括光伏器件、能量存储器件、传感器、忆阻器、通信器件和多功能集成器件[1-3]。还讨论了纤维器件和智能织物的连续制备工艺。随着人们对个性化电子器件需求的日益增长,便携式、柔性纤维器件已成为多学科研究的一个重要交叉方向。

纤维器件与传统平面器件明显不同,特别是在力学性能方面。追溯纤维器件的发展,不难理解纤维器件性能的提高总是由高性能电极的发展所推动的。在前面章节我们重点介绍了基于使用新型电极材料的纤维器件,它们在电子器件应用中具有广阔的前景。在最后一章里,我们将总结纤维器件的优势,展望新的应用,并提出纤维电子学领域现在所面对的挑战。

17.1 优 势

纤维器件吸引了学术界和工业界广泛的兴趣,主要源于纤维结构所带来的诸多独特优势,可能解决现有平面器件面临的一些瓶颈难题。

17.1.1 极佳的柔性

与平面器件相比,纤维器件的主要优点源于一维形状赋予了极高的柔性。比如,除了可以被弯折,纤维器件还可以承受各种三维变形如扭曲和打结。因此,它们非常适合构建具有更兼容的人机界面,如柔性、可穿戴和可植入的电子系统。

17.1.2 高度微型化

微型化被认为是现代电子技术的一个主流方向。下一代电子产品迫切需要更小、更轻的器件。然而,由于当前制备技术的结构限制,传统的平面器件难以有效满足上述要求。纤维电极的直径通常在几微米到几十微米之间,可以通过精细的制备工艺将纤维器件的直径控制在几百微米以内。对于很多新兴高科技领域,比如植入式传感器,具有重要的应用价值。

17.1.3 可编织性

毫无疑问,纤维器件可以通过纺织技术变成柔软的智能织物,实现结构的多样化和功能的有效订制,以满足各种应用需要。例如,可以通过纤维电池的串联或并联，来提高智能织物的输出电压和电流；当多组分响应性纤维传感器被编到传感织物中时，可以更有效监测环境或人体的各种重要指标变化。

17.1.4 良好的耐磨性

与平面器件相比，纤维器件更适合用来制备可穿戴设备。一般来说，可穿戴器件应具有较高的柔性，以适应运动过程中的频繁变形。纤维器件质量轻，可以减轻穿着者的负担，并且易于织成具有稳定配置和性能的衣服。即使在扭曲、拉伸和其他复杂形变下，纤维器件也可以很好地保持总体性能。可穿戴电子纺织品必须是可洗涤的，因此低成本、高效率、高稳定性的纤维器件将为它们的进一步发展和未来大规模应用铺平道路。

17.1.5 可植入性

纤维电极的低模量和小尺寸，使它们具有非常低的抗弯刚度，这一力学性能与我们体内的软组织匹配。与平面器件相比，纤维器件的植入对组织的损伤更小，可以提供更好的器件/组织界面，并减少免疫反应。目前的研究已证明这一类器件具有深层组织生物传感的能力，将为疾病治疗等医学应用提供先进工具和手段。

17.1.6 高效的连续制备方法

现有的技术条件已经可以连续生产各种纤维器件，例如纤维电池和发光纤维，并将其编成大面积纺织品。目前纤维器件的连续制备借鉴了化学纤维工业中成熟的技术，如溶液挤出工艺。因此，大多数纤维器件可以通过借鉴溶液或熔融等高效加工方法，来实现纤维器件的大规模制备。

17.1.7 其他

除了上述优异性能之外，纤维形态还赋予某些功能器件一些独特的优势。例如，纤维太阳能电池的光伏性能对于入射光的方向是不敏感的，而平面太阳能电池只能接收来自光阳极侧的入射光。这个特点使纤维太阳能电池有望成为三维光收集器，并且可以更好地适应不同的使用环境。纤维超级电容器和纤维锂离子电池通过三电极缠绕进行集成，同时需要高功率密度和高能量密度。通过共享纤维电极，不同功能的活性材料可以集成在一个纤维器件上，实现高度的集成化和高度的微型化。

17.2 应　　用

目前，纤维器件主要具有四类功能，即能量收集、能量存储、传感和发光[4]，如图 17.1 所示。纤维太阳能电池尚处于实验室阶段，如何进行连续化中试制备是目前工业界重点关注的研究方向。人们正在进行纤维锂离子电池的规模化生产，有望在最近三到五年实现商业化。纤维锂离子电池可以被编成柔性纺织品，为部分可穿戴设备和生物医疗设施提供动力。人们正在尝试把纤维传感器应用在可植入生物医学检测中。它们较低的抗弯刚度和与生物组织高度相容的界面，使它们在脆弱的器官如大脑中进行深度穿透和长期无损检测成为可能。纤维发光器件已经实现了规模化制备，正被逐步应用到便携式电子产品、智能家居、可穿戴设备等领域。下面对近期有望实现纤维器件大规模应用的三大领域进行详细介绍。

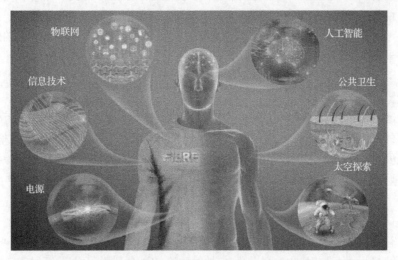

图 17.1　纤维器件在未来的广泛应用，包括电源、信息技术、
物联网、人工智能、公共卫生和太空探索[5]

17.2.1　便携式和微型电子产品

纤维能量采集和存储器件可以用作灵活轻便的电源，为便携式电子产品(如相机、手机和笔记本电脑)供电。随着柔性和可穿戴产品的蓬勃发展，例如三星生产的柔性 Galaxy Round 和谷歌生产的 Google Glass，对柔性的能量收集和存储器件需求迫切，这为纤维太阳能电池和纤维锂离子电池提供了重要的发展契机。

如今，电子器件变得越来越小、越来越轻，这不仅对器件本身提出了要求，而且对相关电源的设计也提出了要求。对于某些特定的微型器件，例如微型电动机(直径为 2~4 mm)，驱动电压和电流非常低(3 V，10 mA)，并且器件质量仅为 0.2 g。纤维电子器件由于其小尺寸特性，有望成为这类微型器件的电源和控制中心。

17.2.2　户外运动

在户外应用中，电子器件应轻巧、灵活、集成度高、可靠且节能。特别是在某些恶劣条件下，户外运动员需要具有多功能高度集成的器件。为此，纤维器件可能是最佳的选择。例如，只要有环境光，纤维器件就可以用作自供电器件来收集和存储能量。在需要时，纤维器件可以将存储的能量应用于驱动或为某些部件供电。由纤维集成器件编织的户外帐篷，可以在白天收集阳光，在晚上为计算机或通信设备供电。将来，更多功能可能会集成到一个纤维器件中，例如，集成的织物传感器可监视佩戴者的基本健康状况，并及时将信号反馈给穿戴者和医生。

17.2.3　穿戴式和植入式应用

纤维器件最吸引人的应用之一在于可穿戴和可植入领域。纤维电子器件特有的柔性和可编织性，使通过编织这一传统过程来制备可穿戴纺织品成为可能。除了将纤维器件集成到衣服中外，其他可穿戴器件(包括电子眼镜和手表)也可以使用纤维器件来实现能量收集、存储和信息处理。生物传感器是个性化电子医学的发展前沿。纤维传感器由于其柔性和小尺寸特点，可以提供更稳定的人-机界面，适合用来构建穿戴式和可植入式传感应用。

17.3　挑战与未来方向

纤维器件的未来仍存在一些艰巨的挑战。例如，纤维电极的性能需要继续优化，电极的比表面积、能量存储和转换效率以及力学性能仍有进一步提升空间。此外，还需要进一步提高纤维器件的安全性和长期稳定性。纤维器件和不同材料的接口稳定性、在不同环境中的性能可靠性和与使用环境/用户的兼容性，也需要系统考虑和深入研究。纤维器件大规模生产仍然存在一些困难。例如，需要提高器件在生产过程中结构的均匀性和稳定性，并且需要设计满足纤维器件需要的新材料体系，在提高性能的同时降低生产成本。

17.3.1　制备高性能纤维电极

如第 2 章所述，纤维电极在纤维器件的性能中起着至关重要的作用。对于所有纤维器件，纤维电极都需要传输电子，因此，减小器件的内部电阻非常重要。除此之外，不同类型的器件还要求纤维电极具有特定的功能，例如，染料敏化太阳能电池中电极的催化活性；电化学电容器中电极的大比表面积以及锂离子电池中电极的电导率。然而，现有的纤维电极仍然需要进一步优化来更好地满足这些要求。金属丝电极具有较高的电导率(10^5 S/cm)，但比表面积却很低，负载能力较弱。碳基纤维电极在比表面积和负载能力方面都更有优势，但电导率却相对较低($10^2 \sim 10^3$ S/cm)。导电高分子纤维来源广泛，也很方便进行结构设计，但电导率与碳基纤维相当甚至更低。制备它们的复合纤维，同时获得优异的力学、电学、电化学性能，可能是未来的一个重点发展方向，也是本领域亟须解决的核心问题。

17.3.2　提升纤维器件关键性能

经过一段时间发展，纤维器件的性能已大大提高。但纤维器件与平面器件的性能之间仍然存在一定差距。例如，纤维聚合物太阳能电池的最高功率转换效率为 3.81%，远低于其平面同类产品的转换效率 11.5%。对于纤维电化学电容器，最高的单位质量电容为 300 F/g，而平面电化学电容器可达 3000 F/g。如何通过合成新材料、设计微结构和优化表界面来进一步提高性能，是纤维器件必须面对的一个重大挑战。

17.3.3　提高稳定性

稳定性是直接决定器件寿命的重要因素。一方面，稳定性取决于制备技术。例如，凝胶电解质层涂覆得不均匀或太厚，在使用过程中两个电极将相互接触，导致整个纤维器件无法正常工作。另一方面，纤维器件在制备和应用过程中，需要经受各种各样的变形，幅度大且频率高，在长期使用过程中很容易导致两根纤维电极分离或者活性材料剥落，纤维器件性能显著降低甚至完全失效。这方面因为缺乏技术标准，实验室已有大量数据但比较混乱，而工业界的研究极其有限，是纤维器件实现规模化应用必须尽快解决的重大难题。

17.3.4　实现高安全性

纤维器件往往紧贴人体皮肤，有些甚至进入到人体内。毫无疑问，高安全性是纤维器件实现大规模应用需最先解决的一个问题。纤维器件中使用的某些电解质具有腐蚀性、甚至有毒，这要求在制备过程中必须严格密封。串联式纤维器件的工作电压有时高于人体的安全电压，电路设计非常重要且具有一定的挑战性。纤维器件被编成织物后，工作时可能发生温度升高或者产生一定的电场，必须采取应对措施避免对人体健康带来伤害。如果发生短路，必须设计智能保护措施，防止各种意外情况的发生。针对纤维器件在安全性方面可能存在的问题，学术界和工业界亟须加强合作，建立有效的研究标准，提高研究效率和质量，更科学地开展实验工作并建立共享机制。

17.3.5　规模化生产

纤维器件尚处于起步阶段，目前已经报道的连续制备方法，基本都来源于实验室研究成果，可能无法满足真正产业化发展的要求，亟须更多产业专家加入纤维器件的研究行列，开发通用且有效的大规模制备方法。现在产业界已有的生产设备，主要都是针对平面器件的，还没有面向纤维器件的标准化生产装置和流水线。虽然人们通过设计和改进传统生产装置，开始实现纤维锂离子电池和发光纤维的规模化生产,但总体生产效率还比较低,必须从根本上进行重新设计与制造,更好满足纤维器件独特形态的构建要求。另外,在工艺方面,因为实验室研究很少涉及,也没有这方面条件,而工业界的研究又非常匮乏,亟待系统和深入研究,在效率和质量方面取得突破,推动纤维器件的规模化生产。

　　总体来说,因为高度的柔性甚至弹性、高度微型化、高度轻量化、高度集成化、可编织性等诸多优点,纤维器件在过去十多年里吸引了人们广泛的注意力,已经在电极材料、微结构、表界面、性能、连续制备方法等方面取得了重要进展。纤维器件有望解决传统平面器件在很多领域如可穿戴设备和居家医疗中面临的瓶颈难题,并在很多重大新兴交叉领域如人工智能和太空探测起到不可或缺的作用,有望从根本上改变我们的生产和生活方式。

参 考 文 献

[1] Feiner R, Dvir T. Tissue-electronics interfaces: From implantable devices to engineered tissues. Nat. Rev. Mater., 2017, 3: 17076.

[2] Bansal A, Yang F, Xi T, et al. In vivo wireless photonic photodynamic therapy. Proc. Natl. Acad. Sci., 2018, 115(7): 1469-1474.

[3] Zhang Y, Zhao Y, Cheng X, et al. Realizing both high energy and high power densities by twisting three carbon-nanotube-based hybrid fibers. Angew. Chem. Int. Ed., 2015, 127: 11329-11334.

[4] Rein M, Favrod V, Hou C, et al. Diode fibres for fabric-based optical communications. Nature, 2018, 560: 214-218.

[5] Xu X, Xie S, Zhang Y, et al. The rise of fiber electronics. Angew. Chem. Int. Ed., 2019, 58(39): 13643-13653.